面对生活中的挫折和不幸，微笑是最好的应对方式；
面对工作上的冷遇与不公，微笑是最正确的人生态度。

再苦也要笑一笑

Zaiku yeyao Xiaoyixiao

水中鱼◎编著

大全集

立信会计出版社
LIXIN ACCOUNTING PUBLISHING HOUSE

图书在版编目（CIP）数据

再苦也要笑一笑大全集/水中鱼编著. —上海：立信会计出版社，2010.12
(超值金版)
ISBN 978-7-5429-2692-0

Ⅰ.①再… Ⅱ.①水… Ⅲ.①人生哲学—通俗读物 Ⅳ.①B821-49

中国版本图书馆CIP数据核字（2010）第240444号

策划编辑 蔡伟莉
责任编辑 赵新民
封面设计 久品轩

再苦也要笑一笑大全集

出版发行	立信会计出版社		
地　　址	上海市中山西路2230号	邮政编码	200235
电　　话	(021) 64411389	传　　真	(021) 64411325
网　　址	www.lixinaph.com	电子邮箱	lxaph@sh163.net
网上书店	www.shlx.net	电　　话	(021) 64411071
经　　销	各地新华书店		

印　　刷 廊坊市华北石油华星印务有限公司
开　　本 787毫米×1092毫米　1/16
印　　张 25
字　　数 457千字
版　　次 2010年12月第1版
印　　次 2014年 7 月第8次
书　　号 ISBN 978-7-5429-2692-0/B
定　　价 29.00元

前言

面对艰难困苦，学会一笑置之

生活中不乏酸甜苦辣，面对艰难困苦我们应该学会一笑置之，这样才能够放下心中的阴影，轻松地走在今天的阳光里。

古人用一副绝世对联告诉我们：人生在世不过短短数年，要视宠辱如花开花落般平常才能不惊，视名利如云卷云舒般坦然才能无意。我们的人生是短暂的，如果把功名利禄、荣耀光环看得太过重要，那么很容易迷失在那些肤浅的东西上，从而丢失了人生的真谛。

一笑置之是一种人生智慧。诗人徐志摩曾如此说道：“我将于茫茫人海中，寻访我唯一灵魂之伴侣，得之，我幸；不得，我命。”虽然这句话是他的爱情宣言，但是我们依然可以从中深刻地感受到一位浪漫主义诗人的坦荡胸怀。同样宋朝诗人陆游也在其诗《书梦》中写道：“一笑俱置之，浮生故多难。”看这些伟大诗人的情怀，无一不表露出一种智慧的人生观。一笑置之，是一种看淡风云、大彻大悟的心境。

人生不过数载，大可不必把一些可轻可重的身外物太当回事。如果因为一场生意的失败而自暴自弃，因为旁观者的几句嘲笑而放弃自己的梦想，那么人生便不是你的人生，你不是为了自己而活，是为他人而生的。对过去的事情要拿得起，放得下，坦然面对尘世间的风风雨雨，才能活出真正的自我。

意大利诗人但丁曾有一句名言：走自己的路，让别人说去吧。字里行间也坦露出一种轻松的人生态度。面对风云，一笑置之，看似消极，实则是一种积极的人生智慧。人的一生总免不了跌宕起伏，有高峰也有低谷。智慧的人能明白这一点，当事情发生在自己身上时也能做到坦然。荣耀和屈辱都不过是过眼云烟，经不起时间的考验。

北宋时期，范仲淹坚持“庆历新政”，当他被谪居邓州时，突然从高处跌入了人生的谷底，可是他依然可以“心旷神怡，宠辱偕忘，把酒临风，其喜洋洋矣”。

19世纪中叶，美国实业家菲尔德，首次使用海底电缆把“欧美两个大陆联结起来”，因此被誉为“两个世界的统一者”，鲜花、称赞声络绎不绝。然后因为理论和实际情况不相吻合，在使用的过程中，由于技术问题，刚接通不久的电缆便中断了信号传播。一瞬间，那些俗人的嘴脸全部变了样，称赞全部变成了臭鸡蛋，纷纷砸来，指责菲尔德欺骗了他们，要求他赔偿各种损失。面对这巨大的变化，菲尔德并没有接受不了，他对那些屈辱一笑置之，显现出成功人士卓越的风度，他继续潜心改进他的海底电缆事业，最终成功地架起了欧美大陆的信息大桥。

苦难是上天给我们的礼物，所以面对苦难，要学会微笑，要敢于吃苦，因为苦尽才会甘来。我们要学习这些成功者的人生态度，做到一笑置之。我们的生命中充满了无数次的巨变，无论是好的还是坏的，我们都应该做好充分的心理准备，以一种宽阔的胸怀去迎接它的到来。

本书用通俗的语言，将人生浅显而又深刻的生活哲理向您娓娓道来，希望它能够让您重新感悟人生的真谛和美好，放下过去的包袱，面带微笑走上新的征途。

本书编写时借鉴和参阅了大量的文献作品，从中得到了不少启发和感悟，在此表示衷心的感谢！

目录

第 1 章　人生在世，笑对酸甜苦辣

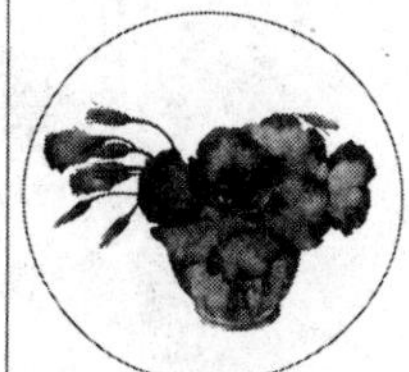

第 2 章　生活多变，再苦也要笑一笑

第 3 章　道路崎岖，乐观能摆平一切

目录

目录

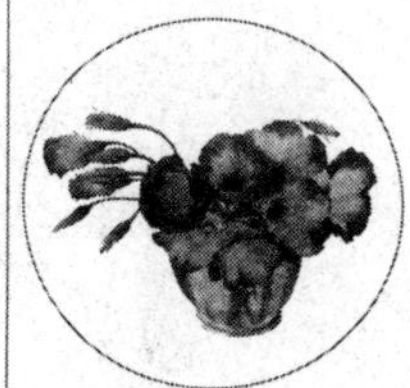

目录

目录

目录

目录

目录

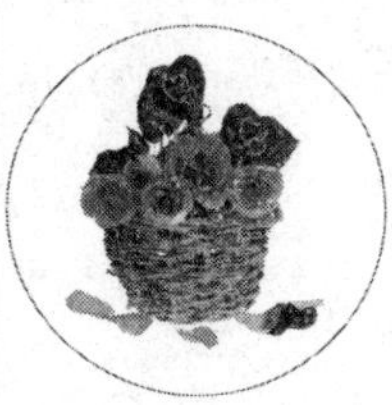

第1章

人生在世，笑对酸甜苦辣

人生就像一个百味瓶，酸甜苦辣才是生活的作料。大多数人都向往蜜罐似的生活。在安逸、甜蜜的生活状态下，可以面带微笑、快乐地生活着。可是生活不可能停留在一种状态，当生活的急转弯出现时，如果没有坚强的性格，积极的人生观，或许很容易一蹶不振。所以，无论我们品尝到生活给予我们的哪一种味道，都是一种上天的恩赐。没经历风雨怎能见彩虹。在短短几十年的人生路上，关键是拥有一种洒脱的魄力，能够微笑地面对每一天。

失业：敢闯敢拼，从头再来

在职场生涯中，失业恐怕是再大不过的噩耗了。对于很多人而言，工作如同婚姻一样，秉承一生就一次的原则，所以当事业上亮起红灯的时候，他或许会突然之间接受不了这样的打击，甚至觉得自己对于社会已经没有价值，便有了轻生的想法。这些想法听起来或许很可笑，事实上，生活中确实存在这样的现象。这一节，我们就来看看当你的事业出现问题时，你该怎么办。

首先，确定失业的原因，才能有的放矢，解决问题。失业这个现象，整体上而言，是一个社会问题，而这个社会问题与失业者的个人素质也息息相关。失业是市场经济竞争体制下不可避免的一个现象。能者居之，优胜劣汰。当你失业了以后，不再无意义地哭泣或者酗酒，要冷静下来想一想，为什么失业的是自己？为什么同事某某没有遭受这样的悲剧？答案或许很容易就得出来：因为对方比自己适应这个竞争过程，对方的优点保住了他的工作，而自己恰恰缺少这样的技能。了解到这一点，或许就是你人生的转折点，因为这次失业，让你更明白了一些道理。

事实上，失业并不可怕，可怕的是失业之后，你对自己的恐惧，害怕自己无所事事，终成废人。失业就等于把人生枪毙了吗？当然不是，正确地看待失业，重整旗鼓，从头再来，迎接你的或许就是辉煌。

失业的人心情肯定会受到影响，悲伤几天是可以的，但是不可以从此悲观。失业以后最重要的是情绪的调节，利用失业以后的空闲，可以给自己放一次较长的假期，你可以利用它去完成你旅游的夙愿，利用它去拜访一些故友，利用它去完成一次技能培训等，好好地给身体和心灵做个温泉SPA，或者给头脑做一次充电储备。或许你应该感谢这次失业，它给了你时间恢复一下体能，健康对于谁都是重要的。人生数年，我们没有任何理由因为所谓的工作而毁掉我们的身体。健康的生命才是最重要的，对吗？

因为失业，我们才能鼓起拼搏的念头，拥有了从头再来的机会。平日的忙碌，或许蒙蔽了我们的双眼，我们总在赶路，却忘记了停下来问问自己：我在做什么？这份工作真的适合我吗？因为这份从事若干年的工作，我们或许已经产生了惯性，所以我们忘记了自己的优点，忘记了自己的爱好，也因此错过了很多更值得我们去追求，更适应我们的工作。天涯何处无芳草，何必单恋一枝花？我们默守着曾经的工作，忘记了我们的身外还有更美丽的花园。失去一份工作并不是失去整个人生。失业给了我们一个思考的空间和时间。我们应该冷静下来思考自己，分析自己：我是谁，我适合做什么，我的优点是什么，我的缺点是什么，我需要哪些技能而现在却没有具备。思考是重要的，没有思考而盲目地去寻找新工作将再次出现失业的情况。

从失业的经历中我们应该吸取到教训，应该变得更勇敢，更理智，更了解自己。敢闯敢拼，勇于从头再来是失业以后最正确的选择。社会是一个很大的空间，它给予我们的不是一个小小的位置，而是一片广阔的天空。如果你因为失去了太阳而哭泣，那么你还会失去月亮和满天的星星。要肯定自己的价值，相信自己的能力，同时给自己拼搏的勇气。因为失业，我们有了更大的发展空间，我们或许是那只离开了鸡窝，方能展翅飞翔的老鹰。

再苦也要笑一笑

失业是痛苦的。对于工作，或许我们也付出过努力，投入过感情，可是这并不代表我们就一生拴在了它上面。记住，我们是工作的主人，绝对不是它的奴隶。失去一份工作或许有更美好的空间在前方等待。失业不过是人生旅途中再微小不过的一个挫折，你要是被它打败，那么你的生命之路或许就不能前行。失业之后关键是要及时整理心情，做好充分的挑战准备。外面的世界依然那么精彩，依然充满了挑战和机遇，失业后的你做好从头再来的准备了吗？

失策：智者千虑，终有一失

俗话说得好，智者千虑，终有一失。由于人的知识的局限性和一些环境因素的影响，在下决策的时候，因为考虑不周全而造成失败的现象并不少见，对于成功的人也是如此。所以，即使失策，也不要对自己失去信心；另一方面，即使作为一个智者，也不能骄傲自大，必要的慎重可以减少失策的概率。

巴菲特这个名字对于炒股的人而言，可以说如雷贯耳。就是这个被称为“股神”的人，在股市一片混乱，很多公司纷纷陷入水深火热中时，由他指挥的伯克希尔·哈撒韦公司不但没有倒下，反而稳赚一笔。据统计，在2007年，伯克希尔·哈撒韦公司相比去年利润增长了20%，高达130多亿美金。

巴菲特在经营公司的过程中，作出了无数个正确的决策，才一步步有了今天的成绩。巴菲特在2002年至2003年间共购买了1.3%的中石油股权，当时出价为4.88亿美元。巴菲特说，以此价格计算，当时中石油市值约为370亿美元，而他和搭档查理认为，中石油市值约在1 000亿美元左右。他进而表示，随着国际油价飙升及中石油油气储备增加，其估值应更高一点。当2007年下半年中石油市值升至2 750亿美元时，巴菲特和查理认为时机到了，他们果断卖出所有中石油股票，获利40亿美元。

巴菲特卖出中石油股票后，中石油股价仍在呈上涨趋势，很多人在背后议论他这次失算的商业行为。可是事实证明，巴菲特还是走对了一步，因为不久后股市大调整，中石油股价出人意料地下跌，巴菲特还是赢了。

然后，即使巴菲特，这个料事如神的股神，也有失策的时候。巴菲特在《致股东信》中曾如此提到：当年有人建议他以3 500万美元购买得克萨斯的KXAS电视台，可惜他没有采纳，失去了一个大好的机会，实在是一个重大失策。

巴菲特回忆道：如果当时听取建议，购买得克萨斯的KXAS电视台，现在它的资产总值就可达8亿美元，而这么多年下来，它带来的利润完全可以达到10亿美元。对于当年的失策，巴菲特只能是遗憾地叹气："我的大脑早就跑去度假了，根本就没想到通知自己"。

此外，巴菲特最耿耿于怀的一次投资失策，发生在1993年的一次投资计划上。当时他以价值4.33亿美元的伯克希尔股票换股收购了Dexter鞋业公司，因为巴菲特看准这个公司的发展前景，可是令人失望的是，Dexter鞋业公司的竞争优势竟然在短短数年就烟消云散，最终不得以倒闭画上句号。就是这次失策，让伯克希尔公司累计损失了35亿美元。

巴菲特认为，失误总是经常发生的，尽管有了Dexter鞋业公司这个最为深刻的教训，但自己还是无法保证未来肯定不会失策。人不能因为几次失策就对自己的判断力失去信心。失策主要是因为准备不足而引起的，所以在出现决策错误以后，后悔是没有用的，关键是能够积极行动起来，分析这次失策的原因，尽量在未来的决策中不再出现同样的错误。

再苦也要笑一笑

胜败乃兵家常事。世界上没有常胜将军，不能因为一次两次的用兵不当，就把以前的功绩全部抹杀。智者尚有一失，更何况我们普通人。所以，当你因为某些准备不善而出现失策时，不要把自己否定掉。如果没有别人的支持，那么更要给自己支持，对着镜子朝自己露出一个鼓励的笑，有了这次的教训，以后的路将会走得更稳。在这个世界上，如果连自己都不相信自己了，谁又会相信你呢？

失机：错过机遇，后悔莫及

机会，是世界上最宝贵的财富。尤其对于年轻人而言，机会是人生转折的岔路口，也是成功的导火索，一定要当机立断，把它抓住，否则失去便不会再来。

机会对于每一个人都是平等的。有很多人总是在埋怨上苍不给他机会成功，事实上，上帝也把苹果砸到了他的头上，可是他一边骂着，一边把苹果吃了。这就是为什么牛顿成了科学家，而同一时代的其他人却丝毫没有在那个世纪留下印记。

一个年轻的小伙子在他16岁那年，家庭陷入窘困。于是身为长子的他，必须担当起这个家庭的重任。他渴望走出小城，去做一番事，见识一下外面的天地。这时候，征兵的日子到了，于是他和很多年轻人一样，报名参加。

到了入伍体检的那天，他开始忐忑不安，他害怕会因为身体问题被部队刷掉。但是机会难得，他告诉自己，不能放弃，不能白白把这个机会放掉。

在体检之前，他回了趟家。他吃掉了几个野果子，又喝了几大杯凉水。结果，在体重测量那关，他刚刚过线，虽然是最低的体重，但是他通过了征兵体重要求的最低限。

于是他进入了部队，成为了一名光荣的军人。还有一部分青年，机会没有了，依然留在出生的山沟中，重复着老一辈的生命轨迹。

他抓住了那次机会，便改变了一生的命运。我想如果他因为一个体重的不足，而让机会从眼前溜走，那么他肯定会后悔一生的。

人的生命是短暂的，在这短暂的时间中，机会能够出现的次数更是少之又少，抓住了你的生命就会出现新的景象，错过了只能是无尽的悔恨。如何才能抓住机会，不让自己的生命留下悔恨呢？这需要你有一双雪亮的眼睛、一颗敏锐的心，以及还要有勤劳、敢于探索的品质。

150年前的一个圣诞节，还是孩童的道尔顿去商店买了一双深蓝色袜子，作为礼物送给母亲。母亲接过礼物时，却非常生气地怒斥他："不懂事的孩子！你难道不知道清教徒禁忌这种颜色吗？"

"禁忌深蓝色？"他问母亲。

"你买的是红色袜子啊。"母子俩竟然说出的颜色不一样。于是他们找别人来辨认，只有他的哥哥认为是蓝色的，而其他人也都说是红色的。

自从这件事情发生以后，道尔顿深刻感觉到这其中肯定有什么奥妙。于是他查阅了大量的资料，通过数年的深入研究和分析，终于写出了震惊世界的《论色盲》。

谁会对一双袜子颜色的问题而耿耿于怀呢？道尔顿就是这样一个人，他及时抓住了在眼前闪过的机会，根据视差原理，第一个提出了色盲问题。

机会不是没有，只是你或许抓不住罢了。想想看，在道尔顿之前恐怕患有色盲症的人大有人在吧，他们或许意识到了自己的眼睛有问题了，但是他们却从没有想过深入去研究它的根源，所以成功的机会就这样错过了。

然而，错过一次机会并不可怕，可怕的是这种令人抱憾终生的错过，一次又一次在你身上上演的时候，你的人生恐怕就没有转折了。所以，当你意识到上一个机会错过时，后悔和遗憾是必然的，但是不是长久的。短暂的遗憾感会让你深刻体会到这次教训，以后不要再次重复相同的错误；但是倘若一直沉浸在这种悔恨的氛围中，更是一种没有意义的选择。既然知道世界上没有卖后悔药的，那么即使你再后悔，机会也回不来，不如吸取教训，把悔恨感转换成探索的动力，转换成明亮的洞察力，这样你才有可能在下一次机会到来的时候能够迅速地抓住。

再苦也要笑一笑

永远记住，失去一次太阳的时候，后悔一个小时就足够了，剩下的时间是对自己微笑一下，然后继续赶路，争取在下一个太阳出现的时候，你已经到达山顶，在那里静静地等待它露出地面。

失势：门庭冷落，郁郁寡欢

由俭入奢易，由奢入俭难。同样道理，由低微到高位，面对鲜花，面对掌声，面对显赫，你自然感觉不到因为环境巨变而带来的不适应感。然而要是突然失势了，由高位落入了低微，奉承没了，笑容没了，优势没了，往日那些所谓的朋友突然也都不再是朋友了，这时候的你会突然认识到人间冷暖，突然感到无所适从，这些突然的变化或许会让你招架不住，倒下去。

失势大多表现为一种社会位置的降低，但是这种社会位置的降低往往会带动心理高度的降低，一旦心理高度降低了，很可能会带来不良情绪，例如失去自信、郁郁寡欢等，这些不良情绪将很大程度上影响个人今后的发展。失势带来了消极，消极带来了再一步的失势，再一步的失势导致了更消极，这样的恶性循环可能最终导致人的彻底崩溃。

首先，我们要正确看待人生变化的曲线，正确看待这种失势现象。人生不可能是一条一成不变的直线，相反它是一条带有上下波动的曲线，时而高，时而低，才尽显人生百态，尽显酸甜苦辣。所以，高位和低微都是人生的一种状态，我们虽然一直在追求高位，也钟情于高位给我们带来的快感，但是幻想人生一直处于高位不过是我们每个人的美好愿望罢了，任何一个人也不可能永远高高在上。能够坦然地接受这种人生曲线变化，坦然地面对失势或得势才是一个心智成熟的人的表现。

失势并不可怕，可怕的是失势后的认命。有的人失势以后，终日郁郁寡欢，完全丧失了斗志，或者成了一个“盲人”，看不到现实中的落寞，仅仅是幻想着昨日的繁荣重新回来，却不付出一丝一毫的努力。再来看那些智者的所作所为，失势后的他们能够微笑着正视现状，能够坚强地接受冷漠，但是他们同时也努力地改变着这种局面，争取在最短的时间内扭转自己的弱势，重新回到往日的辉煌中去。越王勾践就是历史上有名的一位智者。

春秋时期，吴越两国相邻，战事不断。有次吴王领兵攻打越国，被越王勾践的大将灵姑浮砍中了右脚，最后伤重而亡。

吴王死后其子夫差继位。三年以后，夫差为报杀父之仇，带兵前去攻打越国。公元前497年，两国在夫椒交战，结果这次吴国大获全胜，越王勾践被迫转移到会稽。吴王趁机追击，把勾践围困在会稽山上，越王勾践形势非常不妙。为了讨好吴王，勾践听从了大夫文种的计策，准备金银财宝和美女偷偷地送给吴国太宰嚭，试图通过太宰嚭向吴王求情。

吴王最后答应了越王勾践的求和，于是越王勾践表示投降，并和其妻一起前往吴国。为了表示忠诚和歉意，他们夫妻俩住在老吴王的墓旁的石屋里，做看守坟墓和养马的事情。夫差每次出游，勾践总是拿着马鞭，恭恭敬敬地跟在后面。后来吴王夫差有病，勾践为了表明对夫差的忠心，竟亲自去尝夫差大便的味道，来判断夫差病愈的日期。夫差病好的日期恰好与勾践预测的相合，夫差也认为勾践对他敬爱忠诚，于是就把勾践夫妇放回了越国。

越王勾践几年来的忍辱终于获得了回报，虽然处于劣势，可是他并没有被打倒，相反他充满了斗志，立志要报仇，把昔日的王位和荣耀再次夺回来。为了不忘掉昔日的耻辱，越王勾践睡觉就卧在柴薪之上，坐卧的地方还挂着苦胆，时常含于口中，思忆一下曾经所经历的苦难。经过十年的准备，越国终于东山再起，恢复了强国的面貌，打败了吴国。

事实上，失势并不可怕，可怕的是失势以后的甘于现状，郁郁寡欢，不思进取。有时候，失势反而让你更加深刻地看到事情的本质，看到人性的善恶，体会到人间冷暖。失势让你重新认识到哪些人才是真正的朋友，哪些事值得你重新去做，哪些弱点你应该克服，哪些优点你应该加以利用。

再苦也要笑一笑

失势反而让你更加清楚地理解了人生，看清了自己。虽然说高位美好，可是当失势真的到来的时候，我们既然没有能力阻止，只能坦然地接受，或许它真实的面目也是上帝赐予你的一个礼物。

失误：千里之堤，溃于细节

人的一生不可能不犯错误，但是同一个错误一犯再犯，同一个地方跌倒数次，就成了人生的重大失误。人无完人，错误并不可怕，可怕的是一个细小的错误如果不及时修正，有可能会毁掉整个人生大堤。

千里之堤，溃于细节。这绝对不是夸张，而是对我们的警示。不要忽视那些微小的错误，有时候那些细节带来的麻烦要远远比大困难要厉害得多。

2003年美国“哥伦比亚”号航天飞机即将返回地面时，在美国得克萨斯州中部地区上空解体，机上6名美国宇航员以及首位进入太空的以色列宇航员拉蒙全部遇难。经过漫长的7个月调查，美国“哥伦比亚”号航天飞机事故调查委员会发表了长达248页的最终调查报告，对事故的发生原因作出了总结。

报告指出，造成“哥伦比亚”号失事的直接原因是航天飞机外部悬挂着燃料箱，而这个箱子的外表面脱落了一块泡沫材料，就是这个小小的泡沫撞击了航天飞机的左翼前缘，从而导致热保护部件出现了裂孔。当航天飞机重返大气层时，超高温气体从裂孔处进入机体，造成航天飞机解体，全部宇航员殉职。

然而，这个报告不过是从科学的角度阐述了事故发生的原因。事实上，“哥伦比亚”号的事故和1986年的“挑战者”号发生事故的原因基本上是相似的，那就是管理人员漠视了航天飞机的一些细节问题，他们过多地把精力放在了飞机重要部件的运行和控制上，却唯独忽略这些细小的安全问题。一个小小的泡沫却毁掉了整架飞机和若干个年轻宇航员的生命，如此悲痛的失误不但给国家，也给我们每一个人深刻的警示。

小小细节可导致重大失误，这已经不再是一条新闻，更多的是一条深刻的人生启示。在我们的人生旅途中，我们对于那些大的困难，大的障碍会条件反射般地产生抗体，通过与之奋战，最后成功地把它击败或者跨越。然而，越是那些微小的细节，越是容易被我们所忽视，最终演变成大的人生失误，阻碍我们前进。

防微杜渐，从小事做起。人之初，性本善。任何一个人在小的时候都是纯洁的白纸，可是为什么若干年后各自却有着截然不同的结局。一个孩子倘若小时候就品性不端正，喜欢小偷小摸，而其父母觉得都是一些小事不加以管制，那么这个孩子长大了就很有可能发展为大偷大抢，整个人生就难以从头再来了。

所以不要忽视细节的意义。对于人生而言，细节犹如远足者鞋中的那粒沙子，往往是它决定了这个远足者是否疲倦，能走多远的距离。从很多细节中，可以观察出一个人的人生观、世界观以及个人品行。成功的人都是注意细节的人，多年的成长经历告诉他们，往往是一些细节决定了事情的成败。

人生在世数年，那些罕见的大风大浪或许很多时候仅仅是由几个小小的云块碰撞产生的。你或许对付不了那些大风大浪，但是你绝对可以把那些微小的云块制服，阻止它们有机会碰在一起制造一场难以克服的人生巨浪。人生的一些重大失误或许就是由以前那些小小的细节问题引起，如果你早点能意识到这个问题，或许你未来的人生将会风平浪静很多。

可见，有时候细节是能够决定成败的。如果你现在正行走在追求理想的路上，那么你一定要携带上这条真理，用一颗敏锐的心来解决征途上的细节问题，相信把这些小事都做好，那么成功离你也不远了。千万不要忽略那些人生的小伤口，如果它们发炎了，恶化了，扩散了，或许腐烂的不仅仅是那一小块皮肤，而是你的整个人。

再苦也要笑一笑

我们的人生可以允许失败，允许出现若干次的错误，但是我们不允许因为那些小细节，那些重复出现的错误而引发的失误。这种失误或许是毁灭性的，我们要坚决杜绝它的发生。做到防微杜渐，才能保证我们的人生大堤稳固地挺立在这个时代。

失意：人生航程，顺风不再

在人的航行过程中，顺风、逆风不过是两种不同的航行状态而已，我们不能奢望一路顺风，也不可能总处于逆风状态，这两种状态总是交替着出现，才让我们的人生呈现出不同的姿态。而我们面对这样的人生，就要做到得意时淡然，失意时坦然。成熟地面对它，才能活得优雅。

失意是不能避免的，就像在大海中航行的船，是不可能不带伤口的。但我们不能因为一时的失意而把自己的整个人生变成灰色。失意的时候要进行自我情绪调整。或者找人倾诉，或者找到合适的途径和方法排解掉郁闷的情绪，才能整装上阵，从头来过。很多时候，你觉得人生不顺，逆境难行，或许不过是你的主观感觉而已，或许情况并没有你想象的那般恶劣，不过是因为你的心情不好，然后产生了悲观的折射。这时候需要自我调节，无论是通过倾诉还是通过心理辅导，这些作用都是次要的，关键是自己帮助自己。适当的休息和深刻的思考或者能帮助你拨开云雾见晴天。

对于不同的人而言，感到失意的导火线是不同的，所以当你深感失意的时候，就不要再盲目地前行了，片刻的休息，调整方向反而是磨刀不误砍柴工。自己才是最了解自己的人。有时候，面对心理医生你或许有的问题难以启齿，反而误导了辅导方向。所以要依靠自己的力量找出问题的根源。找到了问题的原因才能有的放矢地去解决。在失意的时候，如果条件允许，尽量不要一直一个人待着，这时候朋友就显得非常重要。片刻思考过后，把问题想明白也罢，想不明白也罢，都不要再执著地思考下去，或许你的思路已经陷入了一个死胡同了。所以这时候你需要放松，需要和一大帮朋友在一起做一些开心的事情，或许你大笑一场过后，再去想那些当初想不通的问题时，你会发现原来是它导致了你的失意。

失意的人大多数时候处于一种自我厌倦的情绪中，这时候想凭借个人之力而改变自我情绪是困难的，所以要积极地加入周围朋友的欢乐中，让他们的愉快带动你的情绪，或许在不经意间，你的那些小小的失意就会自动烟消云散。

失意就像沼泽地一般，你越是深陷其中，越是难以自拔。所以这时候，要学会驻步，及时调整你的心态，及时重新规划你的航程方向，才有可能变逆境为顺境。得意和失意不过是两种心境罢了，得意时要保持淡然，失意时亦要保持坦然，不管是顺风还是逆风，我相信它们都无法真正阻止你向前方航行的，唯一阻碍你前进的只有你自己。所以说，失意的时候最关键的是保持信心，不能因为环境的变化，使我们对自己的定位和能力产生怀疑。每一个成功的人都有过失意的经历，像诗仙李白、诗圣杜甫等，哪一个不是因为人生失意的境况，才写出那些旷世绝句？

所以说在失意的时候千万不要垂头丧气，对自己失去信心。去阅读那些名人轶事，你会发现他们也有和你一样不顺利的时候，可是他们却顽强地走过来了，走过那些被乌云遮盖的、没有阳光的日子，后面迎接他们的才是万里晴空。

再苦也要笑一笑

人生百味，顺境逆境，得意失意，不过是一种心境。当你遭遇到人生失意的时候，你会选择什么样的处理态度呢？你可以选择痛哭一场，但是要记住时间不要太长，否则会错过更多的美好，要及时调整好情绪，再次启航。

失望：只想得到，不会知足

失望的情绪大多源自于想得到，却未得到。天天想着猎物，却不实施狩猎行动的人将永远处在失望的心境中。

杰克·韦尔奇曾如此说道：如果你有一个梦想，或者决定做一件事，那么，就立刻行动起来。如果你只想不做，是不会有所收获的，而你也只会落得失望的结果。

从这句话中我们就可以明白，人为什么有失望的感觉？大多是因为你想得到，却没有达到预期的效果，这种现实和梦想的反差自然引起了你失望的情绪。在你失望的时候，你有没有想过这个问题：你，为什么会失望？

是的，或许这个问题问得有些愚蠢，人失望无非是愿望和初衷没有得到满足。为什么没有得到满足呢？我觉得这个问题才是值得所有失望的人认真思考的问题——只想得到，但是做不到，才是失望的根源。

一百次的心动如果没有一次行动，就是一百次的失望。一百次心动不如一次行动。失望的情绪存在于很多人的身上。当他们看到成功者时，这种情绪或许更浓烈，因为这些成功者的想法或许也是他们所曾经想到过的，可是那些人成功了而自己依然默默无闻，这种巨大的差异更会让人深陷失望之中。

只想得到，却没有实际行动，肯定得不到理想的满足，失望感自然而然就产生了。当你了解了失望的原因以后，你就可以去克服这种境况了，那就是积极行动起来，不能只想得到，更要做得到。

意大利著名航海家哥伦布经历了千难万险终于发现了新大陆。在西班牙举办的一次庆功宴上，有位贵族骄傲地说道："哥伦布无非是坐着轮船往西走，再往西走，然后在海洋中遇到一块大陆而已。我相信我们之中的任何人只要坐着轮船一直向西行，都会发现这个微不足道的陆地。所以说，发现新大陆没什么了不起，这不过是件谁都可以办到的小事，根本不值得如此张扬。"旁边一位船长叹了一口气说："说起这件事情来，真是惭愧又失望。事实上，我也早有这样的想法，打算一直往西航行，这样肯定会有什么新发现的，结果一直没有机会去做，太可惜了，真是让人失望！"

哥伦布听了他们的谈话，颇有风度地说："您说的没错，这个世界上有很多事情真的很容易就能够做到的。但是关键就是你是否想到了，然后也去做了。我之所以能够荣幸地让国王给我开这样一个庆功宴，就是在于这个关键。”继而，他又转向那位错失良机的同行：“您不要再沉浸在失望的心情里了，希望这次的经历同样能给您带来启迪，希望下一次您也能成功。”

从这个故事中，我们看到仅仅是想到而不去做，是失望的真正根源。很多美妙的想法，如果仅停留在脑海里，而不落实到行动上，不但没有任何意义，反而会在别人成功以后产生失望的不良情绪，这样更不利于人生的健康成长。

每一个人或许都有过失望的经历，你可以静下心来仔细地分析一下你失望的原因，有多少次的失望是因为你有了美好的想法，却被别人捷足先登而造成的？又有多少次失望是因为你想法在前，可是却因为行动没有坚持下来而以夭折告终而产生的？失望的情绪，是没有任何积极意义的。我们要克服失望感带来的挫败和消极，从这一次的失望中获得教训，这样才能避免下一次因为同样的原因导致失望。

再苦也要笑一笑

既然已经想到了，为什么不去行动呢？“想到”和“做到”仅仅是一字之差，可是效果却有天壤之别。很多人以为“想到”和“做到”近在咫尺，而最终的结果只给他们带来了巨大的失望。

失败：艰辛努力，付诸东流

人的一生不可能一帆风顺，失败就像前行的路上，突然出现了一道悬崖，阻断了你继续前行的路，也昭示了你前一阶段的赶路是无功的。你或许只能折回最初的出发点，重新选择方向，重新起程。这种失败自然是很折磨人的，或许我们数日，甚至数年的努力都付诸东流，但是我们没有选择，我们只能接受这样的人生安排，振奋起来，重新选择前进的路。

失败是成功的母亲。每一个成功的人也都是由失败一步一步走来的，所以不要畏惧失败，不要因为失败痛哭不止，甚至忘记了重新赶路；也不要因为害怕失败而拒绝重新来过。无论你做什么，一次成功的概率是很小的，而且越是伟大的事情，越是百经坎坷才能完成。所以，不要再为了昨天的失败而耿耿于怀，对着失败勇敢地笑一下，相信新的一天就有奇迹出现。

不可否认，失败对人的打击是巨大的，但是我们不能因为这沉重的打击就丧失了对明天的希望。表面上看因为这次失败，你先前做的努力，耗掉的时间都付诸东流，可是实际上它并不是完全没有意义的，起码它向你指明了这条方向是错误的，为你今后的正确选择奠定了基础。

作为一名成功人士，李易至今对于八年前的那次投资失败记忆犹新。对他而言，那次失败真的是命运的转折点，如果他没有迈过那个大坎，现在的他或许依然是落魄不堪。那一年，在下海经商的浪潮下，李易辞去了稳定的工作，想自己创立一番事业。

创业之路是艰难的。他的公司在激烈的市场竞争中跌跌绊绊地一路走来，虽然一直没有很多的成绩，但是也是稳中求进。不料，由于他的一次投资失败，不但没有获得利润，而且差点将他的老底全部折进去。公司的员工辞职的辞职，跳槽的跳槽，好好的一个公司眼看就垮了。看着这样的失败，一时之间，李易心灰意冷，他时常借酒浇愁，看着眼前的烂摊子，愁上加愁。家人、朋友的劝告也没有效果，那时候的他脑子里面全是“失败”两字，一想到这次失败把他好几年的心血全部赔进去了，他就寝食难安。

后来，因为精神不佳，吸烟、失眠等一系列的问题导致了他身体的不适，最终他接受了朋友和家人的劝告，去接受了心理医生的辅导。在医生的帮助下，他慢慢地开始冷静下来，开始重新思考。他意识到，生意上的失败带给他的不过是钱财的损失，但是精神上的失败则会导致他人生的损失。

自助者，天助也。在他打算振奋精神，重新来过的时候，上天也给了他一个机会。他以前的一个生意伙伴，主动联系上他，要与他共同完成一个生意计划。有了以前的经验，他在这次难得的机会中发挥了超常的慎重和冷静，圆满地完成了合作，稳赚了一笔。从那以后，他和他的公司又恢复了以前稳中求进的状态，以前的那次失败让他学会了慎重从事，也学会了如何正确地看待失败。

假想李易没有从那次失败中走出来，那么今天的成功可能只是他的幻想。每一个人都不可能永远一次做对，事实上，失败对于成功者才是珍贵的经验。如果因为一次失败，就放弃了探索，那么人或许就不会站立走路，人类文明或许也不会发展到现在的程度。

再苦也要笑一笑

人生不如意事十有八九，所以正确地看待失败的出现，不要埋怨命运对你不公。成功对于每一个人都是公平的，而你是否能从失败的阴影中走出来，继续赶路这才是你是否能取得成功的关键。相信所有的努力都不会白白流走的，它们或许正以别的形式在支持着你的成功罢了。

失恋：落花有意，流水无情

爱情，自古就是一个永恒的话题，也是人类文明的一个重要领域。无数伟大的艺术作品都来自于对伟大爱情的憧憬。与爱情直接相关的便是婚姻、家庭和谐，婚姻幸福也是一个成功人生的重要体现。和谐的家庭生活为事业成功提供了有力的支持，看那些成功人士的探索路程，他们的背后大多有一个默默无闻的伴侣的支持，才走到今天的辉煌。所以，选择一个合适的伴侣对于人生可谓是意义重大。

对于爱情的选择表面上看是与一个人有关的，但是实际上却是双方共同协调才能顺利走下去的。爱你但与你无关的论调也不过是存在于网络语言中，在现实生活中一击即碎。爱情需要双方的共同认可，否则只能以失败告终。由于爱情的问题涉及双方，我们这一小节要讲的话题便由此产生——失恋，一个很常见的人生经历，却同时又不可忽视。

失恋大多指陷入爱情中的两个人，由于某些原因，其中一人不再愿意与对方持续下去而将其抛弃的现象。不得不承认，失恋对于双方而言都是痛苦的，即使是对于提出分手的那个人而言，也是不好受的。任何一段感情的初衷都不是为了将来的决裂，所以最终走不到一起或许有很多客观因素在主导着。而很多悲观的人总因为一段恋情的失败而对自己的整个人生都画上了叉号，甚至有了殉情或者犯罪的倾向，这些都是极端且愚蠢的做法。一个人的存在价值或者意义，不应该完全通过另一个人的感情肯定而被肯定。爱情确实是人类生活中一个很重要的部分，但是绝对不是最重要的部分。你可以没有爱情而简单地生活一辈子，但是你不能因为没有吃穿住行而生活一辈子。生活的本质无非是吃穿住行，爱情不过是这些基本物质上的精神享受，有了它或许你的生活更加多彩，但是爱情不可强求，实在没有爱情这种佐料，生活依然可以过得有滋有味。

不可否认，失恋确实带给人很大的痛苦和烦恼，那种挫败感也许如同强力炸弹般让你短时间内承受不住。落花有意，流水无情，短期的痛苦和悲伤是可以理解的，但是如果一直沉湎于这种痛苦而无法自拔，那么就是非常不明智的了。天涯何处无芳草。既然感情不能勉强，何必不想开一点，给自己多一点空间，也给自己另外一个幸福的机会。死抓住一根救命草不放，或许反而因此丢失了生命。

失恋是很多人都有过的经历，乐观者和悲观者处理的方式却截然不同。对于那些乐观的人而言，他们也曾痛苦，也曾悲伤，不过他们不会让这种情绪影响到他生活的其他领域。虽然他（她）已离去，可生活依然在继续，不是吗？如果因为丢失爱情，把工作也丢掉，人生也丢掉，自我也丢掉，那岂不是很愚蠢的做法吗？作为一个坚强的人，即使被抛弃，即使眼中还有泪水，依然要对生活微笑。要相信自己，他（她）离开了你，只是因为你们不合适而已，并不代表你不优秀。他（她）的离开，是你的身边少了一个不爱你的人，而他（她）的身边少了一个爱他（她）的人，这绝对是他（她）的损失。

然而，总有部分思想极端的人，面对失恋的状况，无法把握自己的人生，或者性情大变，暴躁无比，不但影响了工作，也影响了和家人的相处；又或者暴饮暴食，自暴自弃，觉得自己活得没有意义，有了轻生的想法；更有甚者以死相逼，或者产生报复心理，最终导致两败俱伤。想想看，因为一个不爱自己的人而葬送了自己的人生，这是一种多么愚蠢的做法。

为失恋而痛苦不堪的人必须学会自我调整，自我拯救。虽然爱情不在，可是还有亲情和友情的常伴；虽然这段爱情失败，但是离开一棵树，你获得的则是整片森林；虽然他（她）选择了离开你，可是你的意义、价值依然可以从工作，生活等很多方面去体现，你可以活得更好，不是为了做给那个离开你的人看，而是因为这是“你”的人生。

再苦也要笑一笑

做一个坚强的、认真对待生活的人。这种潇洒并不代表你寡情，也不代表着你没有付出感情，而是一种成熟的人生态度。流水本无意，何必强留着。既然已经失去，为何不做一个潇洒的人，相信总有那么一方清水，愿意为你停留。

失亲：方生方死，轮回不灭

人生在世，最大的痛苦莫过于看着亲人离开而无能为力。人类生死的自然规律是我们无法更改的，既然如此，我们就要坦然地接受这一现实。逝者已去，生者犹在。对已逝亲人最大的尊重和怀念莫过于好好地活着，珍惜生命中的每一天。

面对亲人的离去，能做到坦然接受是非常不易的。生与死，是人类无法操纵的两大领域，当科学知识没有能力解释时，我们就把希望寄托在了各种宗教上。这些宗教理念或许无法用科学来验证，但是至少能够让我们更加容易接受亲人的离去。

成龙在他的博客里曾这样写道：“逝者，只是结束了在这个空间的征程，他们会以另一种状态每日陪伴着我们，给我们力量！”“这种失去亲人的痛楚让我更知道幸福的意义，知道生命的意义，在以后快乐的日子里我不会忘记抬头望望天，让天国的慈父爱母依然看得到我，继续为我骄傲快乐！”

人是不可能长生不老的，死亡对于我们人类而言，如同时间流逝一般，只能接受。我们可以把死亡理解成另一种形式的生存，这样或许能减少一下我们的悲痛。对于个人而言，生命或许是有限的，可是对于整个人类而言，生命是不断繁衍，世世相传的。亲人的离开是悲痛的，可是如果长期处于这种悲痛中，连正常的生活都无法进行下去，我想这也不是那些离开的人想要见到的。对于那些先于我们离开的人而言，我们健康的、快乐的生活才是他们在天国最希望看到的，为了不让他们担心人世间的我们，我们要选择积极的生活方式，努力的生活，不仅仅为了自己，也为了那些牵挂我们的亲人。

时间可以抚平一切，同样也可以减轻我们的痛苦。我们要相信生命是轮回不灭的，即使肉体不在，但是精神可以永存。就像成龙述说的那样，即使他们不像以前那样走动在我们身边，但是我们依然可以感觉到他们的存在，他们在精神上依然陪伴着我们，他们的爱依然环绕在我们身上，我们要把他们的爱也传播给其他的亲人，这样才是生命的价值。

再苦也要笑一笑

对于那些悲观的人，当亲人离开时，他们会瞬间失去生活的勇气，他们甚至选择死亡以逃避痛苦。这样不但让死者无法安息，也让其他亲人的痛苦更加雪上加霜。没有什么跨越不了的难关，没有什么抚平不了的伤痛。当你无能为力扭转失亲的悲剧时，只能坦然地去面对那些事实，唯有生者积极地生活，才能给死者以最大安慰。

第2章

生活多变，再苦也要笑一笑

“人生是由一连串无聊的符号组成。”我们生活中的大多数时光都在很普通的日子里度过，有时，看似很正常的生活，感觉上却似走进生活的误区。有点儿浑噩，有点儿疲惫，有点儿茫然，有点儿怨恨，总之，被苦闷所占据。此时，不妨笑一笑，我们会发现，苦闷会慢慢消失。

人生也许失意，笑一笑就能奋起

一天，一位律师到英国国家船舶博物馆参观，以调节他失意的心情。当时他刚打输了一场官司，委托人也于不久前自杀了。尽管这不是他的第一次失败辩护，也不是他遇到的第一例自杀事件，然而，每当他遇到这样的事情，总是有一种负罪感。他不知该怎样安慰那些在生意场上遭受了不幸的人，那些人有的被骗，有的被罚，也有的因打输了官司，落得债务缠身。

当他在国家船舶博物馆观看那些旧船时，忽然被一艘经历不凡的船吸引住了。这艘船原属于荷兰福勒船舶公司，于1894年下水，在大西洋上曾138次遭遇冰山，116次触礁，13次起火，207次被风暴扭断桅杆，然而它并没有沉没，英国劳埃德保险公司基于它不可思议的经历，将这艘船体变形、创痕累累的船从荷兰买回来捐给国家。

这位律师看到这艘船后，产生了一个想法：为什么不让那些生意场上的失意者来参观参观这艘船呢？于是，他就把这艘船的历史抄下来，和这艘船的照片一起挂在他的律师事务所里。每当商界的委托人请他辩护，无论输赢，他都建议他们去看看这艘船，自此，在他的委托人中，再也没有发生过自杀事件。据英国《泰晤士报》说，截止到1987年，已有1 230万人参观过这艘船。

我们的一生，也可以像那艘不沉之船一样，勇往直前。只要我们不放弃希望，乐观地对待人生的每一次挫折。

有一个人把自己多年的积蓄以及全部财产都投资到一种小型制造业上。由于对变化无常的市场把握不当，再加上前几年原料价格不断上涨等原因，他的企业垮了，而此时妻子又从原来的单位下岗，他处于绝境之中。他对自己的失败、对自己那些损失无法忘怀，毕竟那是他半辈子的心血和汗水。好几次，他都想跳楼自杀，一死了之。

一个偶然的机会，他在一个书摊上看到了一本名为《怎样走出失败》的旧书。这本书给他带来了希望和重新振作的勇气，他决定找到这本书的作者，希望作者能够帮助他重新站起来。

当他找到那本书的作者，讲完了他自己的遭遇时，那位作者却对他说："我已经以极大的兴趣听完了你的故事，我也很同情你的遭遇，但事实上，我也无能为力，一点忙也帮不上。”

他的脸立刻变得苍白，低下了头，嘴里喃喃自语：“这下子我彻底完蛋了，一点指望都没有了。”

那本书的作者听了片刻，说：“虽然我无能为力，但我可以让你见一个人，他能够让你东山再起。”

他立刻跳起来，抓住作者的手，说：“看在老天爷的分上，请你立刻带我去见他。”

作者站起身，把他领到家里的穿衣镜面前，用手指着镜子说：“这个人就是我要介绍给你的人，在这个世界上，只有这个人能够使你东山再起。除非你坐下来，彻底认识这个人，否则你只有跳楼了。因为在你对这个人没有充分认识以前，对于你自己或这个世界来说，你都将是没有任何价值的废物。”

他站在镜子面前，看着镜子里的那个满脸胡须的面孔，认真地看着。看着看着他哭了起来。

几个月之后，作者在大街上碰见这个人，几乎认不出来了。他的脸不再是几十天没刮的样子，脚步也异常轻快，头抬得高高的，衣着也焕然一新，完全是一个成功者的姿态。

他对作者说；“那一天我离开你家时，只是一个刚刚破产的失败者。我对着镜子发现自己也不愿意看到这么颓废的自己，我要改变。现在我又找到一份收入很不错的工作，妻子也重新上岗，薪水也很可观。我想用不了几年，我就会东山再起。”

一个人如果懒于行动，容易退缩，并且在困难中日益消沉，那你追求的就不是成功，而是失败了，因为我们把失败当做了终极，在这儿止步不前，将是我们一生的失败。

再苦也要笑一笑

用乐观的心态去勇敢地面对吧。快乐是一种心态，一种情绪。这种心态和情绪与挫折和失败无关。如果天下的人们，用鲜花铺满自己心灵的春天，用快乐填充自己的平常生活，一个脚印接着一个脚印地走，那么每一个脚印都是一首成功的歌！

命运也许不公，笑一笑就能扭转

一个自以为很有才华的人，一直得不到重用，为此，他愁肠百结，异常苦闷。

有一天，他去质问上帝："命运为什么对我如此不公？"上帝听了沉默不语，只是捡起了一颗不起眼的小石子，并把它扔到乱石堆中。上帝说："你去找回我刚才扔掉的那个石子。"结果，这个人翻遍了乱石堆，却无功而返。这时候，上帝又取下了自己手上的那枚戒指，然后以同样的方式扔到了乱石堆中。结果，这一次，他很快便找到了那枚戒指——那枚金光闪闪的金戒指。上帝虽然没有再说什么，但是他却一下子便醒悟了：当自己还只不过是一颗石子，而不是一块金光闪闪的金子时，就永远不要抱怨命运对自己不公平。只要自己努力把自己变成戒指就可以了。

当一个人凡事都怪运气不好的时候，他就很难跳出那个框框了。总之，最重要的是不要随随便便地就把一切责任往命运身上推。宿命论者，大多非常灰暗、悲观。他们越是这样，幸运女神就越不会去眷顾他们，他们就更相信是运气不好，而造成一种恶性循环。这种人事情做得好不好基本上并不是问题，成为问题的是他们老是把一切推到命运上这件事。

能够开朗工作的人，大多不会是宿命论者。凡事请我们都要往好的方面想。

如此一来才有可能不断地给我们带来好运，我们也就快乐起来了。

法拉第是一个穷孩子，住在伦敦的一个破旧不堪的马棚里，他每天都要背着一大捆报纸到街上去卖，每份报纸一便士，他就靠这点钱来维持自己的生活。他还在装订商和图书出版商那里当过7年的学徒。

有一次，他在装订《大不列颠百科全书》的时候，无意间看到了一篇介绍电的文章，这篇文章就像磁铁一样吸引了他，直到一口气把这篇文章读完为止。他完全被电吸引住了，只见他找来一个玻璃瓶、一个旧的平底锅，再加上几件很简单的工具，就开始做有关电的实验了。

有一位顾客被这个小男孩的好奇心感动了，他把法拉第带去听著名化学家弗莱·戴维的讲座。法拉第听了戴维的讲座，斗胆给他写了一封信，并且把自己听讲座的笔记送给戴维审阅。

就在此后的一个晚上，正当法拉第准备上床睡觉的时候，戴维的马车停在了他那很简陋的住所门口，一个仆人走下马车，递给法拉第一封戴维的亲笔信，信中邀请法拉第到他那里去。他读着这封神圣的信，简直就无法相信自己的眼睛。

第二天早晨，他去拜访戴维先生。这位科学家请法拉第给他做一些清洗实验仪器和搬运设备的工作。这对他来说是求之不得的。在做一些有危险性的试验时，戴维总是戴着一副玻璃做的安全面具，而法拉第一点也不怕这些东西，总是全神贯注地看着戴维的一举一动，戴维看到那双充满求知欲的眼睛，心里也感到很激动。

经过一段时间的观察和学习，法拉第开始做起实验来了。很快，凭着他的勤奋和悟性，他的成果不断地涌现出来。许多一流的科学家都纷纷邀请这位当初没有任何“机会”的穷孩子给他们作报告。这个自强不息的孩子，因为对知识的渴望，终于站在巨人的肩膀上，攀登上了科学的高峰。

由于他的卓越成就，法拉第被任命为伍尔韦奇皇家学院的教授。

所谓命运者，是辛苦付出和积极拼搏的结果。抱怨命运不公或者感叹自己命不好的人，肯定是一个懒惰、懦弱、不肯努力付出的人。时间改变不了一切，付出却能改变命运。

再苦也要笑一笑

命运的主人公永远都是我们自己，是我们在不断地创造着自己的命运。

困难也许很大，笑一笑就能化解

用微笑面对我们遇到的严重困境，用豁达的心态面对我们遭遇到的一切打击，那么，所有的困境和打击都会在我们的微笑面前低头。

有这样一个故事。百货店里，有个穷苦的妇人，带着一个约4岁的男孩在转圈子。走到一架照相机旁，孩子拉着妈妈的手说：“妈妈，让我照一张相吧。”妈妈弯下腰，把孩子额前的头发拢在一旁，很慈祥地说：“不要照了，你的衣服太旧了。”孩子沉默了片刻，抬起头来说：“可是，妈妈，我仍会面带微笑的。”

听完这个故事，我们已被那个小男孩简单的话感动得泪眼盈盈。试问一下，如果在生活中，我们每个人都像那个小男孩一样贫穷、衣衫褴褛，甚至一无所有，我们会像他一样从容、坦然、开怀地微笑吗？我们相信，在这个世界上，没有任何一样东西能比一个灿烂开怀的微笑更能打动人们的心。

无论我们身处何方、无论我们身兼何职、无论我们此刻陷入了多么严重的困境或遭到了多么大的挫折和打击，我们都要用微笑去面对一切。那么，一切的不幸和困惑都会屈服在我们的微笑之下。微笑是人类最简单、最易懂的语言，它能消除人与人之间的隔阂，可以化解人与人之间的坚冰。我们的一个微笑也可以抚慰自己的心灵，让生活充满了阳光雨露。

既然我们知道挫折、困境，甚至不幸的遭遇是人生道路上所不可避免的，那我们为什么不能坦然乐观地去面对这一切，让我们的灵魂始终微笑呢。自强不息是我们生命中蕴含着的不可阻挡的力量。这种力量会使我们人生中所有的苦难如轻烟一般随风飘散，然后彻底地消失。

记住：尽量消除或减少一切的消极和悲观情绪。每天，都努力在你生活的周围去寻找让我们开心和快乐的事情。

只有在绝境中仍然抓住快乐的人，才能真正领悟到快乐的真谛。

生活中的种种困境和不幸对我们造成的挫败感像乌云挡住太阳一样遮住了视线，让我们看不到光明。如果我们试着换个角度去看待这个世界，就会惊奇地发现，世界一片光明，大自然充满了生机和活力，生活是多姿多彩的。活着就要享受生活中的一切快乐和痛苦，不要钻牛角尖和自己过不去。

人活在这个世界上会遇到各种各样的事情，或喜或忧，或成功或失败，我们无从选择。我们可以做的只有调整好自己的情绪，遇到任何事情都往好的方面考虑。这样，不但能够帮助我们更好地处理各种问题，更多的是可以获得身心健康，我们又何乐而不为呢？

托尔斯泰在他的散文名篇《我的忏悔》中讲了这样一个故事：

一个男人被一只老虎追赶而掉下悬崖，庆幸的是在跌落过程中他抓住了一棵生长在悬崖边的小灌木。此时，他发现，头顶上，那只老虎正虎视眈眈地看着他，低头一看，悬崖底下还有一只老虎，更糟的是，两只老鼠正忙着啃咬悬着他生命的小灌木的根须。绝望中，他突然发现附近生长着一簇野草莓，伸手可及。于是，这人拽下草莓，塞进嘴里，自语道："多甜啊！"

在生命的旅途中，病痛、绝望、灾难、不幸都会不约而同地向我们逼近，而让我们陷入无奈的困境。不知我们是否会像上面这个故事所讲的那样，在危急时刻，还能享受一下野草莓甜甜的滋味？

只有在绝境中仍然抓住一丝快乐的人，才能真正领悟到快乐的真谛。

如果我们在逆境中可以保持理智和清醒，我们就可以因此而更加全面地认识自己的优点和不足。

日常生活中我们常面临工作不得志，情场失意，家人朋友之间的误会等。其实，生活中与人相处的种种情况，就如同冬去春来，冷暖交替的变化。等到一切都烟消云散时，我们才发现，当时的行为举动实在是幼稚、荒唐。但等到下一次类似的事情发生时，我们又一次重复地抱怨、不满，从未想过汲取以前的经验和教训。就这样我们在困惑和清醒之间游移徘徊，从原点开始，然后又回到原点，自身得不到半点的突破和成长。

生活中的逆境就如同大街上的红绿灯一样，偶尔限制我们的前进，让我们停下来做个短暂的休息，顺便看看自己是否走错了方向，这不是一种障碍，而是为了让我们更好地完成我们的旅途。

所以，当我们身处逆境时，我们应该不断自我反省，重新认识自己。因为太多的时候，我们并不能真正地认清自己，我们总是有意或无意地否定自己内心存在着的种种困惑、孤寂和空虚。同时，由恐惧引起的各种不良的负面情绪使我们错失了反省的机会。

再苦也要笑一笑

人在顺境时的得意是非常自然的事情，但我更希望我们能在逆境中苦中作乐，把自己的心情放平静，去全面地认识那个平常被我们疏忽的自己，从而帮助自己在生活中更好地成长。

烦恼也许很多，笑一笑就能快乐

有个王子，一天吃饭时，喉咙里卡了一根鱼刺，医生们束手无策。这时一位农民走过来，一个劲地扮鬼脸，逗得王子止不住地笑，终于吐出了鱼刺。

一对夫妻因为一点生活琐事吵了半天，最后丈夫低头喝闷酒，不再搭理妻子。吵过之后，妻子先想通了，便想和丈夫和好，但又感到没有台阶可下，于是她便灵机一动，炒了一盘菜端给丈夫说："吃吧，吃饱了我们接着吵。"一句话把正在生闷气的丈夫给逗乐了，见丈夫真心地笑了，她自己也乐开了。就这样，一场矛盾在笑声中化解开来。

雪莱说过："笑实在是仁爱的表现，快乐的源泉，亲近别人的桥梁。有了笑，人类对感情就容易沟通了。"

不妨给自己一个笑脸，让来自于心底的那分执著，鼓舞自己插上理想的翅膀，飞向最终的成功；让微笑激励自己产生前行的信心和动力，去战胜困难，闯过难关。

笑是快乐的象征，是快乐的源泉。笑能化解生活中的尴尬，能缓解工作中的紧张气氛，也能淡化忧郁。既然笑声有这么多的好处，我们有什么理由不让生活充满笑声呢？不妨给自己一个笑脸，让自己拥有一份坦然；还生活一片笑声，让自己勇敢地面对艰难。这是怎样的一种调解，怎样的一种豁达，怎样的一种鼓励啊！

再苦也要笑一笑

我们的一生，也可以像那艘不沉之船一样，勇往直前。只要我们不放弃希望，乐观地对待人生的每一次挫折。

脚步也许沉重，笑一笑就会轻松

我们生活中的每一天都将会是一个非常积极的经历，这一天因为用于对成功的意义进行反思而成为倒计时进程的一个里程碑。今天，当我们对自己的变化感到高兴时，不妨拿出一点时间来为自己已经取得的成功庆祝一下。正如人们所说的那样：成功的意义不在于它的目标，而在于它的过程。在这个过程中，每一个前进的步伐都带有一份快乐。我们可以恶待每一天，但我们得不到什么；我们还可以善待每一天，并且我们可以得到许多。

说这一天是有意义的一天，并不表明我们是整天耽于乐观臆想的人，恰恰相反，我们是非常实际的人。这样说是因为，我们必须确定该如何看待自己的世界，因为我们明白即使是最惨痛的失败和最沉痛的经历，里面也蕴涵着有价值的教训。每一个失败都使我们更接近成功。如果我们能够学会对自己生活中发生的每一件事情，无论是好的还是坏的，都能够作出正确的评价，我们就能够让自己的每一天的生活愈加充实完美。这种生活态度激励我们不断地走向更大的成功。成功不是一件不得不久久等待的事情，不是一件只存在于遥不可及的未来的事情，成功存在于每一天前进途中的每一个能给我们带来欣喜的小小收获之中。现在就采取这样的生活态势，明白自己已经在许多方面获得了这样那样的成功。这会让我们感觉到无论自己选择什么样的成功之路都是有意义的，从而更有信心地接近自己的成功目标。

曾有一位美国作家写过许多励志书籍，其中有一本是《只有渴望是不够的》，书中对生命的意义作出了阐述。书中作者不无尖锐地指出：我们都在努力走向成功，并竭力向周围的每一个人表明我们的努力。非常不幸的是，这种努力有的时候占据了我们的整个生活。我们从来没有时间去和我们生活周围的人们做有意义的接触，而是错误地认为我们以后会有时间再去弥补的。我们总是忽视我们所爱的人，忽略每一天平常生活中的不平常趣味，总是到了一切都已经变得太迟了时才惶恐地珍惜与懊悔。记住，在我们弥留之际躺在病榻上时，谁也不会去说："我希望把更多的时间用在生意上"。

人生如同一只在大海中航行的帆船，掌握帆船航向与命运的舵手便是自己。有的帆船能够乘风破浪，逆水行舟，而有的却经不住风浪的考验，过早地离开大海，或是被大海无情地吞噬。之所以会有如此大的差别，不在别的，而是因为舵手对待生活的态度不同。前者被乐观主宰，即使在浪尖上也不忘微笑；后者是悲观的信徒，即使起一点风也会让他们胆战心惊，让他们祈祷好几天。一个人或是面对生活闲庭信步，抑或是消极被动地忍受人生的凄风苦雨，都取决于对待生活的态度。

一个人快乐与否，不在于他处于何种境地，而在于他是否持有一颗乐观的心。对于同一轮明月，在泪眼蒙眬的柳永那里就是："杨柳岸，晓风残月。此去经年，应是良辰好景虚设。"而到了潇洒飘逸、意气风发的苏轼那里，便又成为："但愿人长久，千里共婵娟。"同是一轮明月，在持不同心态的不同人眼里，便是不同的，人生也是如此。

二胡有两根弦，小提琴有四根弦。我国古代有七弦琴，"手抚七弦琴目送飞鸿"。国外乐器竖琴有十几根弦的，也有30根弦的，最多的有36根弦。这些弦相互配合才能使乐器发出和谐悦耳的音乐，一般来说，弦越多音乐效果越丰富。

但如果只有一根弦呢？

某著名音乐家在一场音乐会上演奏一首名曲，至半途，小提琴的弦忽然断了一根，这位音乐家没有中止他的演奏，而是用剩下的三根弦继续演奏。忽而又断了一根，这位音乐家一时性起，干脆自己扯断了第三根弦，只用唯一的一根弦演奏完了这首曲子，却博得了热烈掌声。

某剧团鼓手和琴师不和，某次重要演出前鼓手在琴上做了手脚，当剧情发展到高潮，琴师正以他炉火纯青的技艺演奏时，一根弦断了。琴师用唯一的一根弦继续演奏，并给观众以一种全新的具有震撼力的感受。琴师从此名声大噪，鼓手从相反的方向成就了一个名琴师。

上天不会给我们快乐，也不会给我们痛苦，它只会给我们生活的佐料。调出什么味道的人生，那只能在我们自己。我们可以选择一个快乐的角度去看待它，也可以选择一个痛苦的角度，像做饭一样，我们可以做成苦的，也可以做成甜的。

再苦也要笑一笑

我们的生活是笑声不断，还是愁容满面；是披荆斩棘、勇往直前，还是畏手畏脚，停滞不前，这不在他人，都在我们自己。

也许不能更好，笑一笑就会满足

有些人始终对自己的生活不满意，总认为自己运气太差。那么，这些人不妨读读这篇文章：

生活是极不愉快的玩笑，不过要使它美好却也不是很难。为了做到这点，光是中头彩赢了几十万元，得了“白鹰”勋章，娶个漂亮女人，以好人出名，还是不够的——这些福分都是无常的，而且也很容易习惯。为了不断地感到幸福，甚至在苦恼和愁闷的时候也感到幸福，那就需要善于满足现状，很高兴地感到“事情原来可能更糟呢”，这是不难的。

要是火柴在你的衣袋里燃起来了，那你应当高兴，而且感谢上苍：多亏你的衣袋不是火药库。

要是有穷亲戚上别墅来找你，那你不要脸色苍白，而要喜气洋洋地叫道：“挺好，幸亏来的不是警察！”

如果你的妻子或者小姨练钢琴，那你不要发脾气，而要感谢这份福气：你是在听音乐，而不是听狼嗥或者猫的音乐会。

你该高兴，因为你不是拉长途马车的马，不是寇克的“小点”，不是旋毛虫，不是猪，不是驴，不是茨冈人牵的熊，不是臭虫。

如果你不是住在边远的地方，那你一想起命运总算没有把你送到边远的地方去，你岂不觉着幸福？

要是你有一颗牙痛起来，那你就该高兴：幸亏不是满口的牙痛起来。

你该高兴，因为你居然可以不必读《公民报》，不必坐在垃圾车上，不必一下子跟三个人结婚。

要是给你送到警察局去了，那就该乐得跳起来，因为多亏没有把你送到地狱的大火里去。

要是你挨了一顿桦木棒子的打，那就该蹦蹦跳跳，叫道：“我多么运气，人家总算没有拿带刺的棒子打我！”

要是你的妻子对你变了心，那就该高兴，多亏她背叛的是你，不是国家。

依此类推……朋友，照着我的劝告去做吧，你的生活就会欢乐无穷了。

这篇文章是契诃夫《外国名家随笔金库》中的一篇，原本是契诃夫对企图自杀者的进言。一般人看了以后都会忍俊不禁，幽默诙谐当中的确蕴含了丰富的哲理，寄寓了他对真诚生活的向往。

将这篇文章伸展开来，我们可以想：

如果虚度了今天，那么就暗自庆幸，还有明天，可以重新开始。

如果错过了太阳，不要流泪，不然就要错过群星了。

如果正在刮台风下雨的时候，我们正在街上，把雨伞打开就够了，犯不着去说：“该死的天，又下雨了！”这样说对于雨滴，对于云和风都不起作用。我们不如说：多好的一场雨啊！这句话对雨滴同样不起作用，但是它对我们自己有好处，同时也可以把快乐传递给别人。

深圳的一次“城市精英”培训班上，有一个公司的总经理在公众面前谈他的成功经验时说：“我其实没有什么成功经验。到今天为止，40多年来，我每天做的都是很平常的事情。每天我都按计划做我每天的事情，一件事情做完了，接着再做下一件事情。走到今天，应该说我对自己还是满意的，因为，我计划中的目标都实现了。我在深圳有自己的房子、车子、公司，最近又将父母接到了身边，我感到生活让我平实地走了过来，我对生活也充满着挚爱，我在生活中学会了平常的付出，而生活却给了我超常的回报。”

这也是一种成功。

再苦也要笑一笑

生活是一面镜子，我们对它笑，它就对我们笑；我们冲它哭，它就冲我们哭。是哭是笑，取决于我们怎么样面对它。每天对自己笑一笑，笑出一份好心情，笑出一份自信。每天对自己笑一笑，就是自我调整情绪，给自己一份轻松，让自己有一种良好的心态。

Art·K
DESIGN COMMUNICATION ART-K
Copyright ©by www.iartk.com All Rights Reserved
URL:http://www.iartk.com / mail:iartk@paran.com

第3章

道路崎岖，乐观能摆平一切

在这个世界上，两种不同的人造就了两种不同的态度：悲观的人，选择了消极的态度；乐观的人，则选择了积极的态度。面对生活，悲观的人总是会失望，甚至是绝望；相反，乐观的人却总是在失望中找到最后的一线希望。精神可以击垮厄运，情绪可以支配人生，只要我们选择和酿造豁达乐观、积极向上的情绪，我们就会在人生的旅途中走向快乐，走向成功。

想要击垮厄运，首先振奋精神

不论是先天的，还是后天的，只要我们能够意识到自我，我们就会改变自己。

在这个世界上，每个人的性格千差万别，情感也是千姿百态，胆大或胆小，内向或外向，乐观或悲观，自信或自卑，它们并不单单取决于所谓的遗传基因，更多的在于后天的陶冶和磨炼。

根据心理学家的调查表明，至少75%以上的成年人都认为自己的一系列情感，如愤怒、兴奋、快乐、埋怨、恐惧都是自然形成的，是无法选择和控制的。于是，他们便听天由命，任由感情摆布。这正好说明大部分人的情感和性格是由外界的环境等因素所掌控的。事实上，我们不但能够磨炼自己的性格，也可以选择自己的情感，只要我们用远大的目光去认识和看待我们生存的这个世界，用顽强的毅力去改造我们周围的环境，用豁达的心情去认知和感悟我们的一切遭遇，我们就一定能够清除自己心理上的障碍和阴影。

生活中许多的烦心、哀愁和不如意常常都是“自寻烦恼”、“庸人自扰”的结果。有些看起来复杂的事情其实根本不重要，只是我们对生活的理解不够豁达宽容，而使某个问题成了一条捆绑生命活力的锁链。

精神可以击垮厄运，情绪可以支配人生，只要我们选择和酿造豁达乐观、积极向上的情绪，我们就会在人生的旅途中走向快乐，走向成功。

当一个人能从心里对自己的生命充满感激意识时，他所散发出来的魅力能让世间所有的人感动。

有一个伟人曾说：“当鞋合脚时，脚便被忘却了。”太多的时候，我们的生命处于被遗忘的状态。太刻意于外在的东西，内在的宝贵便淡化了。事实上，在上天赐予我们生命的时候，也赋予了我们快乐的能力。人之所以痛苦的根源在于，人在心灵上的难以满足，对生命有太多的不满和抱怨，唯独少了一份感谢，快乐也因此与他们无缘。

有一个人每天都很苦恼。有一天黄昏，他经过一座小桥，看见了一个木推车，车上有一个又丑又胖的女人，那女人坐在车子上，怀里搂着她儿子（肯定是她儿子，因为小男孩那副丑相简直就是那女人的翻版），周围还有破箱子、破麻袋、草席、水桶、饼干盒、汽车轮等，她被大包小包前呼后拥地围着。

那男人（想必是她丈夫）龇牙咧嘴地推着车子，黄褐色的头发湿淋淋地贴在尖尖的头颅上，打着赤膊，夕阳下的皮肤红得发亮，半长不短的裤子松垮垮地吊在屁股上。男人推木推车上桥时，他的裤子快掉了下来，露出半个屁股。

男人都快累死了，那胖女人坐得心安理得，还悠哉游哉地吃着雪糕呢！又黑又亮又结实得铁棍似的手臂里的小男孩，时不时把母亲拿着雪糕的手抓过去咬一口，母子两人在木推车上争着吃，脸上尽是笑，女人笑得眼睛更小、鼻更塌、嘴巴更大。脸上可能搽了粉，黑不黑，白不白，有点灰有点青，粗硬的头发让风吹得在头顶纠成一团，而后面那瘦男人看得那么开心。

突然，不知怎么回事，木推车不听话地直往桥头一棵椰子树冲去，男人直着脖子拼命拉，裤子就要掉下来了，木推车还是向椰子树一头撞去，女人手中的碎冰草莓撒了她跟小男孩一头一脸。谁知那男人一手丢了木推车，望着车上的母子俩大笑，女人一边抹去脸上的草莓，一边咒骂，一边跟着笑。

看着这一家三口笑得死去活来，这个烦恼的人也放怀跟着他们恣意地大笑一场。

是啊，管什么男的讲风度，女的讲气质，什么人生的理想，生活的目标，什么经济不景气，借人家一百万会不会给逼债？这家三口，男人的黄发和木推车以及车上的蛤蜊和黑白仔告诉我们，他是捕鱼郎，女人大概是摆地摊的小贩，每天快快乐乐地出海摸摸蛤蜊，快快乐乐地赶集摆地摊，然后跟着夕阳回家。

丑成那样，穷成那样，又有什么关系呢？

当一个人对自己的生命充满了发自内心的感激时，他所散发出来的魅力能让世界上所有的人都感动。

杰米·杜兰特是上一代的伟大艺人之一。他曾被邀参加一场慰问第二次世界大战退伍军人的演讲，但他告诉邀请单位自己行程很紧，连几分钟也抽不出来，不过假如让他作一段独白，然后马上离开赶赴另一场演讲的话，他愿意参加，安排演讲的负责人欣然同意。

当杰米走到台上，有趣的事发生了。他做完了独白，并没有立刻离开，掌声愈来愈响，他没有离去。他连续演讲了15分钟、20分钟、30分钟，最后，终于鞠躬下台，后台的人拦住他问道："我以为你只讲几分钟哩！怎么回事？"杰米回答："我本打算离开，但我可以让你明白我为何留下，你自己看看第一排的观众便会明白。"

第一排坐着两个士兵，两人均在战争中失去一只手。一个人失去左手，另一个则失去右手。他们正在一起鼓掌，而且拍得又开心，又响亮。

不知大家读完这两则故事时是否和我们一样有一种心灵上的震撼。无论是失去了手的士兵，还是那对又穷又丑的夫妇，他们身上体现了一种对自己的热爱以及对生命的珍惜。这都来自于他们对生命的感激。

那么，如果我们还活着，如果我们还不是特别地穷困潦倒，如果我们还有健全的四肢，我们有什么理由不对生命充满感激呢？

人生快乐也是一辈子，痛苦也是一辈子，那我们为什么不让自己活得快乐乐观一点呢？

生活中，人总是在追求最大的幸福，具体地说，是不断地提高自己的物质生活水平。

然而，太多的时候，生活并不是一帆风顺，事事如意。王子和公主的浪漫和幸福只是写在童话里的，那只是人们对美好生活的一种向往。

大部分人误以为金钱是幸福的象征。也许我们正羡慕着别人的洋房、洋车以及手里大把大把的钞票。

但太多的例子证明，金钱并不能使人感到最大程度的幸福。我们可以用钱买来舒适的床铺，但买不来良好的睡眠。我们可以用钱买来高档的化妆品，但我们买不来美丽。

我们可以用钱买来漂亮的房子，但我们买不来幸福的家。我们可以用钱买来昂贵的保健品，但买不来健康。

因此，我们无法用金钱买来幸福，幸福不是写在我们脸上的，而是自己从心底感觉到的。

有人曾说过，“人之所以幸福，是他的心灵感到幸福”。幸福其实很简单：它是家庭餐桌上的欢歌笑语；是我们生病时，亲友一句亲切的问候和祝福；是花前月下情人的牵手漫步；是和心爱的人白头到老。

幸福是一种感觉，它就藏匿在我们生活的空间中，是生活点点滴滴的汇聚。因此，每个人如果都知道乐观积极的态度可以使我们拥有幸福、希望、勇气和力量的话，就应该努力获取我们真正想要得到的东西。

再苦也要笑一笑

人生是短暂的，如烟花般的短暂炫目，转瞬即逝。快快乐乐是一辈子，愁眉苦脸的生活也要我们慢慢走过，那我们为什么不让自己活得轻松而又快乐呢？当我们选择了轻松快乐，就会觉得整个世界，乃至整个宇宙都在幸福快乐的笼罩之中。

想要打破困境，首先学会微笑

我们生活中所遇到的每个问题都会在某个时间，由某个人，用某种方法给予解答的。

在这个科技不断发展、竞争白热化的时代，我们每个人随时都将面临被淘汰的局面。经济危机、就业危机使我们中的一部分人陷入了无限的焦虑，甚至是恐惧，这种情绪对我们心理施加了压力，进而导致了我们悲观绝望的心态。我们应当努力克服它，学会在黑暗中寻找光明。

生活中失败和挫折是难免的，问题的关键是当挫折和失败来临时，我们应该仔细地分析它，进而得到解决问题的方法。千万不要放大挫折，它未必是我们想象的那么糟，更不要把失败归结于命运，认为所有的挫折都是冥冥之中注定的。这样的话，在困难面前，我们会失去主动权而变得尤为被动。

人人都品尝过芝麻蕉，当提到芝麻蕉的时候，我们也许会不由自主地回味起它的香甜，但你是否知道它的由来呢？下面我们一起分享一个化阻力为动力的故事，希望你能从中获得启发。

在美国的一个小镇，有一位在市场上卖香蕉的小贩，由于他人缘特别好，再加上他所卖的香蕉品质上乘，所以生意一直非常好。有一天，在市场的一个角落突然冒出了火苗，并四处燃烧起来，还好，消防车来得快，很快就把火扑灭了，所以火苗并没有烧到这位卖香蕉小贩的摊位。但是由于温度过高，隔了没多久那些香蕉的表皮上全都长满了一些黑色的小斑点，虽然肉质并没有变坏，但是看起来总是不雅，谁还会买来吃呢？

小贩眼看着就要亏本，心中十分懊恼，问题既然发生了，总是要解决的，他相信一定会有办法。趁市场重新整修之际，他换了个地方继续卖香蕉，而原来那批有黑点的香蕉他想了一个法子来促销，结果竟然还销售一空了。

原来当他一筹莫展望着香蕉的时候，突然灵感闪现，他想香蕉上长满了黑色小斑点，远远看去就好像芝麻撒在香蕉上一样，既然如此，为什么不给它取个“芝麻蕉”的新名称，结果引起了大家的好奇，大家相信这种香蕉一定是更香更甜，味更美，所以争相购买，成了畅销品。

通过这个故事，我们是否悟出这样一个道理：当我们在困境中如果能保持乐观的想法，那么，我们终究会获得解决困境的方法。如果我们只盯着当时不好的局面，让困惑笼罩，我们的问题不但不会得到解决，反而会更加恶化。当我们为没有鞋穿而苦恼时，有人已失去了脚，当我们为没有脚而痛苦时，也许有人连生命都失去了。

切记：凡事往好处想。

常在商店中见到一尊佛像，但这尊佛像与其他的佛像大异其趣。他光着大肚皮坐卧于地，咧嘴露牙地捧腹大笑，看起来特别具有亲和力及喜悦感。他便是“大肚能容，了却人间多少事；满腔欢喜，笑开天下古今愁”的弥勒佛。

弥勒佛之所以令人敬服的特质，就在于他的“豁达大度”。一件事有许多角度，有好的一面，亦有坏的一面，有乐观的一面，亦有悲观的一面。就好比一个碗缺了个角，乍看之下，好似不能再用；若肯转个角度来看，我们将发现，那个碗的其他地方都是好的，还是可以用的。

若凡事皆能往好的、乐观的方向看，必将会希望无穷；反之，一味地往坏的、悲观的方向看，定觉兴致索然。

一个小女孩只有3岁，晚餐时，每每执着汤匙要“自己来”，但次次皆被母亲夺走，而母亲通常的回答是“你还不会”。当有朋友造访她们家时，小女孩竟然说：“你帮我。”

由此可见，孩子的热情被一而再、再而三地浇灭后，便容易产生依赖性。久而久之，将变成一个怕做错事而受嘲骂、缺乏自信的人，等到将来长大，自然会畏畏缩缩，没有勇气尝试突破困境。

凡事往好的方面想，自然会心胸宽大，也较能容纳别人的意见。宽大的心胸，不但可以使人由别的角度去看事情，更能使自己过上悠然自得的日子。

有一回，释尊的一位大弟子被一位婆罗门侮辱，但他对于婆罗门的辱骂只是充耳不闻，未予理会。因为他知道，一个会以辱骂别人来凸显自己的人，在个人的修养和品行上都有问题。

婆罗门见到他无端被自己辱骂，不但没有生气，且微笑地答辩，真不愧是圣者，终于自知理亏地离开了。

我们应该效法弥勒佛笑口常开的个性，并学习他用积极开朗的态度去解决一切问题。在这充满争斗的繁华世界之中，唯有以最自然无争的态度，并处处流露服务他人的意念，才能散发人性至真、至善、至美的光明面。

再苦也要笑一笑

西谚有云：“当你笑时，全世界都跟着你笑；当你哭泣时，只有你一人哭泣。”日谚有云：“笑门福来。”如果我们想要福气的话，在每天出门时就多练习笑容吧！

想要摆脱不幸，首先转变态度

有一个人，他觉得自己从小到大都是一名失败者，失败永远陪伴在他的身边，因此他从来都不快乐。他感到上天的不公平，于是，他决定去寻找上帝，询问上帝快乐是什么。这个人翻山越岭，来到河边，见到一位老翁，就走过去问："老人家，快乐是什么?"那位老人回答他："快乐就是每天都能钓到鱼，那就是快乐。"这位年轻人继续他的旅途，他渡过了河，来到了森林中，遇见一个正在赶路的中年男人，就问他："快乐是什么?"那个中年男人回答他："快乐就是每天都能捕获野兽。"

有一位住在佛罗里达州的快乐农场主，他曾创造了一个商业上的奇迹。在他当初买下那块农场时，那里土地贫瘠，各种果树都不适合种植，甚至连养猪也不适宜。除了一些矮灌木与响尾蛇，什么都难以生存，他几乎看不出这块土地还有什么用途。因此一开始，他的心情十分低落。后来他想到个好主意，他决定再投资，开发利用这些响尾蛇资源。于是他不顾大家的反对，他开始把响尾蛇肉加工成罐头。而且，旅游资源也成了他的又一生财之道，每年有平均两万名游客到他的响尾蛇农庄来参观。游客到这里亲眼目睹毒液被抽出后送往实验室制作血清，蛇皮被他高价售给制鞋工厂生产女鞋与皮包，蛇肉罐头则运往世界各地。连当地邮戳都盖着"佛罗里达州响尾蛇村"，可见当地人都以这位把毒柠檬做成甜柠檬汁的农场主为荣。

快乐的人生态度，总能使人把不幸化为一种机会。哈里·爱默生·佛斯狄克曾语重心长地说："真正的快乐不一定是愉悦的，它多半是一种思想上的胜利。"没错，快乐源自一种成就感，一种自我超越的胜利，一种将酸柠檬榨成柠檬汁的经历。

再苦也要笑一笑

每天清晨都告诉自己：生活是如此美好，我感到很快乐。懂得为自己歌唱、为生活歌唱、为生命歌唱的人，快乐就会紧紧相随。当我们快乐时，周围的人受到我们的感染，也乐得心情舒爽、开朗，自然喜欢与我们亲近。

想要赶走悲观，首先迎接乐观

上苍如果对我们关上了一扇门，它会给我们打开另外一扇门，至少还可以为我们留一个窗户。

面对生活，悲观的人总是看到失望，甚至是绝望；相反，乐观的人却总是在失望中找到最后的一线希望。下面这个故事可以帮助我们更加明晰悲观和乐观的意义。

一位父亲欲对孪生兄弟做“性格改造”。一天，他买了许多色泽鲜艳的玩具给一个孩子，又把另一个孩子送进了一间堆满马粪的车库里。

第二天清晨，父亲看到得到玩具的孩子正泣不成声，便问：“为什么不玩那些新玩具呢？”

“玩了就会坏的。”孩子仍在哭泣。

父亲叹了口气，走进车库，却发现那个被关在屋里的孩子正兴高采烈地在马粪里掏东西。“告诉你，爸爸，”那孩子得意洋洋地向父亲宣称，“我想马粪堆里一定还藏着一匹小马呢！”

事实上，人所处的环境和自身的遭遇无所谓好坏，问题的关键在于我们如何去想。悲观的人和乐观的人的差别恰恰在于对待事情不同的看法上。假如在我们如饥似渴的时候，看到了半杯水，那么我们是选择为自己拥有半杯水而庆幸呢，还是不停地抱怨，怎么不是一杯或一桶水呢？

一位心理学家曾经做过一个试验，他让一批学生打电话给陌生人，让他们为某赈灾机构捐款。当他们打了一两次电话而毫无结果的时候，悲观的学生说：“我干不了这事。”乐观学生则说：“我要换个法儿去试试。”这位心理学家认为：如果感到失望，那他就不会去掌握获得成功所必需的技能。

乐观者之所以成功是因为当事情一旦出差错时，他们总是尽力寻找出差错的原因，及时补救。在他们看来，成功应归功于自己的努力。而悲观者则是一味地抱怨、责备自己，为什么会出差错，他们把自己的成功视为一种侥幸。悲观是事业成功道路上的有害细菌，它会不断地繁殖扩散，把人的心灵笼罩在阴影之下，使人失去了进取的动力。而乐观则如同明朗天空中的阳光，给人以无穷无尽的斗志和勇气。

因此，一定要做一个乐观的人，不要让悲观占据我们的心灵。

再苦也要笑一笑

当我们偶尔对人生失望，对自己过分关心的时候，我们也会沮丧，也会悄悄地怨几句老天爷，可是一想起自己已经拥有的一切，便马上纠正自己的心情，不再怨叹，高高兴兴地活下去。不但如此，我们也应该把快乐当成一种传染病，每天将它感染给我所接触的社会和人群。

想要征服世界，首先征服悲观

如果我们曾细心观察过周围的成功人士，我们会发现，他们中大多数人都拥有乐观的秉性，而那些怨天尤人，吹毛求疵的人通常容易陷入平庸无为的沮丧境地。

这并非巧合，在乐观与成功之间，仿佛有自然而然的因果关系存在。

我们相信，乐观对我们事业的成功举足轻重。通常，有志于自主创业的人们在事业之初，往往面临否定、疑惑等消极信息，而唯有积极的态度，才能开启事业之门，并使之始终充满活力，乐观能促使我们排除疑惑，更加自信，乐观能使我们设定目标，全情投入，乐观能使我们坚持到底，收获丰盛。

诚然，这世界并不总是向我们展示它乐观的一面，也并不是所有人都在积极的环境中成长，我们可能不是天生的乐观，但我们可以学习选择乐观。放弃生活中消极的一面，把握生活中积极的一面，当一切尘埃落定，我们会发现，生活中阳光总是多过风雨。

而今，乐观的心态有利于我们的事业、学习，可能带来的还有人生的改变，这已经被证明。自主创业需要乐观精神。不妨现在就行动，把乐观融入我们自己的人生哲学和生活方式中。

一代球王贝利1940年10月12日出生在巴西特雷斯科拉索内斯镇的一个贫寒家庭，小时只能赤脚踢球。13岁时，他开始代表当地的包鲁俱乐部少年队踢球，使该队连续三年获包鲁市冠军。这位天才少年引起人们注目。1956年，著名的桑托斯队邀其入队，头一年，就攻入32个球，成为该队最年轻的射手。

1957年，未满17岁的贝利首次入选国家队，并首次参加世界杯赛。他以惊人的技巧驰骋赛场，使足坛惊呼：巴西出现了一位神童！在这位神童的激励下，巴西队愈战愈勇，一一击溃强劲对手，第一次为祖国捧回了世界杯。此后，在贝利统领下，巴西队又夺得1962年第7届和1970年第9届世界杯赛冠军，贝利本人也成为至今世界上唯一一位夺得过三届世界杯冠军的球员。

贝利是现代足球运动中最出类拔萃的人物，他功勋卓著，成就非凡，一直成为后人追寻的榜样。在其长达22年的职业足球生涯中，他共参赛1 364场，射入1 282球，他赢得过世界杯冠军、洲际俱乐部杯赛冠军、南美解放者杯赛冠军，几乎赢得了国际足坛上一切成就，被人们誉为“一代球王”。

1977年10月10日，人们为球王举行了盛大告别赛，赛后，贝利在队友和观众的欢呼声中挥泪离场，结束了非凡的绿荫生涯。

他初到巴西最有名气的桑托斯足球队时，他害怕那些大球星瞧不起自己，竟紧张得一夜未眠，他本是球场上的佼佼者，但却无端地怀疑自己，恐惧他人。后来他设法在球场上忘掉自我，专注踢球，保持一种泰然自若的心态，从此便以锐不可当之势进了一千多个球。球王贝利战胜自卑的过程告诉我们：不要怀疑自己、贬低自己，只要勇往直前，付诸行动，就一定能走向成功。久而久之，就会从紧张、恐惧、自卑当中解脱出来。因此，不甘自卑，发愤图强，积极补偿，是医治自卑的良药。

乐观是人们对事业和前途充满信心的一种精神面貌，是成功者应有的品质。乐观来自何处？乐观来自对生活的强烈的爱。乐观并不是回避困难，乐观是笑对人生的体验。乐观的基础是对人生有美好追求。乐观的大敌是谁呢？是悲观。

一位著名的政治家曾经说过："想要征服世界，首先要征服自己的悲观。"在人生中，悲观的情绪笼罩着生命中的各个阶段。战胜悲观的情绪，用开朗、乐观的情绪支配自己的生命，你就会发现生活有趣得多。悲观是一个幽灵，能征服自己的悲观情绪便能征服世界上的一切困难之事。人生中悲观的情绪不可能没有，要紧的是要击败它，征服它。

人生在世不如意事十之八九，这是一种客观规律，不以人的意志为转移。倘若把不如意的事情看成是自己构想的一篇小说或是一场戏剧，自己就是那部作品中的一个主角，心情就会变好许多。一味地沉浸在不如意的忧愁中，只能使不如意变得更不如意。

"去留无意，闲看庭前花开花落；宠辱不惊，漫随天际云卷云舒。"既然悲观于事无补，那我们何不用乐观的态度来对待人生，守住乐观的心境呢？

用乐观的态度对待人生，可看到"青草池边处处花"，"百鸟枝头唱春山"，用悲观的态度对待人生，举目只是"黄梅时节家家雨"，低眉即听"风过芭蕉雨滴残"。

譬如打开窗户看夜空，有的人看到的是星光璀璨，夜空明媚；有的人看到的是黑暗一片。一个心态正常的人可在茫茫的夜空中读出星光的灿烂，增强自己对生活的自信；一个心态不正常的人让黑暗埋葬了自己且越葬越深。

再苦也要笑一笑

用乐观的态度对待人生就要微笑着对待生活，微笑是乐观击败悲观的最有力武器。无论生命走到哪个地步，都不要忘记微笑着看待一切。微笑着，生命才能征服纷至沓来的厄运；微笑着，生命才能将不利于自己的局面一点点打开。

想要享受生活，首先敞开心扉

面对困难时，人一般有两种反应：一种是很在乎，一种是不在乎。心理素质好的人不会把倒霉当做什么事儿，可心理素质稍微差一些的人就不同了。他们认为上天不公，于是怨天尤人，甚至心怀怨恨，于是以前一个热情的人也会变得冷漠，以前一个善良慈爱的人也会开始生恨。

于是在陌生人问路时，他不会动动嘴，而是不理不睬或者故意指错方向；马路上有人丢了东西，他看在眼里，绝不会喊他一下；散步时踩到一块石子，不是踢到路边去，而是踢到路中间；单位来了新同事，没有给他一个微笑，而是冷眼欺生；有人遇到倒霉事，他更加不会安慰几句，而是站在一旁幸灾乐祸；有人做了好事，他也不满，全是一股嫉妒之心等。

倒霉之后，是保持正常的心态，还是带着恶意去生活，其实是一个态度的选择，而且是一种很重要的选择，每个人都绕不过去的。选择善意的人心情是明朗的、愉快的、坦荡的、温馨的；选择恶意的人，心境常常是阴暗的、烦躁的、猥琐的。这种善说不上大善，这种恶说不上大恶。但日积月累着善意和恶意，却会使人发生质的分化。向善会使人升华为高尚，向恶会使人堕落为卑劣。向善的人会生活平静，一步步走向成功；向恶的人会事事觉得不顺，一步步走向失意。比如生活中，人最讨厌也最常见的“长舌妇”或者“长舌男”，几乎每个单位都会有。仔细观察一下，我们会惊讶地发现，这些人几乎无一例外都是些生活中的失意者。一个家庭幸福、工作顺利的人，一般不会做这种事。这类人不做正经事或者做不了正经事，就无事生非，平日连看人的眼神都不对，鬼鬼祟祟、伸头探脑，打探别人的隐私，散布一些流言，今天捣鼓张三，明天捣鼓李四，人见人怕，还自以为得意。但如果把精力放在这上头，就说明他或她的日子已经不妙了。一个在生活中被人害怕的人，肯定是一个被孤立的人，在别人心里又是最没有分量的人，当然会被人轻视。被人轻视又会造成他或她更大的失落和不如意。如此恶性循环，终至变态扭曲，狂躁不安，把自己弄得灰头土脸。这种人既不会有家庭幸福，也不可能享受到同事朋友间的友谊，事业也难有所成。

向善，多一点生活的善意，是一种生活的选择，也是一种人生的境界。我们日积月累的是阳光，生活自然会充满灿烂。

人生如浩瀚神秘的大海，时而风平浪静，一碧万顷；时而狂飙怒号，浊浪裂岸。

人生如变幻莫测的天空，瞬息阳光挥洒，白云悠扬，彩虹飞架；瞬息乌云密布，电闪雷鸣，风狂雨暴。

人生如一支优美动听的乐曲，一段高昂激荡，震天动地，促人警醒；一段浑厚低沉，婉转回肠，催人泪下。

人生如四季，春天鸟语花香，生机勃勃；夏天水清叶绿，骄阳似火；秋天金黄灿烂，馨香浓郁；冬天银装素裹，深沉睿智。

人生有喜有悲、有聚有散、有乐有苦、有得有失、有沉有浮、有爱有恨、有生有死。

为人夫者有丈夫的甜蜜和苦衷，为人妻者有妻子的幸福和辛酸，做父母的有父母的欣慰和艰辛，做儿女的有儿女的骄傲和屈懑。从政者有官场上的得意和危机，经商者有商海的亨运和风险，农耕者有田园的安逸和艰难，治学者有纸墨的雅趣和清贫。

人生得意时，不可欣喜若狂，目空一切；人生失意时，切忌长吁短叹，自暴自弃。人生得意时，要珍惜生活，清醒头脑，不管别人阿谀奉承还是献媚恭维；人生失意时，要热爱生活，振作精神，不管别人指手画脚还是冷嘲热讽。

也许一个梦难圆，一个理想未能实现。来一次开怀畅饮，对月长歌又何妨？

笑对人生，相信生活不会亏待每一位热爱她的人。

生命的航船难免遇到险滩恶浪，如何驾驶生命的小舟，让它迎风破浪，驶向成功的彼岸？这需要我们的勇气，不管风吹浪打，胜似闲庭信步，以百折不挠的意志去面对困难，以一种平常心去面对挫折，自信天生我才必有用，相信我们会从山重水复疑无路峰回路转至柳暗花明又一村的境地，迎接我们的必将是山巅的无限风光。人生难免有起伏，没有经历过失败的人生不是完整的人生。没有河床的冲刷，便没有钻石的璀璨；没有地壳的底蕴，便没有金子的辉煌；没有挫折的考验，也便没有不屈的人格。正因为有挫折，才有勇士与懦夫之分，愿我们都能做不屈的斗士。记住“天降大任于斯人也，必先苦其心志，劳其筋骨，饿其体肤，空乏其身，行拂乱其所为，所以动心忍性，曾益其所不能”。这便是磨难、逆境塑造人！人的一生，需要奋斗，唯有奋斗，才有成功！幸运的花环，只属于那些做好了特殊准备的人。在奋斗中寻找乐趣，与天地斗，其乐无穷。当我们播撒的汗水结出丰硕的果实，我们必然会体会到成功的欣喜，从而树立自信，更加坚定地奋斗不息。

勉励自己，关怀社会，有太多事情需要我们出手帮忙。很多人对人不尊重，对事不负责，对自己不要求，对物不珍惜，对神不感恩，遇到挫折情绪就翻腾——这是拿情绪惩罚自己，拿错误惩罚别人。告诉自己，挫折只是一件事，不能占据我们的心，否则就是把快乐拒于门外；相对的，满心的快乐，挫折就进不来。

再苦也要笑一笑

一张笑脸，一个真挚的眼神，一句知心的话，都会给处于困境中的人以莫大慰藉，以融化他们心中的坚冰，鼓起生活的希望，增强生活的信心，让漂泊在黑暗之中的心灵小舟找到停泊点。敞开我们的心扉，微笑面对生活，用一颗心去拥抱生活。

想要看得真切，首先换个角度

在困境中，人们往往看不清楚方向，正所谓“云深不知处”，这时保持积极向上的心态更为重要。

就像这样的情况：烈日、沙漠，两个人艰难地走着，一个人沮丧地说：“完了，我们只有半瓶水了。”另一个却很高兴，叫道：“太好了，我们还有半瓶水啊！”

换个角度看问题会使我们得到满足，会使我们拥有快乐，会使我们……世界只有一个，换个角度看，我们就会发现美好的、与众不同的第二个世界。

杰里是美国一家餐厅的经理，他总是有好心情，当别人问他最近过得如何，他总是有好消息可以说。

当他换工作的时候，许多服务生都跟着他从这家餐厅换到另一家，为什么呢？因为杰里是个天生的激励者，如果有某位员工今天运气不好，杰里总是适时地告诉那位员工往好的方面想。

这样的情境真的让人很好奇，所以有一天有人问杰里：“很少有人能够老是那样地积极乐观，你是怎么办到的？”

杰里回答：“每天早上我起来告诉自己，我今天有两种选择，我可以选择好心情或者我可以选择坏心情，我总是选择有好心情。即使有不好的事发生，我可以选择做个受害者或是选择从中学习，我总是选择从中学习。每当有人跑来跟我抱怨，我可以选择接受抱怨或者指出生命的光明面，我总是选择生命的光明面。”

“但并不是每件事都那么容易啊！”那人抗议道。

“的确如此。”杰里说，“生命就是一连串的选择，每个状况都是一个选择，你选择如何响应，你选择人们如何影响你的心情，你选择处于好心情或是坏心情，你选择如何过你的生活。”

数年后，杰里遇到了一件意外的事：

有一天他忘记关上餐厅的后门，结果早上三个武装歹徒闯入抢劫，他们要挟杰里打开保险箱。由于过度紧张，杰里弄错了一个号码，造成抢匪的惊慌，开枪射击杰里。

幸运的是，杰里很快地被邻居发现，紧急送到医院抢救，经过18个小时的外科手术，以及精心照顾，杰里终于出院了，还有颗子弹留在他身上。

事件发生6个月之后，杰里的朋友遇到杰里，问他最近怎么样，他回答："我很幸运了。要看看我的伤痕吗？"

朋友婉拒了，问杰里当抢匪闯入的时候他的心路历程。

杰里答道："我第一件想到的事情是我应该锁后门的，当他们击中我之后，我躺在地板上，还记得我有两个选择：'我可以选择生，或选择死。我选择活下去。'"

"你不害怕吗？"朋友问他。

杰里继续说："医护人员真了不起，他们一直告诉我没事，放心。但是在他们将我推入紧急手术间的路上，我看到医生跟护士脸上忧虑的神情，我真的被吓着了，他们的脸上好像写着'他已经是个死人了'，我知道我需要采取行动。"

"当时你做了什么？"朋友问。

杰里说："嗯！当时有个高大的护士用吼叫的音量问我一个问题，她问我是否会对什么东西过敏。我回答'有'。"

"这时医生跟护士都停下来等待我的回答。"

"我深深地吸了一口气喊着：'子弹！'"

"这时医生和护士都在笑，脸上的忧虑神情都渐渐消失了，听他们笑完之后，我告诉他们：'我现在选择活下去，请把我当做一个活生生的人来开刀，不是一个活死人。'"

杰里能活下去当然要归功于医生的精湛医术，但同时也由于他令人惊异的乐观态度。

我们从他身上能够学到，每天我们都能选择享受我们的生命或是憎恨它。真正属于我们的权利——没有人能够控制或夺去的东西——就是我们的态度。如果我们能时时注意这个事实，我们生命中的其他事情都会变得容易许多。

再苦也要笑一笑

换个角度看世界，世界真的会不同。积极的心态很重要，它促使我们在面对矛盾和困难的时候，可以平和地对待。事情都是有正反面的，我们只有摆正心态，才能透过现象看本质，才能险中求胜！

想要快乐生活，首先寻找快乐

有一位老师教小学生写作文，题目是："快乐是什么？"一个小女孩写道："快乐就是在寒冷的夜晚钻进厚厚的被子里。快乐就是让自己快乐。"是的，快乐就是让自己快乐。

人是需要享受生命的。无论我们多忙，我们总有时间选择两件事：快乐还是不快乐。早上起床的时候，也许我们自己还不晓得，不过我们的确已选择了让自己快乐还是不快乐。

历史学家维尔·杜兰特希望在知识中寻找快乐，却只找到幻灭；他在旅行中寻找快乐，却只找到疲倦；他在财富中寻找快乐，却只找到纷乱忧虑；他在写作中寻找快乐，却只找到身心疲惫。有一天他看见一个女人坐在车里等人，怀中拖着一个熟睡的婴儿。一个男人从火车上走下来，走到那对母子身边，温柔地亲吻女人和她怀中的婴儿，小心翼翼地不敢惊醒孩子。这一家人开车走后，留下杜兰特深思地望着他们离去的方向。他猛然惊觉，原来日常生活的一点一滴都蕴藏着快乐。

相爱的托尼和欧莱娅，组建了自己的小家。但是他们生活比较贫困，为了让欧莱娅过上幸福美好的生活，托尼不得不在新婚不久忍痛离开家，去很远的地方谋生，欧莱娅答应托尼在家安心等他回来。

托尼在老板那儿工作15年后，临行时老板没给他发工资，而是给了他三条忠告和三块面包。

这三条忠告是：第一条：人生永远没有捷径可走。便捷的道路可能使你命丧黄泉。第二条：永远别对可能是坏事的事情生好奇之心，好奇心也可能要了你的命。第三条：永远别在自己痛苦的时候做出决定，那样会后悔的。

老板给托尼的三块面包，两个让他路上吃，另一个等他回家后和妻子一起吃。

在远离自己深爱的妻子和家乡15年后，托尼踏上了回家的路。

一天后，他遇到了一个人，那人说："你要走30多天的路，这条路太远了，我知道有一条小路，几天就可以到了。正当托尼准备走小路的时候，突然想起了老板的忠告，于是他没选择走小路。后来得知那个人让他走所谓的小路只是一个圈套而已。

几天后，他走累了，发现路边有家旅馆，他打算住一夜，交房钱后躺下睡了。睡梦中，他被一声惨叫惊醒了。他觉得奇怪，就跳了起来，想去门口看看发生了什么事，刚走到门口，又想起老板的忠告，于是没有去看，回到床上睡觉了。

第二天，店主对他说："您是第一个活着从这里出去的客人。我的独子犯疯病，他昨晚大叫着引客人出来，然后把他们杀死了。”托尼感到很恐怖，也很庆幸。

他接着赶路，终于在一天的黄昏，他看见了自己的小屋，还依稀看见想念的妻子。虽然天色有些暗，但他仍然能看清妻子不是一个人，还有一个男子和她在一起，而且两人还很亲密。看到这一幕，他很生气，真想跑过去杀了他们，这时他又想起老板的忠告，于是没过去。决定在原地露宿一晚，第二天再作决定。

天亮了，已恢复冷静的他对自己说：“我不找我变心的妻子了，我还是远走吧。但我要告诉我妻子我始终忠于她，想着她。”

托尼走到家门口，敲了敲门，是妻子欧莱娅开的门，欧莱娅认出了丈夫，扑到他怀里，紧紧地抱住他。随后让儿子见过父亲。原来，托尼走的时候，欧莱娅刚刚怀孕，现在儿子已经15岁了，个子长得很高。托尼有说不尽的欢喜。

接着，一家人坐下来一起吃面包，他把老板送的让他和妻子一起吃的那块面包掰开，发现里面有一笔钱——那是老板给他的工钱。

可以看出故事中主人公托尼的欣喜与快乐并不是与金钱相关的。快乐是来自内心，而不是存在于外在。

生活就要让自己快乐，日常生活的一点一滴都蕴藏着快乐。

再苦也要笑一笑

寻找快乐是生命的本能，也是生活的技巧，当感觉自己快乐时，快乐就会陪伴着我们，而我们觉得不快乐时，快乐就会远离我们。活得精彩也许不容易，但是要活得快乐相对容易多了，所以不精彩的人生，一定要快乐，其实快乐的人生已经是精彩的人生，不可强求，不可不求。

想要变得美丽，首先忘记忧虑

生活如同一面镜子，我们对它笑，它就对我们笑；我们对它哭，它也以哭脸相示。持有什么样的心态，也就决定我们拥有什么样的人生结局。

悲观主义者说：“人活着，就有问题，就要受苦；有了问题，就有可能陷入不幸。”即使一点点的挫折，他们也有千种愁绪，万般痛苦，认为自己是天下最苦命的人。一如英国哲学家罗素所形容的“不幸的人总自傲着自己是不幸的”。悲观主义者把不幸、痛苦、悲伤做成一间屋子，然后请自己钻进去，并大声对外界喊着：“我是最不幸的人。”因为自感不幸，他们内心便失去了宁静，于是不平、羡慕、嫉妒、虚荣、自卑等悲观消极的情绪应运而生。是他们自己抛弃了快乐与幸福，是他们自己一叶障目，视快乐与幸福而不见。

乐观主义者说：“人活着，就有希望；有了希望就能获得幸福。”他们能从平淡无奇的生活中品尝到甘甜，因而快乐如清泉，时刻滋润着他们的心田。

其实，任何事物本身都没有快乐和痛苦之分，快乐和痛苦是我们对它的感受，是我们赋予它的特征。

同一件事情，从不同角度去看待，就会有不同的感受。一个人快乐与否，不在于他处于何种境地，而在于他是否持有一颗乐观的心。

不过，“乐观”两个字说起来很简单，但做起来并不是那么容易的。首先，我们必须要学会在逆境中发现光明。一位母亲告诉他的儿子，天真的很黑的时候，星星就要出现了。

如果保持开朗的心境不那么容易做到，你就和乐观的人交朋友吧，他们积极向上的人生态度会感染我们，使我们在不知不觉中变得开朗了。

我们要重新学会如何感动、如何爱别人，如何不去计较那些反面的事情，这样我们的每一天都可以是一个崭新的开始，充满了光明和希望。

要记住，人们都喜欢和乐观的人在一起合作。

逃离忧虑的魔掌，树立健康快乐的形象，这是成功人生的第一步！

担忧使许多人无法履行自己的义务，因为这消耗他们的精力，损害和破坏他们的创造力；而乐观则使人免于担忧，并能使他将自己的才能和创造力发挥到极致。

深受忧虑之害的人是无法充分发挥其应有才能的。如果处境困难，他就会束手无策。如果焦虑不安，他只会使自己无法做到最好。无论我们需要什么，首先要把乐观放在前头。不要问怎么办、为什么或什么时候，我们只要全力以赴。一定要有希望和信念，这是指引我们成功所必需的。

一位以美丽著称的女演员曾经说过这么一段话：“想变漂亮一些的人绝对不可以忧虑。忧虑意味着所有美丽的毁灭、消亡和破坏，意味着丧失活力，无精打采，意味着多愁善感，意味着无休无止的灾难。不要介意发生的事情，一个女演员绝对不可以忧虑。一旦她懂得这一点，那她就已经驶进了那条保持美丽容颜的高速公路的入口。”

如果一个老是忧虑重重的人能看到一幅他从不担忧时的画像该多好啊！如果他置身于另一幅自己忧虑重重时的画像旁，又该是一件令他多么震惊的事情啊！他忧虑重重时的模样看上去就像未老先衰，满脸都充满了恐惧和焦虑的皱纹，充满了极度沮丧和了无生气的表情。这幅画中的他似乎要比那幅快乐画像中的他苍老许多，在那幅显出快乐的画像中，他是那样的朝气蓬勃、充满乐观和满怀希望。

再苦也要笑一笑

对于一件事情的看法，人们会因切入的角度不同而产生不一样的想法。一个忧虑的人，事事都往坏处想，于是愁眉苦脸、愤世嫉俗，但他这样也不过是亲者痛、仇者快，苦了自己。除此之外，他的生活情绪也一定会大受影响，还会连带影响他人。而反观乐观的人，他们会想办法在逆境中培养积极的情绪，用幽默的眼光看待不愉快的事情，最后反败为胜。

想要收获成功，首先播种希望

我们要坚信：生活丢给了我们一个问题，它必然会同时给我们一个解决问题的办法。

生活中我们不必总是祈求万事如意、好运连连，要知道，生活就如同善变的天气一样，你无法预知会发生什么，随时都会狂风大作，暴雨不断。生活中无论什么击倒了我们，我们必须能重新整理自己，像一个勇敢强者，跌倒了再爬起来，去迎接新的挑战。

困难中往往孕育了一种叫希望的东西。

琼斯是一个农民，在美国威斯康星州福特·亚特金逊附近经营一个小农场。他身体很健康，工作也很努力。但是，农场并没有让他发财，但日子还过得下去。可是，有一天，突然间发生了一件事情，使琼斯一下子陷入了困境。琼斯患了全身麻痹症，卧床不起，几乎失去了生活能力。他的亲戚们都确信：他将永远成为一个失去希望、失去幸福的病人。他可能再不会有什么作为了。然而，琼斯确实有了作为。他的作为给他带来了幸福，这种幸福是随他事业的成功和经济的成就而来的。

琼斯用什么方法创造了这种变化呢？他应用了“积极心态”的办法。是的，他的身体是麻痹了，但是他的心理并未受到影响。他能思考，他确实在思考，在计划。有一天他作出了自己的计划。

琼斯积极的心态使他满怀希望，怀抱乐观精神和愉快情绪，把创造性的思考变为现实。他要成为有用的人，他要供养他的家庭，而不要成为家庭的负担。

他把他的计划讲给家人听。“我再也不能劳动了，”他说，“如果你们愿意的话，你们每个人都可以代替我的手、足和身体。让我们把农场每一块可耕的地都种上玉米，然后我们养猪，用所收的玉米喂猪。当我们的猪还幼小肉嫩时，我们把它宰掉，做成香肠，然后把香肠包装起来，注册一种商标出售。我们可以在全国各地的零售店出售这种香肠。”他接着说道，“这种香肠可以像热糕点一样出售。”

这种香肠确实像热糕点一样出售了！几年后，名为“琼斯仔猪香肠”的食品竟成了家庭的必备食品，成了最能引起人们食欲的一种食品。

人生不是一帆风顺的，挫折和失败都会不期而遇，幸运和厄运同样令人刻骨铭心难以忘怀。不论我们面临什么，都不要得意忘形或悲观绝望。有些人之所以事业有成，是因为他们在挫折面前没有放弃，而是另辟蹊径，从而走向成功。

琼斯的身体瘫痪了，可他的意志却丝毫没受影响，并且乐观地对待残酷的现实。他利用自己的大脑，然后借用别人的手，依然干出了自己的一番事业。

我们一定要学会在生活的困境中仍充满希望，这是成功者和失败者的一个基本的区别，成功者永远不会失去希望，他只会坚持不懈寻求更多的方法把事情做成。

再苦也要笑一笑

人生短暂，苦尽才能甘来，然后是平淡、洒脱的人生。只有经历了挫折的重重考验后，我们才不会轻易屈服于失败。直视人生的挫折和压力吧，因为它会让我们更加坚强。

第4章

生活落寞，每天给自己希望

希望是什么？是引爆生命潜能的导火线，是激发生命激情的催化剂。希望是一种情感，是一种意识，是我们任何人都不可放弃的生命的伴侣。每天给自己一个希望，就是给自己一个目标，给自己一点信心。每天给自己一个希望，我们将活得生机勃勃，激情澎湃。只要我们不忘每天给自己一个希望，我们就一定能够拥有一个丰富多彩的人生。每天给自己一个希望，并用勤奋去浇灌这希望之花，我们一定会收获希望之果。

面对改变，迎接成长的时刻

一条鲷鱼和一只蝾螺在海中，蝾螺有着坚硬无比的外壳，鲷鱼在一旁赞叹着说：“蝾螺啊！你真是了不起呀！一身坚强的外壳一定没人伤得了你。”

蝾螺也觉得鲷鱼所言甚是，正洋洋得意的时候，突然发现敌人来了，鲷鱼说：“你有坚硬的外壳，我没有，我只能用眼睛看个清楚，确定危险从哪个方向来，然后，决定要怎么逃走，”说着，说着，鲷鱼便“咻”的一声游走了。

此刻呢，蝾螺心里在想，我有这么一身坚固的防卫系统，没人伤得了我啦！我还怕什么呢？便缩进坚硬的壳里，等待危险过去。

蝾螺等呀等，等了好长一段时间，也睡了好一阵子了，心里想：危险应该已经过去了吧！它想探出头透透气，但是当它冒出头来时才发现，危险就在眼前，它不得不扯破了喉咙大叫：“救命呀！救命呀！”

这个故事告诉我们，过分封闭自己或自我膨胀的人，都将丧失自我成长的机会，自陷危险之境而不自知！

同样的道理，我们也听过煮青蛙的故事吧，当把一只青蛙放进一锅烧得滚烫的开水中时，它一下子就会从里面跳出来，但是把青蛙放在温水里，然后在锅底下慢慢加温，青蛙在温水里自由地游泳，当水温慢慢升高的时候青蛙丝毫没有感觉，当它感觉到不舒服想跳出来的时候，双腿已经没有力量——它被煮熟了！

面对改变，我们时常会觉得有些不习惯，或者感觉有些压力，甚至是恐惧，可是我们要知道：这正是我们成长的时刻！

如果我们不想接受这些不习惯或者压力，那么就去做原来一直都在做的、一直都习惯做的事情，当然我们也将一直是过去的我们。若想要真正成长，那就要突破舒适的范围，也就是要暂时失去安全感。

再苦也要笑一笑

当我们感觉自己有些不习惯，有些紧张或者压力甚至是恐惧的时候，起码要知道，我们正在成长。

无字秘方，点燃希望的灯火

从前有这么一个故事，一老一小两个相依为命的瞎子，每日里靠弹琴卖艺维持生活。一天老瞎子终于支撑不住，病倒了，他自知不久将离开人世，便把小瞎子叫到床头，紧紧拉着小瞎子的手，吃力地说："孩子，我这里有个秘方，这个秘方可以使你重见光明。我把它藏在琴里面了，但你千万记住，你必须在弹断第一千根琴弦的时候才能把它取出来，否则，你是不会看见光明的。"小瞎子流着眼泪答应了师父，老瞎子含笑离去。

一天又一天，一年又一年，小瞎子用心记着师父的遗嘱，不停地弹啊弹，将一根根弹断的琴弦收藏着，铭记在心。当他弹断第一千根琴弦的时候，当年那个弱不禁风的少年已到垂暮之年，变成一位饱经沧桑的老者。他按捺不住内心的喜悦，双手颤抖着，慢慢地打开琴盒，取出秘方。

然而，别人告诉他，那只是一张白纸，上面什么都没有。泪水滴落在纸上，但他笑了。

师傅骗了小瞎子？这位过去的小瞎子如今的老瞎子，拿着一张什么都没有的白纸，为什么反倒笑了？

就在拿出"秘方"的那一瞬间，他突然明白了师父的用心，虽然是一张白纸，但却是一个没有写字的秘方，一个难以窃取的秘方。只有他，从小到老弹断一千根琴弦后，才能了悟这无字秘方的真谛。

那秘方是希望之光，是在漫漫无边的黑暗摸索与苦难煎熬中，师父为他点燃的一盏希望的灯。倘若没有它，他或许早就会被黑暗吞没，或许早就已在苦难中倒下。就是因为有这么一盏希望之灯的支撑，他才坚持弹断了一千根琴弦。他渴望见到光明，并坚定不移地相信，黑暗不是永远，只要永不放弃努力，黑暗过去，就会是无限光明。

然而这样的过程是一个痛苦而漫长的积累过程，许多人没有成功便是因为耐不住寂寞和痛苦而半路退却了。的确，积累的过程是枯燥乏味的，很容易让人心里厌烦，也正因如此，我们要在心中为自己点燃一盏希望之灯，这盏希望之灯便是故事中的那个"秘方"，其实只不过是我们自己为自己设定的一个信念和目标。

再苦也要笑一笑

当我们因厌倦感到失望和困惑时，便用它去照亮前方的道路，去看到远方的光明，去鼓舞自己坚定地走下去。

内心宁静，梦想是你的宝贝

成功者都曾有过梦想，因此他们做事大方、不拘小节，踏实勤勉，肯于付出。只因他们不计较眼前的小利益，不断地累积自己的经验，所以才能一步步构筑未来的梦想。

据说，奥地利的布鲁克居住在贫困的乡间，母亲早年去世，父亲后来工作受伤，无力继续支撑家庭，加上两个需要扶养的年幼弟弟，家里的重担顿时成了布鲁克的重责大任。尽管如此，他依然坚信自己的梦想会实现。

一天，一位顾客匆忙拿了一双鞋底坏掉的皮鞋，交给布鲁克修理。

布鲁克动作熟练，隔天便把鞋底缝补、敲钉完成。顾客抚摸着那双鞋子，感动地说："小伙子，谢谢你把我的皮鞋修好，这是我见过的修得最好的一双鞋，不但缝补得很坚固，还把皮鞋擦得跟新的一样。"

附近同行擦皮鞋的人，私下窃语："布鲁克真是服务过头了，顾客只付了修皮鞋的钱，却把皮鞋擦这么亮，这有什么好处呢？这么笨，是注定一辈子落魄的。"

布鲁克并不在意这些话，只是继续做自己的工作，他觉得为顾客着想，对得起自己的良心，收取顾客的钱心安理得，这样就够了。

后来，布鲁克受到皮鞋工厂的雇用，在工厂专门修补有瑕疵的皮鞋。多年以后，那些嘲笑布鲁克的人，仍然还在街头修补皮鞋，至于布鲁克，已经担任奥地利最大皮鞋工厂的制造经理。

每个人都希望命运给自己一个机会，希望别人给自己一个机会。但在这之前，是不是应该先以自己的付出给别人机会，接着，慢慢累积自己的梦想？

梦想，它帮助人们跨越了一个又一个的困难，让人们实现了一个又一个的愿望！是它，使得人们能够生活在充满着进步的社会！因为有了梦想，所以人们会为实现自己的梦想而去努力！

安第斯山脉有两个好战的部落，一个住在低地，另一个住在高山上。有一天，住在高山上的部落入侵位于低地的部落，并带走该部落的一个小婴儿作为战利品。低地部落的人不知道如何攀爬到山顶，尽管如此，他们仍然决定派遣最佳的勇士部队爬上高山去带回这个小婴儿。

勇士们试了各种方法，却只爬了几百尺高。正当他们决定放弃解救小婴儿，收拾行李准备回去时，却看到婴儿的母亲正由高山上朝他们走来，背上还缚着她的小孩。其中一位勇士走向前迎接她，说："我们都是部落中最强壮有力的勇士，连我们都爬不上去，你是如何办到的呢？”

她耸耸肩说：“他不是你的宝贝。”

每个人的目标、梦想都是自己的宝贝，没有人会比自己更重视、保护它，并且为它奋斗。千万不要期待他人，我们必须自我要求，同时专心致志、集中意念去实现梦想。当我们在做我们很想做的事情时，我们将体会到某种因内心充实而来的宁静。这一情致真迷人，一瞬间，仿佛世界消失了，所有烦恼、困扰、灵魂的噪音皆融入晴空。脑海一片蔚蓝，像沉凝的宝石。

这是真正的“高峰体验”，不再惊愕，不再战栗，而是静静地俯瞰千嶂叠翠，黄河在绿野细成金蛇，白云飘在我们脚下，太阳照在我们头顶，大气磅礴，峰巅已在脚下。

再苦也要笑一笑

如今的社会，假如没有梦想，那么我们将无法在这个社会立足。在这个充满着竞争的社会当中，梦想，它起着非常重要的作用，我们要去实现它，我们要去为了它而努力！

梦想越大，我们的成就越高

从前，有两兄弟，老大想到北极去，而老二只想走到北爱尔兰。有一天，他俩从牛津城出发。结果俩人都没有到达目的地，但老大到达了北爱尔兰，而老二仅仅走到了英格兰北端。

一个具有崇高生活目的和思想目标的人，毫无疑问会比一个根本没有目标的人更有作为。有句苏格兰谚语说：“扯住金制长袍的人，或许可以得到一只金袖子。”那些志存高远的人，所取得的成就必定远远高于起点。即使我们的目标没有完全实现，而为之付出的努力本身也会让我们受益终生。

几年以前的一个炎热的日子，一群人正在铁路的路基上工作，这时，一列缓缓开来的火车打断了他们的工作。火车停了下来，最后一节车厢的窗户打开了，一个低沉的、友好的声音响了起来：“大卫，是你吗？”大卫·安德森——这群人的负责人回答说：“是我，吉姆，见到你真高兴。”于是，大卫·安德森和吉姆·墨菲——这条铁路的总裁，进行了愉快的交谈。在长达一个多小时的愉快交谈之后，两人热情地握手道别。

大卫·安德森的下属立刻包围了他，他们对于他是墨菲铁路总裁的朋友这一点感到非常震惊。大卫解释说，20多年以前他和吉姆·墨菲是在同一天开始为这条铁路工作的。

其中一个人半认真半开玩笑地问大卫，为什么他现在仍在骄阳下工作，而吉姆·墨菲却成了总裁。大卫非常惆怅地说："23年前我为一小时2美元的薪水而工作，而吉姆·墨菲却是为这条铁路而工作。"

美国潜能成功学大师安东尼·罗宾说："如果你是个业务员，赚1万美元容易，还是10万美元容易？告诉你，是10万美元！为什么呢？如果你的目标是赚1万美元，那么你的打算不过是能糊口便成了。如果这就是你的目标与你工作的原因，请问你工作时会有兴奋劲吗？你会热情洋溢吗？"

梦想越大，成就越高，人生真的是梦做出来的。越是卓越的人生越是梦想的产物。可以说，梦想越高，人生就越丰富，取得的成就越卓越。梦想越低，人生的可塑性越差。也就是平常说的："期望值越高，取得期望的可能性越大。"

把我们的梦想提升起来，它不应该退缩在一个不恰当的位置，接受梦想的牵引吧！

再苦也要笑一笑

一个梦想大的人，即使实际做起来没有达到最终目标，可他实际达到的目标都可能比梦想小的人的最终目标还大。所以，梦想不妨大一点，这可谓是人生的哲学。

纵使跌倒，也不空手爬起来

丹麦的一名大学生，有一次到美国旅游。他先到华盛顿，下榻威勒饭店，住宿费已经预付。他的上衣的口袋放着到芝加哥的机票，裤袋里的钱包放着护照和现金。但是在准备就寝时，他发现钱包不翼而飞，立刻下楼告诉旅馆的经理。

"我们会尽力寻找。"经理说。

第二天早上，皮包仍然不见踪影。他只身在异乡，手足无措。打电话向芝加哥的朋友求援？到使馆报告遗失护照？呆坐在警察局等待消息？

突然，这个大学生想到："我要看看华盛顿。我可能没有机会再来，今天非常宝贵。毕竟，我还有今天晚上到芝加哥的机票，还有很多时间处理钱和护照的问题。我可以散步，现在是愉快的时刻，我还是我，和昨天丢掉钱包之前并没有两样。来到美国，我应快乐，享受大都市的一天。不要把时间浪费在丢掉钱包的不愉快之中。”

这个大学生开始徒步旅游，参观白宫和博物馆，爬上华盛顿纪念碑。虽然许多想看的地方，他没有看到，但所到之处，他都尽情畅游了一番。

回到丹麦之后，他说美国之行最难忘的回忆，是徒步畅游华盛顿。五天之后，华盛顿警局找到他的皮包和护照，寄给他。

许多人一陷入困境，就悲观失望，并给自己增加很重的压力，其实，应告诉自己，困境是另一种希望的开始，它往往预示着明天的好运气。因此，我们应该主动给自己减压。

只要放松自己，告诉自己希望是无所不在的，再大的困难也会变得渺小。困境自然不会变成阻碍，而是又一次成功的希望。

人生中有很多障碍或苦难，同时所有的苦难都藏匿着成长和发展的种子。但能够发现这种子，并好好培养出来的人，往往只有少数。这些人到底是怎样的人呢？

第一是决心要克服苦难的人。没有这种决心的话，不管再怎么说“苦难才是机会”，也只会变成以另一种苦难结束的悲剧。

第二是能够认为苦难才是机会的人。没有这种想法，苦难会带来更多的苦难。

碰到危机时，一部分人会陷入恐慌状态，另一部分人反而会利用这个机会取得成功。这种差别才是改善人生的决定性的差别。

我们应记住，不管怎样不利的条件，只要我们能正确处理，都可能把它转变为有利的条件。

再苦也要笑一笑

在欢喜状态时，人们大都不会自我反省，也没有上进心。相反地，在苦恼或挫折面前，经常会进行自我反省，反而有得到真正的幸福和欢乐的机会。那么，把痛苦变成机会，或者是变成恐慌状况，这种差别到底是从哪里出来的呢？是由决心和态度决定的！

敞开心境，收获希望的阳光

在每个人的生活中，都有一片希望的阳光。

有一对孪生兄弟，年龄不过四五岁，由于卧室的窗户整天都密闭着，他们觉得屋内太暗，看见外面灿烂的阳光，觉得十分羡慕。

兄弟俩就商量说："我们可以一起把外面的阳光扫一点进来。"于是，兄弟两人拿着扫帚和畚箕，到阳台上去扫阳光。等到他们把畚箕搬到房间里的时候，里面的阳光却没有了。

这样一而再再而三地扫了许多次，屋内还是一点阳光都没有。正在厨房忙碌的妈妈看见他们奇怪的举动，问道："你们在做什么？"

他们回答说："房间太暗了，我们要扫点阳光进来。"

妈妈笑道："只要把窗户打开，阳光自然会进来，何必去扫呢？"

把封闭的心灵敞开，内心的阳光就能驱散其中的阴暗。无论处于怎样的境地，总是有人可以看到希望和光明，原因就在于他的心敞开着来迎接光明。

太阳的光芒，我已无法用扫帚扫入自己的房间，而只要开一扇窗便可轻而易举地获得。我们内心的阳光何尝不是如此，我们每一个人都对生命中的灿烂阳光充满了渴望，我们也在努力地追寻，但又总是有许多人没有得到，其实每一个能收获生命之中的阳光的人只不过是都遵从了一条秘诀，那就是首先要让自己的心中充满阳光。

再苦也要笑一笑

要让自己的心中充满阳光并非难事，只要我们能积极地去发现生活中的美好和快乐，而多宽容一些不顺和艰辛，那我们就自然会有一片充满阳光的心境了！

美好错觉，制造快乐的希望

在我们的生活中，经常会发生一些看来很"错误"的事。错觉使人误入歧途，所以招人讨厌。但有些错觉，其实并不坏。

例如，一辆客车停在小镇上，车上坐着一位诗人。诗人向车窗外看了一眼。她看见了路边一间店铺，店铺的门上赫然写着几个大字："阳光不锈"。诗人的心里一阵惊喜："阳光不锈！"这店名起得多么富有诗意啊！想不到在这样的小地方也有诗！客车停了好一阵子，充满诗人心头的阳光也明媚灿烂了好一阵子。直到汽车开动，阻挡诗人视线的障碍物往后退去，让她看到了店铺的全称："阳光不锈钢厨具"。人们为她感到扫兴：要是她没有看到"阳光不锈"后面的字那该有多好！

一位年迈的母亲最疼爱她的儿子。可她的儿子在一次战斗中不幸阵亡了。他的战友们不忍心把这个噩耗告诉她，就模仿他的笔迹给她写信，寄钱，居然瞒过了她，一直到她去世。她望着照片上英姿飒爽的儿子，带着一种幸福和满足的微笑，踏上了她的天国之旅。人们为这位母亲庆幸：幸好她不知道，要是知道，那会是多么的残酷啊！

对于上面两则故事中的错觉，人们是乐于接纳的。郑板桥说："难得糊涂。"糊涂就是错觉。人生需要精明，也需要糊涂。在生活的许多领域里，太精细了太聪明了什么都看透了，其实并不好，"水至清则无鱼，人至察则无徒"。

甚至有时人们还刻意制造错觉：白发染黑，是制造年轻的错觉；麻脸搽粉，是制造漂亮的错觉；穿高跟鞋，是制造高度的错觉；亲友们对身患绝症的病人说："没什么，你很快就会好的。"丧偶的母亲对孩子说："你爸爸去了一个很远很远的地方。"

再苦也要笑一笑

躲开那些使人误入歧途的错觉，而接纳那些并不坏的错觉，这是人生的一门处世的艺术。

避苦求乐，绝望中寻找希望

人生在世，虽然只有短短几十年，却要经历各种好事、坏事，尝遍酸甜苦辣。

生活是美好而沉重的。人生，是有苦又有乐的，是丰富多彩又艰难曲折的，就像白天与黑夜的互相交替一般。快乐时"春风得意马蹄疾，一日看尽长安花"，快乐的人连路边的鸟儿都在为他歌唱，花儿都似专为他开放。痛苦时，落日西风，万念俱灰，睡梦中也在滴泪。

曾经有两个囚犯，从狱中望窗外，一个看到的是满目泥土，一个看到的是万点星光。面对同样的遭遇，前者心中悲苦，看到的自然是满目苍凉、了无生气；而后者心往好处想，看到的自然是星光满天，一片光明。

人生的道路虽然不同，但命运对每个人都是公平的。窗外有土也有星，有快乐也有痛苦，就看我们能不能咬定青山不放松，心往好处想。西方哲学家蓝姆·达斯讲过这样一个故事：

一个病入膏肓、仅剩数周生命的妇人，整天思考死亡的恐怖，心情坏到了极点。蓝姆·达斯去安慰她说："你是不是可以不要花那么多时间去想死，而把这些时间用来考虑如何快乐度过剩下的时间呢？"

他刚对妇人说时，妇人显得十分恼火，但当她看出蓝姆·达斯眼中的真诚时，便慢慢地领悟着他话中的诚意。"说得对，我一直都在想着怎么死，完全忘了该怎么活了。"她略显高兴地说。

一个星期之后，那妇人还是去世了，她在死前充满感激地对蓝姆·达斯说："这一个星期，我活得比前一阵子幸福多了。"

"苦乐无二境，迷悟非两心"，妇人学会了心往好处想，便能离开人世前仍能感到一丝幸福，快乐地合上双眼，相信她死后能进入天堂；如果她仍像以前一样，一味想死，那只能是痛苦地离开人世，死后只能进入地狱。

人总是避苦求乐的，都希望快乐度过每一天，但生活本身就充满酸甜苦辣，快乐和痛苦本是同根生。当我们快乐时，不妨留一片空间，以接纳苦难；当我们痛苦时，不妨想到往昔的快乐。

心往好处想，才能帮我们冲破环境的黑暗，打开光明的出路，才能获得更多更大的人生乐趣。在困顿、苦难面前，一味哭丧着脸，除了磨掉自己的锐气外，是不会赚到任何同情的眼泪的。只有颤抖于寒冷中的人，最能感受到太阳的温暖；也只有从痛苦的环境中摆脱出来，才会深深感觉到这个世界的美好。就像火车过隧道，即使在黑暗中，也要看到前方的光明。

再苦也要笑一笑

心往好处想，不论何时，不论何事，只要仍在人间，就要心往好处想，天堂和地狱就在人心中。人生可以没有名利、金钱，但必须拥有美好心情。

不会饱和，生活有很多空间

一位哲学教授给他的学生们上了这样的一课。

这天，教授带了一堆瓶瓶罐罐走进教室，像变戏法一样，先把一个空的大号蛋黄酱瓶展示给学生们看，然后把高尔夫球一个一个放进那瓶里，一直放到瓶口。教授问学生：这个瓶子装满了吗？全班学生都举手，一致认为瓶子已经装满。

教授又拿出一个纸袋，把里面的小石粒掏出来，一撮一撮地放进那个瓶子。小石子逐渐漏下，填补了高尔夫球之间的空隙，直至满到瓶口。学生们这才晓得，装了高尔夫球的瓶子，并没有满。

这时教授又问：这个瓶子已经装满了吗？学生们确信，这下子瓶子是一定满了，不能再放任何其他东西了。

可是教授又提起一个纸袋，朝那瓶中倒去。不料袋中装的是细沙，一股一股灌进瓶中，钻进小石子之间的空隙，直至满到瓶口。教授再次问学生，现在瓶子是否装满了。学生们想了一想，又一致回答：这一次瓶子绝对装满了。

教授一弯腰，从讲台下面拿出两罐啤酒，慢慢地倒进瓶子，结果满满两罐啤酒，都渗进了沙粒之间看不到的空隙里。学生看到这里，都明白了教授所要表达的意思。

这个瓶子就好比是我们的生活。当我们觉得自己的生活已经饱和，实际上生活中还是有许多的空间，可以填补进去许多东西。而在我们的生活之中，有些事物是很重要的，就像这瓶中的高尔夫球一样，比如自己的家庭、亲人、孩子，自己的健康，我们的朋友们，我们的情感和热情。

为什么说这些高尔夫球是我们生活中最重要的事物呢？那就是说，就算我们失去了其他的一切，那些小石子和细沙，只要我们保留着这些高尔夫球，这个瓶子就仍然是满的，我们的生活就不会空虚。

那些小石子，就好像是我们生活中间的第二等事情，比如我们的工作、住房、汽车等身外之物。这些东西在我们的生活中，都远不及高尔夫球那么要紧。而至于细沙，那就好像生活中更加琐碎和没有价值的事情，比如清理房间等。

最重要的是，要牢牢记住，如果我们最先用细沙装满了瓶子，那么将再没有空间去放置高尔夫球，甚至小石子。我们的生活中如果被琐碎细小而毫无价值的事务填满了，我们把所有的时间和精力都用来追求那些无聊的身外之物，那么我们到哪里去寻找空间来关心自己的家庭、亲人、孩子、健康、朋友和感情呢？那么两罐啤酒又象征什么呢？这啤酒的意思就是说，不管我们的生活表面上看好像有多么繁忙和沉重，我们其实永远还是会有空间去喝下两罐啤酒的。

这正是生活的哲理，分清轻重主次，首先关心对自己和家庭幸福最为重要的事情，跟孩子们一起游戏，按时做体检，约朋友出去吃个饭，要知道，在这些头等重要的事情都做到之后，我们还是能够找到空间，做第二等的事情，在生活里放进小石子去，然后还可以再放进细沙那样的小事情。

再苦也要笑一笑

生活中还有很多是比工作还重要的东西，我们不要把一颗心全部投入在一件事情上，抽出一点时间，陪陪家人，看看朋友，出去旅游，呼吸一些新鲜空气……

总能成功，失败也不要绝望

有这样一个故事，是讲一位医学博士的，他经过201次实验发现了脊髓灰质炎疫苗，结束了这一病症对人类的肆意蹂躏。有一次人们问他："你取得了如此卓越的成就，彻底结束了脊髓灰质炎对人类的肆虐，取得这样的成就后，你是怎么看待先前的200次失败呢？"

博士这样回答："我这一生中从来没有经历过200次失败。我的字典上没有'失败'这个词。前200次尝试增加了我的经验，让我学到很多东西，实际上是我做了201次发现。没有前200次的学习，我不可能得到这样的结果。"

在前进的路上，我们可能会做错，可能走了弯路，可能离原来的目标更远了，但是，这一切都是宝贵的体验和收获，是那位医学博士所谓的"两百"次发现之一，如果我们愿意进一步地尝试和努力，那么原来的错误就是我们前进的阶梯。但是，如果我们在挫折之后对自己的能力或"命运"发生了怀疑，产生了失败情绪，想放弃努力，那么我们就已经失败了。

还曾有一个心理学的实验，在这个实验中，有一批狗在一个很简单的任务上都失败了，那么狗的"字典"上是怎么出现"失败"这个词的呢？

实验中，有一个很大的笼子，底是铁做的。笼子中间有一个铁栅栏，把笼子分为两半。把狗放进笼子的一边，在笼子底上通电，狗就受到电击，感觉到尖锐急剧的刺痛。一些狗受到电击后，会很快地跳到笼子的另外一边去，从而躲避了电击。在另一边受到电击时，这些狗又会很轻松地跳回来，到没有通电的一边去。这个任务是很简单的，随着通电的部位变化时，狗就在这个箱子中间跳来跳去，穿梭跳动以躲避电击。因此这个箱子也被形象地称为"穿梭箱"。

但是，有另外一批同样的狗，它们在穿梭箱中受到电击时，不做任何跳跃和挣扎的动作，只会浑身发抖，低声哀鸣，一副失败者的可怜样。为什么这些狗会表现出这种任人宰割的惨相呢？原来，心理学家在把这些狗装进穿梭箱前，对它们进行了如下的操作：把这些狗拴在一个铁柱子上，时不时地用电刺激他们，狗受到电击后会挣扎、跳跃、咆哮，但是无论它们怎么挣扎，都摆脱不了电击的折磨，经过几天数十次的电击和无效的挣扎后，这些狗都放弃了努力，在受到电击时，只是趴在地上，瑟瑟发抖，低声哀鸣，再也不挣扎了。这时，再把这些狗放进穿梭箱中，对这种轻轻一跃就能摆脱的电击刺痛，它们也认了。失败的狗挣不脱柱子，就以为跳不过栅栏。

另外一个类似的现象是动物界的大力士大象，在经过人的训化后，用一根麻绳拴在一个很细的撑竿上也不会挣脱，为什么呢？原来在训练的过程中，驯象员先是用铁链把大象拴在牢固的铁柱子上，野性未驯的大象最初会拼命挣扎，但是怎么挣扎也没有用。

这时，驯象员在一边又对它们进行温柔地服侍和教化，最后大象放弃了挣扎，并学会了为人服务的杂耍。可以说，尽管大象在一些马戏杂耍上取得了令人叫绝的成功，但是它们对被绳子拴在一个柱子上不能挣脱这一“事实”或“命运”认了，它们在试图摆脱束缚这一点上自认失败了。

人当然比狗和大象聪明，把人囚禁在一个地方的时候，不管原来有多少次失败的经验，他们总会想逃脱并且会不断想出办法。但是，在某些场合下，人是否也同样会像上述的狗或大象一样自认“失败”的命运呢？

挖井的人，在预计见到的水的深度，每往下再挖一锹，如果仍然见不到水，对他就是一个打击，经过数百数千次这样的打击，他就会自认倒霉，就会认为自己选错了地方，“看走了眼”，便到别的地方去了，结果另外一个人在前人放弃的地方，可能又往下仅挖几尺就喝上了甘甜的井水；满心希望讨老师喜欢的差生，由于经常受到老师的责骂，由于自己基础差，不管怎样努力也得不到老师的好脸色，结果他就可能破罐破摔，放弃了努力，甚至走上了跟老师故意捣乱的道路；不善交往的腼腆的人，在跟人接触的时候，老是冷场，老是感到不自在，不快乐，结果认了“命”，过起孤独的生活，开始回避所有的人。

类似的事情，不胜枚举，但都有一个共同点，那就是事件的主人，觉得自己无能为力，感到灰心丧气，认为不得不放弃了。一句话，他们觉得自己在这件事情上失败了。

因而，所谓失败其实就是自己的一种感觉，是在通往目标的过程中，由于自己的行动多次受阻而产生的绝望感，是自己在自己心中滋养起来的“纸老虎”。对于这种吓人的张牙舞爪的纸老虎，你不打，它是不会倒的。

所以，将“失败是成功之母”换个表达方式可能更好一些，那就是错误和尝试是成功之母，而失败仅仅是自己的一种感觉，一种绝望的感觉。

再苦也要笑一笑

事实上，没有什么失败，失败仅仅存在于失败的人的心中，只有屡败屡战的人才是真的英雄，才能真正体验生活的味道，享受成功的喜悦！

第5章

人生波折，每天给自己信念

每天早晨醒来，都给自己一个坚定的信念，因为只有理智的信念能支撑我们站起来去扼住命运的喉咙，能激励我们用心底的太阳照亮前进的道路。每天给自己一个信念，并且不打任何折扣地去执行，每天我们就会有一个可喜的改变，这样我们人生的颓势会一点点扭转过来，明天才会比今天更美好。

信念可扫除前进的障碍

一个年轻人曾当过推销员。公司教给他的推销术可算是天衣无缝，似乎每个人听到他三寸不烂之舌说出的话，都会乖乖掏腰包。结果完全不是这么回事，他竟然一再受挫，对他打呵欠、向他喊穷的大有人在，他真是沮丧极了。慢慢地，他明白了问题所在——他该学的不是如何推动他人，而是如何不让他人影响自己。

有时他沮丧得想找老板痛哭一场，结果发现老板比自己还沮丧。周围所有的事与人，都令他情绪低落，工作、老板、朋友、妻子无一例外，因为所有人与事，都让他想到自己的失败。但是这些刺激无疑都是正面的，不得不面对现实，去解决问题，困境便化为乌有了。

天下没有克服不了的障碍，只要我们能勇往直前，深信生命中的每件事情都能刺激我们实现目标。

一天，一只茧裂开了一个小口，恰好一个人看到了这一幕，他便接着观察，不久，发现蝴蝶在艰难地将身体从那个小口中一点点地挣扎出来，但又是几个小时过去了，蝴蝶的身体只是刚刚露出一点，接下来，蝴蝶似乎没有任何进展了。

看样子它似乎已经竭尽全力，不能再前进一步了，这个人实在看得心疼，便决定帮助一下蝴蝶。他拿来一把剪刀，小心翼翼地将茧壳破开，蝴蝶便很容易地挣脱出来。但是，挣脱出来的蝴蝶身体很萎缩，身体很小，翅膀紧紧地贴着身体。

那个人接着观察，期待着在某一时刻，蝴蝶的翅膀会打开并伸展起来足以支撑它的身体，成为一只健康美丽的蝴蝶。然而，这一刻始终没有出现！

这只蝴蝶在余下的时间里，都是在极其可怜地带着萎缩的身子和瘪塌的翅膀在爬行，它永远也没能飞起来。

其实，这个好心人并不知道，蝴蝶从茧上的小口挣扎而出，这是命运的安排，只有通过这一挤压过程将体液从身体挤压到翅膀，它才能在脱茧而出后展翅飞翔。

同样的，在我们的生命中有时候也需要奋斗乃至挣扎。如果生命中没有障碍，我们就会很脆弱。我们不会像现在那样强健，我们将永远不能飞翔。

我们祈求力量，所以遇到生活中的困难时就要去克服，这足以使得我们变得强壮；我们祈求智慧，出现问题要积极努力地去解决，这会使得我们更加聪明；我们祈求勇气，生活便设置障碍让我们去克服；我们祈求爱，我们就要去帮助需要关爱的人。

再苦也要笑一笑

生活虽然并没有给我们任何我们祈求的东西，但我们得到了所有必须具备的东西，这些虽不会给予我们所需要的，但却一定能够帮助我们去获得我们所希望的。毫无畏惧地生活，直面所有障碍和困境，并充满信心地克服，我们就一定会成功！

信念可摆脱错过的后悔

有一位很有名气的心理学老师，给学生上课时拿出一只十分精美的咖啡杯，当学生们正在赞美这只杯子的独特造型时，教师故意装出失手的样子，咖啡杯掉在水泥地上摔成了碎片，这时学生中不断发出惋惜声。老师说："可是这种惋惜也无法使咖啡杯再恢复原形。今后在你们生活中如果发生了无可挽回的事时，请记住这破碎的咖啡杯。"

破碎的咖啡杯，恰恰使我们懂得了：过去的已经过去，不要为打翻的牛奶而哭泣！生活不可能重复过去的岁月，光阴如箭，来不及后悔。从过去的错误中吸取教训，在以后的生活中不要重蹈覆辙，要知道"往者不可谏，来者犹可追"。

令人后悔的事情，在生活中经常出现。许多事情做了后悔，不做也后悔；许多人遇到要后悔，错过了更后悔；许多话说出来后悔，说不出来也后悔……人的遗憾与后悔情绪仿佛是与生俱来的，正像苦难伴随生命的始终一样，遗憾与悔恨也与生命同在。

人生一世，花开一季，谁都想让此生了无遗憾，谁都想让自己所做的每一件事都永远正确，从而达到自己预期的目的。可这只能是一种美好的幻想。人不可能不做错事，不可能不走弯路。做了错事，走了弯路之后，有后悔情绪是很正常的，这是一种自我反省，是自我解剖与抛弃的前奏曲，正因为有了这种"积极的后悔"，我们才会在以后的人生之路上走得更好、更稳。

但是，如果我们纠缠住后悔不放，或羞愧万分、一蹶不振；或自惭形秽、自暴自弃，那么我们的这种做法就真正是蠢人之举了。

古希腊诗人荷马曾说过："过去的事已经过去，过去的事无法挽回。"的确，昨日的阳光再美，也移不到今日的画册。我们又为什么不好好把握现在，珍惜此时此刻的拥有呢？为什么要把大好的时光浪费在对过去的悔恨之中呢？

覆水难收，往事难追，后悔无益。

再苦也要笑一笑

错过了就不要后悔。后悔不能改变现实，只会消弭未来的美好，给未来的生活增添阴影。最后，让我们牢记卡耐基的话吧：要是我们得不到我们希望的东西，最好不要让忧虑和悔恨来苦恼我们的生活。让我们原谅自己，学得豁达一点。

信念可打破人生的监狱

人们常常会抱怨失败总是比成功多太多了，却很少去思考失败的真正原因，而只是轻率地将之归咎于大环境，且认为这是我们每个人都无法改变的。

其实认真想来，打败自己的并不是环境，而是自己。环境不会为我们做任何改变，唯有去改变自己并走进星星的世界，才能找到生命的依归与生活的目标。

很多时候，在人生的海洋中，我们就犹如一条游动的鱼，本来可以自由自在地游动，寻找食物，欣赏海底世界的景致，享受生命的丰富情趣。但突然有一天，我们遇到了珊瑚礁，然后自己就不愿再动弹了，并且说自己陷入绝境。这，想想不可笑吗？自己给自己营造了心灵的监狱，然后钻进去，束手待毙。

人的一生的确充满许多坎坷，许多愧疚，许多迷惘，许多无奈，稍不留神，我们就会被自己营造的心灵的监狱所监禁。而心狱，是残害我们心灵的极大杀手，它在使心灵凋零的同时又严重地威胁着我们的健康。

再苦也要笑一笑

既然心狱是自己营造的，人自己就有冲出心狱的本能，那么，还是让我们自己动手，拆除心灵的监狱，挣脱心灵的枷锁，还自己以亮丽的心灵。

信念可产生能量的源泉

人类是自己思想的产物，所以我们应当有高标准，提高自信心，并且执著地相信必能成功，高标准会使我们朝高处走。

哈佛大学的一位教授主持了一个有趣的实验，实验对象是三群学生与三群老鼠。

他对第一群学生说："你们很幸运，你们将和天才小白鼠同在一起。这些小白鼠相当聪明，它们会到达迷宫的终点，不过它们要吃许多干酪，所以要多买一些喂它们。"

他告诉第二群学生说："你们的小白鼠只是普通的小白鼠，不太聪明。它们最后还是会到达迷宫的终点的，它们会吃一些干酪，但是不要对它们期望太大，它们的能力与智能都很普通。"

他告诉第三群学生说："这些小白鼠是真正的笨蛋。如果它们能找到迷宫的终点，那真是意外。它们的表现或许很差，我想你们甚至不必买干酪，只要在迷宫终点画上干酪就行了。"

在以后的六个星期里，学生们都在精心地做着这个实验。

实验的结果是，天才小白鼠就像天才人物一样地行事，它们在短时间内很快就到达了迷宫的终点。那群普通小白鼠最后也到达了终点，但是在这个过程中并没有留下任何速度记录。至于那些愚蠢的小白鼠，那就不用说了，它们都遇到了真正的困难，只有一只最后找到迷宫的终点，那可以说是一个明显的意外。

有趣的事情是，根本没有所谓的天才小白鼠和愚蠢小白鼠之分，它们都是同一窝小白鼠中的普通小白鼠。这些小白鼠的成绩之所以不同，是参加的学生态度不同而产生的直接结果。简而言之，学生们因为听说小白鼠不同而采取了不同的态度，而不同的态度导致不同的结果。

学生们并不懂得小白鼠的语言，但是小白鼠懂得态度，因而态度就是语言。

人生的法则就是信念的法则。相信运气可支配个人命运的人，总是在等待着什么奇迹的出现。而那些相信自己的人，就会依据个人心态的趋向为自己的未来不断努力。

依赖运气的人们常常满腹牢骚，只是一味地期待着机遇的到来。至于获得成功的人，他觉得唯有信念方能左右命运，因此他只相信自己的信念。

在别人看来不可能的事，如果当事人能从潜在意识去认为"可能"，也就是相信可能做到的话，事情就会按照那个信念的强度如何，而从潜在意识中激发出极大的力量来。这时，即使表面看来不可能的事，也能够做到了。

朋友们知道蜘蛛是怎样结网的吗？它们是不是会飞？要不，从这个檐头到那个檐头，中间有一丈余宽，第一根线是怎么拉过去的？原来蜘蛛是走了许多弯路的——从一个檐头起，打结，顺墙而下，一步一步向前爬，小心翼翼，翘起尾部，不让丝沾到地面的沙石或别的物体上，走过空地，再爬上对面的檐头，高度差不多了，再把丝收紧，以后也是如此。蜘蛛不会飞翔，但它能够把网结在半空中。它是勤奋、敏感、沉默而坚韧的昆虫，它的网制得精巧而规矩，八卦形地张开，仿佛得到神助，其实，这是信念的力量。信念是一种无坚不摧的力量，当我们坚信自己能成功时，我们必能成功。

有一年，一支英国探险队进入撒哈拉沙漠的某个地区，在茫茫的沙海里跋涉。阳光下，漫天飞舞的风沙像炒红的铁砂一般，扑打着探险队员的面孔。口渴似炙、心急如焚——大家的水都没了。这时，探险队队长拿出一只水壶，说："这里还有一壶水，但穿越沙漠前，谁也不能喝。"一壶水，成了穿越沙漠的信念之源，成了求生的寄托目标。水壶在队员手中传递，那沉甸甸的感觉使队员们濒临绝望的脸上，又露出坚定的神色。终于，探险队顽强地走出了沙漠，挣脱了死神之手。大家喜极而泣，用颤抖的手拧开那壶支撑他们的精神之水——缓缓流出来的，却是满满的一壶沙子！

他们执著的信念，如同一粒种子，在他们心底生根发芽，最终领着他们走出了"绝境"。真正救了他们的是他们自己，是他们的信念，又怎么可能是一壶沙子呢？

再苦也要笑一笑

信任的力量到底有多大？也许，只是几句坦诚的话语，便能打开一扇紧闭的心门，改变一个人的人生。

信念可点燃心灵的灯火

每个人都靠什么东西在日复一日地生活？是信念！信念就像一盏灯，在不远处散发着亮光，指引着我们不断地前进。

一艘航行中的船在大海上遇上了突如其来的风暴，不久就沉没了，船上的人员利用救生艇逃生。在大海中他们被海风吹来吹去，一位逃生者迷失了方向，救援人员也没能在搜寻中找到他。

天渐渐地黑下来，饥饿寒冷和恐惧一起袭上心头。然而，他除了这个救生艇之外一无所有，灾难使他丢掉了所有，甚至即将夺去他的生命，他的心情灰暗到极点，他无助地望着天边。忽然，他似乎看到一片阑珊的灯光，他高兴得几乎叫了出来。他奋力地划着小船，向那片灯光前进，然而，那片灯光似乎很远，天亮了，他还没有到达那里。

他继续艰难地划着小船，他想那里既然能看到灯光，就一定是一座城市或者港口，生的希望在他心中燃烧着，死的恐惧在一点点地消失，白天时，灯光是自然没有了，只有在夜晚，那片灯光才在远处闪现，像是在对他招手。

一天过去了，食物和水已经快没有了，他只有尽量少吃。饥饿、干渴、疲惫更加严重地折磨着他，好多次他都觉得自己快要崩溃了，但一想到远处的那片灯光，他又陡然添了许多力量。

第四天，他依然在向那片灯光划着，最后，他支持不住昏了过去，但他脑海中依然闪现着那片灯光。

晚上，他终于被一艘经过的船只救了上来，当他醒过来时，大家才知道，他已经不吃不喝在海上漂泊了四天四夜，当有人问他，是怎么样坚持下来时，他指着远方的那片灯光说："是那片灯光给我带来的希望。"

大家望去，其实，那只不过是天边闪烁的星星而已！

在生命的旅途中，一定会遇到各种挫折和困境。这时，只要心头有一个坚定的信念，努力地去寻找，就一定会渡过难关的。

在我们每个人的生活中，都需要燃起这样的"灯火"，当我们被失败和挫折所困扰时，抬头看看前面的灯火，便会心生勇气和力量，因为那是我们日夜企盼的目标，我们是那样地希望得到它，又怎会随便放弃呢？因为，它已在我们的眼前，它已并不遥远了啊！

再苦也要笑一笑

这样的灯火，要燃起在我们的心中，才能照亮我们的心灵，这就是我们的信念。每天都给自己一个信念，有了目标，并向着目标坚定地前进，相信前面一定会有属于我们的一片光明。

信念是迈向成功的阶梯

人人都希望成功，最实用的成功经验，那就是"坚定不移的信念"。可是真正有信念的人并不多，结果，真正做到的人也不多。

有时候，我们可能会听到这样的话："光是像阿里巴巴那样喊'芝麻，开门'，就想使门真的移开，那是根本不可能的。”说这话的人把“信念”和“想象”等同起来了。不错，我们无法用“想象”来移动一座山，也无法靠“想象”实现我们的目标，但是只要有信念，我们就能移动一座山。只要相信我们能成功，我们就会赢得成功。

关于信念的威力，并没有什么神奇或神秘可言。信念起作用的过程其实很简单：相信“我确实能做到”的态度，产生了能力、技巧与精力这些必备条件，每当我们相信“我能做到”时，自然就会想出“如何去做”的方法。

大部分的人可能都认为自己不是个成功的人，而且也认为成功对自己来说是不可能实现的，说不定早已灰心丧气了。的确，成功的人不多，我们或许是个不幸的人。但真正的事实却是：其实任何人都有成功的机会，只是想不想去获得它而已。

雨后，一只蜘蛛艰难地向墙上已被风雨吹打得支离破碎的网爬去，由于墙壁潮湿，它爬到一定的高度，就会掉下来，它一次次地向上爬，一次次地又掉下来。

第一个人看到了，他叹了一口气，自言自语：“我的一生不正如这只蜘蛛吗？忙忙碌碌而无所得。”于是，他日渐消沉。

第二个人看到了，他说：“这只蜘蛛真愚蠢，为什么不从旁边干燥的地方绕一下爬上去？我以后可不能像它那样愚蠢。”于是，他变得聪明起来。

第三个人看到了，他立刻被蜘蛛屡败屡战的精神感动了。于是，他变得坚强起来。

正如故事中的三个人一样，有成功心态者处处都能发现成功的力量。其实每一件事情，无论结果是成还是败，其中都会有积极的因素，成功者往往可以从中得到收获，并化为自己前行的动力。而缺乏成功心态的人，则只会看到失败的一面，正如故事中的第一个人，失去了前进的勇气，这就是成功和失败的主要原因。

所谓成功的心态其实很简单，就是相信只有经受失败和困惑才能获得成功；就是深知只有立即采取切实的行动才是获得成功的唯一途径；就是深信，只要努力了，一定会取得成果。所以，立即行动、不畏艰辛、充满希望才是成功者所必备的心态。

再苦也要笑一笑

在我们生活的每一天里，都需要用这样的心态去鞭策我们自己，只有这样去做了，我们才能收获每一天的成就与充实。

信念是最不后悔的活法

汉德·泰莱是纽约曼哈顿区的一位神父。一天，教区医院里一位病人生命垂危，请他过去主持临终前的忏悔。

神父到医院后听到病人说了这样一段话："仁慈的上帝！我喜欢唱歌，音乐是我的生命，我的愿望是唱遍美国。作为一名黑人，我实现了这个愿望，我没有什么要忏悔的。现在我只想说，感谢您，您让我愉快地度过了一生，并让我用歌声养活了我的六个孩子。现在我的生命就要结束了，但死而无憾。仁慈的神父，现在我只想请您转告我的孩子，让他们做自己喜欢做的事吧，他们的父亲是会为他们骄傲的。"

一位流浪歌手，临终时能说出这样的话，让泰莱神父感到非常吃惊，因为这名黑人歌手的所有家当，就是一把吉他。他的工作是每到一处，把头上的帽子放在地上，开始唱歌。四十年来，他如痴如醉，用他苍凉的西部歌曲感染他的听众，从而换取那份他应得的报酬。

病人的话让神父想起五年前自己曾主持过的一次临终忏悔。那是位富翁，住在里士本区，他的忏悔竟然和这位病人的差不多。他对神父说，我喜欢赛车，我从小研究它们、改进它们、经营它们，一辈子都没离开过它们。这种爱好与工作难分、闲暇与兴趣结合的生活，让我非常满意，并且从中还赚了大笔的钱，我没有什么要忏悔的。

白天的经历和对富翁的回忆，使泰莱神父当晚就给报社去了一封信，他写道，怎样度过自己的一生才不留下后悔呢？我想也许做到两条就够了。第一条：做自己喜欢做的事；第二条：想办法从中赚钱。后来这两条就成了美国人公认的最不后悔的活法。

不错的兴趣不仅可以让人感到工作的快乐，减轻疲惫感，同时也是人生成功的助推剂。人生快乐莫过于在工作上取得成就，而最大的快乐莫过于在自己喜欢的工作上取得成就。当一个人为自己感兴趣的事情而付出，而不顾一切时，他获得成功的机会更大。从来没有听说过一个人在自己不喜欢的领域做出什么惊天动地的成绩，的确如华德·迪士尼所说："一个人除非做自己喜欢的事，否则就很难有所成就，要想快乐就更难。"

做自己喜欢做的事，能使人忘记悲哀和劳累，获得平和充实的感觉，做自己喜欢做的事是疲劳的减压阀，更是迈入成功的捷径。

再苦也要笑一笑

人生莫不如此。左右为难的情形会时常出现：比如面对两份同具诱惑力的工作，两个同具诱惑力的追求者。为了得到"一半"，我们必须放弃另外"一半"。若过多地权衡，患得患失，到头来将两手空空，一无所得。我们不必为此感到悲伤，能抓住人生"一半"的美好已经是很不容易的事情。

信念在就没有真的绝望

人生的大道不可能永远是坦途，困难、挫折，甚至是绝境都是在所难免的。绝境并不可怕，只要人不绝望，只要心中与困境作斗争的勇气仍在，即使山穷水尽，也会有柳暗花明的时候。

一个老婆婆在屋子后面种了一大片玉米。一个颗粒饱满的玉米说道："收获那天，老婆婆肯定先摘我，因为我是今年长得最好的玉米！"可收获那天，老婆婆并没有把它摘走。

"明天，明天她一定会把我摘走！"很棒的玉米自我安慰着。第二天，老婆婆又收走了其他一些玉米，可唯独没有摘这个玉米。

"明天，老婆婆一定会把我摘走！"很棒的玉米仍然自我安慰着，可从此以后，老婆婆再也没有来过。

直到有一天，玉米绝望了，原来饱满的颗粒变得干瘪坚硬，整个身体像要炸裂一般，它准备和玉米秆一起烂在地里了。可就在这时，老婆婆来了，一边摘下它，一边说："这可是今年最好的玉米，用它作种子，明年肯定能种出更棒的玉米！"

这个故事中的玉米的经历和生活中的成功者的经历又有什么不同呢！没有一个真正的成功者是一帆风顺的，困苦和磨难是打造成功者所必需的秘方。"千淘万漉虽辛苦，吹尽狂沙始到金。"只有在经历千辛万苦之后，才能到达成功的彼岸，但很遗憾的是，很多人并非没有成为成功者的潜质，也并非没有能力，只是他们缺少了信念和一点点耐心。

正如故事中的玉米，它对自己的信心在一次次的失望后，被彻底地打消了，于是就选择了放弃，但幸运的是，老婆婆还是发现了它，但生活中我们也许没有玉米那样的幸运，所以我们就要多一点耐心，也许我们一直都很相信自己，但我们是否有耐心在绝望的时候再等一下！也许不远的前方就是耀眼的光明。

再苦也要笑一笑

世界上从来没有什么真正的"绝境"。无论黑夜多么漫长，朝阳总会冉冉升起；无论风雪多么肆虐，春风终会吹绿大地。冬天既然已经来临，春天还会远吗？

信念给我们快乐的激励

有个足球队员非常懒惰。他喜欢穿漂亮的球衣，喜欢出风头，喜欢听欢呼声，但始终不爱练球，不爱锻炼体力，比赛时也不肯全力以赴。

一天，教练拿着一封电报来找这个球员，是他母亲发来的。“念给我听吧。”他说，他甚至懒得自己看。教练念了：“你父亲病故，速回。”这个球员呆住了，当夜他便离队回家。

不久之后，他归队了，这时球队正忙着参加一项重要的比赛，冠军决战那天队中伤兵累累，教练正苦于无法调度，这位球员竟一反常态，努力争取上场的机会。教练对他没有信心，但迫于形势，只好勉为其难地让他上场。

不料这位球员上场后，竟然犹如神助，连连得分。为球队赢得了胜利。赛后教练不解地问他，为什么会有这么好的表现，他说：“我父亲是个盲人，生前他看不到我的球赛，现在他可以看到了。”

人生若能像球赛，两旁有人欢呼加油，我们一定会更加振奋。有时我们饱受折磨，只想停下来大呼：“我不干了。”如果此时有人给我们打气，那就会好得多。

然而人生毕竟不是球赛，反倒像个战场，没有观众和拉拉队，有的只是敌人和同志。我们都在奋斗，知道如何行动的人不需要拉拉队。他的心里自有鼓励的声音。让自己的心鞭策我们向前进，这才是最可靠的。

再苦也要笑一笑

只有自己才是自己人生最有力的加油站，愿意做个成功但忧愁的人，还是快乐的败将？我们自然愿意成为后者，因为快乐无价，而且失败后仍有机会东山再起。

SUMMER EVENT
TO BE BEAUTIFUL HUMAN BEINGS
THE SUN WARM AND FRIENDLY

第 6 章

改变心态，心情决定事情

好心态才能决定好命运。很多时候人的成功和失败并不是由客观因素决定的，而是和当事人的主观心态息息相关。研究表明：在愉快、积极的心境下从事活动的成功比率要远远大于那些在压抑的、痛苦的心情下的成功比率。所以收拾一些你的心情，或许会有意外的收获。

好胜之心，誓不低头

拿破仑说，不想当将军的士兵不是好士兵。

人生在世，就是一个不断追求高势的过程。人往高处走，水往低处流，人生如同逆水行舟，不进则退。

好胜之心首先源于对自己的信心，只有自信的人才有好胜的心气。在竞争激烈的当代社会，好胜早不是古语中所表达的贬义词，相反没有好胜的心态，是不能赢得成功的。

好胜既是一种对成功的渴望，又是对自我能力的肯定。有了这样的心态，才能激励自己在艰苦的环境中毅然地走下去，直到到达终点。

有了好胜之心，才能有坚持到底、誓不低头的决心。如果对于成功的渴望不是那么强烈，当遇到困难的时候便很轻易动摇，半途而废，无果而终。只有对成功的极度渴望，才能燃烧起人类内在的小宇宙，激发出你平时自己都发现不了的潜力，从而击败困难，到达胜利的彼岸。

好胜之心是一个成功者必备的心态，然而这个心态要有一个理性的前提。疯狂的、不切实际的好胜之心，是不健康的，容易使人走火入魔。然而理性的、健康的、切合实际的求胜是“必需”的。

好胜心是不能缺少的，建立在真实、客观基础上的好胜心尤其重要。如果你现在还没有求胜之心，那么赶紧行动起来吧，分析一下自己的实力，为自己找一个展现自我的机会吧。

再苦也要笑一笑

求胜是个人或集体上进的表现。没有上进心，不求进取，只能如逆流中的小船般，顺势而下，最终被打翻在激烈的浪潮中。拥有好胜的心态、理性的“野心”是成功的第一步。

因为理性的“野心”不但给你树立了奋斗的理想，更给你提供实现理想的动力和誓不放弃的决心。

积极之心，看到更好

同样的一个园林，同样的一朵玫瑰花，积极乐观的心则会看到美丽的花瓣和清晨透亮的露珠；而悲观消极的心则看到花下伤人的尖刺和清晨微冷的天气。一个笑脸，一个苦脸，不一样的心情，恐怕今天一天的成绩也大不相同。积极乐观的人总是能看到更好的情景，所以在好的心情下，他就能够处处顺心，做什么事情都游刃有余；而悲观厌世的人总是看到那些令自己讨厌的情景，在恶劣的心情下，又怎么能够顺利地完成工作呢？俗话说，倒霉的人喝凉水都塞牙缝儿。事实上，水怎么能够塞牙缝儿呢，不过是人的主观感受罢了，心情不好自然看到什么都觉得不好，干什么都觉得不顺利，自然就有了“屋漏偏逢连夜雨，船迟又遇打头风”的主观感受。

可见，保持一颗积极乐观、充满热情的心有时候能扭转乾坤，让生命出现奇迹。一个人如果有高度的热情，积极的心态，必胜的信念，那么还有什么他办不到的呢？世界只会为那些积极的、乐观的人敞开绿灯，使他们的事业有更加快的速度。所以说成功者要必备一种积极的心态，他乐观地面对人生，所以成功与他的距离便比别人稍短一点。对于大部分人而言，他们在平时确实是乐观的，上进的，但是唯一不足的是：关键时刻掉链子。每到关键的环节时，他们便失去了往日的自信、热情和积极，于是大部分人总是与成功擦肩而过，他们真的是与成功很近了，但总是距离差那么一点点。

积极的心态要保持在每一个时刻，坚持住你就有成功。你或许不信，难道心态这个东西真的如所说的这般神奇吗？从下面这个小故事，你便可以形象地看到积极的人生态度和消极的人生态度到底有什么区别。

农业自动化机械厂生产出了一种新的农场机器，为了扩大市场，他们先后分别派出了两名员工去一个农场推销新设备。最先去的这名员工工作态度认真，也很勤劳，唯独心态不好，总是悲观地看待自己的工作和人生。当他来到这家农场后，看到这里的农民都是靠人工在田里种植和收割，于是非常失望。他想，这里的农民是不会买我的设备的，他们都靠自己的人力来完成，看来我又是白来一趟了，真倒霉！于是他一句话都没有说出来，就扫兴而归，写了一份推销失败的报告交上去了。上级一看，非常奇怪，心想，如此先进而又省时的机器，竟然没有推销出一台，不可能吧？于是他重新派遣了一名员工再次去那个农场去推销，这位员工是公司的金牌推销员，积极而又上进，一流的口才，几乎没有什么能够难得住他。当他来到农场一看，立刻展颜而笑：太好了，简直是太顺利的推销过程。这家农场居然都是人力做工，这下不但可以推销出这种新设备，就连其他一些设备也可以展现给他们使用啊。于是他把农场所有的农民都聚集起来，满面红光地说：“大家好，带给大家一个好消息，你们终于可以不这么辛苦劳作了，安装上这种设备，在同样的时间内，你们仅仅花费以前十分之一的力气，但是绝对能够收获十倍的成果！”很快大家被他的情绪调动起来，纷纷尝试这种新设备的神奇效力，结果这批新设备在这个农场打开了非常好的销路。

两种不同的心态，却导致了截然不同的结果。在同样一个农场中，同样的一批客户，同样的一种产品，仅仅由于一个心态的差异，导致了一个不战而败，一个大获全胜。生活中的很多事情就是这个例子的翻版。很多失败的原因或许与客观条件无关，而仅仅是主观心态有问题。消极的心态多半导致不战而败，没有开始就已经宣告了失败的结局。“我能行”已经成为越来越多成功人士的口头禅，这不仅仅是一种自信，更是一种积极心态的表现。

再苦也要笑一笑

一个积极的人，总能看到充满希望的未来，总能看到美好的事情，总有更大的动力驱使自己前进。请保持一颗积极的心吧，这或许正是你寻找许久的根源。

希望之心，抓住理想

对未来充满希望，人生才有前进的动力。所以说成功的人都怀有一颗希望之心，他们对未来充满希望，坚信明天可以比今天更加美好，所以他们才能有勇气，有动力不断前进。

理想是人生的奋斗目标，是人类对于未来的一种有可能实现的想象。有了理想，人类才可以按照它的方向去努力；有了理想，人类才能在艰苦的探索环境下坚持下来。当然理想不是无根无据的幻想，它必须建立在真实的、客观的个人条件基础上，否则就是无道理的空想，是没有现实意义的。

有了希望的心，有了理想的路，前途才更加明确。不要在没有思考，没有分析前就消极地把事情打上不可能实现的标签。事实上你要鼓励自己“你能行”，有希望才能有动力，你才会在探索的过程中无所不能，勇往直前。

能够把绝望变成希望，不让身体的缺陷限制自己对理想的追求，汤姆·邓普西就是这样一个不平凡的人。汤姆·邓普西在出生的时候，只有半只脚和一只畸形的右手。自从懂事以后，父母就告诉他，不要对自己的人生绝望，不要因为自己的残疾而感到生命受限，别人可以做到的事情，你同样可以成功，甚至可以期望自己能够做得更好。小时候，汤姆·邓普西和别的孩子一起参加童子军团，那些健全的孩子完成行军10英里的时候，汤姆也坚持走完了10英里。后来汤姆·邓普西发现了自己的一个优点：他可以把橄榄球踢得比其他在一起玩的人还要远。于是他让鞋匠专门设计了适合他的身体特点的鞋子，然后他积极地参加了橄榄球队的入队资格测试。出乎所有人意料的是，他通过了踢球测验，还得到了冲锋队的一份合约。然而当教练看到他的身体条件以后，遗憾地告诉他：你不具备成为职业橄榄球员的条件，应该去从事其他的事业。不过汤姆·邓普西坚持让教练给他一个机会，教练虽然心存怀疑，但是看到这个男孩这么自信，不忍心打击他，终于答应给他一个机会。在一周后的友谊赛中，汤姆·邓普西踢出了55码远的得分，让教练也不得不对他另眼相待，大加赞许。这次胜利使他获得了专为冲锋队踢球的工作，而且在那一季中为他的一队踢得了99分。然后到了最伟大的时刻，球场上坐满了球迷。球是在28码线上，比赛只剩下了几秒钟，球队把球推进到45码线上，但是根本就可以说没有时间了。教练喊到："汤姆·邓普西进球!"当汤姆进场的时候，他的队距离得分线有55码远，球传接得很好，汤姆·邓普西拼出全力踢在球上，全场的眼睛都盯在这个球上，同时为汤姆·邓普西担心着，这球能够达到所期待的距离吗？

最终的成绩得到了全场的肯定，球在球门之上几英寸的地方越过，裁判举起了双手，表示得了3分，汤姆一队以19比17获胜。球迷狂呼乱叫为踢得最远的一球而兴奋，汤姆·邓普西虽然身体残疾，却为整个球队的胜利赢得了最后3分，也为他的人生谱写了光辉的一页。

当记者问他是什么给了他如此巨大的力量时，他微笑着说：对生活的希望，对生命的热爱。虽然我的身体有些不利条件，可是我从来没有放弃过对人生的理想。我觉得每一个人都应该对生活充满希望，不要轻言放弃。

近几年来，由于抑郁症而放弃生命的案例已经屡见不鲜。很多高层知识分子甚至包括一些事业有成的人都选择轻生来结束自己珍贵的生命。在一封博士的遗书中，他曾多次提到由于时常感到生命没有意义，丝毫寻找不到任何希望之光而选择离开。心理学家分析：抑郁症大多来自于对生命的失望，患者由于心中缺少对未来的希望而容易选择轻生，除了药物治疗外，最关键的是个人要主动地调节自己的心态，无论遇到什么挫折都要对自己的人生充满希望。

对于我们每一个人而言，希望之心都是不可少的。失败的人具有了希望之心，才可以百折不挠；成功的人具有了希望之心，才可以不骄不躁，继续进步。希望对于任何人都是必备的，人生若没有希望，就成了一片死海。大多数失败平庸者并不是他们的能力有问题，而恰恰在于他们的心态。

再苦也要笑一笑

没有希望之灯的人生，就像一个在黑暗中航行的小船，很容易因为害怕风浪而搁浅。

坚韧之心，决不放弃

“不抛弃，不放弃”已经成为这两年来无人不知的流行语，而《士兵突击》中的许三多也成为无人不晓的人物，他以他朴实、坚韧的心态向人们阐述了一个深刻而又简单的人生哲理：坚持不放弃，你就能成功。

许三多不是一个聪明的人，也不是一个英雄，但是他却凭借他那颗坚韧的心，完成了很多即使聪明人也完成不了的事情。从最初呆板、懦弱的“三呆子”，到不合格、没有优点、缺点一堆的“许木木”，直到最终完全成形的好士兵“许三多”，这部电视剧不仅仅打造了一个“孬兵”的成长历程，也打造了一个因为坚持的心，而打动了无数观众、造成了前所未有的影视奇迹的神话。剧中的许三多不英俊不聪明，不机灵不潇洒，既没有什么豪言壮语，也几乎没有什么光辉事迹。他以文化低，智商不高，能力有限的面貌示人，一反“光环男一号”的传统，成为普通人的典型代表。然而这个普通人身上却有一股傻傻的韧劲，愿意埋头苦干直至成功。许三多用他平凡的形象和经历为我们讲述了一个“不抛弃，不放弃”就能成功的故事，许三多的精神形象地表达了我们这一小节所讲的精髓——坚韧之心，永不放弃。

坚韧之心是成功不可缺少的心态。你可以是不聪明的，不机智的，没有经验的，没有天赋的，但是你不可以是没有恒心的。没有一颗坚持到底的心，再简单的事情也可能因为你不坚持而以失败告终。

图坦·卡蒙法老王墓挖出的宝藏就陈列在开罗博物馆内，其内的第二层楼大部分放的都是灿烂夺目的宝藏，像黄金、珠宝、饰品、大理石容器、战车、象牙与黄金棺木等，这些巧夺天工的工艺吸引了无数的参观者和考古学家，然而要不是因为霍华德·卡特坚持决定再多挖一天，这些震惊世界的宝藏也许仍不见天日。

1922年的冬天，霍华德·卡特几乎把所有可能出现年轻法老王坟墓的地方统统考察了一遍，仍然没有收获。然而就当他们几乎放弃了可以找到法老王坟墓的希望时，霍华德·卡特坚持让他的赞助商再提供一天的支援，他不甘心就这么轻易放弃。

出乎众人意料的是，就是这一天的坚持，轰动了世界，改变了霍华德·卡特的人生，他成功了。卡特在自传中这样写道：“这将是我们待在山谷中的最后一季，我们已经挖掘了整整六季了，春去秋来毫无所获。我们一鼓作气工作了好几个月却没有发现什么，只有挖掘者才能体会这种彻底的绝望感；我们几乎已经认定自己被打败了，正准备离开山谷到别的地方去碰碰运气。然而，要不是我们最后垂死的一锤努力，我们或许永远也不会发现这座超出我们梦想所及的宝藏。最终，我们还是成功了。”

再苦也要笑一笑

坚持不懈便能换来成功。新时代的“三多”精神我们是不能丢的，坚持多一点，信心多一点，乐观多一点，也许成功就在距离我们半英里的地方，也许成功就在第二天出现。

平和之心，得失随缘

人生在世，无论是面对荣华富贵、位高权重，还是面对穷困潦倒、失权失势，都要以一颗平和之心处之。不以物喜，不以己悲。得失随缘不仅仅是古人赞赏的一种精神，更是处于这个风云瞬变的时代，所必需的一种心态。平静地面对风雨大浪、因果得失，才是成大事业者的一种气魄。

中国道家学派一直推崇的便是这样一种思想：逍遥而游，得失随缘。权力、财富、地位不过都是过眼云烟，身外之物，如果因为它们而扰乱了自己的心绪，那么非智者所为。追求成功、名望本身并没有错，不过对于成败要以平和之心待之，这样才不会被成功迷失心智，丧失自我。

追求权位的人希望有一天只手遮天，能力挽狂澜；追求财富的人希望自己富甲天下，纵横金融界；追求名望的人希望自己高高在上，有一世英名；然而庄子却说道：“众人重利，廉士重名，贤人尚志，圣人贵精。”追求这些浮名利禄不如追求一颗平和之心，任何东西皆生不带来，死不带走，倘若能够看到生命的真谛，想必才能够真切地理解生命的意义，明白世间之事可以追求，但不可强求，得失随缘才是明智之举。

李斯，秦代著名的政治家，可谓声名显赫，功绩卓著。年轻的他便对权势有着极度的热爱，于是他拜荀子为师，学习帝王之术、治国之道，以求将来有所成就。

公元前247年，李斯来到秦国，先在秦相吕不韦手下做门客，取得了吕不韦的信任，凭借他的推举，李斯当上了秦王嬴政的近侍。李斯利用经常接近秦王的机会，劝说秦王抓紧“万世之一时”的良机，“灭诸侯成帝业，终成天下一统”。秦王接受了李斯的建议，先任命他为长史，后又拜为客卿，命令他来制定统一天下的策略。

公元前237年，秦国宗室贵族利用各种借口要求秦王下令驱逐六国客卿，李斯也在被逐之列。李斯不甘这样走下历史舞台，于是他写了《谏逐客书》，劝秦王收回成命。

秦王看了《谏逐客书》深受感动，于是取消了逐客令，恢复了李斯的官职，他佐助秦王嬴政，用了仅仅十年的时间，就先后灭了六国，统一了天下大业。李斯当上丞相以后，利用权职，大肆改革。历史上著名的惨剧“焚书坑儒”就是李斯建议的为了打击儒生、诽谤朝政的倒行逆施。公元前210年，秦始皇死后，李斯害怕自己的权贵地位因先帝的去世而受到影响，于是为了保住他的利益，他和赵高狼狈为奸，伪造遗诏，立少子胡亥为帝。他一生精明，却万万没有想到赵高篡权后又施展阴谋，诬陷李斯“谋反”。李斯就是因为私心而一时糊涂，从而落了个身死族灭的下场。他临刑时和他儿子抱在一起痛哭说：“吾欲与若复牵黄犬，俱出上蔡东门逐狡兔，岂可得乎！”

试想，倘若李斯早就有一颗平和之心，淡然地看待权贵和地位，能够做到天天牵着黄狗打猎这点要求就满足了的话，又岂能被赵高蒙骗，卷入一场黑暗的政治陷阱中呢？

平和之心，贵在淡然。《道德经》中对于平和之贵也有过如此评价：宠辱若惊，贵大患若身。何谓宠辱若惊？宠为下，得之若惊，失之若惊，是谓宠辱若惊。何谓贵大患若身？吾所以有大患者，为吾有身，及吾无身，吾有何患！”古代的圣人告诉我们，如果对于荣华富贵和屈辱不能淡然对之，这不是圣哲之人的举动。要做到宠辱不惊，必须首先在心态上放平稳，不能仅仅为了一些得失迷失了心智，做出一些后悔的行为。这些不明智的行为，小则影响一时，重则影响一生，可谓得不偿失。

有一颗平和的心，就要做到淡泊名利，分清是非，懂得生命中什么才是最珍贵的。有了千斗黄金，换不来诚心一笑；有了天下权势，换不来健康的身体。人生的价值在于活得快乐和幸福。然而，生命是否快乐和幸福是人的主观感受，一颗平和的心比一颗计较利益得失的心更容易看到幸福罢了。

再苦也要笑一笑

人的一生，不如意事十有八九，只要有一个良好的心态，以平常之心，当平常之事待之，乐观向上，得失随缘，心态就会平衡。从容地对待生活才是智者之为。

谦虚之心，不上巅峰

谦虚使人进步，骄傲使人落后。中国几千年的历史告诉我们，谦虚不但是人类的美德，更是一种从容的心态：谦虚之心，才能给人生留出更大的空间。有了不上巅峰的坦然，才能爬上更高的山峰，没有最高，只有更高，谦虚的人生才是不断进步，不断高攀的人生。

提起姚明，在中国可谓家喻户晓。这个身高超出2米的篮球明星深得人心，即使他已经取得了令人骄傲的成绩，可是谦虚的特质依然在他身上显现。对他而言，谦虚是他不能放弃的美德。即使在把谦虚看作虚伪或无能的美国，姚明也没有放弃他的谦虚。在一场球赛中，当他贡献了41分的时候，他依然没有给人盛气凌人、不可一世的感觉，面对记者他依然谦逊地评价自己。即使在奥尼尔面前，他取得了绝对优势，他也没有炫耀自己，而是夸赞对方。记得有一次，美国媒体称赞他是NBA的第一中锋时，他只是谦虚地回答道：我会做得更好。在姚明身上，他谦虚的优点或许大大胜过他的篮球得分，中国传统的谦逊文化被他完好地传播和发扬。

东汉初时，名将冯异在建立东汉王朝的战争中屡立功勋，但是他在每次战争后，都是独自一人躲在大树下，静思功过，从来没有聚集一帮人摆庆功宴等，因此世人称赞他是大树将军，同时也为他谦虚的品质折服。

谦虚能拉近人与人之间的距离。三人行，必有我师焉。如果总是高高在上，自以为是，那么只能是故步自封，永远也得不到大的发展。刘邦的左右手之一张良便是谦逊之人。

一日，张良在外散步，当他走上一座桥上时，一位老人也走上了桥。他走到张良面前，弯身脱下鞋子，扔到桥下，然后以命令的口气对张良说："年轻人，下去把我的鞋子捡上来。"张良虽然觉得这个老人不该让他去取鞋，可是念在对方是老者，于是谦逊地说："好吧。"他跑下桥去，捡起了鞋子，再回到桥上来递给老人。

老人没有接鞋，对他说："小伙子，替老人家穿上。"张良无奈，心想，好事做到底吧。于是跪在老人身下，帮他穿上了鞋子。老人对他说："你这年轻人还值得一教，五天之后天亮时，你到桥头和我见面吧。"

五天后，张良准时来到了桥头，然而老人已经在那儿等候了。老人说："你迟到了，五天后再来吧！"于是老人生气地离开了。过了五天，天才微亮，张良就赶到桥头去，可是那老人还是比他早到了。老人说："你又迟到了！倘若你有心学东西，五天后再来吧！"

张良并没有放弃，他虽然不肯定老人是否在作弄他，但是他还是决定五天后去探个究竟。到了第五天，张良没有睡觉，半夜就到桥上去等待老人。不久，老人就来了，这次他没有训斥这个年轻人，赞许地说道："不错，这才是虚心拜师的做法啊。"老人从怀里拿出一本《太公兵法》，对张良说："只有谦虚的人才能做到能屈能伸，将来才有可能拥有一番作为。这本书你拿回去好好研究，将来必能助你成为国之栋梁。"张良从此潜心研究老人赠予的《太公兵法》，后来他听说汉王刘邦带兵起义，便投靠刘邦，用所学所知辅佐刘邦取得一次又一次的军事胜利。刘邦在张良的辅佐下，最后推翻秦朝，建立了汉朝。

居功自傲的人是目光短浅的，他们容易因为一次两次的成功就自以为是，放弃继续进步的旅程。世界上是没有真正的巅峰的，只要生命在，那么我们就可以继续努力。继承了这样的美德，才能保有一颗谦虚之心。自吹自擂、自我膨胀只会导致最终的梦想破裂，一个真正懂得人生的人是不会把时间浪费在吹嘘上的，虚心学习别人的长处，才能实现自我超越。

再苦也要笑一笑

谦虚是一种美好的道德修养，有了这样的修养，人生才更加美丽和充实。常怀有谦虚的心态，才能不断地自我升华。"宰相肚里能撑船"，对于谦虚的人而言，人生是一个永远也注不满的瓶子，他们不断地扩大自己的心胸，不断地吸收精华，才能天天都有新的进步。

好学之心，每天进步

对于好学的益处，论语中有这样一句著名的评价："以其好学之心，假之以年，则不日而化矣"。其意思就是说，倘若人能够有一颗好学的心，那么几年以后，这个人不可同日而语，必将取得大的成就。

"性相近，习相远也"。每一个人生下来是没有什么区别的，而恰恰是后天的学习让他们各有所长，从而走上了不同的岗位，走上了不同的领域。学习之重，是孔圣人一直所强调的。学习是一个人由无知走上智慧的唯一之路，要想成大事业，必须具备相关的知识，否则就是白日做梦。那么知识何来呢，孔子说"学而时习之，不亦乐乎？十室之邑，必有忠信如丘者焉，不如丘之好学也"。可见，学习的重要性远远大于了天资等先天条件，勤能补拙，倘若能够早点认识到学习的重要性，那么你就比别人早到终点一步。

好学首先表现为勤奋，懒惰的人天天口头上吵着要学习，但是却懒于付出行动，丝毫收获不到成果。勤奋的学习理念、端正的学习态度是好学之心不可缺少的两大元素。

勤奋的人才有可能成功。当有人问鲁迅先生为什么能在文学上取得如此大的成就时，鲁迅先生说："我没有什么天分，我不过是把别人喝咖啡的时间用来读书、写书罢了。"这就是成功的秘籍。勤奋是大多数平庸的人懒于去做的事情，他们可以找到各种理由来安慰自己，把自己的好学之心扼杀在摇篮中：今天周末，怎么能学习呢，这么好的天气应该去公园中打牌；算了，今天太累了，看书的计划取消吧，改日再看；这书有什么好看的，看了以后也会忘，不如不看，出去玩会……长此以往，你便失去了学习的习惯，好学对于你而言就成了神话。

在一般人看来，秀彬算不上命运的宠儿，他出生在一个贫困的家庭，也不是天资聪明的人，小时候连初中都没有读完就回家帮助父母料理家务。然而，秀彬的好学是有目共睹的，他从小就是一个勤奋好学的孩子，由于对物理和化学有特殊的偏爱。

他总是利用一些闲暇的时间来自学那些方面的知识。那时候为了养家，他在外出打工的日子里，依然选择到报酬不高，但是却可以学习和做实验的药店工作。空闲的时间里，他没有像别人一样休息，反而是利用药店里的各种"器材"来做实验，潜心研究。那些器材，不过是药店里边的废旧平底锅、烧水壶和各种各样的瓶子。艰苦的工作并没有妨碍他的学习，在短短几年的时间里，他通过自学把初中、高中乃至大学的物理化学教材都学得滚瓜烂熟。多年的努力是不会没有回报的，他的好学终究带给了他回馈：他成功地研制出三项国际领先的新成果。

无论对于个人和集体，学习都是不可少的一个环节。没有好学之心，个人不能进步；没有好学的氛围，集体的发展也停滞不前。建立学习型企业，培养学习型人才已经是当代社会的要求。20世纪70年代名列《财富》杂志世界500强排行榜的大企业，有1/3已经销声匿迹了，这些被淘汰的企业和企业领导者面临的困境或许大不相同，然后他们大都有一项失误，那就是忽略了学习的重要性。

重庆力帆集团董事长尹明善曾表明，学习是个人不可缺少的素质和心态，不想学习的人无法存在于我们企业，同样无法生存在我们这个社会中。为了营造出良好的学习氛围，使得企业成员都怀有一颗好学的心，他进行一番改革，设立惩罚机制，督促学习。比如集团在优秀员工中选出800人参加考试，这800名优秀员工同时开考，由总公司命题、请内部专家评卷，前20名由总裁面试后，录取8名。第一名每月工资涨5 000元；第二名涨3 000元，第三名涨2 000元。其余5人，每人每月涨1 000元。他认为，学习的过程是重要的，每天能够学一点东西，前进一段距离，那未来的收获是可观的。

一分耕耘，一分收获。好学之心能够让我们每天收获一点点，如果天天进步，我们数日以后或许就能达到“不可同日而语”的境界。我们或许不是天才，或许没有天赋，可是勤奋好学同样可以助我们登上成功的高峰。即使是一个天才，倘若不学无术，不求进取，恐怕也难成一果。天才都是从勤奋走来的，好学的心不过是把他天才的一面展示出来。

再苦也要笑一笑

不管你本质如何，天资聪明或者笨拙，你都需要有好学的心态。好学之心能把矿石锻造成金子，能把任何一个人都培养成一个天才。

快乐之心，乐观处事

悲观的人总是在大叹：我的快乐在哪里，谁抢走了我的快乐？事实上，快乐是一种心情，一种心态，是自己控制并给予的，外人如何能剥夺你快乐的权利呢？保持一种乐观的心态，快乐便能常驻你的身边。心态的调节作用是巨大的，同样的东西在不同的心态下，却表现出截然不同的局面。乐观的人总是能够看到美好，看到希望，从而心情愉快；悲观的人总是看到黑暗，看到绝望，从而哭泣和厌世。

下面我们来读一个小故事，这则幽默的传奇或许能博得你一笑，同时也希望你能领略到乐观心态的珍贵之处。

从前，某个热带国家的国王有个非常乐观的贴身侍从，他总是能够从坏的事情中找到乐观、开心的理由，有时候这个侍从的乐观精神偶尔也会让国王受不了。

一天国王和这个贴身侍从外出打猎，然而当国王砍椰子来当午饭的时候，由于用力过大，弯刀失手砍断了脚趾。这时候，侍从从远处走来，手中抱着捡来的干草，国王皱起眉毛，骂道：这该死的椰子，该死的弯刀，把我的脚趾给伤了。这个乐观的侍从安慰国王说：“您不要着急，这是一个好消息啊。”

国王痛苦难耐，生气地叫道：“什么？你再说一遍？”

“这是一件好事啊！在这表面的意外后面肯定有我们还没有看到的好处。”侍从再次肯定地回答。

国王大怒，心想这个该死的奴才竟然嘲笑我，于是抓起侍从，把他扔进了枯井里，一个人气冲冲地找寻回城堡的路。

没想到的是，在回去的路上，国王由于没有带将领，被一帮土著人抓住了，他们认为这个国王正好可以用来作为这个月献给山神的祭品。土著人把他带到了部落的祭司面前，祭司从头到脚把这个活祭品检查了一遍，当他注意到祭品少了一个脚趾时，他命令土著人把犯人释放："这个祭品不合格，少了一个脚趾怎么能够祭奠神灵呢，你们再去找一个人来，放了他吧。"

这个国王便因为先前的受伤而捡回了一条命。他回到城堡，想起了那个侍从的话，觉得非常有道理——表面的意外或许还隐藏着好处。于是他带领一批武士去把那个掉进井里的侍从救上来。

当国王到达枯井时，他以为那个侍从肯定在悲伤地哭泣，没想到他竟然在那里快乐地吹着口哨，一点也不担忧。

国王把他救出来以后，真诚地对侍从说："你说得对，幸好这场意外，才把我从神灵的祭奠中给解救出来啊，他们想把我扔到火山里去，但他们看到我少了个脚趾，就放了我。这真是个奇迹。你是个先知，我真不该把你扔到井里!"

侍从说："噢，不，国王，幸好您把我丢在了井里。"

国王不解："这次你又有什么结论?"

"如果不是您把我扔在井里，救了我一命，我现在恐怕在天上侍奉神灵了。"侍从解释。

多么乐观的心态啊，我想如果我们也具备这样快乐的心态，恐怕没有什么坎坷或者挫折能够把我们打倒。"塞翁失马，焉知非福"。有了这样的乐观心态，就能坦然地面对得失。爱迪生就是这样一个乐观的人，这种乐观给他的发明创造助了一臂之力。

在爱迪生67岁那年，他苦心经营的爱迪生工厂发生火灾，整个工厂毁于一旦。那一天，爱迪生损失不少于200万美元，这么多年的精心的研究也全部付之一炬。更令人痛心的是，由于那些厂房是钢筋水泥所造，当时人们认为那是可以防火的，所以，他的工厂保险投资很少，每一块钱只保了一角钱。

当他的儿子查尔斯·爱迪生听说这场灾难之后，紧张地跑去找他的父亲，他发现老爱迪生就站在火场附近，满面通红，满头白发在寒风中飘扬。查尔斯后来向人描述说："我的心情很悲痛，他已经不再年轻，所有的心血却毁于一旦。可是他一看到我却大叫：'查尔斯，你妈妈在哪里?'我说：'我不知道。'他又大叫：'快去找她，立刻找她来，她这一生不可能再看到这种场面了。'"

看，多么令人佩服的气魄！对于乐观的人而言，外人眼中糟糕至极的事情都可以转化成可以坦然面对的事。

再苦也要笑一笑

人生不过短短几十年而已，如果总是悲观看待这个世界，那么快乐何在？乐观是快乐人生的催化剂，无论遇到什么挫折，都应该乐观地接受、积极地去改变，快乐的心情可以让你更加有效率地战胜困难，赢得胜利。

第7章

放下过去，轻松面对挫折

对于一些人而言，过去的失败和挫折犹如千斤大石，压在他们的心里，始终无法释然。背着这些沉重的负担，前进的速度就慢了下来。每一个人都有自己的过去，即使那些成功者也是从山脚下一步一步走来的，如果他们把那些曾绊倒他们的石头统统带在身上，恐怕早就累死在了半山腰上了。所以，过去的就让它过去吧，它们不过是一种记忆罢了，轻松地面对它们，才能整装上路。

不为昨天流泪

人生由三天组成，昨天、今天和明天。如果你在忙碌的今天为了昨天的失败或不幸而哭泣，那么你的今天就只剩下了泪水。试问，你的明天又将何去何从？

对于很多人来说，对于过去都无法释然。站在时间的长河中，如果不把注意力放在美好的今天和明天，而总是沉浸于往事中，是极不明智的做法。昨天依然和我们有关，但是希望是不可能从昨天产生的，生活的奇迹永远是今天的主题。每一天的太阳都是新的，不要对于昨天念念不忘，昨天无论是辉煌还是黑暗，都已经成为历史。作为已经翻过去的一页，我们何必要花费精力去自责，去悔恨呢？把握好今天，要为了明天而准备，而不是为了昨天而哭泣。

人生在世，不可能永远风平浪静。在现实的大海中航行，如果因为昨天的风暴，而放弃今天的航线，恐怕那些人生的新大陆永远也不会被发现。成功人士亦是如此，翻阅那些伟人的传奇史，几乎每一个成长阶段都有一些伤口。所以不要轻易地放弃，不要让自己陷入过去的沼泽。或许昨日诚可贵，但是今日价更高。

一天，一位得道的高僧休息前吩咐他的小弟子去给佛祖点上香火，这个粗手粗脚的小和尚不小心把香炉打翻了，香灰撒了一地，刚刚插好的香火也断了，差点儿燃着了整个祭堂。小和尚知道自己闯了大祸，偷偷地躲了起来。第二日，高僧找不到小和尚，便亲自来到祭堂探究原因，得知了事情真相后，他稍微有些生气，但是很快就平息了下来。他派人去把躲藏起来的小和尚叫来。小和尚因为害怕，哭了一夜，眼睛肿肿的，心想这次肯定被重罚。高僧看了一眼小和尚："你耽误了今天的晨课，知道吗？"小和尚抬起头，很不解地望着高僧，然后低头主动认错："师傅，我错了。我昨晚打翻了香炉，你不生气吗？为何今日不责罚我，反而仅仅怪我耽误了晨课呢？"高僧语重心长地说："昨天你犯的错误，我是很生气，可是事情已经过去了，再来追究谁的责任已无益处。昨天香灰已撒，香火已断已经是无法挽回的事情了，唯一可以做的便是今天马上换上新的香灰，重新点上香火，再把今日的晨课补回来。如果因为昨天的失误，把今天的光阴也赔进去的话，那才是不可饶恕的。你明白了吗？"小和尚恍然大悟。

或许我们每一个人都曾经经历过这个小和尚的角色，我们为了昨天的失误而哭泣，甚至放弃了今日应该做的主题，明日再为今日的放弃而哭泣，日日相仿，人生就这样丢失了它的意义。当昨天的事情我们已经无力改变，那么就应该勇敢地去面对它，把握好今天才是最有价值的行为。

在通过成功的道路上，或许荆棘丛生，或许障碍重重，可是所有的这一切都是可以战胜的，关键是你是否具备了战胜它们的决心。昨天的荆棘丛林已经走过，即使伤痕累累，也不能代表我们无法跨越这条路。勇敢地走下去，伤在昨天，勇于今天，那么成功就在明天。

人的一生要经历过无数的风雨，无数的磕磕绊绊。看看我们小时候是如何学会走路的，我们一边学走，一边摔倒，我们没有因为摔倒了，就长哭不起，就拒绝走路。相反，儿时的勇气是巨大的，无论摔得多么疼，哭一下子以后还是要走的，甚至第二天就把昨天摔跤的事情忘记了，或许这就是人坚强的本性。长大之后，这种本性是依然存在的，我们不能让软弱把它掩埋，要如同一个幼儿学走路那般勇敢。昨天的创伤已经结疤，让我们不要再把精力放在它身上了。

再苦也要笑一笑

不要为昨天的失败而流泪，但是要从昨天中吸取教训，避免今天成为第二个失败的昨天。

羞辱成就强者

提起羞辱，是每一个人都不想遇到的，但是看那些成大事业的人，却往往都是从屈辱中走过来的。这里，我们并不是在宣扬羞辱的经历是一个人成功的元素，我们要说的是，如果你不幸遭遇到了羞辱的事情，那么不要觉得难堪，不要觉得抬不起头，事实上，要乐观地面对人生：羞辱可以锻炼韧性，可以成就强者。

忍辱负重，从而完成《史记》的司马迁就是一个值得后人敬重的英雄。司马迁的父亲在临死之间嘱咐其子一定要替他完成这项使命。不过当司马迁全身心地撰写《史记》之时，却遭受了巨大的磨难。天汉二年，汉武帝派李陵随从李广押运辎重。结果李广遇难，李陵被俘。消息传到长安后，汉武帝听说自己的战将投降，非常生气。满朝文武都顺从汉武帝的想法，纷纷指责李陵的罪过。而司马迁直言进谏，说李陵寡不敌众，没有救兵，责任不全在李陵身上，极力为其辩护。然后他的直言不讳，引起龙颜大怒。司马迁因此被打入大牢。

司马迁被关进监狱以后，遭受酷吏的严刑拷打。面对各种肉体和精神上的残酷折磨，他始终不屈服，也不认罪。后来司马迁被判以腐刑。当时，这种腐刑既残酷地摧残人体和精神，也极大地侮辱人格。

当时的司马迁甚至想到了一死，不过后来他想到了父亲遗留给他的使命，想到了孔子、左丘明、孙膑等人，他们所受的屈辱，他们顽强的毅力，还有他们在历史上所留下的成绩都大大鼓舞了司马迁。他立誓无论发生什么样的屈辱，也要把《史记》完成。

征和二年，司马迁终于完成了基本的编撰工作。这期间的数年中，他忍受着身体和精神上的巨大折磨，但这些都没有把他打倒。他用他的生命谱写的不仅仅是一本旷世的历史著作，更是人类史上一本永存的生命赞歌。

人在遭受了屈辱后，一般都会有两种选择：有的人承受不起这样的折磨，从此悲观厌世、意志消沉，最终身体的屈辱导致了精神的萎靡，从此一蹶不振；有的人即使身体遭受了巨大的折磨，但是内心的火花不败，他们有着顽强的意志和斗志，终于赢得了人生的荣耀。

正确地看待屈辱，把它当成一种刺激人向前的动力，能做到这点的人才是真正的智者。有一次，戏剧家曹禺邀请他的朋友阿瑟·米勒来家中做客。闲聊中，阿瑟·米勒暗示道：像您这样的老作家，肯定是包围在一片荣耀和吹捧中的吧。曹禺笑了笑，从书架上拿来一本装帧讲究的册子，上面裱着的是画家黄永玉写给他的一封信，上面写道："我不喜欢你新中国成立后的戏，一个也不喜欢。你的心不在戏剧里，你失去了伟大的灵通宝玉，你为地位所误！命题不巩固、不缜密，演绎分析也不够透彻，过去数不尽的精妙休止符、节拍、冷热快慢的安排，那一箩筐的隽语都消失了……"信中对曹禺的批评字字严厉，甚至有明显羞辱的味道。阿瑟·米勒非常不解，如此一封使自己难堪的信，为何还精心地装帧在精美的册子里呢？曹禺解释道，正是这封信在不断地鞭策着他前进，每当他觉得懒散时，他都来阅读一下进而激励自己继续向前。

生活中不断地会有大大小小的委屈发生着，关键是看你处理他们的态度。如果你因为老板一句羞辱你的话而辞职不干，那么你永远就没有机会向他展示你强大的一面。记住这些屈辱，但是不要被它缠住。有人因为屈辱而自暴自弃，有人因为屈辱而奋发图强，这就是真正的弱者和强者的差别。

悲观者把屈辱当成打击，乐观者把屈辱当成激励，两者不同的人生态度导致了不同的人生结局。尝试着对那些屈辱笑一笑吧，把他们带来的郁闷转化成强大的动力，用它们来刺激我们前进的马达。或许正是这些屈辱，让我们更早知道了我们的短处。

再苦也要笑一笑

人生的路上如果总是鲜花和掌声，反而会蒙蔽我们的心灵，遮住我们的眼睛。感谢那些适时飞来的“臭鸡蛋”吧，或许正是它们才能把我们及时砸醒。

微笑面对困境

人生有两种境况：顺境和困境。每一个人或许都能微笑地面对顺境，但是能够做到微笑面对困境的却少之又少。你或许会说：什么，我对困难微笑？这可能吗？困难如蛇蝎毒虫般恐怖，我哭恐怕都来不及呢。然而，越是有大成就、大作为的人，反而越是会坦然地面对困境。他们的经历告诉他们，磨难和困境才是帮助他们成功的动力。

巴尔扎克曾经这样说道：困境是珍贵的赐予，它是天才的晋身之阶，信徒的洗礼之水，能人的无价之宝，同时也是弱者的无底之渊。困境以其可怕的面貌出现，可是当你永远前进，勇于探索，揭开它的真面目以后，你会发现美好的风景原来藏在其中。

生活是一面镜子，你冲它微笑，它也冲你微笑；你冲它发怒，把它击碎，那么你也只会看到那个支离破碎的自己。而困境恰恰又是生活的一种形式，所以你也要面对困境微笑，这个微笑不是没有意义的傻笑，而是对自己的一种鼓励，一种自信。只有敢于面对生活，敢于面对困境，才是命运的掌控者。

中国万向集团总裁鲁冠球，曾是世界著名财经杂志《福布斯》统计的中国内地富豪榜中排名第四的人。他是一个白手起家的企业家，更是一个不怕困难、艰苦创业的强者。从白手起家到如今的成就，这其间的困难或许不是你我所能想象到的。鲁冠球因为这些困难怕了吗，止步了吗？没有。让我们共同来看看这个人生的掌控者是如何微笑地走过困境的。

鲁冠球15岁时便已辍学，当了一个打铁的小学徒，经过3年的学徒生活，鲁冠球对机械农具非常熟悉，也使他对机械设备产生了一种特殊的情感。1969年他大胆接管了宁围公社农机厂。事实上，当时的这个农机修配厂只是一个只有84平方米破厂房的烂摊子，经济效益不好，眼看着就有支撑不下去的危险。宁围公社农机修配厂以前生产的万向节产品仍然大量积压在库房中。由于没有销路，厂子已经有半年不能按时给职工发工资了。面对着刚接过手的难题，鲁冠球没有退缩，也没有愁眉苦脸。他积极地行动起来，仔细分析厂子的情况，对症下药。另外，他总是面带笑容，不但给了自己鼓励，也把整个厂子的气氛带动起来，人人都觉得这笑容就是代表这厂子真的是有救了。鲁冠球组织30多名业务骨干，兵分几路，天南海北，到处探听汽车万向节的生产销售情况，周旋于各地汽车零配件公司之间，为产品找到了销路。后来，他又把一个铁匠铺向汽车零部件生产的方向转变，一步一步地在困难中走向光明。鲁冠球曾说："面对挫折和失望，我曾经独自徘徊在钱塘江畔。当时，看到那滚滚波涛，压在胸口的苦闷和失望一下子烟消云散，我对人生又充满了激情和希望。我不相信命运总是对我如此无情。而我承受苦闷和失望的心态，就是在记不清多少次的苦闷和失望中炼成的！"

当所有的人为了他今天的显赫成绩而羡慕不已时，又有几个人会想到，其实他也是从困境中一步一步走出来的。在30多年来的成长历程中，他带领着企业历经了无数次的磨难，在这些困境的摸索中，他才找到了正确的方向，创造了中国的跨国集团公司。

困境是上天赐予的礼物，你只有微笑地去接受它，打开它，弄明白它，你或许才能真正享受到上天的恩赐。很多人在遇到困难的时候，只会垂头丧气，以至于使自己深陷其中不能自拔。

再苦也要笑一笑

困境是筛选人才的漏斗，勇敢地接受它，克服它，你或许才能避免被筛去的危险。看那些成功的人，哪一个不是拥有着强大的灵魂，敢于对生活微笑的人？

幽默调节身心

现代社会中，每一个人的生存压力都很大。社会调查表明，很多人由于过大的工作压力，身体都处于亚健康状态。静下心来问一下自己，已经多久没有开心地笑过了，或许连你自己都不清楚了。这样的生活是不健康的，积极向上的生活是需要幽默和笑声来点缀的。

幽默是最有效的精神按摩方式，如果一个人常处于颓废、沮丧、愁闷的精神状态下，那么一些疾病缠身的概率要比那些幽默、开朗、愉悦者大得多。所以对于生活压力很大的当代人而言，学会幽默无疑是一个调节身心的有效妙方。

据说美国某些科研机构已经推行幽默疗法，幽默可以使许多患者全身肌肉得到松弛，解除烦恼、内疚、抑郁的心理状态，从而更有利于疾病的治疗。研究表明，幽默可以减轻烦恼带来的郁闷感，减轻病痛带来的痛苦感，有利于调节情绪和消除身心疲劳。

全国最佳健康老人、被誉为“军中不老松”的百岁将军孙毅，是一个极富个性和幽默的老革命将领。在当年的长征路上，按照他的级别，本应配马。但共产国际派来的军事顾问李德，却以“孙毅是白军过来的”为由，取消了他骑马的资格。面对如此歧视和不公，孙毅却一笑置之：“没有了四条腿，我还有两条腿嘛！”就这样，他毫不介意地凭着自己一双铁脚板走完了长征路。每当有人提起这段不愉快的往事时，将军总是豁达地调侃道：“我还真要感谢那位李德先生，他使我锻炼了两只脚，为健身打下了基础。”多么幽默而富有大将气魄的情怀，我想孙毅将军之所以能够健康长寿，与他的这种幽默的人生观脱离不了关系。

在人生道路上，令人郁闷的事情常会发生。倘若能够有一颗聪慧的、幽默的心，便可以化郁闷为动力，方能拥有一个快乐的人生。幽默不是成功者的专利，事实上它可以表现为一种自嘲，表现为一种调侃，表现为一种风趣诙谐的生活态度，它不仅仅对我们自身的心情有益，同时也影响了我们周围的人。

有位年轻人，刚买到一辆摩托车便被一场意外撞成了无用的残骸。面对着肇事车，很多人以为他会大骂一顿解解恨，不过这个聪明的年轻人却如此说道：“唉，我以前总说，要是有一天能有一辆摩托车就好了。现在我真有了一辆摩托车，而且真的只有一天！”周围的人都笑了，连肇事者也忍不住为这个年轻人的胸怀竖起了大拇指，他没等年轻人张口，便主动掏出了全部赔偿费。

智慧的人都是懂得幽默的。对于这个年轻人而言，车被撞坏已成事实，即使开口大骂也无法挽回，不如以这样一种幽默，既让自己不那么难受，又能轻松地赢得了赔偿。事实上，幽默并不神秘，每一个普通人都可以做到。我们要擦亮我们的眼睛，认真体会我们的生活，幽默就在我们生活的点点滴滴中。

作为一个幽默的人，他不但可以自我消遣，从而排除生活中的各种郁闷，压抑的情绪，而且还能把这种快乐传染给身边的人，从而建立起一种和谐的、健康的生活环境，这无非都是利于人类健康生存的重要因素。所以让我们都尽力去发挥自己的幽默感吧，调节自己的身心，也感染我们快乐的环境。

再苦也要笑一笑

幽默来自于乐观的生活态度和积极的心理状态，一个有幽默感的人必定是一个心理健康的人，他懂得如何以幽默来保持乐观，来打破僵局，来解除敌意，化解尴尬。此外，幽默代表着一种高尚的生活态度，优雅的生活观念。

相信明天更好

无论过去发生了哪些故事，都已经成为历史的前页。我们应该以一颗坦然的心去回忆那些辉煌或者挫败，把更多的心思和希望放在未来才是智者的选择。相信明天会更好，就不要计较过去的得失和痛苦，放下过去，才能轻松地走在通往明天的路上。

相信明天更美好是一种积极的人生态度，有梦想才会有奇迹。梦想是现实之舟，放弃了梦想，就是放弃憧憬美好的未来。坚持未来是美好的，才能更有力量、更有动力坚持走下去。

沈阳市五爱市场百艺商行总经理申宝莲女士就是因为她的梦想，而为她的人生谱写了美丽的篇章。如今她已经在五爱市场大概有十几个年头了，想当年她也是从一个小小的摊位干起来的。万事开头难，即使在那个困难重重的初期，她依然满怀希望，相信一天比一天美好。事实也是如此的，从最开始的领结行业到后来的布衣行业，每一步都走得不易，但是每一步都走得比上一步更加坚实与美好。近年来，她连续荣获沈阳市个协先进工作者，辽宁省“光彩之星”的称号，这一切都是她曾经的汗水换来的。当采访她的成功秘诀时，这位商海的巾帼英雄谦虚地说道，做生意哪有什么秘籍可依，对我而言，我是五爱市场的女儿，我对它有信心，对于它明天的发展也有信心。既然选择了它，就要勇敢地走下去。自始至终我都相信，我的生意会不断地变大变强，虽然中间也有坎坷曲折，但是明天总会更好。这就是一个成功女士的胸怀，我们不得不对这种信心和气魄表示敬重和佩服。

未来是美好的，充满希望的。如果你从过去的挫败中走不出来，甚至觉得明天也是无望的，那么你的生命就谈不上有任何价值了。试问，一个放弃未来的人，还有可能成功吗？即使你仍处于失败的痛苦中，但是不要忘记你还有明天的希望。只要你还有明天，那么你便还有机会。人不能轻言放弃，梦想总是不可能轻易达到，有时候需要历经千种磨难方能成为现实。无数成功者以他们自身的例子告诫我们，要对未来充满信心，相信明天会更好，即使今天的路上充满了荆棘和沟壑，也无法阻挡强者的脚步。

如果你今天依然活在昨天的阴影中，那么请转过身来望着阳光，把阴影甩在身后。有阳光的地方就会有阴影，如果你因为这些阴影而忘记阳光的存在，这样就太愚蠢了。今天的失败是明天成功的母亲，爱迪生的无数次试验就是最好的例子。如果爱迪生没有那样一种自信的坚持，恐怕世界光明不知道又要往后拖延多少年。今天的坎坷不代表明天的路是否平坦，所以要做到潇洒地放下过去，愉快地迎接美好的未来。

再苦也要笑一笑

只要你还有明天，那么你就还有机会，请记住不要轻易放弃，美好的明天总是有奇迹发生，要忘记昨天，善待今天，坚信明天！

吃亏带来好运

吃亏是福。一直以来就有这样的说法：破财免灾，吃亏是福。事实也是如此，在人生的路上，如果我们能够以博大的胸怀，忍受一些“吃亏”，或许意外的好运就在眼前。退一步海阔天空，吃一点亏或许会带来好运。凡成就大事业者，无一不具备洒脱的情怀，或许正是由于他们的这种英雄般的人生态度，才会让他们的“好运”连连。

在表面上看，吃亏确实是一种损失。不过有失必有得，有时候你的“小失”却为你换来了“大得”。一个年轻人刚大学毕业就进入某一产品的销售部，负责产品推广。他拥有一流的口才，但更可贵的是他的工作态度和吃苦精神。那时公司正在着手新产品的销售渠道，新老产品都同时赶着销售，每一位员工都很忙，但领导并没有增加人手的打算，于是负责旧产品销售的人员总是被指挥去新产品销售团队去帮忙。不过整个销售部只有那个年轻人欣然接受老板的指派，其他的都是去一两次就抗议了，觉得跨越了自己负责的范围。那些觉得有社会经验的老将们有意无意地嘲笑他傻，他听了以后则不以为然：“吃亏就是占便宜嘛！”。

老员工们很奇怪，他有什么便宜可占呢。总是看到他跟个苦力一样四处奔波，为新产品贴广告，发传单，暗自想这真是一个傻人。后来他又常去下层生产部，参与现场的生产，只要哪缺人手，他都乐意去帮忙。

两年过后，正是这位被嘲笑的傻人，积累了很多经验，自己成立了一家设备销售公司，虽然规模不大，但是前景很乐观。原来他是在以前公司任劳任怨的时候，把销售公司的基本流程都看懂了，这样说来，他真的是占了大便宜啊！现在，他仍然抱着这样的态度做事，对下属、对客户、对合作方，他都以吃亏来换取合作者和客户的信任，换来下属员工的一致拥护。这样的高尚修养使他在年轻一辈中脱颖而出。

坦然地面对吃亏，并接受它是一把成功的钥匙。有时候一点点额外的付出，既赢得了他人的感激，也赢得了他人的信任，何乐而不为呢？

可见，吃亏不再是普通意义上的利益损失，更多地表现为一种气度，一种给予。这种面对利益得失的淡泊，能够审时度势的气魄才是大将的风范。管鲍之交的故事我们早有所耳闻：旁人都说管仲在占鲍叔牙的便宜，但是鲍叔牙却处处为管仲说话，并且推荐管仲做宰相。鲍叔牙不计得失，才交到一位人生挚友，也为国家寻觅到一位将相之才。史书上写道：当年大禹治水，三过家门而不入，牺牲了个人的家庭利益，而为民谋福，终得大众之心，将其拥护为帝。所以懂得付出，不在乎吃亏的人反而能够得到更多的补偿，而那些处处要小聪明，锱铢必较，只想得到不愿付出的人，必定是平庸之辈。

再苦也要笑一笑

今天吃点亏，或许就能在明天换来一些拥护和帮助。人生在世，要把眼光放长远。如果总是计较眼前的利益得失，恐怕好运也不会来光顾你。

想赢就不怕输

胜败乃兵家常事。在人生的征途上，从起点到终点，迎接我们的既有鲜花和阳光，也有荆棘和阴霾，如果我们因为害怕挫折、害怕失败而放弃尝试，那么永远也不可能成功。失败如同新鲜空气中夹杂的沙子，如果你因为害怕沙子而关掉窗户，那么你永远也得不到新鲜空气。想赢就不要怕输，输并不可耻，相反倘若能正确地看待失败，并从中总结出经验和教训，才能离成功更近一步。

亚伯拉罕·林肯是美国第16任总统，也是世界历史中最伟大的人物之一。他的一生是不平凡的一生，从他的人生经历中我们可以深刻地体会到他的人生格言：要想成功就不怕失败。

1809年2月12日，林肯出生在肯塔基州哈丁县一个清贫的农民家庭中，为了谋生，年轻的林肯走上了从商的道路，不料22岁那年，他生意失败，损失惨重。于是1832年，林肯应征入伍。退伍后，当地居民推选热心公务活动的林肯为州议员候选人，但是他的初次竞选没有成功。于是他再次走入商业，可惜的是由于投资失败，他的生意再次以失败告终。不过这些都没有让年轻的林肯心灰意冷，他利用闲暇时间大量阅读历史和文学书籍，希望通过自我提高而有机会能够再次竞选州议员。工夫不负有心人，由于他对公众事业的热心，以及他精彩的政治演说，终于在1834年被选为州议员。

然而就在他的事业刚刚有所抬头的时候，他的未婚妻去世，带给他巨大的伤痛。林肯在其27岁那年精神崩溃，不得不在家休养。29岁那年，林肯参加州议长竞选，由于准备不充分等原因，这次竞选失败。34岁那年，林肯参加国会议员的竞选，依然以失败告终。事隔三年，林肯再次参加国会议员竞选，三年前的失败给了他竞选的经验，这一次他成功了。然而，在连任国会议员的大选中，林肯又惨遭失败。

共和党成立以后，林肯加入并在1856年参加了共和党的副总统候选人竞选，他坚持奴隶制应该废除，但必须通过和平的方式来废除。他的这次竞选虽然没有成功，但大大扩大了政治影响，为他将来的政治旅途铺平了道路。经过数年的坎坷探索，1860年，林肯成为共和党的总统候选人。同年11月，选举揭晓，林肯以200万票当选为美国第16任总统。遥想他之前的政治生涯，历经过多少次失败，才有了今天的成功。可以这么说，是一种神秘的力量将林肯从小木屋推向了白宫，而这种神秘的力量就是不服输的精神。

马克思曾高度地评价过林肯：林肯是一个“不会被困难所吓倒，不会被失败所挫败，不会被成功所迷惑的人”。他不屈不挠地迈向自己的伟大目标，而从不轻举妄动。他稳步向前，从不倒退。

对于我们普通人也是如此。我们不应该害怕失败，失败并不是说明你不行，而是在你成功的道路上对你的锻造。哪一块金子不是通过千锤百炼才出炉的呢？人的一生，不是随随便便就能成功，谁不是经历了风雨才能见到彩虹的。事业的失败，婚姻的失败，学业的失败都算不了什么，这些或许都是为了你人生的成功而不得不经历的锻造。记住：无论在哪里输了，都要在哪里爬起来，继续前进。如果害怕失败而驻足，那么永远也看不到美好的终点。

失败并不可怕，可怕的是失败之后的一蹶不振。谁也不会盼望失败，失败毕竟是一件令人痛苦、沮丧的事情，但是因为我们无法避免所以我们只能勇敢接受。沉湎于过去的失败根本解决不了任何问题。如果林肯因为以前竞选失败从此不再涉足政治，恐怕美国历史上就缺少了一位如此优秀的总统，甚至连美国的历史也将重新谱写。所以失败并不是没有一点好处的，起码从失败中我们可以吸取经验，从失败中我们可以改正缺点。

再苦也要笑一笑

失败是通往成功的天梯，虽然这些天梯难走又总是使我们受伤，可是我们别无选择。要想成功，必须承受得起失败的打击，失败是成功的前言，你需要有勇气把它读完，相信美丽的内容很快就会进入你的眼中。

看淡生活不平

生活中常有不公平的事情出现，你努力了，付出了反而没有得到回报的事情也不仅只出现在你的身上。由于地球是圆的，总有一些人站在圆的切线点上比你早几分钟看到太阳。人生的事情，很难做到公平，有些人生下来或许就含着“金钥匙”，而有些人或许生下来身体就不完整，这些都是我们先天无法掌握的，只能接受。面对着这些所谓的不平，平庸之辈只会埋怨，而不以实际行动去改善，结果差距越来越大；智者则会坦然地接受它们，积极地用后天的努力去改变这种不平，赢得自己的人生，也赢得了更多的敬佩。

斯蒂芬·威廉·霍金，“黑洞”理论和“量子”学说的创始人，对于他而言，命运是很不公平的，他天生就是一位中枢神经残废者。由于肌肉严重衰退，他失去了行动能力，手不能写字，话也讲不清楚，终生要靠轮椅生活。但是他并没有对于这些身体的残疾而怨天尤人、斤斤计较，也没有因为身体的局限而停止人生的探索。相反，斯蒂芬·威廉·霍金曾先后毕业于牛津大学和剑桥大学三一学院，并获剑桥大学哲学博士学位。

由于身体行动的不便，他只能用一个小书架和一块小黑板完成他的研究过程。在他的研究过程中，它克服了无数次常人无法想象的困难，最终在天文学的尖端领域——黑洞爆炸理论的研究中，通过对“黑洞”临界线特异性的分析，获得了震动天文界的重大成就，为此荣获了1980年度的爱因斯坦奖金。

然而，这位失去了行动能力的科学家在1985年病情恶化，连语言能力也被剥夺了。这时候的他依然没有把时间放在埋怨命运上，他利用一台电脑声音合成器来间接表达他的思想，争分夺秒地在他有限的生命中创造奇迹。他用仅能活动的几个手指操纵一个特制的鼠标器在电脑屏幕上选择字母、单词来造句，然后通过电脑播放声音。有时候，为了合成一个小时的录音演讲要准备10天。身体的如此不便丝毫没有减慢他研究的速度，他在统一20世纪物理学的两大基础理论——爱因斯坦的相对论和普朗克的量子论方面走出了重要一步。如今他已经被称为在世的最伟大的科学家，当今的爱因斯坦，我想这种殊荣，斯蒂芬·威廉·霍金当之无愧。

宠辱不惊，看庭前花开花落；去留无意，望天空云卷云舒。从这副对联中，我们可以深刻地体会到一位智者的人生态度。

生命和生活有时候并不如我们想象中美好，它们对于我们每一个人的待遇都有所偏心，有的人确实生于荣华，处于丰顺；有的人或许就没有那么多天生的优势。不过相信上帝在为你关上一扇窗的同时，肯定为你打开了另一扇窗。看淡这些不平，才能潜心去做正经的事情。我们的心和胸怀就那么大，如果装满了埋怨和愤愤不平，又怎么能有心思去探索自己的梦想呢？

生活的真谛是淡然。面对人生的不公，不可强求，安心做好自己的事情就够了。生活就是如此，它给了你什么你是无法改变的，不如坦然地接受，利用它赋予你的东西去实现自己的人生价值。看淡生活的不平，便是懂得如何生活。懂得生活的人，不仅仅是成功的人，也是智慧的人。没有什么可以完全按着你的意愿去发展变化的，有时候付出了，努力了反而没有回报的事情并不代表它们白白付出，相信它们肯定会以其他形式，在其他方面补偿你的。付出和回报有时候展现出的不平衡，只是暂时现象，需要从长远的角度来看。然而有的人偏偏不懂这一点，他们不把精力放在奋斗上，放在探索人生上，反而苦苦追寻着平衡，换来的也不过是劳累罢了。真正的愚蠢便是这样不懂生活，只会怨天尤人。

再苦也要笑一笑

生活的真谛是淡然。面对人生的不公，不可强求，安心做好自己的事情就够了。生活就是如此，它给了你什么你是无法改变的，不如坦然地接受，利用它赋予你的东西去实现自己的人生价值。

SUMMER
BACKGROUND

第8章

换个方向，吃苦也是吃甜

很多人遇到事情的时候，总是想不开，容易掉入死胡同。钻牛角尖的经历恐怕很多人也都亲身体会过，这种经历让很多人吃尽了苦头。所以，当一个方向走不通时，尝试着换另一个方向，或许那就是你寻觅很久的桃花源。

吃苦是福，境由心生

苦难是每一个人都不想面对的，但是当它出现在我们的生命中时，我们又无法逃脱，这时候我们就需要换个方向来看待它——吃苦是福。

苦是人生不可缺少的钙元素，如果你没有吃过苦，说明你的人生不是完整的。学会吃苦，懂得如何吃苦，你便能够从中收获巨大。苦，虽然折磨人，但是同时也是锻炼人的最直接的方法。吃苦是一种资本，因为不经历一番寒彻骨，怎有梅花扑鼻香？只有尝过了人生之苦，收获的果实才能更加甘甜。

一个在温室中长大的孩子，没有风雨的锻炼，没有烈日的烘烤，很容易一走出温室就经受不起外界的恶劣条件而被击垮，这种精神上的缺钙现象同样告诉我们，适当的吃苦是必需的。苦，锻炼了人的心智，磨炼出人的意志，使人能更乐观地憧憬着美好。境由心生，路便越来越好走。

孟子说："天将降大任于斯人也，必先苦其心志，劳其筋骨，饿其体肤，空乏其身，行拂乱其所为，所以动心忍性，曾益其所不能。"吃苦是福，是成就一番大事业前不可避免的前奏。

据说在亚马逊平原上生活着一种雕鹰，这种鹰被称为亚马逊平原的"飞行之王"。然而成为飞行之王的路是不平坦的，必须经历一段其他鸟类从未吃过的苦头才行。当小雕鹰刚学会飞翔不久，它的母亲便把它的翅膀上的大部分肋骨弄断，然后把小雕鹰叼到山顶、树梢等高处，再从上往下扔，强迫小雕鹰忍痛飞翔。困境中的小雕鹰有强烈的求生力，它的受伤的翅膀依然可以扇动，这时候由于骨骼有很强的再生能力，受伤的翅膀在充血中得到历练。当它痊愈后，那双翅膀就如再生的凤凰，充满神奇的力量。但是如果有好心人，把小雕鹰带回家，把它的伤口包扎好，让它慢慢养伤，那么它就躲开了吃苦的经历，但是当把它重新放回到平原上的时候，它就无法再飞高了。吃苦是福，吃苦才给了小雕鹰一双神奇的、充满力量的翅膀，人生是幸福和痛苦的混合体，我们无法保证谁的人生全是甜蜜，相反我们却可以肯定每一个人的人生都是幸福和痛苦的混合体。幸福可以给你美妙的感觉，而痛苦却可以给你异于常人的翅膀。

世界著名画家凡·高的一生可谓是历经万般苦难。从《凡·高传》的字里行间，我们都可以深刻体会到这位伟大的画家的伤口和疼痛。这个世界上或许没有人可以真切体会他的苦痛。我们难以想象，是什么样的痛苦可以让他自己忍心用剃须刀片割下了自己的一只耳朵；我们更难以想象，是什么样的苦难可以让他在麦田中竟然对着自己的胃部开了一枪，而且是不致命的一枪。两天之后，这位画家才在剧痛中去世。

或许他早已精神崩溃，或许他早就厌烦了这个苦难的人生，然而苦难却又同时给了他旷世的创作灵感。这位年轻的画家在他短短的37年的生命中，奉献出了震动世界的名画。他早期的画喜欢用荷兰画派的褐色调，但他天性中存在的热情使他抛弃荷兰画派的暗淡和沉寂，并迅速远离印象派，因为印象派对外部世界瞬间真实性的追求和他充满主体意识的精神状态相去甚远。在他的画作中，不是以线条而是以环境来抓住对象。他重新改变现实，以达到实实在在的真实，促成了表现主义的诞生。

历史证明，这位生前一直不得志的画家，在其死后若干年终于得到了承认。他的一个作品《加歇医生的肖像》如今已被拍出了8 250万美元的天价。这是作者的苦难赋予它的价值。

作家史铁生虽然失去了双腿，然而他却用心灵和鼻尖感动了一代人。在他最青春得意的年龄时，他却失去了双腿，这种苦难是一般人无法忍受的。然而，史铁生坚持走过来了，并且成为了一名作家。对于苦难，他这样说："我越来越相信，人生是苦海，是惩罚，是原罪。对惩罚之地的最恰当的态度，是把它看成锤炼之地"。

吃苦是难免的。这苦有轻有重，无论命运给你安排了哪一种，你都无从抗拒。但是要相信命运是公平的，你的苦有多大，它后面的甜便有多大。

再苦也要笑一笑

不要害怕吃苦，要从另一个角度来审视苦难，接受苦难。当你克服它的时候，就是你自由翱翔的时候。

苦不尽，哪有甘来

记得小时候买过一种苦味糖，这种糖刚开始吃的时候，非常苦，很多孩子因为忍受不了而吐掉，然而只要坚持一小会儿，外面的苦层化掉之后，剩下的部分就格外甜了。如果因为经受不了苦味而早早地把糖丢弃，那么也就尝不到后面的甘甜了。苦不尽，哪有甘来？人生就是一块苦味糖，先苦后甜，或者苦甜参半才是它的真实味道，如果你因为它的苦味而早早地对它放弃了希望，那么人生的甘甜也永远不会到来。

20世纪20年代，贝里·马卡斯跟随父母从俄罗斯来到美国，全家在纽威克一个穷人聚居区安顿下来。他的降临让他久患风湿病而无法下床行走的母亲重新可以走路。母亲常常告诉他，对生活要有信心，生活总会苦尽甘来。母亲的能够再次下床行走恰恰验证了母亲的这句口头禅。这种乐观的生活态度潜移默化地影响着他的生活。

贝里·马卡斯回忆道，虽然母亲的风湿病没有完全康复，但她从不抱怨生命，她甚至会不时取下手上缠着的石膏绷带，在寒冷的冬天为孩子们洗衣服，在炎热的夏天为孩子们做饭。尽管生活艰辛，母亲始终相信苦尽甘来这一道理。

马卡斯从小的理想是上医学院，毕业后成为一名大夫。因为家庭的经济约束，他就近选择了路特格大学的纽威克校区，这样便可以住在家里而省下住校的费用。马卡斯开始学习医学预科课程，并取得了优异的成绩。

一天，系主任通知马卡斯，已经为他争取到了上医学院的奖学金，然而他自己还必须另缴1万美元的学习费用。对于当时马卡斯的家庭状况而言，这是一笔巨大的支出，是负担不起的。于是，马卡斯只好退了学，到佛罗里达州去找工作。路上，马卡斯跟母亲通了电话，告诉了她这个不幸的消息。母亲的回答给了他勇气："孩子，不要失去希望，不要害怕吃苦，早晚有一天你会苦尽甘来的！"

后来，马卡斯在餐馆当了一年服务生，有了一定的积蓄后，他选择了新泽西州的药学院继续他的梦想。毕业后，他开始营销药品，这让他接触到了商品零售业，并开始喜欢上了它，直到他跳槽到西部一个名为"便民"的商品零售公司，他对于自己的人生有了真正的想法。

在"便民"公司，他常看到不少自己动手装饰和修补住房的人来买各种家装必需品，但他们不可能在一处一次就买齐。一天，他突然有了一个主意：如果能有一家大商场，把所有的家装材料店，如厨卫设备店、涂料店、木材店全都包括进来，顾客岂不更方便？要是所有经销商都懂得怎样修马桶或怎样安装吊扇，岂不更好？这便是马卡斯的梦想的起源。

1978年的一天，老板召见他，马卡斯便向老板谈了自己的建议，希望通过他的提议可以把"便民公司"变成一家盈利的大型连锁超市。然而，老板认为这是马卡斯在他面前炫耀才能，于是不但没有接纳他的意见，反而将马卡斯解雇了。

母亲的话再次浮现在他的脑海中，他没有被打倒，苦涩给了他更多的力量和勇气，他决定放手自己干。马卡斯利用这个被解雇的机会，决心自己当老板，着手实现创建一个大型家装材料总汇超市的构想。他的这个超市将面向人口众多的工薪阶层，他们是自己动手搞家装的主力，他这样做，正好为他们提供了及时的、恰到好处的帮助。于是，一个名为“家庭”的大型家装材料公司应运而生。

在马卡斯的悉心管理下，这个材料公司的生意非常红火，业务已经遍及全美国，甚至开始扩展至全球。如今，马卡斯已年满72岁，他在零售业营销市场上奋斗了50余年。当谈及他的成功，他总是谦虚地说，这没什么，只不过是我一路坚持走来，最终苦尽甘来。

人生就是酸甜苦辣的百味瓶，你不可能一路走来都是含着蜜糖的。生活的真谛便是有苦有甜，先苦再甜，吃甜忆苦才是不断交叉的两种人生状态。

再苦也要笑一笑

苦不尽，哪有甘来？用这条人生哲理时刻鞭策自己忍受磨难，不断前进，那么甘甜的生活才会在不久之后出现。

苦难是必经的磨难

苦难是一所大学，凡成大事业者都是从这所学校合格毕业的学生，经历了苦难的磨炼，你才能够更加强壮。很多人看到成功人士的光环时，便开始埋怨人生不公，这些人只看到了美好的一面，却没有看到他们也是从风雨中走过来的。没有经历风雨又怎么能看到美丽的彩虹？停止抱怨吧，敢于接受苦难的磨炼才是成功者该有的气魄。

天有不测风云，人有旦夕祸福。苦难和机遇对于每一个人都是公平的，而他们往往也是同时出现的，很多人因为害怕苦难而把机遇也关在门外。苦难并不可怕，可怕的是逃避。看那些碌碌无为之辈，因为苦难而哭泣，因为不顺而惊慌，应该奋起反抗的时候却一蹶不振，丝毫没有斗争的激情，最终被打击得一败涂地。再看那些成功的人，他们微笑地面对苦难，勇敢地接受苦难的锻炼。他们深谙人生的哲理和智慧：苦难既然是成功必需的磨难，那么就让暴风雨来得更猛烈些吧。

杨怀保，一个在苦难中跋涉的年轻人，2006年湖南省学联授予其大学生品学奖，让我们从他的经历中感悟一下人生。

杨怀保是一个普通家庭出来的孩子。他父母重病缠身，弟弟年幼，繁重的生活琐事都压在了他的身上。他从12岁起就成了家庭的顶梁柱，一路走到如今，由于那些生活的磨难，使他比同龄人更加坚强和懂事。

杨怀保上初中时，他的母亲因病丧失了劳动能力，这无疑使这个贫困的家庭雪上加霜。对于年幼的杨怀保来说，生活的磨难才刚刚开始。读高中一年级时，他的弟弟也开始上学。多病的父亲来到县郊的一个建筑工地上干活，才干了几天，膝盖便被钢筋砸伤。由于没有到正规医院接受手术治疗，父亲的脚落下了后遗症，丧失了干重活的能力，一家人的生活陷入绝境。学校在获悉杨怀保的家境后，决定免除他3年的学费。

在父亲养病的日子里，杨怀保上高二了，家里想办法给他借来了200元钱。杨怀保把账一算，每天伙食费等一切开支不能超过2元钱，才能把这个学期读完。于是，杨怀保每天早上买好一天的6个馒头，早上吃一个馒头，喝一碗稀饭，中午就去学校餐厅盛一碗免费的汤，吃3个馒头，剩下的2个馒头晚上吃。那时候，正值长身体的年纪，杨怀保常常因为饥饿而体力不支。

然而，在恶劣的条件下，杨怀保还是坚持下来了。高三那年，当别人都在抓紧每一分每一秒冲刺的时候，他利用课下的时间和父亲去县城附近帮人收割油菜和小麦。那段时间里，杨怀保下午放了学便骑自行车带父亲到地里，一直干到凌晨1点多。拿工钱的时候，杨怀保惊喜地发现，一个晚上自己跟父亲居然可以赚60多元。

即便干活耽误了他很多宝贵的学习时间，他依然考上了湖南省的湘潭大学，成为村里第一个大学本科生。高考结束后的第4天，杨怀保独自一人来到西安找工作。在班主任老师的催促下，杨怀保揣着打工挣来的1 200元，走入了湘潭大学。

在大学的每一天，当别人都在享受初来大学的闲暇和娱乐时，杨怀保却一下课就穿梭在校园里，寻找着可以赚到生活费的工作。2004年春节，回到告别半年的家中，杨怀保发现父母的身体状况越来越差，正在长个子的弟弟也十分瘦小，他们都需要人照顾。杨怀保作出了一个令所有人大吃一惊的艰难决定：带着家人上大学。租房子、给弟弟找学校、帮父亲找份力所能及的活，杨怀保终于把一切都打点好，将父亲、母亲和弟弟都接到了湘潭。

为了挣钱养家，学习之余，杨怀保四处寻找打工的机会。2004年暑假，杨怀保在长沙一口气找了3份工作：白天骑上自行车，沿街推销口香糖，同时利用空隙兼做某大学的招生工作，晚上则到学生家中做家教。每天杨怀保清早出门，一直要忙到晚上10点多。一个暑假下来，他赚了5 200多元钱。

2006年，杨怀保成功应聘到TCL公司。然而，因为父母需要人照顾，他最终忍痛把远方的工作辞掉了，作出了考研究生的决定。

短短20几年，杨怀保却经受了其他年轻人从来没有遇到过的苦难，然而他丝毫没有向生活的磨难低头。走到现在，他已经跨越了最困难的时期，相信以后的路会越来越好。苦难成就人生。罗曼·罗兰笔下的约翰·克利斯朵夫也是一个苦难的宠儿，从出生到死亡，这个坚强的行者从未因磨难或是诱惑而改变自己心中坚强的信仰。

再苦也要笑一笑

苦难是必经的磨难，这不仅仅是一条人生哲理，更是一条人生信仰。有了这样的信仰，无论受到多大的磨难，你都能坚强地走过去。像一首歌中唱的那样：阳光总在风雨后。走过迷雾，阳光就会普照大地。

逆境是上苍的礼物

上苍赐予梅花沁人心脾的芬芳，同时也给了它必须经受寒冷的逆境。不经一番寒彻骨，怎得梅花扑鼻香？逆境是芬芳的前奏，逆境是成功的前提。我们要乐观地看待逆境的出现，不要躲避它的历练，记住一点：逆境是上苍的礼物。

当我们出生在人世间的那一瞬间，上苍就赐予了我们很多礼物，包括生命、语言、美貌、健康，当然还有逆境和磨炼。或许你会问磨炼也能称得上是礼物吗？里面都是一些痛苦和泪水，答案是肯定的。逆境让你更加深刻地理解人生，更加真切地体会生命。正是因为这些逆境的存在，你的人生才充满力量和斗志。

在地球上，有这样一种飞蛾，它的名字叫做帝王蛾。能称得上是蛾中之王的它们，具有比其他飞蛾更大的体型，它们的翅膀也比普通的蛾子更加有力。当帝王蛾出生前，它们被裹在严实的蛹中，它必须把翅膀从蛹中硬生生地拽出来。这个过程是痛苦的，如果经受不起它的磨炼，就会遭到优胜劣汰的结果：有的蛾子因为受不了疼痛而停止挣扎，最终将会被困死在蛹中；有的蛾子则在不停地往外拽自己的身体，在这个过程中不断地磨炼着自己柔软的身体，虽然很痛苦，可是却锻炼出了强健的翅膀。经历过这样的逆境之后，他们就具备了上苍赐予的神奇力量，成为蛾中最优秀的品种。

司马迁在《报任安书》中有一段非常著名的描写："古者富贵而名磨灭，不可胜记，唯倜傥非常之人称焉。盖文王拘而演《周易》；仲尼厄而作《春秋》；屈原放逐，乃赋《离骚》；左丘失明，厥有《国语》《诗》三百篇，大抵圣贤发愤之所为作也。"从这段诗中，我们可以看到，大凡成就事业者，都是从逆境中走出来的人。他们接受了上苍安排的逆境，勇于和它抗衡，才能得到后期的发展。

庸人制造逆境，贤才扭转逆境。逆境有时候便是上苍帮助你摆脱庸者的身份而悉心给你安排的。有的人不但不给予感激和接受，反而谩骂命运无情，社会不公，真是十足的愚人。法国画家库尔贝的一生几乎都是在逆境中度过的。然而，他的巨作《浪》却至今依然打动观阅者的心魂。

逆境中出人才。在外留学很多人都有过这样的经历，他们放弃了国内的安逸生活，独自一人面对国外的种种困难，在那样的逆境中得到了很多的成长。在外留学时，几乎每一个人都有过辛苦打工的经历。他们白天上课，晚上去干活，还要忍受一些本地人的歧视和欺辱。从码头上扛大包的人群中，从餐馆中忙忙碌碌的人群中，从工地上扛水泥的人群中，都时常有他们的身影。有一位朋友回忆国外的那段生活时说道，历练，国外的每一天都如地狱般历练。那时候，由于语言不通，给生活带来巨大不便。上课也总是听不明白，需要课下花费十倍的精力重新温习。由于肤色不同，总会遭到谩骂和指点。一天赶三份小工，为了微薄的收入，早上很早就得起来去送报纸。恍惚记得那时候，每天只能睡三个小时。当然，走过了最黑暗的路，现在便是收获的季节。

逆境才是磨炼意志的环境。温室中依然缺乏一些生命的元素。逆境让人的生命更加完整。人的潜力是无限大的，很多时候我们在顺境中是不能把它们发挥出来的。这时候逆境就派上了用场，它可以刺激我们的斗志，激发我们的潜力。看中国的历史，多少名留历史的人都是从苦其心志，劳其筋骨，饿其体肤，空乏其身走来的，正是这些经历才有了“天将降大任于斯人”的结果。

再苦也要笑一笑

宝剑锋从磨砺出，梅花香自苦寒来。成功不会来得那么简单，它的前序就是那些令很多人退缩的苦难。真正地理解这些苦难的意义，才能敢于直面惨淡的逆境。逆境是上天赐予你的礼物，虽然外表可憎，但是金玉其内，不要拒绝，勇敢地接受它吧！

面对死路寻求转变

地图告诉我们，世界上不仅仅有一个方向。指南针给我们指的也不仅仅光是南方，当前方的路已经是死胡同时，请不要再执著地等下去，幻想有一天突然出现了大路，不妨转个身，换一个方向继续探索。生命总是充满戏剧化的转折，有时候仅仅需要一个转身，你的生活或许就从此不同。所以在生命的旅途中，应该保持一颗灵活的头脑，适当的时候用一张新地图来指导自己的行程才是智者的举动。

当我们前进的航程突然被搁浅时，千万不要急于重新上路，一股脑往前冲只会带来更大的失败。我们要冷静下来，首先判断一下我们是否按着先前的地图航行，然后我们再从失败中寻找宝贵的经验，用它们来改善我们的航行地图，找到最好的路线。一件事情失败了，大抵有三种可能：一是此路不通，你需要另外开辟一条路，重新选择一个方向；二是方向没有错误，但是前方有障碍，应该想办法解决，有时候绕开障碍比撬开障碍更加省时省力；三是前方的屏障或者迷雾遮住了我们的眼睛，成功就在前方，我们需要再坚持一下。了解了失败的三种可能，或许能更好地为你的航行添加动力。

《易经》告诉我们：穷则变，变则通，通则久。有时候，一个智慧的、变通的选择胜过千万次辛苦的打拼。

一位富翁在非洲狩猎，一匹狼成了他捕捉的对象。然而他与这匹狼周旋了好久，最终也没有成功。他精心设计的狩猎圈套也没能诱惑住这匹称得上聪明的狼。富翁最后只能放弃，眼睁睁地看着猎物跑掉了。

他对当地的居民说："太遗憾了，我狩猎这么多年，第一次碰到如此难缠的猎物。以前捕获过无数的猎物，像山羊、小牛、羚羊、豺狼等，都能够掉入我设下的陷阱，可是今天遇到的这匹狼太聪明了。当我追赶它的时候，它被我追到一个近似于"丁"字形的岔道上，正前方是我的搭档在举枪等着它，后面有我在追赶它，他本应该可以选择岔道逃掉，这样他就落进了我的陷阱，可是万万没想到它竟然转头，朝我奔来，我一不留神，它就跑掉了。太可怕了，它怎么会察觉到那是陷阱呢？"

当地的居民向他解释："这种狼是很聪明的，它们知道有时候巧妙地转换方向，反而为自己的生存争取了时间。如果一门心思往前冲，要么掉入陷阱，要么被枪击毙。他们能够敏感地察觉到，那条看似平坦的路上反而是设有陷阱。懂得变通成为这种生灵能够一直生存到现在的秘诀。"

世界是永恒变化的，没有什么应该是一成不变的。很多人执著地按照一张老地图寻宝航行，结果要么触礁身亡，要么空手而归。所以说智慧的人要学会变通，要像那只非洲狼一样能够根据实际情况变换方向，及时地绘制一幅新地图，才能"以一变应万变"。

在人生的航程中，风雨骤变，如果不能作出及时的判断，总是我行我素，因循守旧，沿用老一套的思维或者方法，那么成功必将来得不顺利。正确的发展方向直接决定了人生的成败。有时候成功仅仅靠勤奋是不够的，一个智慧的变通强过无数汗水的浇灌。如果汗水代表勤奋，那么智慧的选择就是确定你的方向、目标和位置。勤奋是必需的，然而这个勤奋必须用在正确的方向上，盲目的勤奋只能是事倍功半。

有人说，成功是靠百分之九十九的汗水加百分之一的天分换来的。那么百分之一的天分就是对于变通的把握，虽然它仅仅占据了一分的比重，可是没有它，成功也无法实现。少了变通就少了成功几率。如果你总是从一个方向考虑问题，那么路子越走越窄，甚至通常还会走入死胡同。

再苦也要笑一笑

要时常审视你的生命地图是否需要更新，适当的变通能有助于你找到更准确的方向，这样才能通过最短的路径到达理想的彼岸。

绝境之中寻找机遇

陆游曾如此写道，山重水复疑无路，柳暗花明又一村。很多时候，我们可能也会遇到“山重水复疑无路”的绝境，这时候悲观的人便会自怨自艾，不采取任何行动，反而蜷在绝境中等待失败的判决；而乐观的人即使遇到了无路可走的绝境，依然不会被打倒，他们有信心在这一团迷雾中找到他们人生的“又一村”。

1959年，美国人维瑞尔与妻子罗娜和六个孩子去沙漠远足，他们没有在人们经常往来的道路上行驶，而是铤而走险，插到一条小路上进行沙漠探险。由于他们事先没有通知他人他们的去向，所以当汽车走到无路可寻的时候，他们的通讯设备又出现了故障，陷入了没有支援的绝境中。维瑞尔一家面对这样的绝境，没有失望地等死，他们积极地寻找求生的机会。

由于维瑞尔在拐弯时撞到一块有尖角的石头，因此碰坏了水箱。水从水箱中白白地流走了，维瑞尔一家人不但陷入了无路可走的地步，而且最糟糕的是没有充足的饮用水和粮食，仅有水箱里残存的一点混有防冻剂的冷却水。为了解渴，连这点水也被他们一人一口喝完了。妻子罗娜没有放弃求生的希望：她让孩子们在汽车的阴影下休息，以保持体力；与丈夫将两条毯子裁成条状，组成求救信号；还卸下倒车镜准备借用阳光的反射向空中的飞机发出求救信号；将备用的轮胎浸透了油以便随时点着作为求救的信号；将四个轮胎罩放在地上准备采集清晨的露水。白天她把丈夫和孩子们的嘴唇及皮肤上的水泡都涂上口红，后来她发现沙漠表层下几厘米处较阴凉，便将孩子们的身体埋在沙子里，还将他们的脸部用东西盖上。她还折断近处的一棵树枝，剥去树皮吸树液；由于中午气温过高，孩子们的脸上的皮都破了，夫妻俩就收集小便，用破布将小便抹在孩子们的脸上借以降温；由于找不到水源，他们就将仙人掌切开在火上烤，吸水滴借以解渴。在这样炎热的绝境中坚持了三天，终于有抢救队发现了他们的求救信号，把他们救了出来。八个人虽然历经了生命的险恶，还是都安安全全地活了下来。没有一个人放弃生命。

人的生存意志是非常强烈的，在平时的环境中我们可以意识不到它的存在，然而当遇到绝境的时候，它便能被激发出来。所以遇到绝境时，我们不能失去希望，要冷静下来分析境况，寻找机会，找出解决问题的方法。

传说中，凤凰是人世间幸福的使者，每500年，它就要背负着积累于人世间的所有不快和仇恨恩怨，投身于熊熊烈火中自焚，以生命和美丽的终结换取人世间的祥和和幸福。同样在肉体经受了巨大的痛苦和轮回后它们才能得以更美好的躯体重生。

再苦也要笑一笑

如果说凤凰涅槃后，才得以有重生的机会，那么当我们遇到绝境时，也不要惧怕，让苦难尽情地燃烧我们的生命吧，相信重生后的生命将更加多姿多彩。

吃苦中苦，为“人上人”

读过《钢铁是怎样炼成的》的人或许都明白这样一个道理：苦难锻炼了人生。无数成功者的例子都告诉我们这样一个道理：吃苦中苦，为“人上人”。成功哪有那么简单，不付出超越常人的努力，就收获不了超越常人的成功。

从小我们就以悬梁刺股的故事自励自勉，事实上这个故事来源于两个历史人物。东汉时候，有个人名叫孙敬，是东汉著名的政治家。据说他年轻时非常好学，经常关起门，独自一人不停地读书。每天从早到晚读书，常常是废寝忘食。读书时间长，劳累了，还不休息。时间久了，疲倦得直打瞌睡。当其他人都躺在床上舒服地休息时，他总是在伏案看书。后来他怕疲倦影响读书学习，就想出了一个特别的办法：用一根绳子，一头绑在房子的横梁上，一头拴住自己的头发。当读书疲劳打盹时，头一低，绳子就会牵住头发，这样会把头皮扯痛了，于是就清醒了可以继续学习。而在战国时期，有个人名叫苏秦，是战国时期的政治家。他年轻的时候，由于学问不多，未曾受到重用，而且家人对他也很冷淡，这些深深地刺激了他。于是他下定决心，发奋读书。他常常读书到深夜，为了克服疲倦，他准备一把锥子，一打瞌睡，就用锥子往自己的大腿上刺一下。猛烈的疼痛会把他的疲倦赶走，再坚持读书。数年以后，他果然才识过人，成为大家敬仰的政治家。

当然，讲述这些名人传记并不是说你必须做到悬梁刺股才可以成功。我们不宜模仿那些自我激励的做法，然而，这些故事却形象地告诉了我们成功并非那么容易，成功者的背后都是忍受和经历过苦痛和磨难的。很多时候我们仅仅是看到了他们耀眼的光环，殊不知“没吃苦中苦，何成人上人”？他们在背后也曾付出千倍于我们的努力，才成为我们所敬仰的名人。

晋代时，车胤从小好学不倦，但因家境贫困，父亲无法为他提供良好的学习环境。为了维持温饱，没有多余的钱买灯油供他晚上读书。为此，他只能利用这个时间背诵诗文。夏天的一个晚上，他正在院子里背一篇文章，忽然见许多萤火虫在低空中飞舞。一闪一闪的光点，在黑暗中显得格外耀眼。他想，如果把许多萤火虫集中在一起，不就成为一盏灯了吗？于是，他去找了一只白绢口袋，随即抓了几十只萤火虫放在里面，再扎住袋口，把它吊起来。虽然不怎么明亮，但可勉强用来看书了。

同朝代的孙康也是如此，由于没钱买灯油，晚上不能看书，只能早早睡觉。但是他觉得睡觉浪费了很多时间。一天半夜，他从睡梦中醒来，把头侧向窗户时，发现窗缝里透进一丝光亮。原来是大雪映出来的光，正好可以利用它来看书。于是他立即穿好衣服，取出书籍，来到屋外。天气很冷，孙康的手和脚都冻坏了，可是他依然坚持读书。

这种吃苦的精神最终让他的学识突飞猛进，大大超越了那些家中有钱的富家子弟，成为饱学之士。

吃得苦中苦，方为“人上人”。王羲之是我国晋朝的一位大书法家，被人们誉为“书圣”。在浙江省绍兴市戒珠寺内有个墨池，传说就是当年王羲之洗笔的地方。王羲之7岁开始便练习书法，17岁时他便阅读父亲秘藏的前代书法论著，看熟了就学着写。

据说他每天坐在池子边练字，送走黄昏，迎来黎明，不知道写完了多少墨，不知道写坏了多少笔头。他每天练完字就在池水里洗笔，天长日久竟将一池水都洗成了墨色。

无论是悬梁刺股还是雪地取光，这些故事都成为激励我们后人不怕吃苦的典型事例。

再苦也要笑一笑

要以吃苦为乐，苦是甜的前味，只有敢于吃尽天下苦，方能收获天下之甜。换一种角度来理解生命之苦，或许你的人生便会豁然开朗。

跌到最低厚积薄发

从长远的角度来看，人生就是一条波浪线，有众多的曲折起伏，高峰低谷相互穿插才谱写出生命之歌。处于高峰时，面对辉煌，每一个人的表现都是幸福的，没什么区别；然而当人生的低谷出现时，智者和愚者就表现出了截然不同的做法：智者即使跌到最低，依然心怀希望，不离不弃，做好准备，厚积薄发；愚者则悲观抱怨，一蹶不振，只会哭泣，丝毫不为改变现状而积极努力。

跌到最低怕什么，只要明天还在，希望就还在，在哪儿跌倒了就在哪儿爬起来。

蔡耀星，16岁那年因为工作时误触高压电，而成为高残者。一个晴天霹雳般的伤势让他的人生跌入了谷底。对于一个健全的人而言，有什么比失去双臂更悲惨的呢？

随着亲人的离去，蔡耀星必须学会独自面对生活。他没有对生活失去希望，因为没有手，他便学小狗那般用嘴直接吃饭；因为没有手，他不得不用脚趾、嘴巴、才能慢慢地穿上衣服；对于他而言，两只脚便代替了失去的两只手。很快，他便学会了用脚和其他工具的配合完成洗脸、刷牙、洗头、写字、看书、梳头、上厕所等生活琐事。别人眼中的奇迹是他用十几年的时间慢慢练成的。别人一个简单的动作，他甚至需要半天才可以完成。今年，在全国“炬光奖”颁奖典礼上，蔡耀星光荣地接受了属于他的人生奖杯。从他失去双臂的那一天开始，或许他就为了今天的荣誉而准备着。作为一个残疾人或许他的身体是不完整的，可是他的人生却比我们大部分健全的人要完整得多。

韬光养晦，厚积薄发——我们每一个人都有这样的权利，即使当我们跌入人生谷底的时候，我们依然有权利、有希望去积攒我们的能量，等待爆发的那一天。

喜欢看侦探小说的朋友或许都听过《菲洛·万斯探案集》这本著名的小说，然而对于他的作者，美国推理小说之父——范达因的人生经历，你或许就很陌生了。这个成功的小说家不是我们想象中的那般来自于显赫的家庭，相反，他出生在美国的一个普通家庭，由于家庭条件的限制，他没有什么出国深造的经历，大学毕业以后，他便走入社会谋职养家。最初，他在一家杂志社上班，也会常常在报纸上发表文章。年轻的他雄心勃勃，非常敬仰海明威那样的文学作家，并以之为人生的理想。然而，少年不得志，几年过去了，虽然他发表了不少文章，但仍然是无名小卒，没有人知道他的存在。他甚至对自己的能力产生了怀疑，觉得自己或许并不适合写作。

后来，他和杂志社老板出现了分歧，老板一怒之下，把他开除了，他又开始四处求职。求职很不顺利，工作一直没有着落，他的生活一团糟。一天，他忽然晕倒，不得不去医院检查。医生告诉他，他得了一种怪病，而且这种病在短期内没法痊愈，需要长期住院观察，同时还叮嘱他，住院期间，应该休息，不能用脑过度，做长时间的阅读是不利于恢复的。这个消息如同霹雳把他的人生打入谷底，他甚至有些绝望了。日子慢慢过去，然而他的病情却不见好转，他想，他不能如此等着死掉，他要做点事情，为他的人生留下点什么。于是他想起来医生的话：不能用脑过度，做长时间的阅读是不利于恢复的，那么他短时间看看书总可以吧。于是他找来很多包括爱情、推理、生活等方面小说，书籍给了他心灵的安慰，也开导了他的身心。由于精神上得到了慰藉，他的病情也随着好转。当两年以后，他完全康复离开医院的时候，他竟然已经阅读了2 000册小说。这些书籍同时给了他巨大的创作灵感，于是他开始着手写推理小说。收获是惊人的，他住院的短短两年，同时也是他无意中潜心准备的两年。这一次，他成功了，《菲洛·万斯探案集》成为世界推理小说史上的经典巨著，全球销售量达到了8 000万册。

再苦也要笑一笑

或许贫穷、疾病、残缺、失败都可以把你打入谷底，但是他们却不能把你压在谷底，真正的谷底是自己悲观的、绝望的人生态度。所以，当你跌入最低的时候，坚强地告诉自己没什么了不起的，给自己一个充分的准备时期，一切都可以从头再来。

第 9 章

挑战生活，彻底脱离苦海

还在为自己生活中的无奈感到痛苦吗？有没有想过去改变自己？不要抱怨自己的命运不好，不要怪罪上天给你太多磨难，一切都取决于你自己！只要你勇敢地去挑战生活带给你的苦难，你就会脱离苦海，成为生活的主人，而不是被生活控制。怎样才能成为生活的主人？只有改变自己，让自己变得更强才能彻底脱离苦海。

逆境中，才能认清自己

人总是有劣根性的，就像许三多曾经说过自己的：当自己幸福的时候，从来不会去想别人的不幸。这句话转换一下更能说明人的劣根性，当人在顺风顺水的时候，很少能看清自己。很多时候自己都不能看清楚自己，不知道自己最想要什么，不知道自己最应该珍惜的是什么。但是当处在逆境中时，人会沉静下来，会思考自己所做过的事情，自己错过的事情。应该说，逆境是人的一生当中最好的一位老师，它能让你彻底看清自己。

相信每个人都有这样的感触，自己要是健康无恙，肯定不会惦记着自己的健康，肯定意识不到运动对健康是多么重要，但是有一天你病了，你才会意识到健康对自己是多么重要；只有那些失明了的人才更加珍惜光明，那些成年后失明、失聪的人就更是如此。然而，那些耳聪目明的人却从来不好好地利用他们的这些天赋。他们视而不见、充耳不闻，无任何鉴赏之心。事情往往就是这样，一旦失去了的东西，人们才会留恋它，人一旦处于逆境之中，才能看清自己。

曾为宏达国际总经理、退休从事公益事业的卓火土先生，本来生长在一个富裕之家，在他14岁的那一年，正当他快乐成长之时，爸爸在家门口给车撞了，他与家人送命危的父亲到医院急诊，他心急如焚，欲哭无泪，整个急诊室没有一个人去理会他，父亲就在他眼前走了，到了另一个世界去了。家中的顶梁柱倒下了，家从此走向了苦难。这样的遗憾对一个少年而言是十分惨痛的，却也使得他在后来的人生中立志成为一个有用的人——后来他在一个有名的国际大公司里担任了总经理。后来当他谈起这段经历时，他说："这是他人生重大转折点！"这让他知道，以后家人的生存重担全落在自己肩上了，他必须争气才能使家人从苦难中重获新生。也是家庭的那次变故让他认清了自己身上的担子，让他更加认真地去走自己的人生之路。

逆境最能使人谨小慎微，见微知著。经历磨难的人往往比顺境中过来的人更能正视社会现实；昂贵的痛苦和厄运，往往能成就一个人逆流而上的勇气。

逆境对于天才是一块垫脚石，对于能干的人是一笔财富，对于弱者是一个万丈深渊。拉梅奈说："不懂得苦难裨益的人，并未过着聪明而真实的生活。"因而逆境，可能是助力，但也可能是阻力。如果使人变得怀疑人性、悲观消极或者愤世嫉俗，它就是一股阻力；如果将它转化为动力，它将成为你奋发图强的力量。看过世态炎凉，经历了人生逆境的人，而且愿意奋发向上的人，大都能拥有双赢人生。

逆境比困境更能激发人的斗志，更能锻炼人的意志；在这样的逆境中，也更能看清自己的位置。就像春天的特色只有在冬天才能认清，在火炉背后才能吟出最好的五月诗篇。

再苦也要笑一笑

逆境，让你彻底低下自己曾经不可一世的头，真切地思考自己所经历的事情和应该做的事情。当一个人能够在逆境中看清自己的时候，他就为自己走出困境走出了关键的一步，人在看清楚了自己之后，才会更有动力去实现自己的目标，才能更加确定自己的判断。

绝境中，决不放弃自己

人的一生不会是一帆风顺的，总会遇到各种挑战与困境，甚至会进入痛苦不堪的绝境，在绝境中，人往往会对自己说放弃，从此一蹶不振，成为生活中的失败者，痛苦不堪地度过自己的一生。有成就的人，在绝境中从来不会对自己说放弃，他们会用自己强大的生命力向命运挑战，最终战胜绝境成就自己辉煌的一生。

1791年，法拉第出生在伦敦市郊一个贫困铁匠的家里。他父亲收入菲薄，常生病，子女又多，所以法拉第小时候连饭都吃不饱，有时他一个星期只能吃到一个面包，当然更谈不上去上学了。

法拉第12岁的时候，就上街去卖报。一边卖报，一边从报上识字。到13岁的时候，法拉第进了一家印刷厂当图书装订学徒工，他一边装订书，一边学习。每当工余时间，他就翻阅装订的书籍。有时甚至在送货的路上，他也边走边看。经过几年的努力，法拉第终于摘掉了文盲的帽子。

渐渐的，法拉第能够看懂的书越来越多。他开始阅读《大英百科全书》，并常常读到深夜。他特别喜欢电学和力学方面的书。法拉第没钱买书、买本子，就利用印刷厂的废纸订成笔记本，摘录各种资料，有时还自己配上插图。

一个偶然的机会，英国皇家学会会员丹斯来到印刷厂校对他的著作，无意中发现法拉第的“手抄本”。当他知道这是一位装订学徒记的笔记时，大吃一惊，于是丹斯把法拉第送到皇家学院读书。

法拉第怀着极其兴奋的心情，来到皇家学院旁听。作报告的正是当时赫赫有名的英国著名化学家戴维。法拉第瞪大眼睛，非常用心地听戴维讲课。回家后，他把听讲笔记整理成册，作为自学用的《化学课本》。

后来，法拉第把自己精心装订的《化学课本》寄给戴维教授，并附了一封信，表示："极愿逃出商界而入于科学界，因为据我的想象，科学能使人高尚而可亲。"

收到信后，戴维深为感动。他非常欣赏法拉第的才干，决定把他招为助手。法拉第非常勤奋，很快掌握了实验技术，成为戴维的得力助手。

半年以后，戴维要到欧洲大陆作一次科学研究旅行，访问欧洲各国的著名科学家，参观各国的化学实验室。戴维决定带法拉第出国。就这样，法拉第跟着戴维在欧洲旅行了一年半，会见了安培等著名科学家，长了不少见识，还学会了法语。

回国以后，法拉第开始独立进行科学研究。不久，他发现了电磁感应现象。1834年，他发现了电解定律，震动了科学界。这一定律，被命名为"法拉第电解定律"。

法拉第依靠刻苦自学，从一个连小学都没念过的装订图书学徒工，跨入了世界一流科学家的行列。恩格斯曾称赞法拉第是"到现在为止最大的电学家"。法拉第的生活异常困难，可以说那是人生的绝境。一个人在三餐都很难保证的情况下，有多少能做到不放弃追求自己的梦想呢？法拉第就是这样坚强的人，他没有放弃自己学知识的权利，没有放弃让自己卓越的机会，他把握着每个学习的机会，在没有机会受到正规教育的时候，他抓住了一切能够学习的机会，所以他成功了。他是在绝境中实现自己辉煌的典型例子。

绝境，让那些不放弃的人变得更加坚强，激发他们更大的潜力，他们会因为绝境变得更加强大，绝境带给他们的可能是一生珍贵的财富；对于那些轻言放弃的人而言，绝境犹如一剂毒药，面对这剂毒药，他们找不到解药，最终放弃努力，最终成为失败者。

绝境，在很多时候，如果你害怕去面对它，它会变得更强大；但是如果你有足够的勇气去面对并且让自己坚强起来的时候，绝境就没有那么可怕了。所以，人生并没有绝对的绝境，很多时候，取决于自己的态度。当你真的把它当成无法跨越的坎时，那么你已经输了一大半；如果你选择勇敢面对，那么最终胜利的一定会是你。

再苦也要笑一笑

在绝境中，千万不要放弃自己，放弃了自己就一点机会都没有了。要用自己的勇气和信心向它挑战。

困境中，学会欣赏自己

不同的人生阶段有不同的价值取向，青年人善于欣赏自己，是珍惜自己“早晨八九点钟的太阳”的金子般的年华；中年人欣赏自己，是重视自身长期积累经验的长处；老年人欣赏自己，则是在令人欣羡的“夕阳红”中为人类历史再添辉煌。欣赏自己是一件美妙的事情，但是并不是每个人都能做到。人们总是羡慕别人欣赏别人的长处，对自己却是很吝啬，总是觉得自己不够好，没有别人幸运，尤其是在困境中，人们更容易产生自暴自弃的情绪，更加频繁地埋怨自己，却没有想过去欣赏自己。其实，在困境中学会欣赏自己，对自己走出困境是有很大帮助的，懂得欣赏自己，看到自己的优点，才能给自己信心，让自己更有动力去战胜困境。

在困境中，学会欣赏自己，实际上就是自己在面对困难时保持一份乐观积极的心态，让自己能够从困境中看到希望，从而不会陷入绝望的境地。

李华出生在一个偏远的山村。小时候，家里很穷，他没机会上学，每天跟着父亲在荒原上开垦、劳动。他在学校的时间总共没有超过一年，虽然家里很穷，但是他并没有因为自己的贫穷看轻自己。相反地，他把这种生活的不幸当成对自己的锻炼，在困境中，他学会了欣赏自己。欣赏自己让李华有更大的动力勤奋学习。他一有机会就向别人请教，他放牛、砍柴、挖地时怀里也总揣着一本书。休息的时候，他一边啃着粗硬冰凉的窝头，一边津津有味地看书。晚上，他在小油灯下常读书读到深夜。

长大后，李华离开家乡独自一人外出谋生。他在工地上做过小工，在饭店当服务员，找不到工作的时候就饿肚子。但是不管怎样恶劣的生活环境，他都不会自卑，他始终对自己抱着一种欣赏的态度，认为总有一天会发挥自己的才能，走上成功之路，正是这种心态让他在什么时候都没有放弃过学习。

经过自己的不懈努力，他终于走上了成功的道路。在这个过程中，他的自我欣赏的心态给他带来很大的自信和勇气。在他24岁那年，他终于参加自考，取得了律师资格，成了一名优秀的律师，他的生活开始发生了翻天覆地的变化。回想自己走过的路，他不无感慨地说：“要是我不懂得欣赏自己，在那样的环境下，我早就放弃了，就不会有我的今天了。”

世界上每个有成就的人都是懂得自我欣赏的典范，尤其是在困境中。他们不会自怨自艾，不会唉声叹气，他们会从一个积极的角度去看待自己遇到的困难。这就是伟大的人与平凡的人之间的一个重要区别。

有时在闲暇之余，静静地欣赏自己，其实自己也很真实，也很天真可爱，在我们的人生道路上，尽管没有芳馨的鲜花为我们添香，却有希望的绿野为我们舒展；尽管没有雷鸣般的掌声为我们喝彩，却有恒久的信念在我们的心头树立；尽管在人生的航道上经历了沧桑坎坷，征程上理想的风帆却依旧高扬。多少次回味在烈日与风雨中苦苦追求的足迹，生命的旗帜尽管那样平淡无奇，我们仍意志坚定——沿着自己的航线，趟过岁月的河流，走进一片美丽的绿洲。无需改变什么，也无需挑剔什么，自己就是自己——世界上独一无二的自己。原本很美，很独特——只不过，我们仍需努力！

欣赏自己，就是在无人为我们鼓掌的时候，给自己一个鼓励；在无人为我们拭泪的时候，给自己一些安慰；在我们自惭形秽的时候，给自己一片空间，一份自信。然后抖落昨日的疲惫与无奈，抚去昨日的伤痛和泪水，去迎接明天崭新的朝阳，走向一个风和日丽的清晨……

欣赏别人是一种尊重，被别人欣赏是一种承认。欣赏自己则是一种自信，也是一种本领，在困境中欣赏自己是给自己信心与勇气。

再苦也要笑一笑

欣赏自己是一种睿智，让自己的“闪光点”尽快“灿烂”起来，让自己的“余热”尽可能多地发挥作用，这就是认同自己存在的一种人生价值观。

转折时，坚决相信自己

我们在生活中经常会遇到岔路的情况，面对岔路，自己往往不知道该往哪个方向行驶才能最快到达自己的目的地，这个时候，我们最需要的就是要相信自己的判断，果断地迈出自己的第一步，不要犹豫不决，否则会浪费更多的时间，让自己陷入困境。

人生有很多转折的路口，在这个路口总是需要我们做出选择的，这个时候最需要的就是要坚决相信自己。

蜚声世界影坛的意大利著名电影明星索菲亚·罗兰能够成为令世人瞩目的超级影星，是和她的自信心分不开的。

在《卡桑德拉大桥》、《昨天、今天和明天》等影片中，索菲亚·罗兰以其独特的魅力给观众留下深刻鲜明的印象。她的长鼻子、大眼睛、大嘴、丰满的胸部和臀部都使她多了一份不可抗拒的美。可是，你知道吗？在索菲亚·罗兰初试镜头的时候，差点儿因为她的长鼻子和丰腴的臀部而没能走上影坛。摄影师们都嫌她的鼻子太长、臀部太发达，建议她动手术缩短鼻子、削减臀部，可是索菲亚·罗兰坚决不同意。

索菲亚·罗兰在她的自述中详细地记叙了当时的情景：

有一天，他（指卡洛——作者注）叫我上他的办公室去。我们刚刚进行了第三次或第四次试镜头，我记不清了。他以试探性的口吻对我说："我刚才同摄影师开了个会，他们说的结果全一样，噢，那是关于你的鼻子的。"

"我的鼻子怎么啦？"尽管我知道将发生什么事，但我还是问了。

"嗯，咳，如果你要想在电影界做一番事业，你也许该考虑作一些变动。"

"你的意思是要动动我的鼻子？"

"对。还有，也许你得把臀部削减一点。你看，我只是提出所有摄影师们的意见。这鼻子不会有多大问题，只要缩短一点，摄影师就能够拍它了，你明白吗？"

我当然懂得因为我的外型跟已经成名的那些女演员颇有不同，她们都相貌出众，五官端正，而我却不是这样。我的脸毛病太多，但这些毛病加在一起反而会更有魅力呢。如果我的鼻子上有一个肿块，我会毫不犹豫地把它除掉。但是，说我的鼻子太长，不，那是毫无道理的，因为我知道，鼻子是脸的主要部分，它使脸具有特点。我喜欢我的鼻子和脸的本来的样子。"说实在的，"我对卡洛说："我的脸确实与众不同，但是我为什么要长得跟别人一样呢？"

"我懂，"卡洛说。"我也希望保持你的本来面目，但是那些摄影师……"

"我要保持我的本色，我什么也不愿改变。"

"好吧，我们再看看。"卡洛说，他表示抱歉，不该提出这个问题。

"至于我的臀部。"我说。"无可否认，我的臀部确实有点过于发达，但那是我的一部分，是我所以成为我的一部分，那是我的特色。我愿意保持我的本来面目。"

正是这次谈话，使导演卡洛·庞蒂真正地认识了索菲亚·罗兰，了解了她并且欣赏她。后来，卡洛·庞蒂成了罗兰的丈夫。由于罗兰没有对摄影师们的话言听计从，没有对自己失去信心，所以她才得以在电影中充分展示她的与众不同的美。而且，她的独特外貌和热情、开朗、奔放的气质开始得到人们的承认。从1950年至1979年，她先后在75部影片中扮演角色，被人们称为"从贫民窟飞出来的天鹅"。1961年，她主演的《两妇人》获得巨大成功，她因此而荣获奥斯卡最佳女演员金像奖。

索菲亚·罗兰在面对自己热爱的电影事业时，并没有盲目地听从导演的意见，她坚持自己的特点，不愿在自己的外貌上做出任何改变，即使冒着被导演辞掉的危险，她依然相信自己，没有作出让步，最终她得到了导演的认可，也得到了观众的认可，她在电影方面的成就证明了她的坚持和自信是正确的。

再苦也要笑一笑

在面对人生的转折时，如果认为自己选择是正确的，就要坚定地相信自己，不要盲目地去听从别人的意见，这样才会让自己有更大的机会获得成功。

做英雄，勇于战胜自己

有句格言说得好："人生最大的敌人是自己，人生最大的失败是被自己蔑视。"《老子》中曾提到："胜人者有力，自胜者强。"意思是说，能够战胜别人只是有力量的表现，而能够战胜自己才算得上是强者。人要获得进步，取得成功，就要勇于战胜自己。那些勇于战胜自己的人才是真正的英雄。

人都是有惰性的，总是会找到各种借口为自己的不努力开脱。人们经常会犯这样的错误：为了能让自己多睡半个小时，总是把自己的健身计划抛之脑后；为了贪图舒适，总是拿"学习是长期的任务，不在乎这点时间"当借口；为了贪图享乐，不能克制自己无节制的吃喝玩乐等。看起来是一些小事，但是如果我们不能克服自身的这些小毛病，怎能最终战胜自己，有所成就？如果一个人要想最终战胜自己，实现人生的跳跃，必须从小事中约束自己，从克服自己身上的小缺点开始，这样才能最终战胜自己。

每个有成就的人，也许并不是最聪明的人，但他们往往都是最懂得自制，懂得战胜自己的弱点的人。

张海迪，1955年秋天在济南出生。5岁患脊髓病，胸以下全部瘫痪。从那时起，张海迪开始了她独到的人生。她无法上学，便在家自学完中学课程。15岁时，张海迪跟随父母，被下放到（山东）聊城农村，给孩子当起教书先生。她还自学针灸医术，为乡亲们无偿治疗。后来，张海迪自学多门外语，还当过无线电修理工。

在残酷的命运挑战面前，张海迪没有沮丧和沉沦，她以顽强的毅力和恒心与疾病作斗争，经受了严峻的考验，对人生充满了信心。她虽然没有机会走进校门，却发奋学习，学完了小学、中学全部课程，自学了大学英语、日语、德语和世界语，并攻读了大学和硕士研究生的课程。1983年张海迪开始从事文学创作，先后翻译了《海边诊所》等数十万字的英语小说，编著了《向天空敞开的窗口》、《生命的追问》、《轮椅上的梦》等书籍。其中《轮椅上的梦》在日本和韩国出版，而《生命的追问》出版不到半年，已重印3次，获得了全国“五个一工程”图书奖。在《生命的追问》之前，这个奖项还从没颁发给散文作品。后来，她又创作了小说《绝顶》。从1983年开始，张海迪创作和翻译的作品超过100万字。

为了对社会作出更大的贡献，她先后自学了十几种医学专著，同时向有经验的医生请教，学会了针灸等医术，为群众无偿治疗达1万多人次。

1983年，《中国青年报》发表《是颗流星，就要把光留给人间》，张海迪因此名噪中华，获得两个美誉，一个是“八十年代新雷锋”，一个是“当代保尔”。

张海迪的命运是不幸的，病魔夺去了她正常人的身体，但是她是坚强的，她没有因为自己身体上的残疾而自暴自弃，她用自己的坚强意志走出了比正常人更精彩的人生之路。她是自己的英雄，更成了大家的英雄。

战胜自己须志存高远，信念坚定。远大的目标能焕发出激昂的斗志，不懈的努力能征服任何艰难困苦。高标准严格要求自己，付出滴水穿石的努力，才有可能达到理想的彼岸，做到“有志者事竟成”。任何朝三暮四、浅尝辄止、得过且过、随波逐流的态度，都将导致半途而废，功败垂成。

战胜自己须见贤思齐，知耻后勇。人贵有自知之明，对自己的优劣长短，要有一个全面的、正确的认识。只有正视自己的缺点，看到自己的短处，自觉与别人的优长对照，深入剖析自身的弱点、缺点和错误，才能发现差距何在，才能知耻后勇，努力剔除自身消极的东西，在自省中自励，在反思中提高，在提高中不断战胜自己。

再苦也要笑一笑

战胜自己须积极进取，自强不息。“业精于勤荒于嬉，行成于思毁于随”。勇于突破自我、超越自我的人，是生活的强者；随波逐流，人云亦云，只能永远步人后尘。战胜自我是一个漫长而艰苦的过程，没有捷径可走，任何一劳永逸、一蹴而就的想法，都是不切实际的幻想。无限风光在险峰。只有不畏艰险、奋勇攀登的人，才能体味到“会当凌绝顶，一览众山小”的美妙和幸福。

你能行，放胆挑战自己

每个人都拥有自己的梦想，但是到头来真正能够实现自己梦想的人却很少。为什么？人的智商不会有太大的差别，能否成功的关键就在于你是否有勇气去挑战自己，能否做到别人做不到的事情。敢于挑战自己的人，往往能够激发自己无穷的潜力，从而取得更大的成就。

“老骥伏枥，志在千里；烈士暮年，壮心不已。”曹操在花甲之年发出了这样豪言壮语。面对“三国鼎立”的复杂形式，面对年轻力壮的政敌，他仍想统一祖国，实现富国强民的理想，虽然年老体衰，但是仍然有挑战自己的决心。

成功的人都不是一蹴而就的，他们都是在不断挑战自己的过程中，为自己树立更高的目标，一步步走向人生的辉煌。敢于向自己挑战的，一定是非常有自信的人，他认为自己一定能够比现在更好，所以不断提高对自己的要求；敢于挑战自己的人一定很有斗志，因为他喜欢让自己变得更好，而要变得更好，必须保持斗志，有热情。

5年前，埃米莉毕业于某理工大学，当时有两个职位可供她选择：一个是到一家大型的事业单位做秘书，一个是到一家起步时间不长但发展势头较好的高新企业做销售。部分朋友都劝她到那家事业单位去，认为这样的工作比较具有稳定性，适合女孩子。但埃米莉根据自己一向喜欢挑战的特点，认为销售更能够激发自己的斗志，所以她最终选择了做销售。

埃米莉根据自己的职业兴趣选择了适合自己发展的工作，这也许就是她成功的第一步吧。

经过几年的工作，原本“很有个性”的埃米莉，在销售中逐渐掌握了商场中为人处世、与人沟通的技巧和一些职场游戏规则。从卖软件，到卖系统和打包的解决方案，埃米莉逐渐树立了自己的工作原则和亲切的风格，凡事都站在客户的角度出发销售产品，在工作中对客户的承诺说到做到。

由此，埃米莉使自己成为销售产品的专家，也同时赢得客户的信赖和回报。她对自己更有自信了，也更认定当初的决定是正确的。

在这个过程中，埃米莉给自己不断制订新的目标，包括销售额和个人收入，而这些计划常常带有挑战的色彩，强迫自己实现目标。她想证明自己还能做到更好，在这个目标下，她不但有了丰厚的收入，也在这个行业有了点名气。但当销售做到一定业绩后，她却发现在销售管理方面有些乏力。

面对如此情况，埃米莉又依照职业顾问的建议，勇敢地跨出了新的一步。在选择充电的同时，她跳槽到了一家准备大力开拓市场的公司做了销售经理。虽然这使她生活不太轻松，但她却很“沉迷”，有着如鱼得水的满足感，更重要的是从中学会了如何更好地管理一个销售团队，这正是她进入这家公司的主要原因。她最后成为IT公司一名出色的销售经理。

最近，埃米莉被猎头公司看中，十分顺利地跳到同行业的一家公司。在新的业务年度里，头衔成了销售总监，埃米莉在职业上又将有不小的飞跃。

埃米莉是一个敢于挑战自己的人，她在自我挑战的过程中体会了生活的乐趣，更体会了挑战给自己带来的成就感。

再苦也要笑一笑

挑战自己，并不像看起来的那么难，只要你善于发现自己的潜力，把自己的目标设得远大一点，然后通过自己的努力去实现它，只要你坚持走下去，就一定能够越来越接近它，最终实现挑战自我的目标，让自己变得更加卓越。

你很棒，适当奖励自己

人在自己奋斗的过程中，总会有疲惫不堪的时候，甚至在遇到挫折的时候会有放弃的念头，这时候，我们是很需要一种力量的，这种力量能够支撑我们继续努力，或者让我们更有斗志，这就是激励的力量。很多时候人们总是认为激励是要靠别人给的，但是实际上，在适当的时候，自己给自己打气，自己给自己鼓励是更好的兴奋剂。在自己实现了制订的某个计划时，可以自豪地跟自己说声“你真棒”，或者可以吃顿大餐来奖励一下自己，这不仅能让你放松自己，更能激发你继续前进的动力。所以，不要吝啬对自己的赞美，在适当的时候要给自己一定的奖励。会奖励自己的人更知道怎样让自己一直保持旺盛的精力，这样的人更容易接近成功。

四个来自不同方向的青年找到鲁班，他们希望能从鲁班手里学到精湛的木工手艺。鲁班拿出四把没有柄的斧头，对四位年轻人说：“翻过西山的6个山头，有一片灌木林.我的每一把斧头上都需要一把灌木做的柄，你们四个人去吧。回来后，我会把我全部的手艺都传授给你们。”

鲁班的家人从厨房拿出四个干粮袋，装入了等量的烧饼和鸡蛋。对四个人说：“去吧，这是你们路上的食物。”四个青年拿起斧头，背起干粮上路了。

火辣辣的太阳，满路的荆棘，让四个小青年感到又渴又饿又苦又累。行到第一座山头的半山腰，四个人坐在溪边的草地上，喝了几口甘泉，然后打开了干粮袋。干粮袋里有6个烧饼和6个鸡蛋。一个青年建议说：“我们应该爬到山头再吃！”另一个青年冲他笑着说：“别傻了，现在我们又饥又饿，还要背着沉甸甸的干粮袋，吃点儿，既解决了饥饿问题，又减轻了身上的负担……”边说边拿起烧饼鸡蛋塞进嘴中。

看到他吃得津津有味，另两位青年咽了几口唾液，也拿起烧饼鸡蛋。一个青年吃了3个烧饼3个鸡蛋，然后躺在草地上拍拍自己隆起的肚皮说：“好爽呀！我不上去了，又苦又累，一会儿我就下山，剩下的食物正好够我路上吃。”

三个人继续前行。到了山顶，三个青年在树下歇息，半路没有吃东西的青年，打开干粮袋，拿出1个烧饼1个鸡蛋，说：“终于爬到山顶了，这就是自己对自己的奖励！”“对，我们已经过了一道关，是应该奖励一下自己！另两个小青年也打开干粮袋吃了起来……

到了第二座山的半山腰，一位青年的干粮袋空了。他躺在草地上懒懒地说：“你们两个走吧，我已经受不了这种磨难了。”

两个人继续前行，到了山顶，两个青年在树下歇息。半路没有吃东西的青年，打开干粮袋，拿出1个烧饼，1个鸡蛋，说：“终于又爬到了一个山顶！”另一个青年吃完自己最后的1个烧饼，1个鸡蛋后，望望眼前还有4座山峰，说：“求师的路太艰难了，你一个人去吧！”

到一个山头，这个青年总会满脸笑容地打开干粮袋，对自己的成功给予奖励……

翻过最后一个山头，青年终于看到了师傅说的那片灌木林。在灌木林旁边一块大石头上，鲁班师傅笑眯眯地坐在上面。小青年忙上前叩拜，鲁班急忙拉起小青年，问：“其他人呢？”小青年说：“他们半路放弃了！”“那你为什么能一直坚持走下去？”小青年拍拍空空的干粮袋说：“因为有师傅给我的食物做奖励，爬到一个山头，我就会尝到一份成功的喜悦……”不等小青年说完，鲁班就哈哈大笑起来，说：“好，我就收下你这个徒弟了……”

最终成为鲁班徒弟的这个青年，就是很会在适当时候奖励自己的人，他没有把自己的食物一次吃完，而是把它当成登上每个山头对自己的奖励，所以，他路上都保持着热情，这份热情伴随着他成功到达了目的地，得到了鲁班的赏识。

拿破仑·希尔历来相信奖励制度。当你取得预期的成就时，你奖励自己，小成就小奖，大成就大奖。例如，如果要连续几个钟头才能完成某项工作，你应对自己说做完了就休息，吃点东西，或看场球赛。但是决不在完成任务之前就奖励自己。当你取得一项重大成就时，一定要把庆祝活动搞得终生难忘。

再苦也要笑一笑

通往成功的路是艰难坎坷的，但学会时刻奖励、鼓励自己的人，似乎离成功会更近一些。

加把劲，不断超越自己

有一个心理学家曾经说过：“你一定比你想象的还要好，但是许多人并不这样认为。”是的，人总是害怕超出自己想象的事情，认为那是不可能达到的，然而，事实是人的潜力是无穷的，只要你愿意挖掘，就会发现自己能够超越原来的自己。许多杰出人士在小小年纪时，就怀有大志，就想与众不同，无论遭遇任何磨难，仍相信自己是最好的。你是不是有这样的信念，有别人打不倒的自信心呢？你的坚持有多强，你的自信就有多强，你的路就有多长。人，往往习惯于表现自己所熟悉、所擅长的领域。但如果我们愿意回首，细细检视，就会恍然大悟：看似紧锣密鼓的工作挑战，永无遏止、难度渐升的环境压力，不也在不知不觉间锻炼了我们今日的诸般能力吗？因为，人确实有无限的潜力！

每一个人都应该永远记住这个真理，只有不断超越自我的人，才是一个真正聪明人。人生在世，每个人都有自己的独特的禀性和天赋，每个人都有自己独特的实现人生价值的切入点。你只要按照自己的禀赋发展自己，不断地超越心灵的绊马索，你就不会忽略自己生命中的太阳，而淹没在他人的光辉里。

约翰和汤姆是相邻两家的孩子，他俩从小就一起玩耍。约翰是一个聪明的孩子，学什么都是一点就通，他知道自己的优势，自然也颇为骄傲。汤姆的脑子没有约翰灵光，尽管他很用功，但成绩却难以进入前10名。与约翰相比，他心里时常流露出一种自卑，然而，他的母亲却总是鼓励他：“如果你总是以他人的成绩来衡量自己，你终生也不过只是一个‘追逐者’。奔驰的骏马尽管在开始的时候总是呼啸在前，但最终抵达目的的，却往往是充满耐心和毅力的骆驼。”

约翰自认是个聪明人，但一生业绩平平，没能成就任何一件大事，而自觉很笨的汤姆却从各个方面充实自己，一点一点地超越着自我，最终成就了非凡的业绩。约翰愤愤不平，以至郁郁而终。他的灵魂飞到了天堂后，质问上帝：“我的聪明才智远远超过汤姆，我应该比他更伟大才是，可为什么你却让他成了人间的卓越者呢？”上帝笑了笑说：“可怜的约翰啊，你至死都没弄明白：我把每个人送到世上，在他的生命‘褡裢’里都放了同样的东西，只不过把你的聪明放到了前面的‘褡裢’里，你因为看到或是触摸到自己的聪明而沾沾自喜，以至误了自己的终生！而汤姆的聪明却放到了后面的‘褡裢’里，他因为看不到自己的聪明，总是仰着头看着前方，所以，他一生都在不自觉地迈步向前！”

汤姆因为自己没有过人的天赋，所以他选择了脚踏实地，从小事做起，一点点实现自我超越，最终他成就了自己的卓越，而聪明的约翰自认为自己很聪明，并没有好好利用自己的天赋，而是选择原地踏步，久而久之，汤姆超过了他，他只能在羡慕别人中郁郁寡欢。

前一阵子，电视台播了一个广告新星大奖赛的决赛实况录像，其中一个参赛选手原本是一个宾馆服务员，后来又成为一名歌手，现在又想成为一个广告新星。她在比赛中说了一句话：人就是要不断超越自己。

这句话说得很好，一个有理想有抱负的人就是要勇于超越自己，正如法国大文豪雨果所说："所谓活着的人，就是不断挑战的人，不断攀登命运峻峰的人。"现在很多人都是善于挑战自我的典范，身残志坚的张海迪用坚强的意志不断超越自己，成为了当代人的榜样；许振超用勤奋执著的敬业精神不断超越自己，为祖国赢得了荣誉；刘翔用自己实力超越自己，赢得了更多的荣誉。

再苦也要笑一笑

人生就是人为了梦想和兴趣而展开的表演。要想使表演成功，就得不断超越自己，不管聪明，还是愚钝。走上了人生的舞台，就应全心全力地表演，忘掉曾有的成功，也放弃曾经历过的失败，更要忘记自己的聪明。因为在表演中"聪明"是没有帮助的，它需要的是脚踏实地地投入于一次次对自我的超越和突破。

第10章

不惧逆境，只要再坚持一下

成功本身并不难，难的是成功之前面对失败的精神品质。人生是一场搏斗。敢于搏斗的人，才可能是命运的主人。在山穷水尽的绝境里，再坚持一下，也许就能看到柳暗花明。在冰天雪地的严寒中，再坚持一下，一定会迎来温暖的春风。

不到黄河心不死

罗曼·罗兰曾说：“生活是一场艰苦的斗争，永远不能休息一下，要不然，你一寸一尺苦争来的，就可能在一刹那间前功尽弃。”因此，只要我们还有一口气在，就不能停下前进的脚步，向前，向前，一直坚持向前走。

有这样一则寓言：在一间工具房中，有一些工具聚在一起开会，大伙商量要怎样对付一块坚硬的生铁。

斧头首先耀武扬威地说：“让我来，我可以一下子就把它解决了。”于是斧头很用力地对着铁块砍下去。可是，只有一会儿的工夫，斧头便钝了，刃都卷了起来。

“还是我来吧！”锯子信心十足地说着，它用锋利的锯齿在铁块上来回地锯，但是没有多久，锯齿都锯断了。

这时锤子笑道：“你们真没用，退到一边去，让我来显显身手。”于是锤子对铁块一阵猛锤猛打，其声震耳。但锤了好久，锤子的头也掉了，铁块依然如故。

“我可以试试么？”小小的火焰在旁边请求说。大家都瞧不起它，但还是给它一个机会试试。

小火焰轻轻地绕着铁块，不停地烧，不停地烧。过了一段时间，在它坚韧的热力之下，整个铁块终于烧红，并且完全熔化了。

小火焰的恒心提醒你了吗？想一想周围的成功者和失败者，我们经常会发现，有的人很聪明，却毫无建树，而有的人虽然生性驽钝，却常常有所成就。其中的奥秘就在于笨人能坚持不懈地来弥补自己的缺陷。而聪明人常自以为是，忽视了持之以恒的重要性。

熟悉金庸小说的人都知道《射雕英雄传》中的郭靖资质愚钝、不善变通，因而自小学武就是一件费力的事。纵然有江南七怪的悉心指点，郭靖要成为武林高手的希望也十分渺茫。但是郭靖天生有一股勤修苦练、持之以恒的耐性。这一点，加上不错的运气，他最终成为一代武林高手，威震武林。

再苦也要笑一笑

在飞速前进的现代社会，人们没有耐心和恒心，做事缺乏毅力，缺乏持之以恒的精神。而这正是成功的大敌，故要想有一番作为、不虚此生，必须学会坚持，不到黄河心不死。

真正的雄心壮志

如果在别人的关注下，我们还可以忍受心灵的孤独，那么在别人遗忘的角落，我们是否能够依然承受这样的煎熬？如果我们能做到这一点，那注定有被人注目的一天，注定有被人记住的一生。也许我们在平日里并没有多大的欲求，也许我们只是执著于自己的某种爱好，也许我们的举动曾经遭到别人的讥笑，但只要不放弃，只要一点点地坚持做下去，我们就能有意想不到的收获。别人的白眼这时也会变成羡慕的眼光。

许多年以前，在荷兰的一个小镇，来了一个只有初中文化水平的年轻农民，他的名字叫列文虎克。他的工作主要是为镇政府守大门，他在那儿一干就是60多年。在工作之余，他从来不打牌，不下棋。他只有一个爱好，那就是磨镜片。为了钻研磨镜技术，他到处求师访友，向眼镜匠学习，向炼金家请教。常常磨镜片磨到深夜都不肯罢手。由于这种对镜片的爱好，他一下班就躲到屋里忙活起来，这自然就减少了他与亲友交流的时间，所以被亲人误解，他常常被认为是“不近人情的家伙”。对此，列文虎克无动于衷，依然锲而不舍地钻研。他磨出的复合镜片的放大倍数超过了专业技师，最终制成了当时无与伦比的精细显微镜，揭开了科技尚未知晓的微生物世界的“面纱”，为此他被授予巴黎科学院院士的头衔。英国女王访问荷兰时，还专程到这个小镇拜会他，英国皇家学会也把他选为了其中的会员。

列文虎克的成功就在于他拥有了坚韧不拔的精神。许多人在事业上的失败，常常不是因为没有选准目标，也不是因为难度太大了，而是因为他们缺乏坚强的意志和坚韧的品格。列文虎克打磨镜片，一干就是60多年，其中的艰辛、枯燥和乏味不言自明，没有坚韧不拔的意志和锲而不舍的精神是万万不行的。他走的是一条艰辛的荆棘路。打磨镜片在别人看来是太平常的一件工作，但正是在这种细小平凡的事情中才能看出一个人做事的态度。列文虎克有不同于其他人的想法，他想把手头上的每一块镜片都磨好，所以他扎扎实实、一丝不苟地做着这样的事情，用尽毕生的心血完成了每一个平淡无奇的动作。在他85岁那年，朋友们劝他安度余生，离开显微镜，他却说："要做成一件事，必须花掉毕生的时间……"他活到90岁高龄，也没有离开显微镜。正是把坚韧不拔的品格作为护身法宝，列文虎克才走过了漫长而坎坷的崎岖小路，用辛劳的汗水浇出了绚丽的成功之花。

科学上的许许多多所谓"一举成功"、"一鸣惊人"的壮举，都是长久地默默地坚持付出的结果，都是以钢铁般的意志和锲而不舍的精神去战胜无数困难的结果。诺贝尔奖金获得者、化学家戴维斯说："真正的雄心壮志几乎全是智慧、辛勤、学习、经验的积累，差一分一毫也达不到目的。至于那些一鸣惊人的学者，只是人们觉得他一鸣惊人，其实他下的工夫和潜在的智能，别人事前未能领会到！"

要想取得成功，没有什么"捷径"可走，也没有什么"锦囊妙计"，最需要的就是坚韧不拔的品格。正如法国微生物学家巴斯德所说："告诉你使我达到目标的奥秘吧，我唯一的力量就是我的坚持精神。"

所以忍耐是一种痛苦的磨炼，历经炼狱般的折磨而铭刻于心。尤其是搞科研的人员，如果没有持之以恒的精神，是不可能完成尖端的研究项目的。在那种条件下，挑战的不只是一个人的智力，更多的是对一个人心理素质的挑战。如果没有一个良好的心理素质，没有一个能够抗住外界压力和艰苦环境的忍耐精神，是不可能做出成绩的。

当一个人身处逆境时很容易消极颓废，很容易产生懈怠的情绪，宁可坐在那里干等，也不愿意采取行动或是设法努力向前。他们信奉时间会解决一切，时间能够消除心灵的伤疤，无论对个人还是对事业，都抱着"除非确定事情肯定成功，否则不要去做"的态度。但事实上，很多事情根本无法提前很准确地知道它是否一定可行。所以这种人做起事来老是畏畏缩缩，这样他们常常感受不到生活的乐趣，找不到自己发展的方向，找不到自己奋斗的目标和寄托的希望。这种等待的状态并不是那种忍耐的状态。形势不明朗时我们必须忍耐一点，但却不能忘记自己前进的方向。如果想让自己有所成就，我们就必须全力以赴地去争取，积极地等待机会的到来。

再苦也要笑一笑

如果我们是颗珍珠，那就不用担心在贝壳里呆的时间太长，就不要否定沙子的作用，总有一天我们会被发现，得到重用。

顺境没有的东西

人处逆境，往往能够看到很多顺境中看不到的东西。

一个年轻人大学毕业后，家庭和事业始终不顺，于是找自己的老师进行倾诉。在耐心听完学生的抱怨后，老师微微一笑，对他说："听起来你的处境确实不太好，这样吧，明天晚上到我家里来一趟。"

第二天晚上，年轻人如约来到了老师的住处。老师带他来到阳台，指着夜空问道："你能数清楚天上有多少颗星星吗？"年轻人有些莫名其妙，挠了挠头说："当然数不清了。""那么，白天你能看见这些星星吗？"老师又问。"不能！"年轻人更加茫然。

老师语重心长地说："白天，我们看到的最远的星球是太阳；但在夜里，却可以看见无数比太阳还远亿万倍的星体！当你的人生处在黑夜时，或许能让你看到更多、更远的风景。"

钻石和煤炭的构成元素都是碳，金刚石光彩夺目，而煤炭刚好相反。造成这种天壤之别的一个重要因素就是金刚石在地下多待了好多年。要想获得大成就，就要学会沉潜，就要懂得不断地积蓄力量。只要真有力量，就一定有发挥的舞台。

磨难是成长的食粮。失败得越多，成功的可能性就越大。世界著名发明家爱迪生发明电灯时，不知道经历了多少次失败。当他用成百上千种材料做灯丝实验失败时，有人问他浪费了这么多时间后不后悔，他说谈不上后悔，因为他证明了这成百上千种材料是不适合当灯丝的。

人还要学会永远怀有梦想。1955年，有一个叫雷·克洛克的推销商，已经54岁了，这几十年来他一直在推销产品，但是无论他如何努力，他都做得很不成功，然而与其他过了中年的人不同的是，他从来都没有放弃过成为富翁的念头。尽管到了54岁，他还在推销纸杯和奶昔机。然而正是这一年，他看到了一家经营得十分好的快餐店，很快他就被这家店给吸引住了。在他的整个后半生，他都不辞辛劳地经营着这家快餐店——麦当劳。

在逆境中能坚持下来的人，必然更加坚强。

再苦也要笑一笑

人生在世，总会遇到不可预知的突发状况。在困窘面前，生气、焦虑、埋怨都不能从根本上解决问题。“山重水复疑无路，柳暗花明又一村”，唯有静下心来，用智慧在困境中找出希望，才能出奇制胜成为最后的赢家。

困难其实是机遇

古希腊神话传说中有这样一个故事，很耐人寻味：天神西绪弗因为在天庭犯了法，遭到宇宙之神宙斯惩罚，降到人世间来受苦。宙斯对他的惩罚是推一块石头上山。每天，西绪弗都费了很大的劲儿把那块石头推到山顶，然后回家休息时，石头又会自动地滚下来。于是，西绪弗又要把那块石头往山上推。这样，西绪弗不得不在永无止境的失败命运中受苦受难。西绪弗每次推石头上山时，其他天神都打击他，告诉他不可能成功。但西绪弗不肯认命，一心想着推石头上山是他的责任，只要把石头推上山顶，责任就尽到了，至于石头是否会滚下来，那不是他的事。

所以，当西绪弗努力地推石头上山的时候，他心中显得非常平静，因为他安慰着自己：明天还有石头可推，明天还有希望。

宙斯对西绪弗无可奈何，最后只好放他回了天庭。

把困难当做机遇，把命运的折磨当做人生的考验。忍受今天的苦楚，寄希望于明天的甘甜，这样的人，即使是上帝对他也无能为力。

人的一生绝不可能是一帆风顺的，有成功的喜悦，也有无尽的烦恼；有波澜不惊的坦途，更有布满荆棘的坎坷与险阻。当苦难的浪潮向我们涌来时，我们唯有与命运进行不懈的抗争，才有希望看见成功女神高擎着的橄榄枝。

孟子云：“天将降大任于斯人也，必先苦其心志，劳其筋骨，饿其体肤，空乏其身，行拂乱其所为，所以动心忍性，曾益其所不能。”苦难是锻炼人意志的最好的学校。与苦难搏击，它会激发我们身上无穷的潜力，锻炼我们的胆识，磨炼我们的意志。也许，身处苦难之时我们会倍感痛苦与无奈，但当我们走过困苦之后，就会更加深刻地明白：正是那份苦难使我们人格上更加成熟和伟岸，给了我们面对一切无所畏惧的能力，以及与这种能力紧密相连的面对苦难的心态。

苦难，在不屈的人们面前会化成一种礼物。这份珍贵的礼物会成为真正滋润我们生命的甘泉，让我们在人生的任何时刻，都不会轻易被击倒！

再苦也要笑一笑

朋友们一定见过瀑布吧，美丽的瀑布迈着勇敢的步伐，在悬崖峭壁前毫不退缩，因山崖的碰撞造就了自己生命的壮观。有谁能说，这不是生命的美丽呢？

99%敌不过1%

不管做什么事，只要放弃了，就没有成功的机会。不放弃就会一直拥有成功的希望。如果有99%想要成功的欲望，却有1%想要放弃的念头，那么是没有办法成功的。

青年农民达比卖掉自己的全部家产，来到科罗拉多州追寻黄金梦。他围了一块地，用十字镐和铁锹进行挖掘。经过几十天的辛勤工作，达比终于看到了闪闪发光的金矿石。继续开采必须有机器，他只好悄悄地把金矿掩埋好，暗中回家凑钱买机器。

当他费尽千辛万苦弄来了机器，继续进行挖掘时，不久就遇到了一堆普通的石头，达比认为金矿枯竭了，原来所做的一切将一钱不值。他难以维持每天的开支，更承受不住越来越重的精神压力，只好把机器当废铁卖给了收废品的人，“卷着铺盖”回了家。

收废品的人请来一位矿业工程师对现场进行勘察，得出的结论是：目前遇到的是“假脈”。如果再挖三尺，就可能遇到金矿。收废品的人按照工程师的指点，在达比的基础上不断地往下挖。正如工程师所言，他遇到了丰富的金矿，获得了数百万美元的利润。

达比从报纸上知道这个消息，气得捶胸顿足、追悔莫及。

也许，我们离成功只有一步之遥，只要再坚持一下，就可以敲开成功的大门，但如果此时停住前进的脚步，就意味着我们与成功将失之交臂了。

日本的名人市村清池，在青年时代担任富国人寿熊本分公司的推销员，每天到处奔波拜访，可是连一张合约都没签成，因为保险在当时是很不受欢迎的一种行业。

在68天之间，他没有领到薪水，只有少数的车马费，就算他想节约一点过日子，仍连最基本的生活费都没有。到了最后，已经心灰意冷的市村清池就同太太商量准备连夜赶回东京，不再继续拉保险了。此时他的妻子却含泪对他说：“一个星期，只要再努力一个星期看看，如果真不行的话……”

第二天，他重新鼓起勇气到某位校长家拜访，这次终于成功了。后来他曾描述当时的情形说：“我在按铃的时候之所以提不起勇气的原因是，已经来过七八次了，对方觉得很不耐烦，这次再打扰人家一定没有好脸色看。哪知道对方这个时候已准备投保了，可以说只差一张契约还没签而已。假如在那一刻我就这样过门不人，我想那张契约也就签不到了。”

在签了那张契约之后，又有不少契约接踵而来，而且投保的人也和以前完全不相同，都是主动表示愿意投保。许多人的自愿投保给他带来无比的勇气。在一个月内他的业绩就一跃而成为富国人寿的佼佼者。

在历史的长河与现实的生活中，也有很多为理想为事业奋斗的人，他们往往离成功只有一步之遥却停住了脚步。面对失败与困难，他们气馁了、放弃了，功亏一篑、功败垂成，这多么令人痛心与惋惜呀。山重水复疑无路，但是这位可敬的青年，他仍是坚定执著地往下继续走，终于迎来了柳暗花明又一村。

再苦也要笑一笑

人的一生要面对许多“魔洞”，我们不能怨天尤人、自暴自弃，只能在心头点燃一根火柴，点亮人生的希望，并义无反顾地走下去。

努力努力再努力

石头是很硬的，水是很柔软的，然而柔软的水却穿透了坚硬的石头，这其中的原因无他，唯有坚持而已。

有个年轻人去微软应聘，但公司并没有刊登过招聘广告。所以总经理疑惑不解，他就问这个年轻人原因，年轻人用不太娴熟的英语解释说自己是碰巧路过这里，就贸然进来了。总经理感觉很新鲜，破例让他一试。面试的结果出人意料，年轻人表现糟糕。他对总经理的解释是事先没有准备，总经理以为他不过是找个托辞下台阶，就随口应道：“等你准备好了再来试吧。”

一周后，年轻人再次走进微软的大门，这次他依然没有成功。但比起第一次，他的表现要好得多。而总经理给他的回答仍然同上次一样：“等你准备好了再来试。”

就这样，这个青年先后5次踏进微软的大门，他最终被公司录用，成为公司的重点培养对象。

常常的，我们会在黑暗中摸索，有时更是需要很长时间才能找寻到通往光明的道路。以勇敢者的气魄，坚定而自信地对自己说一声“再试一次！”再试一次，你就有可能达到成功的彼岸！

韩国足球队为什么能冲入世界杯前四强，“魔鬼教练”车范根说：“我绝对不会说‘这样足够了’或‘已经没有办法了’这样的话，我要求队员们努力努力再努力，坚持坚持再坚持。”

再苦也要笑一笑

再长的路，一步一步总能走完；再短的路，不去迈开双脚将永远无法到达。再多一点努力，多一点坚持，我们会惊奇地发现：空气里到处都穿行着绚烂的成功之花。

痛苦凝聚着力量

自古以来，很多成功人士承受了许多痛苦才获得了成功。然而有些人却不能忍受这样的苦难，对于他们来说任何一点困难都让他们觉得难受，都想寻求别人的帮助，这样的人永远都不会取得成功。

一个人在社会上立足，适应能力和生存能力是不可缺少的。人生的成长阶段，基本上是几十年。人要学会自己成长，不仅如此，还要承担起照顾他人的重担。未来的责任要求人必须有坚持、执著和永不放弃的精神，同时还要有自立自强的意识。

每一个人的命运都不相同，人们大可不必将他人以往的经验作为完全正确的真理来遵守。时代变迁，仅遵循以往的经验来处理事情，无疑是刻舟求剑。

爱因斯坦的小板凳是自己做的，他一共做了三个。当他把第三个交给老师的时候，老师有点嘲讽地说，没有比这更难看的小板凳了。听到这话，爱因斯坦立即从课桌下面拿出了两个小板凳，很严肃地对老师说，交给您的那个小板凳至少比这两个要强许多。

爱因斯坦从小就自己动手做些东西，这对他后来取得成功有很大的帮助。

生活中，我们在年轻的时候意气风发，屡屡去尝试各种事情，希望能够获得成功，但是后来发现很多事情都无法想象，最后屡屡失败。经过几次失败以后，很多人就开始抱怨这个世界不公平，同时也开始怀疑自己的能力，最后，只有一再地降低成功的标准，才能让自己活得心安理得。我们中的许多人往往因为害怕失败，就不去追求成功，而甘愿忍受失败者的生活。很多人不敢去追求成功，不是追求不到成功，而是因为他们的心里也默认：对自己而言，成功是不可能的。正是基于这样的理念，他们放弃了坚持。

司马光不仅是个十分聪明的人，而且也懂得坚持，懂得勤奋。说他勤奋，有很多故事可以说明，其中“警枕”最典型。《资治通鉴》是司马光付出了毕生的艰辛和努力换来的，据说当时初稿就堆满了两间屋子。

虽然他工作很辛苦，但从来都没有放松对自己的要求。因为他担心自己会睡过头，耽误写作，特地让人给他做了个圆木枕头，只要他一翻身，枕头就会滚动，自己就能惊醒。正是靠这种分秒必争的方法，历经了19年，司马光终于完成了巨著——《资治通鉴》。

只有真正做到坚持，才能够几十年如一日地做出不平凡的成绩来。

人应该学会坚持、学会忍耐、学会永不放弃，学会将自己的命运掌握在自己的手上。

再苦也要笑一笑

一个人要做一件事情，肯定有很多人拼命说这个不行，那条道路走不通。殊不知没有试过，谁也不能说一定不行。其实人们应该学会坚持自己的想法，按照自己的想法和意图尝试着去做一些事情。

坚韧中守住阳光

加盟NBA6年，罗斯一直默默无闻，他在步行者的头2年他的日子一点都不好过，他得不到教练布朗的赏识，时常被晾在替补席上。“记得曾有一个赛季，连续14场没让我上阵，而当时我身上根本没伤。”说起那段痛苦的经历，罗斯至今感到心寒，但他认为这让他学会了很多，尤其是让他学会了忍耐，使他更加明白什么是值得去珍惜的。

直到伯德到步行者执教，才给罗斯带来了转机。罗斯在密歇根大学打球时，伯德曾看过他打球，当时就觉得他很有打球的潜力。所以伯德到步行者对罗斯说的第一句话就是：“我相信你有天赋，我会重用你。”伯德的话给了罗斯极大的信心，他勤学苦练，技巧很快地得到了提高，并很快被列入首发阵容，后来罗斯已成为步行者的中流砥柱。在一次总决赛的比赛中，罗斯更是表现不俗。在前5场总决赛中，他发挥正常，平均每场得分达到了22分。尤其是在第5场比赛中罗斯更是独领风骚，一人揽下了32分，成为步行者的得分王。“罗斯一直是我最欣赏的队员之一，”伯德赛后说，“他的成功归功于他的踏实和努力。”

不要急于表现自己不完善的能力，不要苦于找不到赏识自己的伯乐。如果我们想让自己有一个灿烂的明天，那就应该在工作中、学习中学会观察，学会磨炼，只有在这种考验中，我们的能力才能得到提高，我们的水平才能得到发挥。如果我们已经对自己的业务有了一个全面的了解，已经对它的运作有了十足的把握，那我们离成功的日子也就不远了。在我们还不成熟的时候，在我们感到自己的知识还比较欠缺的时候，不妨把抱怨先收起来，努力积蓄自己的能量，等到机会到来的时候，我们就能让自己在发挥才能的过程中闪出耀眼的光彩。

美国著名心理学家瓦尔特·米歇尔曾在一群小学生身上做过一个有趣的实验。

他给每个孩子发一块软糖，然后告诉他们说他有事要离开一会儿。他希望孩子们都不要吃掉那块软糖，他允诺说："假如你们能将这些软糖留到我办完事情回来，我会再奖励给你们两块软糖。"然后他出去了。寂寞的孩子们守着那块诱人的软糖等啊等，终于有人熬不住了，吃掉了那块软糖。接着，又有人做了同样的事……20分钟后，米歇尔回来了。他履行诺言，奖励没有吃掉糖的孩子每人两块糖。多年以后，他发现，那些不能等待的孩子大多一事无成，而日后创出一番业绩的全都是当年那些愿意等待的孩子。

再苦也要笑一笑

无论我们现在是一个默默无闻的小职员，还是一个不甘于继续当下环境的"三分钟"工作者，如果想真正改变自己，真正让自己在工作上有突出的表现，那我们就必须学会暂时的忍耐，忍耐环境对我们的磨炼，对我们的考验。既然选择了，就不要轻易放弃，否则我们将永远一事无成。

决不可以被击倒

这是台湾地区一位著名博士的故事。

江灿腾，一位苦学出身的工人博士，1946年出生在桃园大溪，是当地富裕望族之后。他的父亲在听信算命师的一句话——活不过35岁——的宿命下，短短几年内，荒唐地败光家产，以享受人生。不过，老天可没让他如愿，过了35岁，江灿腾的父亲仍旧活得好好的，不知是老天的玩笑，还是算命师的信口瞎说！江家自此陷入困境，江灿腾也因此而辍学，从此开始了打零工贴补家计的日子，他做过香工、水泥小工、店员、工友等，他受尽人生冷暖。他的心并不甘于当一名小工人，在当兵及退伍后考入飞利浦公司的过程中，他自学通过国中、高中的同等学历，并于32

岁考上师大历史系夜间部，自此踏上学术研究之路，于54岁时拿到台大史学博士。

从工人到博士，江灿腾在家变、失学、童工剥削、失恋、癌症折磨等磨难中，找到了生命的理性信念，在生与死之间坚定了奋进人生的价值。

郑丰喜先生所撰写的《汪洋中的一条船》，可以说是他一生的故事与回顾。而这本书也曾经拍成电影和电视剧，且都曾产生热烈的反响。此书自20世纪60年代中期出版以来，便广受重视，其影响力至今还很大，在20世纪70年代和80年代甚至被认为是最具影响力的书籍之一。对曾经读过此书的读者而言，至今念念不忘；而对未曾读过此书的人而言，无疑是一本励志且能够发人深省的好书。

这本书让我们想起海明威的名著——《老人与海》，两者有异曲同工之妙，相同的是人和环境斗争到底的精神；不同的是《老人与海》只是虚构的小说，但是，此书却是活生生的经历，动人心弦。

《老人与海》中的老人，发现他所钓到的鱼，竟然比船还大的时候，他对自己说："不管鱼是多么大，一定要杀死它……我要和它战斗，我到死都要和它战斗！"在最痛苦和最疲乏的时候，老人说："人不是为失败而生的！"人生的可贵不在于一帆风顺，全无障碍，而在于不怕任何失败、挫折和艰险，继续勇往直前，始终不辍。我们在此书中看到了作者的残而不废、刻苦自立的生活，也真正看到了，人是为成功、为理想、为胜利而生的。

这本书能让我们感动，让我们热泪盈眶，这不仅是代表同情而已，还蕴藏着好多好多的钦佩、感动与安慰。因为作者为了生存，为了克服残缺，他并没有去当乞丐，去争取他人的同情和施舍；相反，他却靠自己的力量生存下去，做苦工、做买卖来赚取学费，纯粹是自力更生。他凭着他的双手、信心、毅力，迎向一切挑战。

反观现今的社会，许多人因为一时的不顺遂，便开始怨天尤人或选择轻生。看看这些人，他们四肢健全，境遇也并没有比作者更惨，何以遇到不平顺的人生遭遇就屈服了？人生有不顺遂的时候，应该把失败当成是一种成长的机会，并努力耕耘期待下一次成功的到来，如此人生才会有希望，也才会过得越来越好。作者可以活得如此快乐，也能够勇敢地迎向自己人生的逆境，凭什么一般正常的人却做不到呢？

再苦也要笑一笑

我们希望朋友们能读一读这本书，相信会对自己的人生观有重大的影响，也希望朋友们能够学习作者，勇于面对人生中不断的逆境，却从不自怨自艾，也从不自暴自弃，进而在奋斗中建立起新的价值观、生命观，和一种崭新而积极的人生态度。

不放弃就有机会

两只青蛙在觅食中，不小心掉进了路边一只牛奶罐里。牛奶罐里还有为数不多的牛奶，但是足以让青蛙们体验到什么叫灭顶之灾。

一只青蛙想："完了，完了，全完了。这么高的一只牛奶罐啊，我是永远也出不去了。"于是，它很快就沉了下去。另一只青蛙在看见同伴沉没于牛奶中时，并没有一味放任自己沮丧、放弃，而是不断告诫自己："上天给了我坚强的意志和发达的肌肉，我一定能够跳出去。"它每时每刻都在鼓起勇气，鼓足力量，一次又一次奋起、跳跃——生命的力量与美展现在它每一次的搏击与奋斗里。

不知过了多久，它突然发现脚下的牛奶变得坚实起来。原来，它的反复跳动，已经把波状的牛奶变成了一块奶酪！不懈的奋斗和挣扎终于换来了自由的那一刻。它从牛奶罐里轻盈地跳了出来，重新回到绿色的池塘里。而那一只沉没的青蛙就那样留在了那块奶酪里，它做梦都没有想到会有机会逃离险境。

"锲而不舍，金石可镂，锲而舍之，朽木难雕"。金石比朽木的硬度高多了，不要因为它硬，我们就放弃雕刻，那样等待我们的永远只是失望。但只要锲而不舍地镂刻它，天长日久，也是可以雕出精美的艺术品来的。成功不也是这样吗？只要我们努力地追求，"精诚所至，金石为开"。

成功，往往在失败之后再坚持一下的努力之中。

人们经常在做了90%的工作后，放弃了最后让他们成功的10%。这不但输掉了开始的投资，更丧失了经由最后的努力而发现宝藏的喜悦。

再苦也要笑一笑

凡事没有不可能。事情发生与否并不完全取决于我们的主观判断，我们认为不可能的事情往往会变为可能。每种事情都有发生的可能，我们千万不要给自己设限。

沙漠尽头是绿洲

伍迪·艾伦，奥斯卡最佳编剧、最佳制片人、最佳导演、最佳男演员金像奖获得者，在大学里英语竟不及格。

马尔科姆·福布斯，世界最大的商业出版物之一，《福布斯杂志》的主编，却没能当上普林斯顿大学校刊编辑。

利昂·尤利斯，作家、学者、哲学家，曾三次没有通过中学的英文考试。

利文·尤里曼，两次被提名为奥斯卡金像奖最佳女演员的候选人，当年报考戏剧学院时，却没通过，因为主考官认为她没有表演才能。

理查德·L·马尼博士，神经放射学专家，在医学院一年级时，神经解剖学成绩不及格……

年轻的伊内蒂·比萨刚从按摩学校毕业后想在加利福尼亚州美丽的蒙特雷地区见习接诊。当地的按摩机构告知该地按摩师为数众多，但却没有那么多的病人。于是在4个月中，比萨每天用10个小时挨家挨户地毛遂自荐，上门服务。他总共敲响了12 500扇门，和6 500个人交谈并邀请他们到他未来的诊所就医。作为对他的毅力和诚挚的回报，在接诊的第一个月，他就医治了233名病人，并创下了当月收入72 000美元的记录。

大名鼎鼎的可口可乐公司，开张的第一年，仅售出了400瓶可口可乐。

超级球星迈克尔·乔丹曾被所在的中学篮球队除名。

赛拉·霍兹沃斯10岁时双目失明，但她却成为世界著名的登山运动员。

瑞弗·约翰逊，十项全能的冠军，有一只脚先天畸形。

赛乌斯博士的处女作《想想我在桑树街看到的》被27个出版商拒绝。但他没有放弃，终于，第二十八家出版社——文戈出版社看中了该书的潜在市场价值，很快出版并获得了600万册的销量。

《心灵鸡汤》在海尔斯传播公司受理出版之前曾遭33家出版社的拒绝。全纽约主要的出版商都说："书确实好得很。""但没有人爱读这么短的小故事。"然而现在《心灵鸡汤》系列在世界范围内售出了1 700万册，并被翻译成20种文字。

1935年，《纽约先驱论坛报》发表的一篇书评把乔治·格斯文的经典之作《鲍盖与贝思》评论为"地道的激情的垃圾"。

1902年《亚特兰蒂克月刊》诗歌版编辑退还了一位28岁诗人的作品，退稿上写："我们的杂志容不下你如此热情洋溢的诗篇。"那个28岁的诗人叫罗伯特·普罗斯特。

1889年罗迪亚德·开普林收到了圣佛朗西斯科考试中心的如下拒绝信："很遗憾，开普林先生，但你确实不懂得如何使用英语这种语言。"

当艾利斯·赫利还是一个尚未成名的文学青年时，在4年中他每周都能收到一封退稿信。后来艾利斯几欲停止写作《根》这部著作，并自暴自弃。如此9年，他感到自己壮志难酬，于是准备跳海，了此一生。当他站在船尾，看着波浪滔滔，正欲跳海，忽然他听到所有的先人都在呼唤："你要做你该做的，因为现在他们都在天国凝视着你，切勿放弃！选你能胜任的，我们期盼着你！"在以后的几周里，《根》的最后部分终于完成了。

约翰·班扬因其宗教观点而被关入贝德福监狱。在那里他写出了《心路历程》；雷利爵士在身陷囹圄的13年中写出了《世界历史》；马丁·路德被羁押在瓦尔特堡时译出了《圣经》。

托马斯·卡莱尔的《法兰西革命》一书的手稿被朋友的仆人不慎当成了引火之物，然而卡莱尔只是平静地又从头写出一部《法兰西革命》。

1962年，4名少女梦想开始专业歌手的生涯。她们先是在教堂中演唱并举办小型音乐会，后来录制了一张唱片，但未获成功。接着又录制一张唱片，但销路极差。第3张、第4张、第5张直至第9张唱片都未能走红。1964年，她们因《侦探克拉克的表演》，而小有名声，但这张唱片也是订货寥寥，收支仅仅持平。那年年底，她们录制了《我们的爱要去何方》，结果荣登金曲排行榜榜首。黛安娜·罗丝及其"超级者"组合开始赢得人们的认可，引起乐坛轰动，声名鹊起。

温斯顿·丘吉尔被牛津和剑桥大学以其文科太差而拒之门外。

美国著名画家詹姆斯·惠斯勒曾因化学不及格而被西点军校开除。

1905年，艾尔伯特·爱因斯坦的博士论文在波恩大学未获通过。原因是论文离题而且充满奇思怪想。爱因斯坦感到沮丧，但这未能使他一蹶不振。

困难重重，幸而，这些人并没被挫折、失败吓倒，也没有听从别人好意但却消极的劝告。相反的，他们重新考虑那些权威们下的结论，并否定了这些结论，所以，他们是伟人，历史也记录下了他们的名字。

再苦也要笑一笑

不管做任何事，都不要轻易放弃，如果放弃了就没有成功的希望，所谓："行百里半九十"、"为山九仞功亏一篑"，皆是说明成功是属于坚持到最后一分钟的人。不能坚持到底的人，只有白白浪费前面一切苦心，而徒劳无功，"不要轻易放弃"是人生中最高的准则之一。

积蓄奋战的力量

尤尔加在底特律生活了一段时间以后搬到了新奥尔良。他在底特律时只是一个铅管匠，努力了好多年，也没有发展起自己的事业，原因是缺乏资金。

刚搬到新奥尔良的时候，他带着老婆、三个孩子和120元钱，那是他全部的家当和资产。搬来后的第一天，他找了八家铅管公司，可是没有人愿意雇佣他，那些人只是告诉他人手已经够了。

无奈，第二天他跳上了一辆公共汽车，走过了一条长长的、繁忙的大街。那条街上有几家快餐店，他记下了窗口上张贴征聘店员广告的店名。走到路尽头时，他跳上了另一辆返回家的车，一路上去了四家快餐店，可是都没有找到工作。

最后，第五家的经理总算对他有点兴趣。他向那个经理保证，他工作勤奋，而且做人诚实。那个经理告诉他，薪水相当低。但他告诉经理待遇不成问题，他会为顾客提供一流的服务。

他的工作一直做得很努力，结果在6个星期之内他成了那家快餐店的营业部经理。在那期间，他结识了不少顾客，根据他们的要求，他改善了服务质量，提高了工作效率。9个月后，这家快餐店的老板把他叫到了办公室。原来这个老板除了经营餐饮业之外，还有别的投资项目，尤其是在房地产方面也搞得不错。这个老板看他的能力很强，也很敬业，就想派他去一座有90户的大厦当助理经理。

他当时就愣住了，然后告诉这个老板，他只当过铅管匠，对管理大厦一无所知。但老板笑着对他说："我查过你在快餐店的记录，利润增加了83%。管理大厦与管理快餐店的道理是一样的——乐于助人、推行计划和委派。我想你一定能让大厦保持客满，准时收到房租，而且保养良好。"

结果他接受了那份工作——工资是他在快餐店时的三倍，还有一间漂亮的公寓。两年后，他已经升为了高级经理，不久以后，他就有了足够的钱来开创他自己的事业——创办一家大规模的铅管企业。

尤尔加选择了一份很少人愿意去做的工作，但他最终却成就了自己的事业。所以从哪里开始并不重要，重要的是我们知道自己是要到哪里去。即使我们选择了最不起眼的工作，如果我们能让自己的目标明确起来，那我们就能在平凡的岗位上为不平凡的事业做好充分的准备，就能为自己的事业打下坚实的基础，就可能实现自己的梦想，成为一个成功的人。

不如意的事情过去了，好的时机必然来临。因此，凡是成大事的人，无不等待时机的来临。既不焦虑，也不慌张，静静地处理眼前的工作。伟人等待时机的心情，恰似等待春天的樱树。然而，消极地等待，无异于企求侥幸。樱树虽然静静地等候春天，却无时不在养精蓄锐。没有储蓄潜力，时机纵使到了，也仍然一无所成。

再苦也要笑一笑

愈需要等待，则内心愈是焦虑，这是人之常情。然而，自然的法则，却不能被人情所左右。这不是冷淡，时机对于静静等待它的人，无不以温暖的双手去迎接。因此，我们要能养成“善待时机”的心理。

成功路上无捷径

荀子说：“骐骥一跃，不能十步，驽马十驾，功在不舍。”“水滴石穿，绳锯木断。”

成功贵在坚持，要取得成功就要坚持不懈地努力，很多人的成功，也是饱尝了许多次的失败之后得到的，我们经常说什么“失败乃成功之母”，成功诚然是失败的奖赏，但却也是能够坚持者的奖赏。

古往今来，那些成功者们不都是依靠坚持而取得成就的吗？

被鲁迅誉为“史家之绝唱，无韵之离骚”的《史记》，其作者司马迁，享誉千古的文学大师，可是他是在什么情况下取得这么大的成就呢？汉武帝为了一时的不快阉割了堂堂的大丈夫，那是多么大的耻辱啊，而且这给他带来的身心伤害是多么的巨大！我们这些正常活着的人是无法想象的。从此，他只能在四处不通风的炎热潮湿的小屋里生活，不能见风，不能再无畏地欣赏太阳花草，换一个人，简直就活不下去了。司马迁也曾想过死，对于当时的他来说，死是最容易的解脱方法了。可是他还有梦呀，他的梦想就是写一部历史的典籍，把过去的事记下来，传诸后世，别让历史把一切都淹没了。为了这个梦，他坚持了下来，坚持着忍受了身体的痛苦，坚持着忍受了别人歧视的目光，坚持着在严酷的政治迫害下活着，发愤继续撰写《史记》，并且终于完成了这部光辉著作。

他靠的是什么？还不是靠坚持而已，要是他在遭受了腐刑以后，丧失了一切斗志，不坚持写《史记》，那么我们现在就看不到这本巨著，吸收不了他的思想精华，所以他的成功，他的胜利，最主要的还是靠坚持。而相比来说，他的著作带给我们的震撼倒是其次的了，他的坚持精神所激励、鼓舞我们的更多。

外国名作家杰克·伦敦，他的成功也是建立在坚持之上的。就像他笔下的人物“马丁·伊登”一样，坚持坚持再坚持，他抓住自己的一切时间，坚持把好的字句抄在纸片上，有的插在镜子缝里，有的别在晒衣绳上，有的放在衣袋里，以便随时记诵。所以他成功了，他的作品被翻译成多国文字，我们的书店中他的作品放在显眼的位置，赫然在目。当然，他所付出的代价也比其他人多好几倍，甚至几十倍。成功是他坚持的结果。

再苦也要笑一笑

功到自然成，成功之前难免有失败，然而只要能克服困难，坚持不懈地努力，那么，成功就在眼前。

第11章

积极行动，赢得人生赛场

人生就是一个竞赛场，每个人都想成为竞赛的赢家。赢得人生，并不是靠想象，要靠实实在在的行动，只有把自己的想法付诸行动，才有成功的可能性。要想成功，从现在开始就积极行动起来吧，只要你坚持自己的梦想，将它付诸实践，就能收获成功。

哪里跌倒，哪里爬起

失败是成功之母，每个人在实现梦想的路上都会经历失败，失败并不可怕，可怕的是在失败之后没有再爬起来的决心。在哪里跌倒就在哪里爬起，沿着原来的方向继续往前走，总有到达目的地的一天。

哪里跌倒，哪里爬起来，说起来似乎没有什么困难的，但是真正做到的人却很少。因为让自己接受失败，再次树立起被打击的自信心的确是件困难的事情，但是如果你想成功，你就必须具备在哪里跌倒还能在哪里爬起这样的勇气，因为在成功的路上，摔跟头是再正常不过的事情。

那已是他在一年里失去的第六份工作，他拥有英语六级证书，第一家公司却认为他口语不过关；他是电脑二级程序员，第二家公司却嫌他打字速度太慢；第三家他与部门经理不和，他主动炒了老板；接连的，第四家，第五家……他暗淡地说："一次次全是失败，让我浪费了一年的时间。"

朋友一直耐心地聆听，此刻说："讲个笑话给你听吧。一个探险家出发去北极，最后却到了南极，人们问他为什么，探险家答：因为我带的是指南针，我找不到北。人们说：怎么可能呢，南极的对面不就是北极吗？转个身就可以了。"朋友反问："那么失败的对面，不就是成功吗？跌倒了不怕，只要你勇敢地爬起来，总会有成功的一天。"一瞬间，他觉得自己又有了自信，他又开始了自己的求职之路，终于功夫不负有心人，他找到了一家很适合他的公司，他在那里发展得很好。

这个故事告诉我们，失败是成功路上必不可少的伴侣，如果你没有勇气在失败了之后爬起来，就永远没有出头的一天，当你把失败当成是一种考验，在哪里跌倒就在哪里爬起来，才是追求成功的人应该具备的。

大部分人在一生中都不会一帆风顺，难免会遭受挫折和不幸。但是成功者和失败者非常重要的一个区别就是，失败者是摔了个跟头以后，就害怕再摔，所以就没有勇气爬起来；而成功者则会爬起来继续往前走，因为他们懂得哪怕多走一步，也是距离成功更近了。一个暂时失利的人，如果继续努力，打算赢回来，那么他今天的失利，就不是真正失败。相反的，如果他失去了再次战斗的勇气，那就是真的输了!

美国百货大王梅西也是一个很好的例子。他于1882年出生于波士顿，年轻时出过海，以后开了一间小杂货铺，卖些针线，铺子很快就倒闭了。一年后他另开了一家小杂货铺，仍以失败告终。

在淘金热席卷美国时，梅西在加利福尼亚开了个小饭馆，本以为供应淘金客膳食是稳赚不赔的买卖，岂料多数淘金者一无所获，什么也买不起，这样一来，小铺又倒闭了。回到马萨诸塞州之后，梅西满怀信心地干起了布匹服装生意，可是这一回他不只是倒闭，而简直是彻底破产，赔了个精光。不死心的梅西又跑到新英格兰做布匹服装生意。这一回他时来运转了，他买卖做得很灵活，甚至把生意做到了街上商店。头一天开张时账面上才收入11.08美元，而现在位于曼哈顿中心地区的梅西公司已经成为世界上最大的百货商店之一。

梅西没有因为自己的几次失败就没有信心去做买卖了，相反，他一直在努力尝试做买卖，失败了再来，跌倒了再爬起来，即使破产了，也没有动摇他的决心，最终他成功了，成了美国的百货大王。

再苦也要笑一笑

孟子云：天将降大任于斯人也，必先苦其心志，劳其筋骨，饿其体肤。这就是说成功的人必定要经过一些波折，只有百折不挠的人，才能最终尝到最甜美的果实。

信念风帆，高高扬起

信念是支撑一个人一辈子的力量，那些有所成就的人，都有坚定的信念，无论是顺境还是逆境，他们都不曾忘却自己所坚持的信念。信念在逆境中能够让人产生极强的求生欲望，支撑自己活下去，并最终有所成就。

两千多年前的汉朝著名史学家司马迁，因“李陵事件”下狱，受了腐刑。应该说，人世间没有比这更大的耻辱了。可是他没有消沉，忍辱含垢，披肝沥胆，专心著述整整十一年，终于写成了《史记》——一部52万字的鸿篇巨著。

我们敬爱的周恩来总理。在他生命的最后时刻，他还要求身边的工作人员为他播放《国际歌》。当那磅礴的旋律盈满一室时，总理的嘴唇分明还在翕动，在吟唱！在连放三遍后，总理对守在身边的邓颖超同志说：“我坚信全世界共产主义一定能实现。”虽然，讲这个话的声音很细微，却给身边的人震动很大。已近弥留阶段的他，最后唱这支歌，显示了真正坚定不移的信念。

信念的力量是强大的，当你有了自己的信念之后，它会在无形之中影响你，你到最后发现自己变成的样子就是受自己信念的影响。

曾经，有一位生来就是驼背的波斯王子，在他12岁生日那天，父王答应送他一件他希望得到的礼物。出乎意料的是，王子要一件自己的雕像，而那雕像必须有一个完美的躯体，挺直而美好。雕像做好后，就放在宫廷的花园里，每天早晨起床后和晚上睡觉前，他都要跑到自己的雕像前伫立一会儿，并且自己对自己说：“这就是你，王子！这即是你长大后的样子，挺拔的身躯，英俊的面庞。”就这样，石雕的相貌成为他的梦想和信念。晚上躺在床上，他把身子伸得更直些；白天走路时，他也努力将胸膛挺得更高些。日复一日，年复一年，王子坚持着自己的信念，等到他长大成人后，人们惊奇地发现，那个驼背的少年成了一个英俊挺拔的青年。

波斯王子认定了自己就像雕塑的形象那样完美，所以他让自己朝着那个方向努力，常年的努力，让他最终克服了自己的缺陷，成为了一个英俊挺拔的青年。

有一对母女，母亲在女儿两岁多时患了癌症，医生说她最多能活几个月。更不幸的事情又接踵而来，她的丈夫是跑运输的个体司机，在一次雨天运货时车翻人亡。灾难似乎决心要摧毁这个家庭，但这位母亲却为了女儿坚持住了。事故处理后，她用所有的积蓄开了一间小百货店，发誓要让女儿健康成长。她一次次接受手术和化疗，每次医生都说：“可能只有几个月时间了。”但她不甘心，她对自己说：“我必须活着，活到女儿大学毕业。”她的病最终没能治愈，但她却因为一个坚强的信念而将死亡推后了整整20年。她是在看到女儿大学毕业走上工作岗位两星期后去世的。很多人，包括为她治疗的医生们，都深为这位母亲因爱而生的信念、力量而感动不已。

这位母亲凭借的就是坚定的信念，女儿是她的牵挂，所以她一定要把女儿抚养成人才能放心。就凭借这样的信念，她为自己的生命赢得了20年。这是怎样的奇迹啊！

再苦也要笑一笑

信念是一个力大无比的巨人，它可以创造出令人难以置信的奇迹。每个人在自己的一生中，都会遇到困难和挫折，但只要有坚定的信念，你的生命就会焕发出灿烂的光芒。将信念风帆高高扬起，你一定可以航行得更远。

自己的路，坚定地走

有些人往往喜欢走捷径，走不通就会快速换一条路，结果换来换去，也许几十年都没有走完一条路，也未做完一件事。忙忙碌碌走完了一生。愚公是英雄，他和他的儿孙们搬走了一座山；贝多芬也是英雄，他坚信耳聋也能听到美妙的音乐。他们都是选定了自己的路，坚定地走下去，没有因为遇到困难就想换另外一条道路。

美国著名电台广播员莎莉·拉菲尔在她30年职业生涯中，曾经被辞退18次，可是她每次都放眼最高处，确立更远大的目标，仍然坚持走自己选择的路。最初由于美国大部分的无线电台认为女性不能吸引观众，没有一家电台愿意雇用她。她好不容易在纽约的一家电台谋求到一份差事，不久又遭辞退，说她跟不上时代。莎莉并没有因此而灰心丧气。她总结了失败的教训之后，又向国家广播公司电台推销她的清谈节目构想。电台勉强答应了，但提出要她先在政治台主持节目。“我对政治所知不多，恐怕很难成功。”她也一度犹豫，但坚定的信念促使她大胆去尝试。她对广播早已轻车熟路了，于是她利用自己的长处和平易近人的作风，大谈即将到来的7月4日国庆节对她自己有何种意义，还请观众打电话来畅谈他们的感受。听众立刻对这个节目产生兴趣，她也因此而一举成名了。如今，莎莉·拉菲尔已经成为自办电视节目的主持人，曾两度获得重要的主持人奖项。她说：“我被人辞退18次，本来会被这些厄运吓退，做不成我想做的事情。结果相反，我让它们鞭策我勇往直前。”

她是一个坚持走自己的路的人，她没有因为被辞退18次就怀疑自己的选择，反而更加激发了她证明自己的勇气。在经过了那些失败之后，她有机会开始尝试，进而做到最好，成了闻名的节目主持人。

选择一条路很容易，但是要坚持在这条路上走到最后，就不是一件容易的事，如果你向目的地迈出了999步，却没有坚持着迈出最后一步，那么你依然是失败的，目的地只有一个，再近的点也不是终点，那些在距离终点很近的地方而停下了脚步的人是多么可悲啊！

有时候也许再坚持一点点就取得成功了，但就是差这么一步，结果截然不同。人们经常会停滞在离成功还有一点点距离的地方，但是那个地方依然叫做失败。

再苦也要笑一笑

坚定地走自己的路，就要耐得住寂寞，耐得住打击，是一种在任何情况下都不放弃的态度，是一股不达目的绝不罢休的韧劲。想要炫出自己的精彩人生，就要有这种态度，就要有这股韧劲。

丢了什么，别丢激情

美国伟大的哲学家爱默生说：“不倾注激情，休想成就丰功伟绩。”激情是工作的灵魂，是一种能把全身的每一个细胞都调动起来的力量，是不断鞭策和激励我们向前奋进的动力。在所有取得伟大成就的过程中，激情是最具有活力的因素，可使我们不惧现实中的重重困难。每一项发明，每一个工作业绩，无不是激情创造出来的，激情是工作的灵魂，甚至就是工作本身。

著名人寿保险推销员弗兰克·贝特格在刚转入职业棒球界不久，就遭到了有生以来最大的打击——他被开除了。理由是他打球无精打采。老板对他说：“弗兰克，离开这儿后，无论你去哪儿，都要振作起来，工作中要有生气和热情。”

他把老板的忠告牢记在心，当他进入纽黑文队时，就下定决心在这次联赛中一定要成为最有激情的球员。

从此以后，他在球场上就像一个充足了电的勇士。掷球是如此之快、如此有力，以至于几乎要震落内场接球同伴的手套。在烈日炎炎下，为了赢得至关重要的一分，他在球场上奔来跑去，完全忘了这样会很容易中暑。第二天早晨的报纸这样写道：“这个新手充满了激情并感染了我们的小伙子们。他们不但赢得了比赛，而且看来情绪比任何时候都好。”那家报纸还给他起了个绰号叫“锐气”，称他是队里的“灵魂”。三个星期以前还被人骂作“懒惰的家伙”，可现在的绰号竟然是“锐气”。

随之而来的是他的月薪从25美元涨到185美元。他认为并不是球技出众或是有很强的能力，因为在投入热情打球以前，他对棒球所知甚少。所以他认为是激情让自己的工资暴涨了那么多。

退出职业棒球队之后，弗兰克·贝特格去做人寿保险推销工作。在10个月令人沮丧的推销之后，卡耐基先生对他提出了忠告：“贝特格，你毫无生气的言谈怎么能使大家感兴趣呢？”

所以他决定以加入纽黑文队打球的激情投入到做推销员的工作中来。有一天，他进了一个店铺，鼓起全部热情试图说服店铺的主人买保险。店主大概从未遇到过如此热情的推销员，只见他挺直了身子，睁大眼睛，一直听贝特格把话说完，最终他没有拒绝推销，买了一份保险。从那天开始，贝特格真正地展开推销工作了。在12年的推销生涯中，他目睹了许多的推销员靠激情成倍地增加收入，同样也目睹更多人由于缺少激情而一事无成。

弗兰克·贝特格的成就除了自己的才能之外，更大的原因来自于他的激情。他的激情感染了别人，让自己走出了沮丧，给自己带来了辉煌的人生。一个没有热情投入工作的人是很难得到别人的肯定的，试想谁会希望一个整天看起来无精打采的人做自己的搭档呢？谁又会被一个毫无热情的人说服去购买他的东西呢？

一个人如果仅仅是为了工作而工作，那么，他做起事来就会马马虎虎，甚至会闯大祸，只有那些充满激情的人才把自己所从事的事当成是一种挑战，自己在这个过程中不是煎熬，而是一种享受。

激情是一个人的能力得到最大限度发挥的催化剂，它能够敦促你不断向前，不知疲倦，而且在困难面前，激情能够帮你恢复斗志。任何时候，都要让自己保持一份激情，这对于自己的人生，对于自己的事业都是有很大好处的。

再苦也要笑一笑

激情让你时刻保持一颗年轻向上的心，激情让你斗志昂扬，激情让你有更好的人际关系，激情让你更容易得到别人的肯定，激情焕发的你更容易成为一个群体中的焦点。所以，什么时候都不能丢掉激情。

专注坚持，方能成功

我们经常在诉说自己的理想多么远大，经常羡慕某个成功人士的辉煌人生，但是我们可曾想过究竟怎样才能实现自己的理想？成功的人究竟是怎样获得成功的呢？如果我们仔细思考，我们会为这两个问题找到同样的答案：唯有专注和坚持，才能实现自己的理想，而成功人士没有一个不是专注与坚持的典范。

坚持才能成功，有很多事情不是一朝一夕就能完成的，甚至在进行的过程中还要遇到各种困难，阻碍你前进的脚步。这时候最需要的就是专注与坚持，只有这种力量才能让你一步一步朝前走，越来越接近终点。

西华·莱德先生是个著名的作家兼战地记者，他曾在1957年4月的《读者文摘》上撰文表示他所收到的最好忠告是“坚持走完下一里路”，下面是其文章中的一段：“第二次世界大战期间，我跟几个人不得不从一架破损的运输机上跳伞逃生，结果迫降在缅印交界处的树林里。当时唯一能做的就是拖着沉重的步伐往印度走，全程长达140英里，必须在8月的酷热和季风所带来的暴雨侵袭下，翻山越岭长途跋涉。才走了一个小时，我一只长筒靴的鞋钉扎了另一只脚，傍晚时双脚都起泡出血，范围象硬币那般大小。我能一瘸一拐地走完140英里吗？别人的情况也差不多，甚至更糟糕。他们能不能走呢？我们以为完蛋了，但是又不能不走。为了在晚上找个地方休息我们别无选择，只好硬着头皮走完下一英里路……当我推掉其他工作，开始写一本25万字的书时，心一直定不下，我差点放弃一直引以为荣的教授尊严。也就是说几乎不想干了，最后我强迫自己只去想下一个段落怎么写，而非下一页，当然更不是下一章。整整六个月的时间，除了一段一段不停地写以外什么事情也没做，结果居然写成了。几年以前，我接了一件每天写一个广播剧本的差事，到目前为止一共写了2 000个。如果当时签一张“写作2 000个剧本”合同，我一定会被这个庞大的数目吓倒，甚至把它推掉，好在只是写一个剧本接着又写一个，就这样日积月累真的写出这么多了”。

“坚持走完下一里路”的原则不仅对西华·莱德很有用，当然对你也很有用。专注并坚持做下去是实现任何目标唯一的聪明做法。最好的健身方法说是“一天又一天”坚持下去。我有许多朋友用这种方法坚持自己的健身计划，成功的比例比别的方法高。很多人总是一次次给自己制订详细的健身计划，但是一旦开始做的时候，就觉得很难坚持，能够成功的唯一方法就是每天坚持着跑一会儿，时间久了就会习惯这种方式，这样就能最终实现自己的健身目标。

英国作家约翰·克莱斯，可以说是全世界数一数二的多产作家，他一共出过564部小说，如果你以一年出10本来算，他花了将近五六十年时间在写小说。出了那么多书；你可能会以为他是百战百胜的作家，那你就错了，他曾经被退稿达753次！试问你承受得住753次的沮丧吗？这个过程是一种怎样的煎熬？但是他坚持下来了，所以他最终获得了成功。

专注与坚持的人更加容易成功，专注更能激发人的潜能，坚持能够创造奇迹。如果你现在还在自己的各种天花乱坠的想法中左右摇摆，那么，现在就停止吧！把自己最想做又最适合你的事情当成现阶段的目标，然后就专注于它，坚持着去实现它。

爱迪生这个童年被老师认为愚钝的人，可他创造出1 093项发明，不折不扣是个发明大王，你可知道他失败了多少次，他失败了3 000次。所以作为大师的他会如此说：九十九分的努力，一分的天才。爱迪生就是在一次次失败中坚持自己的理想，最终成为了世界著名的发明家。

再苦也要笑一笑

作为平凡的人，我们也有自己的梦想，但是有多少人坚持了自己的梦想呢？如果你对自己的梦想很执著，非常想实现它，那么，就专注于自己的梦想吧，坚持走下去，即使遇到挫折与失败，也不要放弃，要知道专注与坚持是实现梦想最好的方法！

挖掘潜能，爆发实力

人的潜能是无限的，但是被挖掘出来的却很少，很大一部分原因是人们习惯了自己的现状，懒得去改变。但是当有外界的刺激不得不作出改变的时候，潜能就被爆发出来了。

一位名叫史蒂文的美国人，他因一次意外导致双腿无法行走，已经依靠轮椅生活了20年。他觉得自己的人生没有了意义，喝酒成了他忘记愁闷和打发时间的最好方式。有一天，他从酒馆出来，照常坐轮椅回家，却碰上3个劫匪要抢他的钱包。他拼命呐喊、拼命反抗，被逼急了的劫匪竟然放火烧他的轮椅。轮椅很快燃烧起来，求生的欲望让史蒂文忘记了自己的双腿不能行走，他立即从轮椅上站起来，一口气跑了一条街。事后，史蒂文说："如果当时我不逃，就必然被烧伤，甚至被烧死。我忘了一切，一跃而起，拼命逃走。当我终于停下脚步后，才发现自己竟然会走了。"现在，史蒂文已经找到了一份工作，他身体健康，与正常人一样行走，并到处旅游。

史蒂文残疾了20年，竟然因为一次意外而奇迹般地恢复了，这说明了什么？人的潜力到底有多大，谁也说不清楚，甚至自己也看不清，所以我们习惯了自己现在的样子，不想作出什么改变，也没有想过要去做些看起来自己做不到，但是经过努力却能做到的事情。当我们的生命受到威胁时，求生的欲望战胜了一切，所以竟能在瞬间爆发如此大的能量，不能不说是一个奇迹。著名作家柯林·威尔森曾用富有激情的笔调写道："在我们的潜意识中，在靠近日常生活意识的表层的地方，有一种'过剩能量储藏箱'，存放着准备使用的能量，就好像存放在银行里个人账户中的钱一样，在我们需要使用的时候，就可以派上用场。"

如果我们在平常的日子里也能试着去挖掘自己的潜力，是不是可以比现在的自己在很多方面做得更好呢？懂得挖掘自己潜力的方法也是很重要的。

我们每个人都要学会积极归因。当自己取得进步时，可以归功于自己的努力，这样会激发自己继续挑战自己的欲望；也可以把自己取得的进步看成是自己实力的体现，这样你会对自己以后的努力更有信心，因为你相信自己的实力。当自己遇到挫折时，可以把它当成一种考验，用积极的心态去应对，可以从不同的角度去思考解决问题的办法。也许在不经意间就能找到问题的解决办法，这样不仅能增强自己的信心，更能挖掘出自己的潜力。

习惯往往是人们拒绝去挖掘自己潜力的一个重要因素。它就像一个能量调节器，好习惯自发地使我们的潜能指引思维和行为朝成功的方向前进，坏习惯则反之。好习惯会激发成功所必需的潜能，坏习惯则在腐蚀有助于我们成功的潜能宝库。

再苦也要笑一笑

在风平浪静的时候要养成好的习惯，让自己主动地去挖掘自己的潜力，如可以尝试一些自己以前从未做过但是很有兴趣的事情。也许经过尝试，你会发现自己做得很好，这就相当于又找到了一条成功之路。

敢想敢做，炫出精彩

勇于尝试，那么在某件事上栽跟头可能是预料之中的事；但是，从来没有听说过，任何坐着不动的人会被绊倒（查尔斯·F·凯特林）。

敢想敢做，可能注定要经受一些挫折，但是那些没有勇气去将自己所想的付诸行动的人，永远都体会不到行动的乐趣。即使是挫折也是自己的一笔宝贵财富。所以要想成功，就要敢想更要敢把自己所想的付诸行动。

有这样的一个男孩，他的父亲是位马术师，他从小就必须跟着父亲东奔西跑，一个马厩接着一个马厩，一个农场接着一个农场地去训练马匹。由于经常四处奔波，男孩的求学过程并不顺利。

初中时，有次老师叫全班同学写作文，题目是长大后的志愿。那晚他写了7张纸，描述他的伟大志愿，那就是想拥有一座属于自己的牧马农场，并且他仔细画了一张200亩农场的计划图，上面标有马厩、跑道等的位置，然后在这一大片农场中央，还要建造一栋占地400平方英尺的巨宅。

他花了好大心血把作文完成，第二天交给了老师。两天后他拿回了，第一面上打了一个又红又大的问号，旁边还写了一行字：下课后来见我。脑中充满幻想的他下课后带了报告去找老师："为什么给我不及格？"

老师回答道："你年纪轻轻，不要老做白日梦。你没钱，没有家庭背景，什么都没有。盖农场可是个花钱的大工程，你要花钱买地、花钱买纯种马匹、花钱照顾它们。"他接着说："如果你肯重写一个比较不离谱的志愿，我会重打你的分数。"

这男孩回家后反复思量了好几次，然后征求父亲的意见。父亲告诉他："儿子，这是非常重要的决定，你必须自己拿定主意。"再三考虑几天后，他决定把原稿交回，一个字都不改，他告诉老师："即使拿个大红字，我也不愿放弃梦想。"

20多年后，这位老师带领他的30个学生来到那个曾被他指责的男孩的农场露营一星期。离开之前，他对如今已是农场主的男孩说："说来有些惭愧。你读初中时，我曾泼过你冷水。这些年来，也对不少学生说过相同的话。幸亏你有这个毅力坚持自己的目标。"

这个男孩是一个敢想敢做的人，他没有因为得不到老师的肯定就放弃自己的理想，相反，这更刺激了他实现自己这个理想的动力，他通过自己努力，向老师证明了自己当初的理想并不是白日梦。

成功人士大都有三个共同的特点：一是敢想，二是敢做，三是能做。敢想并不是毫无根据的乱想，而是要有自己明确的目标，这件事情，必须是你真的希望实现的；敢做不是违法乱纪，不择手段，而是一种执著的态度，不达目的绝不罢休的韧劲，能做的人往往也不需要有太高的天赋，只要你愿意，就能够成为那个能做的人。

温州商人王均瑶是中国私人包机第一人。他的成功就是由自己当初的大胆想法开始的。1991年春节前夕，当时还是温州金城实业公司驻长沙办事处主任的王均瑶，赶回家过年，因为买不到火车票，就与几位同乡包了一辆大巴回家。去温州的山路不好走，汽车在漫长的山路中颠簸前行，把一伙人累得够呛。王均瑶随口感叹了一句："汽车真慢！"旁边的一位老乡挖苦说："飞机快，你包飞机回家好了。"说者无心，听者有意，别人嘴里的一句讥讽，却是王均瑶的当头棒喝。这位爱思索的年轻人开始反问自己，"土地可以承包，汽车可以承包，为什么飞机就不能承包？"小小的打工仔王均瑶决定大干一番。

在人们的质疑声中，王均瑶义无反顾地踏上了"包机"的道路。他独自一人筹划了很长一段时间，而后又进行了长达八九个月的走访、市场调查和跟有关部门的沟通。首先，他说服了湖南省民航局：温州——长沙的航班客源充足。他调查到至少有一万左右的温州人在长沙做生意，并且温商不仅把时间看作金钱，还把精力消耗列作一项经营成本。另外，为了消除民航局对于经营风险的担心，王钧瑶采用了"先付钱、后开飞"的合作模式，"我先把几十万元钱押给你们，等于每次先付钱，后开飞，这样你们就‘旱涝保收’了”。这句话打动了民航局的心。

在跑了无数个部门、盖了无数个图章后，温州—长沙的包机航线终于开通了。1991年7月28日，对王均瑶来说是个值得纪念的日子。随着一架“安24”型民航客机从长沙起飞平稳降落于温州机场，中国民航的历史被一个打工仔改写了。一时间，中国及美国、新加坡、日本等国的新闻媒体竞相报道，称此举是中国民航扩大开放迈出的可喜一步。“那是我生命中最重要的一天。我的个人形象、人生道路都改变了！如果说人生是个大舞台，那一天，作为一名演员，我面试合格，被允许登上舞台。”王均瑶这样评价他在生意场的首次重要演出。

他的想法被当时的人看成是白日梦，但是敢想的他并没有让自己的理想止于想象，而是积极地去把自己的想法变成实际行动，所以凭借自己敢想敢干的韧劲他成功了，成为人们关注的焦点人物。

再苦也要笑一笑

人生的转变不是靠别人带给我们机遇，而是自己要善于想，更要善于把自己所想的化为实际行动，只有这样，你才能有更多的机会去改变自己的人生。

寻求帮助，合作出金

有一位叫做罗伯特·克里斯托弗的美国人，他想用80美金周游世界，并坚信自己能够实现。于是，罗伯特找出一张纸，写下他80美金周游世界的准备工作：

设法领取到一份可以上船当海员的文件；

去警察局申请无犯罪记录的证明；

取得美国青年协会的会员资格；

考取一个国际驾照，找来一份国际地图；

与一家大公司签订合同，为之提供所经过国家和地区的土壤样品；

同一家航空公司签订协议，可免费搭机，但要拍摄照片为公司做宣传；

……

当罗伯特完成上述的准备后，年仅26岁的他就在口袋里装好80美元，开始自己的全球旅行。以下是他旅行的一些经历：

在加拿大巴芬岛的一个小镇用早餐，不付分文，条件是为厨师拍照；

在爱尔兰，用4.8美元买了4箱香烟，从巴黎到维也纳，费用是送给船长1箱香烟；

从维也纳到瑞士，列车穿山越岭，只需要4包香烟；

给伊拉克运输公司的经理和职员摄影，结果免费到达伊朗的德黑兰；

在泰国，由于提供给酒店老板某一地区的资料，受到酒店贵宾式的待遇；

……

最终，通过罗伯特的努力，他实现了80美金周游世界的梦想。用80美元周游世界，这是一件怎样不可思议的事情？但是罗伯特做到了，而且完成得很轻松。在整个过程中，他做得最多的就是寻求别人的帮助，让别人来帮助他实现自己的愿望，所以他用80美金实现了周游世界的梦想，这就是一种成功者的心态。

还记得那个寓言故事吗？天堂和地狱的区别在哪里？同样的锅里盛着同样的汤，同样是很长很长的汤匙，地狱里的人就是自己顾自己，即使汤匙长得无法伸到自己的嘴里，他们还是那样做，所以地狱里的人都是愁眉苦脸的表情。而天堂则是另一种情景，他们互相帮忙，一个人喂另外一个人，所以每个人都能尝到汤的味道，所以天堂中的人都是一副幸福的表情。这就是合作带来的天大差别。只有通过互相帮助，才能收获更多。

乔布斯和沃滋原来都是技术人员，当他们决定自己开公司后，首要的问题是筹措资金。这时，风险企业家开始光顾这两位年轻人了。来光顾的第一位是唐·瓦伦丁，他是乔布斯和沃滋的老板介绍过来的。瓦伦丁来到乔布斯家后，看到乔布斯穿着牛仔裤，散着鞋带，留着披肩长发，蓄着一脸大胡子，怎么看都不像是一位创业者的样子。瓦伦丁先生觉得不妥，终于未敢问津，而把乔布斯和沃滋介绍给了另外一位企业家——英特尔公司的前市场部经理马克库拉。这是一位精明练达的风险企业家，对微型电脑业务十分精通。这位38岁的富翁来到乔布斯的车库里，仔细询问并实地考察了“苹果”的样机，提了一大堆问题。最后问起了关于“苹果”电脑的商业计划。乔布斯和沃滋对买卖一窍不通，两人当时面面相觑，说不出一句话来。可是马克库拉独具慧眼，看出了这两个小伙子是不会让他失望的，于是他告诉乔布和沃滋，一个详细的计划是吸引风险资本所必需的。此后，马克库拉给他们俩上了两星期的管理课，他们三个人日夜工作，制订了一项“苹果”电脑的研制生产计划。马克库拉首先将自己的9万美元先期投入，又帮助乔布斯和沃滋从银行取得了25万美元的信贷。接着，他们三个人又带着计划去马克库拉熟识的风险投资家那儿去游说，吸引了另外60万美元的资金。至此，苹果公司吸引了接近100万美元的风险资本。他们聘请了33岁的迈克尔·斯科特当经理，因为他熟悉集成电路生产技术。马克库拉、乔布斯任正副董事长，沃滋任研究发展部副经理，苹果微型电脑公司就这样正式开张，走上了它飞速发展的道路。

乔布斯和沃滋，以及商人唐·瓦伦丁，再到后来的马克库拉，他们没有让自己来完成所有的事情，因为一个人的精力是有限的，必须要通过彼此合作，互相分担才能完成大事。他们是这样做的，有人负责技术，有人负责资金，有人负责管理，这样的明确分工，让他们少走了很多弯路，最终获得了成功。他们不仅给自己带来巨大的财富，更为人类的进步作出了巨大贡献。

再苦也要笑一笑

现代社会已经是一个走向合作的时代，一个人的力量能够完成的事已经越来越少了，很多事情都是需要通过别人的帮助，大家共同合作才能完成。所以，那种“凡事自己来”的想法在这个时代已经行不通了，只有通过合作才能实现利益最大化。

第 12 章

摆正位置，不再重蹈覆辙

人在通往成功的路上往往会遭受失败，没有人可以例外。失败之后怎样才能让自己不再重蹈覆辙呢？这是比悲观失望更应该引起我们重视的事情。既然失败，肯定是自己在某一方面做得不够好，我们应该做的事情，就是要反省自己，克服自己的缺点，摆正自己的位置，重新上路，不再重蹈覆辙。

人的身上总是有些缺点的，有些缺点不会对你的人生造成很大的影响，但是有的缺点是不能有的，比如骄傲自大，粗心大意，投机取巧，心浮气躁，做事虎头蛇尾，目光短浅，偏激武断，妒贤嫉能，这些缺点都是成功路上的大忌，一定要努力克服掉，才能不吃大亏。

骄傲自大，成功大忌

胜不骄，败不馁；骄兵必败。这些成语都告诉我们不要骄傲自大，骄傲自大是成功的大忌。骄傲自大，会让人看不清自己，觉得世界上最了不起的人就是我，这样的人肯定是要吃大亏的，甚至会付出生命的代价。一个寓言故事，可以带给我们深深的思考。

一个富人有一匹高大的马。他让人给这匹骏马套上一副金质的笼头，安上一只昂贵的装饰华丽的鞍子，并披上了一条上面织有金线的丝毯。这马眼睁睁地看着主人让人给它打扮得如此漂亮，不由得心花怒放，盛气凌人起来。

一天，这匹马被紧紧地拴着，他使劲挣脱了笼头，然后嘶鸣着从那里冲了出去。这时候有一头驴子朝他迎面走来，他背上正驮着沉甸甸的口袋，两条腿一步一步慢腾腾地往前迈。马咀嚼着，满嘴冒着白沫，一边从很远的地方就开始叫道："让开！是谁教你如此没礼貌的，居然看到一匹像我这样的马还不赶快让路？滚开，不然的话我揍你，把你揍死了，还要把你从这儿拖开！"

驴子怕得要命，连忙让开了一条路，不敢吭声。

马横冲直撞地跑了过去，从灌木丛间飞快地穿行而过。可是在冲过灌木丛时，他的蹄冠受伤了。马从此以后再也不能当坐骑了，主人把他身上的金笼头和漂亮的鞍子取了下来，卖给了一个车夫。从这天起，他必须从早到晚拉车。

不久，驴子看见他在拉车，便说道："你好，朋友！你这是怎么搞的？你那只金笼头，那条金丝毯都哪儿去了？我怎么没看见它们？原来如此，亲爱的朋友，世界上这种情况是常有的：骄傲自大必将要受到惩罚。"

马在失去了强壮的体魄之后，被主人卖掉，往日的傲气不再，不禁让人感叹早知如此何必当初呢？所以我们应该从这些故事中汲取教训，不要骄傲自大。

再苦也要笑一笑

当自己处于人生的高峰时，千万不要看不起别人，对别人颐指气使，今天你可能是春风得意，明天你或许也会陷入人生的低谷。所以任何时候，都要保持一份平常心，不要骄傲自大。

粗心大意，致命硬伤

粗心大意可能是我们最常犯的错误，也是我们最容易被原谅的错误，我们可能因为粗心大意，把一道题目做错了，丢了10分，下次考试可以补回来；我们可能因为粗心大意把重要的文件落在了出租车上，下次保证不会犯这样的错了……我们对自己的粗心总是习以为常，不认为这是不可原谅的错误，但是你想过吗？很多事情是没有可以重来的机会的，考试考砸了可以等下次机会，但是你的机密文件如果被对手拿到了，这样的事情还有回旋的余地吗？人生有多少事情是可以重来的呢？

在一次语文课上，老师让同学们做一份课外知识方面的卷子，同学们看到卷子顿时呆住了，心想："完了，这些题目，听都没听说过，唉，只能做到哪里算哪里了。"老师提醒他们：①细心，把每个字都看清楚。②阅读一遍题目，按要求做。③时间5分钟。"啊，才5分钟，就连世界上做卷子最快的人也做不完呀！"同学们你看我，我看你，谁也不知道老师葫芦里卖的是什么药。算了，老师说什么，快点做才是最要紧的。同学们心急如焚地做着题目，生怕时间像小火车那样快速地溜走。很多同学每次都写错字，擦了改，改了擦。弄得手忙脚乱……"时间到！"老师一声令下，很多同学无奈地停下了手，看其他同学。老师让全部做完的人举手，没有人举手，已经做完一半的举手，有些人举了起来，做了五六道的举手，大多数人举起手来了，最后老师让只做了一两题的同学举起手来，却只有几个人。老师说："同学们，我一再让你们看清题目要求再做，结果最终细心的同学只有这么几个，你们的粗心大意，让你们手忙脚乱，但是最后的结果是费力不讨好。"老师的一席话让大家如梦初醒，原来，在试题的最后一行写着：如果你已经阅读完了题目，请只做第1、第2题。同学们也都很惭愧地低下了头。

这次只是一个简单的测试，但是人生中没有这么多测试的机会，很多事情做了就没有回旋的余地，绝不能让粗心大意断送了自己的成功。

一位名校毕业生，在面试时，表现得非常出色，无论是现场操作Photoshop，还是为虚拟的产品做口头推介，他都完成得不错。而且还即兴表演了一段小品，赢得面试负责人的称赞。当他结束面试走出办公室时，一位负责的小姐对他说："你是今天面试者中最出色的一个。"但是最终他却没有被录用，他感到非常诧异，就去找该公司的人力资源经理。那位经理说："因为在递交简历的时候，我发现你的简历上有一大片水渍，而且上面还有钥匙等东西的划痕，虽然你向我解释简历之所以伤痕累累的原因是时间太急，来不及再制作新的简历。但是我还是不会录用一个连自己的简历都保管不好的人，虽然这是一个粗心大意犯的错，但是，这正反映了一个人的素质。一个粗心大意的人，是管理不好一个部门的。

这位大学生，虽然有过硬的专业素质，但是却没有克服自己粗心大意的缺点，让自己的这个缺点在负责人面前暴露无遗，也许在你看来这只是一件小事，不用这么较真，但是社会就是这么较真的，从你无意中表现出来的素质才最能反映你真实的情况，所以，千万不要让自己粗心大意的毛病给你的未来蒙上阴影。

再苦也要笑一笑

从现在就开始行动吧！不要再为自己的粗心大意找借口了，今天也许你可以为自己粗心找到借口逃脱了批评，但是你总有一天会为自己的粗心大意付出沉重的代价。

投机取巧，害人害己

投机取巧，已经成了现代社会很流行的一股歪风，很多人总想不劳而获，或者自己根本不是什么厉害角色，却非要自吹自擂，最终为了达到自己的目的，只有投机取巧，结果是害人害己。投机取巧是最可耻的行为，假如没有能力做好某件事情，只是能力的问题，但是，如果为了满足自己的虚荣心投机取巧，那就是人品问题，这样的人，不可能得到别人的尊重，这样的人只会让人看不起。

李明明和丁娟两个人在一家公司工作，平时关系相处得很不错。年终，公司搞推广策划评比，每个人都可以拿方案，优胜者有奖。李明明觉得这是一个好机会。经过半个月的深入调研，加上平时对市场工作的观察思考，他很快作出了一个非常出色的策划案。方案征集截止日的最后一天，丁娟突然叹了一口气说：“哎，明明，我还真有点紧张，心里没底啊。你帮我看看方案，提提意见。”李明明连想都没想就答应了。丁娟的策划很是一般，没有什么创意，李明明看完没好意思说什么。丁娟用探究的目光盯着李明明，说：“让我也看看你的方案吧。”李明明心里一阵懊悔，可自己刚才看了人家的，现在没有理由不让别人看。好在明天就要开大会了，她想改也来不及了。

第二天开会，丁娟因为资历老，按次序先发言，丁娟讲述的方案跟李明明的方案一模一样，在讲解时，她对老板说："很遗憾，我现在只能讲述自己的口头方案，电脑染了病毒，文件被毁了，我会尽快整理出书面材料。"李明明听了目瞪口呆，她没想到丁娟抢自己的功劳，他不敢把自己的方案交上去，也不敢申诉，他资历浅，怕老板不相信自己。只好伤心地离开了这家公司。丁娟的方案获得老板的认可，因为方案不是她自己的，有些细节不清楚，在执行方案时出一点漏洞，又无法及时修正，结果失败。后来老板得知她抢了别人的方案，就无情地炒了她鱿鱼。

丁娟的行为是可耻的，利用别人对自己的信任盗用了别人的创意，虽然她得到了一时的满足，但是随着时间的推移，她并不能为自己的设计自圆其说，最后被查明了真相，所以被公司辞退，这样的人谁还敢信任她呢？投机取巧可以逞一时之快，但绝不是长久之法。我们都知道若要人不知，除非己莫为。就算自己掩饰得再好，真相总有暴露的一天。

我们看一个人，不能只看其华丽的外表，不能被他印在名片上的一长串的职称所糊弄。我们应该更加看重他的人格。一个有高尚品格的人绝不会做投机取巧的事情，更不会牺牲他人的利益满足自己的虚荣心。

我们真正应该做的不是想着怎样投机取巧，占用他人的劳动成果，而是应该学习别人的长处，弥补自己的不足，提高自己的能力，真正创造出属于自己的功劳。

再苦也要笑一笑

古人云："不见己短，愚也，见而护之，愚之愚也；不见人长，恶也，见而掩之，恶之恶也。"意思是说：看不见自己短处的人是一个愚蠢的人，若知道自己的短处而又不改正和正视的人是一个更加愚蠢的人；看不到别人长处的人是一个可恶的人，看到别人长处而又不去学习且加以诋毁和掩盖的人是一个更加可恶的人。

心浮气躁，怎能成功

在我们的心灵深处，总有一种力量使我们茫然不安，让我们无法宁静，这种力量叫浮躁。浮躁就是心浮气躁，是成功、幸福和快乐最大的敌人。从某种意义上讲，浮躁不仅是人生最大的敌人，而且还是各种心理疾病的根源，它的表现形式呈现多样性，已渗透到我们的日常生活和工作中。可以这样说，我们的一生是同浮躁斗争的一生。

在浮躁的心态下，做什么事情总是浅尝辄止，看书一掠而过，做事这山望着那山高，总是希望鱼与熊掌兼得。但是事实上，这种浮躁的心情对你的成功没有任何帮助，反而成了你的绊脚石。因为浮躁，你把应该冷静思考问题的时间放在自寻烦恼、患得患失上，怎么去完成自己的目标？

三伏天，禅院的草地枯黄了一大片。“快撒些草籽吧，好难看啊。”徒弟说。“等天凉了，”师傅挥挥手，“随时。”

中秋，师傅买了一大包草籽，叫徒弟去播种。秋风突起，草籽飘舞，“不好，许多草籽被吹飞了。”小和尚喊。“没关系，吹去者多半中空，落下来也不会发芽，”师傅说，“随性。”

撒完草籽，几只小鸟即来啄食，小和尚又急。“没关系，草籽本来就多准备了，吃不完，”师傅继续翻着经书，“随遇。”

半夜一场大雨，弟子冲进禅房：“这下完了，草籽被冲走了。”“冲到哪儿，就在哪儿发芽，”师傅正在打坐，眼皮抬都没抬，“随缘。”

半个多月过去了，光秃秃的禅院长出青苗，一些未播种之院角也泛出绿意，弟子高兴得直拍手。师傅站在禅房前，点点头：“随喜。”

在这个故事中，徒弟的心态是浮躁的，常常为事物的表象所左右，而师傅的平常心看似随意，其实却是洞察了世间玄机后的豁然开朗。

浮躁是人生最大的敌人，无论你要获取幸福快乐，还是要获取成功，你都必须要拭去心灵深处的浮躁。

要想获得成功，就要克服心浮气躁的弱点，克服心浮气躁还是要注意方法。

首先，要把握比较的度。人都喜欢比较，不愿意自己比别人差，当然比较也是有好处的，正所谓“有比较才有鉴别”，比较是人获得自我认识的重要方式，然而，比较要注意把握度。例如，相比的两人能力、知识、技能、投入是否一样，否则就无法去比，从而得出的结论就会是虚假的。如果一个音乐天赋一般的人跟一个钢琴神童去比较，只能是让自己对自己失去信心，产生焦躁不安的心理，从而变得越来越浮躁。所以，有比较的对象是好事，但是不能过火，多度的比较容易让人产生浮躁的心理。。

其次，还要培养自己的务实精神。务实就是“实事求是，不自以为是”的精神。与浮躁相对的就是务实，心浮气躁的人缺乏的就是脚踏实地做事情的精神，他们往往是眼高手低，如果能够培养自己的务实精神，可以帮助克服心浮气躁的缺点。

再次，就是要善于思考。思考问题要从实际出发，不要异想天开，朝三暮四，要根据自己的实际情况去制定自己的目标。

毛泽东教导我们说：“世界上怕就怕认真二字。”说的就是如果我们能安下心来认真做一件事情，就没有做不好的。我们总是在想着事情的最后成果，急于看到我们所作的工作的成果，而这些却不是一天两天能看得出来的，我们急于求成的心理让我们变得心浮气躁。

如果我们能够真正地静下心来，认真地去学习、工作，我们做的会比现在好很多。只有拭去心灵深处的浮躁，才能找到幸福和快乐，那么，幸福和快乐在哪里？幸福和快乐其实就在我们每个人的心里。只要你愿意，你随时都可以支取。

再苦也要笑一笑

在很多时候，我们都急需在心中添把火，以燃起某些希望。在很多时候，我们都急需在心中洒点水，以浇灭某些欲望。只要平静下来，你就能体会到人生的乐趣，而没有必要在浮躁的世界中去追求那些不切实际的东西。

虎头蛇尾，难成大业

虎头蛇尾的人，注定难成大业。要知道任何一个目标的实现，都是不断积累的结果，有些事情甚至会占用一个人很多的精力，所以能否成功的关键就在于你能否有始有终，一如既往地努力。很多人经常会犯的一个错误就是做事情总是三分钟热度，开始的时候信誓旦旦，热情高涨，但是没过几天就觉得没意思，就想放弃或者草草了结。这样的人怎么能够成就大业呢？

历史上有所成就的人做事情都是有始有终的，即使是简单的事情也不会虎头蛇尾，这是一种做事态度。一个人在简单的事情上能够做到有始有终，在其他的事情上也不会差到哪里去。要知道一个人的做事态度从小事中能够得到充分体现。

有一天，一个学生在课堂上问苏格拉底，怎样才能成为像苏格拉底那样学识渊博的学者。苏格拉底没有直接回答，只是说：“今天我们只做一件最简单也是最容易的事，每个人把胳膊尽量往前甩，然后再尽量往后甩。”苏格拉底示范了一遍，说：“从今天开始，大家每天做三百下，能做到吗？”学生们都笑了：这么简单的事，有什么做不到的？

过了一个月，苏格拉底问学生：“哪些同学坚持了？”

教室里有90%的学生举起了手。

一年过后，苏格拉底再次问学生：“请告诉我，最简单的甩手动作，有哪几位同学坚持做到了今天？”

这时整个教室里只有一个学生举起了手，这个学生就是后来成为著名哲学家的柏拉图。

柏拉图和其他学生的不同之处就是他坚持着完成了老师所说的那个简单游戏，没有虎头蛇尾，他的这种做事态度，帮助他取得了他人永远无法取得的成就。

做事虎头蛇尾的人，往往是因为手头有很多事情要做，在完成一件事之前又想着去做另一件事，所以就形成了哪件事都做不好的恶性循环。

宋江是位忙碌的经理人，有时也摇摇笔杆。他满脑子都是好点子，且有一种让人对他的点子感兴趣的能力。宋江是个人人称羡的家伙，每个人都觉得他真是蛮有一套的。

但是，几年之间，宋江的生活好像陷入了一套行为模式——应许太多事情，却又无法贯彻始终，完成工作。他会答应看员工的报告，并且回答他们的问题；他总是说：“我会开始看，这个礼拜一定完成，然后再送还给你。”但他却很少做到。同样的，他也会答应那些投资人在期限内完成预订计划及目标，但也很少做到。还有，他会答应编辑们写好他们委托的文章，但也没有如期交稿。他的书桌被淹没在一大堆未完成的文件里，还有无数的电话要回，这些都是他欠下的人情。

宋江变得好消沉，他开始不知道自己要做什么了。他失去了员工及顾客的尊敬；他的副业写作，也同样出了问题；最糟的是，他已经失去了对工作的热忱。他原本是喜欢创造、发展的，但他发现自己无法做到这些，因为他很少能有始有终。

有一天，宋江突然“顿误”，他决定将一些松动的环节上紧，发誓在旧计划未完成前绝不再接任何新任务。对他来说，这真是件难事，但他了解要继续生存就得如此。他找了一些可以信任的员工及同事，告诉他们：“对我严厉一点，帮助我上轨道。”重要的是，宋江现在能够专心致志地“完成”工作了，他的投入与小组的帮忙让他得以解决难题。他再也不会虎头蛇尾了，事情都能处理得井井有条。

再苦也要笑一笑

要克服虎头蛇尾的坏习惯，必须要让自己专注于手头上的事情，即使还有很多事情在等着你，也要把当前的事情处理完后再去进行下一件，不要插手多件事。插手太多事，每件事都不能完全投入，这样的后果就是什么事都不能做好。

目光短浅，患得患失

社会上有各种各样的人，很多人也都想做事，但具体反映在人身上，能不能最终做成事，却表现在两点：一是胆量，敢说敢做，敢不敢冒风险的胆量；二是眼光，就看谁有眼光，或者叫眼光长远吧，谁更想得长远，看得长远，谁就能生活得更好。

从前，有两个饥饿的人得到了一位长者的恩赐：一根鱼竿和一篓鲜活硕大的鱼。其中，一个人要了一篓鱼，另一个人要了一根鱼竿，于是他们分道扬镳了。得到鱼的人原地就用干柴搭起篝火煮起了鱼，他狼吞虎咽，转瞬间，连鱼带汤就被他吃了个精光，不久，他便饿死在空空的鱼篓旁。另一个人则提着鱼竿继续忍饥挨饿，一步步艰难地向海边走去，可当他已经看到不远处那片蔚蓝色的海洋时，他浑身的最后一点力气也使完了，他也只能眼巴巴地带着无尽的遗憾撒手人间。

还有两个饥饿的人，他们同样得到了长者恩赐的一根鱼竿和一篓鱼。只是他们并没有各奔东西，而是商定共同去找寻大海。他俩每次只煮一条鱼，他们经过遥远的跋涉，来到了海边，从此，两人开始了捕鱼为生的日子。几年后，他们盖起了房子，有了各自的家庭、子女，有了自己建造的渔船，过上了幸福安康的生活。

人跟人的差别，就差别在这个“眼光”的视角上。有的人鼠目寸光，只会死死盯着眼前的利益；有的人海阔天空，放眼看到的，是以后的前程似锦，是外面更大的蛋糕。目光短浅的人总是对眼前的利益看得太重，抓住眼前的利益就好像抓住了永久的财富，从来不会考虑这些利益没有之后怎么办；而有远见的人，首先会考虑到怎样才能让自己眼前和以后都有所依靠。

看过一幅漫画，画的是猫头鹰将吃掉老鼠，人将杀掉猫头鹰，而老鼠在没天敌之后，也将吃掉人们所有的谷物。人一手杀死了猫头鹰，也一手为自己准备了苦不堪言的“最后的晚餐”。这岂不是一个悲哀!

人们常常为这种出人意料的结果而迷惘不解。“为什么会事与愿违，为什么会因小失大，得不偿失呢?”其实这类问题的答案很简单，那就是忘了“人无远虑，必有近忧”的古训。把眼光放长远一点，就能解决这样的困惑。

再苦也要笑一笑

一个人只顾眼前的利益，得到的终将是短暂的欢愉；一个人目标高远，但也要面对现实的生活。只有把理想和现实有机结合起来，才有可能成为一个成功之人。

偏激武断，败走麦城

固执己见，偏激执拗，意气用事，乃人生之大敌!

有一位刚毕业的大学生被分配到一所高校工作。一天他请个事假，那个月发工资的时候被扣了50元。他非常愤愤不平，明明有的讲师上课迟到，早退都没事。他只不过请了假就被扣了50元。下一个月发工资的时候要到了，那天他走进了校长的办公室。他拿一个本子，往桌上一扔说："校长你看。"校长拿那本子一翻，上面写着：

×××，早上三节课后，早退了。

×××，开会后，没回来。

……

校长说："哦，原来有这事，那我们一定查清楚，给大家一个公道。"

那位小伙子觉得终于出了一口气。

可是后来，奇怪的事发生了，再也没人和他讲话了，大家都避着他。

一年后他觉得实在过不下去了，调走了。

这个年轻人，做法太偏激，太武断，就因为计较50块钱，把自己的人际关系搞得一塌糊涂，最终走的还是自己。性格和情绪上的偏激产生于知识上的贫乏，见识上的孤陋寡闻，社交上的自我封闭。对此，只有对症下药，丰富自己的知识，增长自己的阅历，才能克服这种"一叶障目，不见泰山"的偏激心理。

个性就像一蓬长满刺的荆棘，所有的刺都是刺向自己的，因为你生活在一个社会的大团体，没有谁会为一个小小的你去改变什么，你的执拗和偏激就会使你处处碰壁而孤寂，事业上如此，家庭也一样，不是每个亲人都会迁就你的个性，你的执拗也会导致你的众叛亲离，最后你想在现实中生存你必须放弃你的小个性。社会是个团体，它需要群体的一致，家庭也是一样为了和睦和安宁，你也需要放弃你执拗的个性，以善良美好的心态对待自己的亲人，这样你的生活会处处充满阳光，人人都会爱你……

再苦也要笑一笑

少一点偏激，多一点理智，人生就不会败走麦城。总是目空一切，盛气凌人，我行我素，主观武断，怎会与人友好相处，获得好人缘？治偏激要从根子上做起：是否知识贫乏、思维主观及自我封闭。

嫉贤妒能，毁掉一生

人们喜欢比较，总是希望自己是最好的，不允许有人比自己更加有才。有这样的想法虽然是无可厚非的，但是，一定要注意把握一个度，尤其是当自己处于一个大环境中时，更不要因为有人比自己的能力强，比自己优秀就嫉妒他，就处处为难他，想将其排挤出去。这样的想法是很危险的，从小处说是暴露了自己的无能，从大处讲这样的争斗会使整个集体遭受损失。嫉妒别人的才能，诋毁别人的成就，恰恰暴露了自己的自私无能。但是从古至今总是不乏那种嫉贤妒能的人，最终是毁了自己的一生。

周瑜嫉妒诸葛亮的才能，曾发出了“既生瑜，何生亮”的感慨，他几次三番地想要整诸葛亮，但是每次都是以失败告终。周瑜看到足智多谋的诸葛亮处处高自己一招，便心怀妒意，甚至想置诸葛亮于死地。他以军中缺箭为名，生出一计，让诸葛亮十天造出十万支箭，由此看来，周瑜不仅嫉妒心强，而且又十分狡猾阴险。然而，独具慧眼的诸葛亮却满口答应下来，趁着大雾漫天，用草船从曹营“借”了十万支箭，提前七天顺利完成了任务，使周瑜的阴谋又一次破产，从而进一步揭露了周瑜嫉贤妒能，心胸狭窄的本性。

周瑜也是因为自己嫉贤妒能把自己送上了绝路。本来是要戏耍诸葛亮，却被诸葛亮识破，最终害了自己。周瑜自己本身是很有才能的，有勇有谋，本来他可以好好发挥自己的才能有一番作为，但是他把时间都浪费在把诸葛亮比下去，让诸葛亮出丑这样的事情上，最终的结果是自己毁了自己的一生。

在一个团队中，领导会不会用人，是这个团队能否有所作为的一个很重要的因素，如果领导嫉贤妒能，任人唯亲，那么这个集体不会走得太远，肯定要为自己的错误付出代价。

有一年火箭队在多次失利之后，所有的人都把矛头指向了范甘迪。他的一意孤行，他的任人唯亲，成为了他的七宗罪之一。赛季之初，火箭的球员梯队曾经被广泛看好，但在季后赛却成为球队的命门之一。斯潘诺里斯的速度和力量本可以使他成为德隆·威廉姆斯的最好对手，诺瓦克的三分球能力已经在NCAA中被证明，但范甘迪对新秀和欧洲球员的不屑，使他们失去了发展的空间。如果“刺儿头”威尔斯的被废黜可以理解，但是既了解爵士又具有破坏力的斯奈德在季后赛中被白白搁置，则纯粹是范甘迪自废武功；而且与多名大将无用武之地恰恰相反，和范甘迪有故交之人几年来常能在休斯顿获得一席之地，拿到范甘迪从老板亚历山大兜里掏出来的工资，从奥克利、威瑟斯庞、沃德，到在任何一支其他NBA球队也许都无法获得位置的小卢卡斯。在盐湖城的第二战，范甘迪以比赛作赌注，给了小卢卡斯7分钟上场时间，小卢卡斯报以2次失误，爵士乘机以一波高潮将胜利锁定。

范甘迪在用人上的失误连连，让所有的人感到不可思议，因为有些人谁都知道是可以用的，但是他没用；有些人是决不能用的，但是他却用了。凭他的资历，会看不出其中的端倪吗？没有人会相信，但是他还是这样做了。做是做了，事实是最好的证明，他三次让火箭队在第三赛季第一轮被淘汰出局，他也在一片骂声中下课了。

能够做到不去嫉妒那些有才能的人，让适当的人去做适当的事，这是一个领导者应该具备的素质，而不是因为对谁有成见，或者害怕其对自己造成威胁，就违背自己的原则，去排挤他，这样的后果是害人害己。

再苦也要笑一笑

每个人都应该学会寻找内心的平衡，人人都有自己的优势和劣势，大家只有互相学习取长补短，才能让自己变得更优秀，而不是相互排挤，相互嫉妒。排挤和嫉妒只能让自己失去原则，暴露自己的自私无能。把优秀的人当成是一面镜子，让自己朝着优秀的方向努力才是明智之举。

第13章

战胜自己，就能战胜所有人

人生是一个不断战胜自己从而达到新的目标的过程。人生要想精彩就要无数次战胜自己。战胜自己的过程可以使一个人成长起来，战胜自己的过程可以使一个人发觉自己身上的无限潜能，战胜自己的过程可以使一个人意识到自己的重要……

能击垮你的只有你自己

有位名人说过："一个人在比较了自己与别人的力量和弱点之后，如果仍然看不出差别的话，那么他将很容易被他的敌人打败。"

穆罕默德·阿里，美国职业拳击运动员，有"拳王"之称。1981年阿里告别拳坛，一年后，40岁的他被确诊患帕金森氏症，并出现了语言和行动上的障碍。但他永不屈服的精神使他站了起来，并担当了联合国和平大使，经常拖着病体前往战乱与冲突地区，倡导和解，呼吁和平。世人在为这种精神折服的同时，也对是什么一直支撑着阿里，让他有了无数的胜利，而后来又会战胜恐怖的病症感到好奇。其中的答案在阿里的自述中得到了充分的解释。

在阿里的人生信条中，一直支撑他取得胜利的是这样一句话："我决不会失败，除非我确信自己已经失败了。"

在无数的拳击比赛中，阿里始终把自己看做是最强大的，只要自己相信自己会胜利，那么，没有人会击败我。这种信念，在他12岁的时候已经形成。在阿里的自述中有这样一段：

我在12岁的时候是个爱说大话的人，让父母感到很头痛。我穿着"金手套"夹克乱逛，趾高气扬，说大话。那时是20世纪50年代，喜欢说大话，当时在肯塔基州路易斯维尔，人们认为年轻黑人不应该是这样的。

那是在我去摔跤场观看戈尔热·乔治（美国职业摔跤运动员，将摔跤与表演相结合，成功取得票房佳绩）表演前后。他当时是个大人物，一位白人摔跤手，更多的时间是在摔跤场上进行表演而不是真正进行摔跤比赛。他着盛装出场，不断地拿观众打趣。"不要弄乱我漂亮的头发，我很可爱。"他一边说一边神气活现地在舞台上走过来走过去。他披着一件很大的红色斗篷，黄色的头发被吹得高高的。"不要弄乱我漂亮的头发，"他反复地嚷着，观众则发出一阵阵嘘声。我当时注意到摔跤场里座无虚席。观众嘘得越厉害，他卖出去的票就越多。

我回家后更加趾高气扬，更加自吹自擂，更加爱说大话了。我可怜的父母感到更加不安了。我在对假想的对手练习拳击的时候总爱说："我将成为最出色的拳击手。"直到现在，我自己的公司就叫G.O.A.L.公司，意思是"最出色的公司"。我在

12岁时就知道我将成为最出色的拳击手。

在我的每一场业余拳击比赛中，我总是机动防守，猛击对方并最后获胜。我拍着胸脯，吹嘘自己多么出色，我一直都知道，我比戈尔热·乔治可爱得多。我还知道，我能比那个摔跤手卖出更多的票。

我并不孤独，很多同学都参加学校拳击训练，我们总是谈论谁将成为下届拳击冠军。有一位教师认为我是个说大话的人。她看不起我们，好像很讨厌我们这些自信心十足的拳击手。她根本不相信我们的潜力。我一直认为她是那种没有头脑的人。有一天我们正在走廊里比划着拳击姿势，她走过来，眼睛直盯着我说："你永远不会有出息的。"

17岁的时候，我在路易斯维尔戴上了金手套。第二年，我在1960年罗马奥运会上夺得金牌。我成为了全世界最出色的拳击手！回家后我做的第一件事情是走进那位教师上课的教室。我问她："还记得你说我永远不会有出息的话吗？"

她看着我，一副吃惊的样子。

"我是世界上最出色的拳击手。"我一边说一边抓着系金牌的绸带在她面前晃动。说完就把金牌放进口袋，然后头也不回地走出那间教室。那个怀疑我潜力的教师使我发誓要成为最出色的拳击手。我在12岁时就知道我会成为最出色的拳击手。

追忆阿里某些特点，他的生活与言谈给我们很多启示。他并没有贮藏任何过去的东西——既没有在他的办公室里存留，也没有在他的记忆里保存。他对未来无一设想——既没有考虑他该为别人做些什么，也没有打算让别人为他做些什么。

他曾经说："我决不会失败，除非我确信自己已经失败了。我遇见一些强壮粗野的人，可我在他们面前缺少应变的技巧。他们认为他们已经打败了我。此事公之于众，发表在杂志上。我就以这种方式被打败了，在所有人的眼中失败了，可能就输在十几行不同的报纸消息上。有关我的传说表明我已负债累累，收支亏空很大，并且因此赶走了我的对手。我的家庭情况可能不太妙。我们这些人都有些病态、丑恶、卑贱，而且名声不好。我的孩子情况可能会更糟。我看来也在失信于我的朋友和顾客。这就是说，在所有经历过的对抗中，我一直未能真正武装起来，以便对付那场特殊的比赛。于是我被历史击败了。可是我知道，一直知道，我决没有输给别人，甚至都未曾打过那场比赛。当我的时刻到来之时，我一定会奋起迎战，并且击败对手。"

其实，人生何尝不是如此呢。我们的一生会出现无数个对手，他们会用各种方式向我们挑战，但到了最后，失败的心理往往是从自己心中开始的。

再苦也要笑一笑

自律能力使人有自知之明，完善自我。因此，要想不败于自身就要经常自省，善于自制和慎独，慢慢培养下来，养成习惯，最后定能战胜自我。

战胜自己就是一种超越

人有了信心，就会产生意志力量。人与人之间，弱者与强者之间，成功与失败之间最大的差异就在于意志力量的差异。人一旦有了意志的力量，就能战胜自身的各种弱点。

美国有位叫凯丝·戴莱的女士，她有一副好嗓子，一心想当歌星，遗憾的是她嘴巴太大，还有龅牙。她初次上台演唱时，努力用上嘴唇掩盖龅牙，殊不知却给别人留下滑稽可笑的感觉。有位男听众很直率地告诉她："龅牙不必掩藏，你应该尽情地张开嘴巴，观众看到你真实大方的表情，相信一定会喜欢你的。也许你所介意的龅牙，会为你带来好运呢！"

一个歌唱演员在大庭广众之下暴露自己的缺陷，首先是要用理智说服自己，还要有勇气打败自己。凯丝·戴莱接受了这位男听众的忠告，不再为龅牙而烦恼，她尽情地张开嘴巴，发挥自己的潜能和特长，终于成为美国影视界的大明星。

世界著名的游泳健将弗洛伦丝·查德威克，一次从卡得林那岛游向加利福尼亚海湾，在海水中泡了16小时，只剩下一海里时，她看见前面大雾茫茫，潜意识发出了"何时才能游到彼岸"的信号，她顿时浑身困乏，失去了信心。于是她被拉上小艇休息，失去了一次创造纪录的机会。事后，弗洛伦丝·查德威克才知道，她已经快要登上成功的彼岸了，阻碍她成功的不是大雾，而是她内心的疑惑。是她自己在大雾挡住视线之后，对创造新的纪录失去了信心，然后才被大雾所俘虏。过了两个多月，弗洛伦丝·查德威克又一次重游加利福尼亚海湾，游到最后，她不停地对自己说："离彼岸越来越近了！"潜意识发出了"我这次一定能打破纪录"的信号，顿时浑身来劲，最后弗洛伦丝·查德威克终于实现了目标。

战胜自己就是创造一个崭新的自己，而不是走向倒退。蝌蚪恨自己不能像鸟儿一样在陆地上蹦跳唱歌，就努力张开四肢，忍痛割掉自己的尾巴，变成了一只青蛙。这是进步。然而，蛹虫羡慕蝴蝶的飞舞与美丽，脱掉外衣，走出躯壳，却变成了一只祸害庄稼的飞蛾。还有，传说海狮的祖先曾是狮子中的一种，它生长于大山之中，却梦想海洋的生活，终于演变成海洋大家庭的一员，可它往日的威风和凶猛却荡然无存，只留下了几根猫一样的长胡须。这不是生物的进化，而是生物的倒退，这种否定方式是不可取的。

再苦也要笑一笑

当我们需要勇气的时候，就能战胜自己的懦弱；
当我们需要勤奋的时候，就能战胜自己的懒惰；
当我们需要廉洁的时候，就能战胜自己的私欲；
当我们需要谦虚的时候，就能战胜自己的骄傲；
当我们需要宁静的时候，就能战胜自己的浮躁。

不要轻易地对生活绝望

一支小分队在一次行军中，突然遭到敌人的袭击，混战中，有两位战士冲出了敌人的包围圈，结果却发现进入了沙漠。走至半途，水喝完了，受伤的战士体力不支，需要休息。于是，同伴把枪递给伤员，再三嘱咐："枪里还有五颗子弹，我走后，每隔一小时你就对天空鸣放一枪。枪声会指引我前来与你会合。"说完，同伴满怀信心找水去了。躺在沙漠中的伤员却满腹狐疑：同伴能找到水吗？能听到枪声吗？会不会丢下自己这个"包袱"独自离去？

暮色降临的时候，枪里只剩下一颗子弹，而同伴还没有回来。受伤的战士确信同伴早已离去，自己只能等待死亡。想象中，沙漠里秃鹰飞来，狠狠地啄瞎了他的眼睛、啄食他的身体……结果，他彻底崩溃了，把最后一颗子弹送进了自己的太阳穴。枪声响过不久，同伴提着满壶清水，领着一队骆驼商旅赶来。然而，他看到的却是一具尚有余温的尸体……

那位战士冲出了敌人的枪林弹雨，却死在了自己的枪口下，让人扼腕叹息之余不免警醒：不要轻易地对生活绝望，只要我们不放弃希望，不放弃努力，就有获得重生的机会。

有时，面对困难，我们常常退缩，理由是困难太大；面对竞争，常常逃避，理由是对手太强；面对责任，我们常常推卸，理由是担子太重；面对坎坷，我们常常……不错，人生给我们的太多太多，而我们用以逃避的理由也同样太多太多。我们为什么不敢正视这一切？是因为我们无法战胜自己内心的种种怯弱、担忧、自卑以及恐惧！

人的本性是这样的，人的本性注定我们的内心有许多的不坚强；自己，往往是最可怕的对手，是最无底的沟，是最看不透的迷雾。为了成功，我们必须战胜自己，自己是通往成功的最后一道屏障。

想想历史上伟大的人物和那些有建树的人们，哪一个不是对自己信心十足，具有顽强毅力的呢？如果爱迪生因为一次次失败而灰心了，那么他还能成为举世闻名的发明大王吗？如果爱因斯坦因为别人的嘲笑而放弃了自己的信念，那么他还能写出《相对论》，成为诺贝尔奖的获得者吗？

再苦也要笑一笑

让我们记住这句话："战胜自己，我便是强者。"当我们遇到挫折或身处逆境，都应该顽强拼搏，有战胜困难的自信和勇气，那样的人，就是一个强者，一个谁都打不败的强者。

强人善于指挥自己的心

一个人要战胜自己很不简单，一般人得意时得意忘形，失意时自暴自弃；人家看得起时觉得自己很成功，落魄时觉得没有人比他更倒霉。唯有不受成败得失的左右、不受生死存亡等有形无形的情况所影响，纵然身体受到束缚，却能让心灵自由，才算战胜自己。

人的一生，总是在与自然环境、社会环境、家庭环境作着适应及克服障碍的努力，因此有人形容人生如战场，勇者胜而懦者败；从生到死的生命过程中，所遭遇的许多人、事、物，都是战斗的对象。其实，自己的信念，往往不受自己的指挥，那才是最顽强的敌人。

莎士比亚曾说："假使我们自己将自己比做泥土，那就真要成为别人践踏的东西了。"

其实，别人认为我们是哪一种人并不重要，重要的是我们是否肯定自己；别人如何打败我们，并不是重点，重点是我们是否在别人打败我们之前，就先输给了自己。很多人失败，通常是输给自己，而不是输给别人。因为自己如果不做自己的敌人，世界上就没有敌人。

自己肯定自己，是一种意志的胜利；

自己征服自己，是一种灵魂深处的提升；

自己控制自己，是一种理智的成功；

自己创造自己，是一种心理境界的升华；

自己超越自己，是一种人生的成熟。

再苦也要笑一笑

凡是能够肯定自己、征服自己、控制自己、创造自己、超越自己的人，就具备了足够的力量战胜事业和生活中的一切艰难、一切挫折、一切不幸。

应该知道自己怎样去做

美国《运动画刊》上登载了一幅漫画，画面是一名拳击手累瘫在练习场上，标题为《突然间，你发觉最难击败的对手竟是自己》。这个标题实在耐人寻味。

在剑桥有一名学业成绩优秀的毕业生，去报考一家大公司，考试结果名落孙山。这位青年得知这一消息后，深感绝望，顿生轻生之念，幸亏抢救及时，自杀未成。不久传来消息，他的考试成绩名列榜首，是统计考分时，电脑出了差错。他被公司录用了。但很快又传来消息，说他被公司解聘了，理由是一个人连如此小小的打击都承受不起，又怎么能在今后的岗位上建功立业呢？

这个青年虽然在考分上击败了其他对手，可他没有打败自己心理上的敌人，他的心理敌人就是惧怕失败，对自己缺乏信心，遇事自己给自己制造心理上的紧张和压力。

世上没有绝对完美理想的人，当然也很少有绝对不可救药的人，每一个人的性格中都或多或少地存在着上述的矛盾。这些矛盾，在我们遇到一件事情，需要我们采取行动去应付的时候，就往往会同时出现。而当它们同时出现的时候，也就是我们开始彷徨困惑、痛苦不堪的时候。我们怎样决定，完全看这两种矛盾的力量哪一方取胜。如果是积极和光明的一边战胜，我们就走向成功。如果是消极和黑暗的一边战胜，我们就走向失败。

这理由很明显。按理说，每一个人都应该知道自己怎样做，才是正确的决定。但是，很少有人能够不经交战而采取正确的行动，甚至交战的结果，仍是消极与黑暗的一方取胜。

战胜自己不是一件容易的事，它需要很大的勇气与坚定的信念。想想看，我们战胜自己的次数多吗？是否时常姑息纵容了自己？

一个人，如果他勤奋，那必定是他战胜了自己的懒惰。懒惰是我们最难克服的一个敌人。许多本来可以做到的事，都因为一次又一次的懒惰拖延，而把成功的机会错过了。

要知道，我们有时痛苦困扰、犹豫不安，那只是因为我们心情上有两种相反的力量在相持不下。让我们明智一点，早作抉择，我们就觉得生活的面目豁然开朗起来了。

勤奋与懒惰，清醒与执迷，并不是距离遥远的两极，而只是薄薄的剃刀的两面，其间只有一刃之隔。翻过这一刃之隔，便是勤奋与清醒；留在那边，便是懒惰与执迷。要不要翻过，只在短短的一念之间。

再苦也要笑一笑

如果我们决心清醒，我们便可以清醒；如果我们决心执迷，我们就将继续执迷。这“决心”的实现，不在我们能不能，而在我们肯不肯。

完美诠释战胜自己的人

这个世界上谁是真正能够打败你的人？唯有我们自己。

我们奋斗在人生的旅途中，我们不能轻易服输，相信只要自己努力就没有什么战胜不了的。然而，太多的时候，面对恶劣的环境，面对天灾人祸，面对重重的困难和挫折，是我们在心理上首先否定了自己，因而选择了放弃，选择了失败。

古希腊有一位演说家，起初他由于口吃，常常被对手反驳得无还击之力，而遭到别人的嘲笑。也许，有很多人会说这是他自己的能力无法达到的，放弃才是明智的选择，然而，就是这位演说家，每天清晨坚持演说，经过不懈的努力，他成为了当时最为著名的演说家。

由此可见：天生的不足，别人的嘲笑，以及种种的理由，都不是阻碍我们成功的荆棘，唯有自己为了安稳享乐，为了蝇头小利，为了达到暂时的满足，而放弃了坚持、奋争，才会让我们永远地无法超越自己。

大家都知道海伦，都知道爱迪生，也知道卧薪尝胆的故事。古往今来，无数的成功者都是对“战胜自己”最完美的诠释。如果我们还在退缩，请快点明白，战胜自己是如何紧迫；如果我们还在犹豫，请看看那些胜利者是如何一步步走来；如果我们已经在向自己挑战，那就要坚持，成功最终会敞开胸怀！

使人痛苦的原因很多，或者来自感情生活的挫折或不幸；或者来自理想追求的挫折；或者来自丧失亲友的悲痛等。无论由何种原因引起的痛苦，其共同的情绪体验是陷入情感上的悲哀、矛盾、忧虑而不能自拔。因此，要消除痛苦的情绪，首先必须战胜自己。

再苦也要笑一笑

让自己陷入痛苦之中，对解决问题无任何补益，会使情绪更糟糕。相反，学会劝慰自己，我们就会重新振作起来。

有抗争的能力就有希望

有两个人同时到医院去看病，并且分别拍了X光片，其中一个原本就生了大病，得了癌症，另一个只是做例行的健康检查。

但是由于医生取错了照片，结果给了他们相反的诊断，那一位病况不佳的人，听到身体已恢复，满心欢喜，经过一段时间的调养，居然真的完全康复了。

而另一位本来没病的人，经过医生的宣判，内心起了很大的恐惧，整天焦虑不安，失去了生存的勇气，意志消沉，抵抗力也跟着减弱，结果还真的生了重病。

看到这则故事，真的是令人哭笑不得，因心理压力而得重病的人是该怨医生还是怨自己呢？

乌斯蒂诺夫曾经说过：“自认命中注定逃不出心灵监狱的人，会把布置牢房当做唯一的工作。”

以为自己得了癌症，于是便陷入不治之症的恐慌中，脑子里考虑更多的是“后事”，哪里还有心思寻开心，结果被自己打败。而真的癌症患者却用乐观的力量战胜了疾病，战胜了自己。

在不断的生活斗争中，每一个人都会陷入成功与失败的旋涡中，在不断挣扎与抗争中，成功者选择自己拯救自己，失败者相信神会眷顾他，当他这个信念与现实不符时，最终他会选择自我迷茫。

在不断与生活进行着抗争时，只有自己能拯救自己，只要有一丝的抗争勇气，就有一丝的成功希望。自人类出现以来，我们就不断地在与大自然进行着斗争，与其说是适者生存，还不如说是在这场斗争中，胜利的是人类。

在崎岖的生活之路上，我们需要不断地与环境斗争。其实，敌人就是那样，关键在于你是否已经从心底否定了自己，要是这样，再舒适的环境也不会造就一个成功者。

实际上，战胜困难要比打败自己相对容易，所以有人说：“我”是自己最大的敌人。战胜自己靠的是信心，人有了信心就会产生力量。

再苦也要笑一笑

人与人之间，弱者与强者之间，成功与失败之间最大的差异就在于意志力量的差异。人一旦有了意志的力量，就能战胜自身的各种弱点。

任何时候都要充满激情

人基本上可以分为两种：乐观的和悲观的。平庸的人往往缺乏自信，而自己不相信自己，自己看不起自己的人，对自己的前途一般都会感到悲观失望。

这些人往往会为自己吃不开寻找一个开脱的理由：“我的运气不好”、“我没有一个好爸爸”、“我家住在黄土高坡”。久而久之，甚至对自己也产生了怀疑：“我不太精明”，“我不够漂亮”，“我不够好”，“谁都比我强”，“我这辈子可惨了”。自己对自己的蔑视，是成功与失败的一道分水岭。

人只要产生了以上这种悲观失望的情绪，那么他对生活，对工作就会缺乏兴趣和激情，而激情又是催人奋发向上的一种动力。一个人在社会上有没有作为，首先要看他有没有激情。

激情兴于斗志。日本人有一个值得我们大家学习的地方，就是每天上班前，对着镜子整容并自信地大声说：“我是最棒的！”然后走向岗位，一天的精神受鼓舞。现在很流行的蹦极跳也同样可以激发人的胆量和气度，一个人从百丈高的悬崖往下跳的时候，一定可以体验到死亡逼近的轮回和生死的极度快感，从中可以感到人生的美好与灿烂。

如果一个人悲观失望，成天无精打采、心神恍惚，虽然并没有受到重大打击，但就是不能进入状态，难得看到他眉飞色舞的样子，更别指望他能感染旁人。他总是按部就班，很难出大错，也绝不会做到最好。这样的人，能想象他冒风险，顶压力，克服种种困难，领导一个团队创业成功吗？

没有激情就无法兴奋，就不可能全心全意投入工作，不可能创造性地解决工作中的难题，更不可能有创业的力量和勇气，要成为团队的领袖，更是妄想。

可以说缺乏激情的人，如果他的生活不景气，那就是命中注定的。

大部分平庸的人不能说没有一点激情，但是他的那一点点激情总是消耗在太具体的事情上：上司表扬了，他会激动；商店打折了，他会激动；电视剧里破镜重圆了，他的眼泪一串一串往下流。这种激情只是一种短暂流泪的情绪，而不是一种催人奋发上进的动力，要想靠这一丁点激情干一番事业，有所作为，可以说很不现实。

再苦也要笑一笑

当我们有困惑的时候并不可怕，怕的是找不到钥匙而变得心凉；当我们在情感的路上遇到挫折并不可怕，怕的是因此而变得意志消沉；当我们遇到天灾人祸时并不可怕，怕的是因此而沉溺；只要我们有激情，只要有信心，再大的困难也过关，因为我们有一颗激情燃烧的心！

人人都应该给自己喝彩

有一位美国作家，他是靠着为报社写稿维持生活的。他给自己定了一个目标，每周必须完成两万字。达到了这一目标，就到附近的餐馆饱餐一顿作为对自己的奖赏；超过了这一目标，还可以安排自己去海滨度周末，在海滩大声为自己鼓掌、喝彩。于是，在海滨的沙滩上，常常可以见到他自得其乐的身影。

作家劳伦斯·彼德曾经这样评价一些著名歌手：为什么许多名噪一时的歌手最后以悲剧结束一生？究其原因，就是因为，在舞台上他们永远需要观众的掌声来肯定自己，需要别人为自己喝彩。但是由于他们从来不曾听到过来自自己的掌声和喝彩声，所以一旦下台，进入自己的卧室时，便会备觉凄凉，觉得听众把自己抛弃了。他的这一剖析，确实非常深刻，也值得深省。

我们鼓励所有人给自己鼓掌，为自己喝彩，绝不是叫他自我陶醉，而是为了让他强化自己的信念和自信心，正确地评估自己的能力。

当我们取得了成就，做出了成绩或朝着自己的目标不断前进的时候，千万别忘了给自己鼓掌，为自己喝彩。当我们对自己说“你干得好极了”或“真是一个好主意”时，我们的内心一定会被这种内在的诠释所激励。而这种成功途中的欢乐，确实是很值得我们去细细品味的。

人生本来就需要得到鼓励和赞扬。许多人做出了成绩，往往期待着别人来赞许。其实光靠别人的赞许还是不够的，何况别人的赞许会受到各种外在条件的制约，难以符合我们的实际情况或满足我们真正的期盼。如果要克服自卑感，增强自己的自信心和成功信念，那么就不妨花些时间，恰当地自己为自己喝彩。

再苦也要笑一笑

一个不信任自己的人，一个悲观处世的人，一个只是把自己的成果当做侥幸的人，不可能成为吃得开的成功者。生活中，一个成功者善于爱护和不断地培育自己的自信心，懂得如何“给自己鼓掌”。

让我投降是绝不可能的

清晨，一个士兵正端着枪巡逻，当他转过城堡的拐角时，迎面撞上一个也端着枪的士兵，从装束上很容易看出，那正是敌军的士兵。两人相距只有不足两米远，他们几乎同时将枪口对准了对方的胸膛。

这么近的距离，不管谁先开枪，打死对方的同时，自己肯定也会被对方打死，动起手来只能是同归于尽。要想保住性命，就需有一方投降。

这是一场意志力的对抗。双方就这样无声地对视着。

他们对峙的时间只有十几秒钟，但他们都感觉时间是那么的漫长。

这名士兵咬紧了牙关，他的头脑里只有一个念头：必须有一方投降，但投降的绝不是我！

他看见自己的“敌人”先是呼吸急促，然后是大汗淋漓，接着是双手失控——枪掉到了地上，最后是腿软绵绵地跪在了地上，举起了双手。

很多时候，我们面对的并不是你死我活的敌人，而是我们自己的妥协。对于我们心中的妥协意念，绝对不能投降。你投降了，妥协就占据了上风。不认输，不放弃是一种强烈的获胜信念。信念是一种巨大的动力，它可以推动我们去做别人认为不可能成功的事情。生命是一艘巨轮，只要我们的信念不沉没，我们的船就永远不会沉没。

几千年来，人们一直认为要在4分钟跑完1英里是件不可能的事。但在1954年，著名的短跑名将罗杰·班纳斯特却做到了。

他之所以能创造这项佳绩，一是得益于体能上的苦练，二是归功于他精神上的突破。在此之前，他曾在脑海里多次模拟4分钟跑完1英里，长久下来便成为一种强烈的信念，因而对神经系统犹如下了一道死命令，必须完成这项使命。

他果然做到了大家认为不可能成功的事。谁也没有想到，在班纳斯特打破纪录的第二年里，竟然有近400人先后也都达到这项记录。

在对有价值的目标的追求过程中，充满着各种令人沮丧和感到危险的磨砺。假如我们身陷不测，与强盗歹徒展开生死搏斗，只有把他打倒，我们才能够活命。那么这时我们不可能再去请教拳击教练、柔道专家，我们唯一能做的就是舍命拼搏，而往往会取得胜利。

再苦也要笑一笑

毫无疑问，一个想要拥有成功的年轻人，倘若没有一股不服输、永不放弃的信念，不能冲破一切障碍，那他终究只能是个失败者。

Art·K
DESIGN COMMUNICATION ART·K
Copyright ©by www.iartk.com All Rights Reserved
URL:http://www.iartk.com / mail:iartk@paran.com

第14章

认识自己，活出真我风采

认识自己，就好像我们多了一双睿智的眼睛，时时给自己添一点远见、一点清醒、一点对现实更为透彻的体察与认知。借这份认知，可以少干很多日后追悔莫及的事情。经常把“自己”放在嘴里嚼一嚼，并不比捶胸顿足、以头抢地多费力气。

认识了自己，才能了解别人

你想了解别人吗？那么，先问问自己是否了解自己。

常言道："知己知彼，百战不殆。"一个人如果想了解别人，就必须先了解自己，只有当你清楚地了解自己是个什么样的人，并能够正确地对自己做出评价，那么，我们才能去评价别人。

有一位老师，常常教导他的学生说：人贵有自知之明，做人就要做一个自知的人。唯有自知，方能知人。有个学生在课堂上提问道："请问老师，您是否知道您自己呢？"

"是呀，我究竟知道自己吗？"老师想，"嗯，我回去后一定要好好观察、思考、了解一下我自己的个性、我自己的心灵。"

回到家里，老师拿来一面镜子，仔细观察自己的容貌、表情，然后再来分析自己的个性。

首先，他看到了自己亮闪闪的秃顶。"嗯，不错，莎士比亚就有个亮闪闪的秃顶。"他想。他看到了自己的鹰钩鼻。"嗯，英国大侦探福尔摩斯——世界级的聪明大师就有一副漂亮的鹰钩鼻。"他想。

他看到自己具有一副大长脸。"嗨！大文豪苏轼就有一副大长脸。"他想。

他发现自己个子矮小。"哈哈！拿破仑个子矮小，我也同样矮小。"他想。

他发现自己具有一双大撇鳖脚。"呀，卓别林就有一双大撇鳖脚！"他想。

于是，他终于有了"自知"之明。

"古今中外，名人、伟人、聪明人的特点集中于我一身，我是一个不同一般的人，我将前途无量。"第二天，他对他的学生这样说。

这个故事幽默之中充满了讽刺意味，这样的"自知"还不如"不知"。我们所说的自知是真正地分析、了解自己身上所具有的特点，更多的是自己内在的东西，而不是外在特征。例如，当我们遇到事情不急不躁，仍能十分冷静，说明我们是一个沉着、冷静的人；当我们遇到遇事急躁、手忙脚乱的人，我们会发现他与自己的不同，这样我们就可以评价他是一个浮躁的人。

再苦也要笑一笑

正确认识自己是了解别人的前提，没有自知之明的人，不可能了解自己，更谈不上去了解别人。

先认识自己，再去讨论生活

当我们在生活中迷惘的时候，我们首先做的不应当是讨论生活本身的公平与否，讨论自己机遇的好坏与否，这个时候最应当做的是研究自己，从而认识自己，真正了解自己的内心世界，了解自己的信念并且坚定自己的信念。

毫无疑问，研究自己的目的就是为了更清楚地认识自己，找到与自己的素质相对应的目标，凭着自己素质上的信号找到这一目标后，才能攻其一点，攻出成果，由此及彼，不断扩大。认识自己，找到最适合我们的位置，开发属于我们的领域，这是走向成功的一条捷径。

专家研究显示，人的智商、天赋都是均衡的，或许我们在某一方面有优势，但不一定在别的方面能够赢过人家。有优势的同时就会存在劣势。

有的人在未发现自己的才能时，往往不能把握自己的长处，学无成就，做无成果。这可能是因环境条件或形势的迫使而不能显示自己的才能，如同黑夜行路，坎坎坷坷。

客观地认识自己，知道自己的长处，找到自己的发展方向，走一条适合自己的路，这对于我们的成功，有着事半功倍的效果。相反，如果我们在一个不擅长的方面辛苦拼搏，成效可能不会很大，甚至无功而返。

达尔文在《自传》中表明，正因为他对自己的深刻认识，才使他把握住自己的素质特点，扬长避短，做出了突破性的成就。他十分谦逊又自信地谈到自己："热爱科学，对任何问题都不倦思索、锲而不舍，勤于观察和收集事实材料，还有那么点儿健全的思想。"但又认为自己的才能很平凡："我的记忆范围很广，但是比较模糊。""我在想象上并不出众，也谈不上机智。因此，我是蹩脚的评论家。"他还对自己不能自如地用语言表达思想深感不满："我很难明晰而又简洁地表达自己的思想……我的智能有一个不可救药的弱点，使我对自己的见解和假说的原始表述不是错误，就是不通畅。"伟大的马克思有许多天赋，但他在写给燕妮许多诗后，发现自己并不具备杰出的诗才，并作了深刻的自我解剖："模糊而不成形的感情，不自然，纯粹是从脑子里虚构出来的。现实和理想之间的完全对立，修辞上的斟酌代替了诗的意境。”作家朱自清也曾分析过自己缺乏小说才能的短处，他在散文集《背影》自序中说：“我写过诗，写过小说，写过散文。25岁以前，喜欢写诗，近几年诗情枯竭，搁笔已久……我觉得小说非常地难写，不用说长篇，就是短篇，那种简洁的、严密的结构，我一辈子也写不出来。我不知道怎样处置我的材料，使它们各得其所。至于戏剧，我更始终不敢染指。我所写的大抵还是散文多。”

其实，每个人都具有自己的某种优势，都有适合自己的工作、事业。同时，人不是完人，不可能在每个领域都十分突出，有时候甚至缺陷十分明显。不同的人，生理素质、心理特点、智能结构等必然千差万别。有的多条理，善于分析；有的多灵气，富有幻想；有的擅巧计，能于谋略；有的富形象，善于表演。只要比较准确或大致对应地找到自己的成功目标或方向，我们的机遇就或早或晚、或近或远存在于这个方向的轨迹上。

再苦也要笑一笑

朋友们，让我们先来好好地认识自己。也许我们对数字不敏感，或记不住那么多的外文单词，但我们在处理事务方面却有着自己的专长，能知人善任、排忧解难，有高超的组织能力；也许我们连一张椅子都画不好，但我们却有一副动人的好嗓子；也许……所以做人，先认识自己，认识自己的长处，如果能扬长避短，认准目标，抓紧时间把一件工作或一门学问认真地做下去，自然会结出丰硕的成果。

给自己定位，明确人生方向

对自己的认识不是一次可以完成的，不仅要建立在反馈基础上的自我动态调节，也要借助别人对自己的中肯意见。

有两件学林轶闻值得我们深思。一是著名的史学家方国瑜。他小时除刻苦攻读学堂课程外，还利用节假日跟从和德谦先生专攻诗词。他钦佩李白、羡慕苏轼，企望自己有朝一日也能成为一名诗人。但一晃六七年，却始终未能写出一篇像样的诗词。1923年，他赴京求学，临行时和德谦先生诵玉阮亭“诗有别才非先学也，诗有别趣非先理也”之句以赠，指出他生性质朴，缺乏“才”、“趣”，不能成为诗人，但如能勉力，“学理”可就，将能成为一个学人。方国瑜铭记导师深知之言，到京后，师从名家，几载治史，就小有成就，后来著成《广韵声汇》和《困学斋杂著五种》两本书。从此他立定志向，终生从事祖国史学研究。

著名史学家姜亮夫也有类似经历。20世纪20年代，他考入清华大学研究院。当时他极想成为“诗人”，把自己在成都高等师范读书时所写的400多首诗词整理出来，去请教梁启超先生。不料梁启超毫不客气地指出他囿于“理性”而无才华，不适宜于文艺创作。姜亮夫回到寝室用一根火柴将“小集子”化成灰烬。诗人之梦醒了，从此他埋头攻读中国历史、语言、楚辞学、民俗学等，取得一系列成果。可谓“失之东隅，收之桑榆”。

在现实生活中，人们往往忘记自己的存在，忘记对自己的关爱，从不去问“我从哪里来，我到哪里去”之类的问题，偶尔想起，也不过茫茫然一片空白。

在人生这个舞台上，正可谓：乱哄哄，你方唱罢我登场，反认他乡是故乡；甚荒唐，到头来都是为他人作嫁衣裳。

要给自己一个准确的定位，就要探讨认识自己的问题。这里所说的认识并不是像曹雪芹在《红楼梦》中所讲的道理一样，对于那些身外之物我们还是应该去追求的。我们不反对去追求“身外之物”，更不鼓励人们这辈子禁欲，下辈子进天堂享福。

正好相反，我们要极力鼓励人们去追求现实的身外之物，因为毕竟只有这些身外之物才能反映出我们今生今世过得好不好，才能看出我们这辈子活得值不值。但同时我们也绝对不赞同将这些身外之物当做唯一。那些将身外之物当做唯一的人，当追求得到满足后，又会很迷茫，结果是找不到“自己”，不知该往哪里去，于是会堕落，寻求感官享受。

可见人必须清楚地认识自己，不但要建设极大丰富的物质家园，同时还需要建设自己的精神家园。做人固然要追求物质，但在追求物质的同时，一定要有精神。没有精神，任何物质都经不起人们的推敲，没有精神，任何物质都无法使人得到最大的满足。

人首先应该给自己一个定位，自己到这个世界上来究竟是干什么的，必须有个十分清晰的描述，离开了这个描述，人就会迷茫，就会失去前进的方向，就会在一个个十字路口徘徊，这样的人生是没有意义的。

研究自己的目的就是更清楚地认识自己，找到与自己的素质相对应的目标，凭着自己素质上的信号找到这一目标后，才能攻其一点，攻出成果，由此及彼，不断扩大。

再苦也要笑一笑

"认识你自己"被公认为希腊哲人最高智慧的结晶。一个不断经由认识自己、批判自己而改造自己的人，智慧才有可能渐趋圆熟而迈向充满机遇之路。

更多的出路，在于找到长处

春秋战国时期，鲁国有一个人，他特别擅长打草鞋，他的妻子纺的白绸特别漂亮。他们在鲁国生活得并不开心，于是想搬到越国去。

有个从越国来的人告诉他说："你们到了越国，一定会变得很穷的。"

鲁国人很奇怪地问是什么原因。

这个人解释说，打草鞋是为了给人穿的，而越国人并不喜欢穿鞋，他们通常都赤脚走路；织的白绸是为了用来做帽子的，但是越国人也不喜欢戴帽子，而特别喜欢披着长发。如果你们搬到不能施展自己才能的国家去，必然会受穷。

人们要学会发挥自己的长处，要在自己能够发挥长处的地方活动，否则很容易把自己的长处变成短处。其实人们如何选择和自己的知识背景有很大的关系。因为有些对于某人来说不是资源的东西，对于别人来说可能就是大资源。因此，人们应该开阔自己的视野，看得多、经历得比较多，才有可能有更多的出路。

从前有个宋国人特别擅长配制防治冻手的药，他家祖祖辈辈都是靠这种药涂抹在手上，然后给别人漂洗棉絮来过日子。

有一个外乡人听说了这件事情，便找到这个人愿意以一百两黄金买他的药方。宋国人很快把全家人招在一起商量该怎么办。最后的结果是自己家祖祖辈辈都干漂洗棉絮的活儿，一年到头也不过赚几两黄金。现在只要出售这个药方就可以一下子得到一百两黄金，那就把药方卖给他吧！

那个外乡人得到药方后，立即去拜见吴王。向吴王夸赞这种药如何如何有用。这个时候正好越国出现内乱，吴王就派这个外乡人跟随他的部队去讨伐越国。当时正是寒冬季节，由于他的药很管用，尽管天气很冷，但是吴军丝毫没有受到影响，他们和越国军队进行水战，最后将越国军队打得落花流水。吴王得胜后特别高兴，立即就割出一块土地封赏给了这个献药方的人。

这种药能够让手不皲裂，功用始终是一样的。但是，有的人可以利用它得到封赏，而有的人虽然拥有它却依然避免不了继续做漂洗棉絮的苦活，这就是因个人眼界不同造成的。因此人们要学会开阔眼界，眼界越开阔，选择的机会越多，成功的可能性就会越大。

人们要寻找到适合自己的事情做也必须懂得不断学习。从来就没有一生下来就什么都知道的人，人都是在有意或者无意地学习，并且将学到的东西用于实践。对于一个人来说，学习永远都是必需的，尤其是现代社会，知识更新得很快，如果人们还抱残守缺，将自己以前的陈年知识作为炫耀的资本，而不思汲取新的知识，那么必然会很快失败。

再苦也要笑一笑

我们掌握的知识越多，思路就越开阔，所能做的事情就越多，自然就越有希望生活得比其他人都好。

客观地评价，重新找到自我

自我，是“神圣的灵魂的东西”。每个人的“我”就是每一个人的自我，而每个人都应该正确地认识自我，大胆地挑战自我，更好地塑造自我，无往而不胜地战胜自我。

认识自我，就是要客观地评价自己，认清自己的优势和劣势，发现自己与众不同的潜力；认识自己的生理特点，认识自己的理想、信念、价值观、兴趣、爱好、能力、性格等心理特征。通过对自我的深刻认识，会了解自己所具有的真正价值，从而把自己的价值发挥到极致。

而“自我”这一命题，看来是一个很有限的东西，与天空和大地相比，是无比渺小的。但就认识的难度而言，却又是一个无边无际的深不可测的海洋。世上最困难的事情就是认识自己，要想全面而深刻的认清自己，必须找到一个很好的突破口。

1994年，心理学家日莫曼提出了著名的关于自我意识和自我监控“WHWW”结构。即“Why”（为什么）、“How”（怎么样）、“What”（是什么）、“Where”（在哪里）。日莫曼认为自我意识和自我监控可以从“为什么”、“怎么样”、“是什么”和“在哪里”这四个基本问题上来进行分析。

“为什么”即动机，是对是否参与所解决的任务进行决策，体现了个体内部资源的特性。

“怎么样”即方法、策略，是对所解决任务的方法、策略进行决策，体现了个体计划与设计的特性。

"是什么"即结果、目标，是对所解决的任务取得什么样的结果和达到什么样的目标进行决策，体现了个体自我觉察的特性。

"在哪里"即情境因素，是对所解决问题的情境中的物理因素和社会因素进行决策和控制，体现了个体敏锐与智慧的特性。

由此可见，按照日莫曼"WHWW"结构，自我意识和自我监控具有动机自我意识和自我监控、方法自我意识和自我监控、结果自我意识和自我监控以及环境自我意识和自我监控这四维结构。

在认识自我这一问题上我们也可以套用这一结构，我们可以从这四个维度来认识自己。看看自己在哪一个维度存在欠缺，从而对自己重新进行设计。

一个情绪化很严重的人，他可能具有极高的智商，可如果他在"为什么"这个维度有欠缺，也就是说，他缺乏成功的动机和欲望，那么，很难开发出他的智慧潜能。同理，在"怎么样"上有欠缺的人，可能整天奔波，却总是事倍功半；而在"是什么"这个维度上有欠缺的人则不能合理地评估和判断事情的结果和结果对其人生的重要意义，以致成功会和他失之交臂；"在哪里"上有欠缺的人，对社会环境以及自己在环境中所处位置缺乏足够的认识，容易高估或者低估自己的能力，从而导致自负或者自卑的消极情绪。

这四个维度就是认识自我的魔镜，只有在这四个维度上对自己都有正确的判断和评价，才能更好地调整自己，不断完善自己，使自己立于不败之地。

再苦也要笑一笑

认识自己，就好像多了一双睿智的眼睛，时时给自己添一点远见，一点清醒，一点对现实更为透彻的体察与认知。借这份认知，可以少做很多日后追悔莫及的事情。经常把"自己"放在嘴里嚼一嚼，并不比捶胸顿足多费力气。

你也一定能，轻松摆脱自卑

摆脱自卑，其实就是放弃丧失信心的自我。丧失自信一般可分为两种情况：一种是暂时性丧失信心，一种是与生俱来的自卑感。自卑感并非无法摆脱，就怕你不去摆脱。纵观世上，许多成功者都是在克服了自己的自卑心理后走向成功的。他们能，我们也一定能。

在摆脱自卑树立自信的过程中，我们要认清自己的自卑属于前面提到的哪一种，才能找到适合自己的方法。

诺贝尔化学奖的得主法国科学家维克多·格林尼亚就是从前一种自卑走向成功的。格林尼亚出生在一个百万富翁的家庭，从小过着奢华的生活，养成了游手好闲、挥金如土、盛气凌人的放荡公子的恶习。凭着自己英俊的外表，阔绰的身价，任意地玩弄女人，直到遭到一次打击，他的人生才转变了方向。

在一次午宴上，他对一位从巴黎来的优雅美貌的女伯爵一见倾心，于是像见了其他艳丽女人一样追上前去。这次，他遭到了冷言冷语："请离我远一些，我最讨厌被花花公子挡住视线！"女伯爵的轻视与讥讽，第一次使他在众人面前羞愧难当。此刻，他觉得自己是那样渺小，那样龌龊不堪，那样被人厌烦，一种强烈的自卑感油然而生，他的另一个自我被唤醒了。

他含羞离开了家，只身来到里昂，在那里隐姓埋名，开始走上求学之路。他进入里昂大学做了插班生，并且不再参加任何社交活动，整天在图书馆和实验室里苦读。他的钻研引起有机化学权威菲得普·巴尔教授的注意，开始给他指点。在名师的指引和自己不懈的努力下，终于发明了"格式试剂"，并且发表了200多篇学术论文，被瑞典皇家科学院授予1912年度诺贝尔奖。

是打击唤醒了维克多·格林尼亚的自卑心理，而这种自卑心理驱使他改变自己，抛弃过去的自我，开始一个新的自我，最终战胜自卑，从一种沉迷的人生走向一种成功的人生。

不论是哪一种自卑，都是能够摆脱的，只要我们找到一种适合自己的方法。下面是供朋友们参考的一些途径：

（1）要正确评估自己。我们可以尝试把自己的价值写在一张纸上，然后进行客观的分析。例如，会写文章、善于应酬、巧舌如簧、有好人缘、会设计图纸、懂得书法等。如此一列，我们就会发现自己原来颇有能力，和同龄人比较，还有很多优势呢。

（2）要严格要求。自己存在的问题，必须认认真真地正面解决。假如我们怕在大庭广众下讲话，就找机会在大众前多讲话。假如我们觉得应该向上司要求加薪，就毫不迟疑，立刻写加薪报告。不管结果如何，总比闷在心里好得多。

（3）要大胆开展工作。与其在心里想，还不如立即行动。我们将因完成了工作，而逐步建立起自信。有了自信，不但能得到物质的报偿，还可以获得社会的肯定。这是一种良性循环：自信帮我们完成工作，工作的完成又让我们更加自信。这种良性循环又成了向成功迈进的润滑剂，我们将顺利担当更大的责任，走上更重要的岗位。

再苦也要笑一笑

人要对自己充满信心，告诉自己：我是最好的！也不能过于随心所欲，人要学会自控。其实成功者之所以成功，并没有太多的秘诀，除了要学会自控外，有时只不过比常人思路宽广一些罢了。凡事多转个念头，非但不会浪费时间，反而会使自己对未来有更安全的把握，从而更加容易达到成功的彼岸！

生命很珍贵，存在就有价值

生活中很多人都不能正确地认识自己，经受一些挫折、一点打击，就悲观失望、垂头丧气、怨天尤人、惊惶失措。甚至因为不能正确地认识自己，在极度悲观中绝望轻生，这样的例子，古今中外，不胜枚举。

让我们看一看梵·高吧！

文森特·梵·高是荷兰梵·高家族的一分子，他的家族几乎垄断了荷兰美术市场的画商，他的父亲是一个小镇受人敬重的牧师，而他最初的愿望就是能够做一个很好的布道者，能够为人们传播福音。

他在叔叔的一个画店里工作，这样他可以挣钱养活自己，他甚至很可能成为他叔叔的继承人来继承一大笔财产，而他却放弃了这里，选择了离开。

1869年，梵·高跟随欧洲一个有名的艺术品商人哥比尔开始经商，而那时的梵·高由于年龄小，脾气暴躁，在推销艺术品时，经常和雇主争吵，于是被哥比尔解雇了。

梵·高来到英国，在伦敦一家规模很小的寄宿学校教法文。由于他没有及时收缴贫穷学生的学费，受到牧师的责骂，离开了寄宿学校。

1881年，28岁时的梵·高成了一个世界上最孤独的人。也就是这时，他开始画画了，他画了一张又一张比利时矿工的素描。他基本上不懂绘画的技法，当然也没有人来买他画的画。

1886年2月，梵·高前往巴黎与弟弟提奥同住。提奥在当时已是小有名气的画商了，他十分推崇印象派和新印象派、后印象派画家。在弟弟的介绍下，梵·高结识了高更、贝尔纳、劳特累克、毕沙罗、修拉等画家。这一时期的梵·高深受印象派绘画的影响，画面变得明亮清新，并运用了如点彩法等的一些印象派技法。同时，他也开始了著名的自画像的创作。

1888年年初，35岁的梵·高厌倦了巴黎的城市生活，来到法国南部小城阿尔寻找他向往的灿烂的阳光和无垠的农田，他租下了“黄房子”，准备建立“画家之家”。他的创作也进入了巅峰。《向日葵》《夜间咖啡座——室外》《夜间咖啡座——室内》都是这一时期的代表作。但他依然只能靠弟弟提奥的资助生活。

在绘画这一职业追求中，如果得不到别人的赞许和认同是很难支撑下去的，但是他得到更多的是打击。在梵·高最艰苦的阶段，他每个月的最后几天都躺在床上，以此来化解饥饿的威胁，我们可以想象这种生命的历程是多么让人心酸。

当时，上流社会的绅士们需要的是一些精致的小肖像画，或者是完美的风景画。他们喜欢忧伤的油画。

一次，一位上流社会的少妇看到梵·高的油画很轻蔑地说：“我很高兴把这种东西称作艺术。”面对莫名其妙的嘲讽，梵·高从没有消沉过，他不会放弃自己的艺术追求。

37岁时，梵·高画出了《圣莱米痛苦的疯子》。

然而，梵·高的画在当时却无法得到上流社会和收藏家的青睐，他的画作在那些人眼中就像废纸一样一文不值。一次一次的失败和打击，梵·高渐渐变得孤独起来。他觉得自己是一个真正的失败者，他开始颓废、失望甚至绝望了。

他疲惫了、厌倦了，再也没有勇气面对生活给他的所有折磨和苦难，他决定离开这个嘲弄他的可悲的世界。于是，梵·高用手枪结束了自己的生命。

一次又一次的失败和打击，使梵·高无法正确地认识自己，他在失败面前退缩了，以致没有生活下去的信心和勇气。

梵·高自杀后，人们在他身上发现了一封信。他在信中写道：“说到我的事业，我为它豁出了我的生命，因为它，我的理智已近乎崩溃。”

1914年，梵·高书信集出版，梵·高的一生渐渐被全世界的人所知。1934年，《渴望生活——梵·高传》出版，梵·高的故事感动着全世界的人。

今天，梵·高已成为举世闻名的艺术大师。可惜他自己已经无法得知了。

其实，生命的逝去并不足以让人变得崇高，只能给活着的人以痛苦或者惋惜。无论生活是幸运还是不幸，我们都应该乐于看到它，这是生活的真实体现，是生的证明，是自己存在的一种体验。生命是不堪追问的，我们也无法预言下一刻会得到什么，因为每个人都知道，我们只不过在探索生命的意义，释放我们自己的能量。

梵·高经历了那么多磨砺，他的作品就是他的肉体和灵魂，为了它，他甘愿冒失去生命和理智的危险。然而他还是没有真正认识到自己的存在价值，对自己缺乏信心，认为自己始终就是一个失败者，经历了太久的跋涉，无法继续承受失败的打击，决然离去。如果他能对自己有个正确的认识和判断，能够肯定自己的存在意义，再坚韧一些，那么他自己的世界就会更精彩，也会给整个世界带来更多的惊喜。

再苦也要笑一笑

真正认识自己，并且有改变自己的勇气，那么就会像一艘即将抵达彼岸的船舶，挫折也只是船舶的压舱之物，在狂风暴雨中加大前进的马力，厄运也会助成功一臂之力，那样就会乘风破浪，最终成功地抵达彼岸。

你就是巨人，只要你有信心

欧洲有一句名言："一个人的自我思想决定他的为人。"行为是思想绽放的花朵，人们外在的言行举止，无论是自然行为还是刻意行为，都是由内心隐藏的思想种子萌芽而来。

美国皮套业的明星约翰·比奇安，曾经是一名警官，只是喜欢在业余时间做皮套。后来，他创办了全美最大的制造皮套和皮带厂家——比安奇国际公司，专供执法人员和军方使用。他也担任过亨廷顿控股公司的顾问和瑟法里公司的发言人。比安奇在这个行业有极大的吸引力，当他出现在皮套展览台时，展厅的人们排着长队，只为一睹他的风采，就像西部乡村歌星会见他的歌迷。他给别人讲过这样一个故事："信不信由你，三十八年前，我还年轻的时候，在咖啡厅干过活，我看见公司的老板进进出出，我观察他们时就问自己：什么使他们与众不同？他们在干些什么？我应当好好研究一下。我发现一件非常重要的事情——他们有一个重要的特点，就是充满信心。他们无所畏惧，他们是自信的。从那时起，我反复思考，后来发现，恐惧是许多问题的根源。你必须对自己有信心，如果你自己没有信心，任何人都无法相信你。"

莱尼特是一名普通的修理工。他的朋友们条件与他差不多，但薪水却都比他高，住在高级的住宅区。莱尼特觉得很困惑，究竟自己什么地方不如他们？在见过心理医生之后，他找到了症结所在。他发现自从他懂事以来，就极不自信、妄自菲薄、不思进取、得过且过，他总是认为自己无法成功，也从不认为可以改变这一点。于是，他痛下决心，再也不自我贬低，要信心十足。他辞掉了原来的工作，通过面试，进入一家知名的维修公司，两年之后，成为行业中的著名人士。

在上面的两个例子中，他们的成功都被他们掌握在自己的手中。一个人对自我的态度，既可以作为武器，摧毁自己，也能作为利器，开创一片无限快乐、坚定与平和的新天地。

心理学家马斯洛在《动机与个性》中提到“自我接受”这个概念。他说：“新近心理学上的主要概念是：自发性、解除束缚、自然、自我接受、敏感和满足。”我们的心灵常常因为罪恶感，以及过去和现在所犯的种种过错而自惭形秽。我们渐渐缺乏了尊敬和喜爱自己的能力。为了学习喜欢自己，我们必须面对自己的缺点，容忍自己的缺点。这并不是不思进取、懒惰或是其他什么，这只表示我们必须认识到——没有人，包括我们自己，能够100%地优秀。要求别人完美是不公平的，要求自己完美更是荒唐。所以，千万别这么苛待自己。有时候，我们要试着练习自我放松，取笑自己的某些错误，要学习喜欢自己。

不喜欢自己的人，常表现为过度地自我挑剔。适度的自我批评是有益健康的，有助于个人的发展；但超过了这个限度，就会影响我们的积极行为了。如果一个人过于自我挑剔，当他从事一件事时，他会觉得自己很笨拙、很胆怯，想到自己的种种缺点，便没有勇气继续下去。这样的话，他最大的敌人就是他自己了。《圣经》中，当耶稣遇到受折磨的人时，他不去查问为什么这些人会如此，也不会给予很多的同情，而是说：“你的罪被赦免了，回家去吧，而且不要再犯罪了。”忘记过去的错，爱自己，当我们认为自己是巨人的时候，我们才会成为真正的巨人。

再苦也要笑一笑

实际上，自信不过是一种感觉，如果我们用肯定的态度去对待，久而久之它就会变成一种实在的行动，而其他人的意见或者自己的怀疑则经常会让我们对自己的能力产生怀疑。最好的办法就是不管别人怎么说，自己尽可能地去尝试。尝试越多，便对自己的局限了解得越清楚。自己的选择就会更加贴近实际。自己能做什么不能做什么逐渐分晓，自信心自然会增加。

时时作反省，不要迷失自己

那些富于思想的哲学家们也都这么说，“我是谁，我从哪里来，又要到哪里去”，这些问题从古希腊开始，人们就开始问自己，然而都没有得出令人满意的结果。

然而，即便如此，人从来没有停止过对自我的追寻。正因为如此，人常常迷失在自我当中，很容易受到周围信息的暗示，并把他人的言行作为自己行动的参照，从众心理便是典型的证明。其实，人在生活中无时无刻不受到他人的影响和暗示。

比如，在公共汽车上，我们会发现这样一种现象：一个人张大嘴打了个哈欠，他周围会有几个人也忍不住打起哈欠。有些人不打哈欠是因为他们受暗示性不强。哪些人受暗示性强呢？可以通过一个简单的测试检查出来。

让一个人水平伸出双手，掌心朝上，闭上双眼。告诉他现在他的左手上系了一个氢气球，并且不断向上飘；他的右手上绑了一块大石头，向下坠。三分钟以后，看他双手之间的差距，距离越大，则受暗示性越强。认识自己，心理学上叫自我知觉，是个人了解自己的过程。在这个过程中，人更容易受到来自外界信息的暗示，从而出现自我知觉的偏差。

在日常生活中，人既不可能每时每刻去反省自己，也不可能总把自己放在局外人的地位来观察自己。正因为如此，个人便借助外界信息来认识自己。个人在认识自我时很容易受外界信息的暗示，从而常常不能正确地知觉自己。

曾经有心理学家用一段笼统的，几乎适用于任何人的话让大学生判断是否适合自己，结果，绝大多数大学生认为这段话将自己刻画得细致入微、准确至极。下面一段话是心理学家使用的材料，仔细阅读，是否觉得很适合自己呢？

“你很需要别人喜欢并尊重你。你有自我批判的倾向。你有许多可以成为你优势的能力没有发挥出来，同时你也有一些缺点，不过你一般可以克服它们。你与异性交往有些困难，尽管外表上显得很从容，其实你内心焦虑不安。你有时怀疑自己所做的决定或所做的事是否正确。你喜欢生活有些变化，厌恶被人限制。你以自己能独立思考而自豪，别人的建议如果没有充分的证据你不会接受。你认为在别人面前过于坦率地表露自己是不明智的。你有时外向、亲切、好交际，而有时则内向、谨慎、沉默。你的有些抱负往往很不现实。”

这其实是一顶套在谁头上都合适的帽子。

一位名叫肖曼·巴纳姆的著名杂技师在评价自己的表演时说，他之所以很受欢迎，是因为节目中包含了每个人都喜欢的成分，所以他使得“每一分钟都有人上当受骗”。人们常常认为一种笼统的、一般性的人格描述十分准确地揭示了自己的特点，心理学上将这种倾向称为“巴纳姆效应”。

巴纳姆效应在生活中十分普遍。拿算命来说，很多人请教过算命先生后都认为算命先生说得“很准”。其实，那些求助算命的人本身就有易受暗示的特点。当人的情绪处于低落、失意的时候，对生活失去控制感，于是，安全感也受到影响。一个缺乏安全感的人，心理的依赖性也大大增强，受暗示性就比平时更强了。加上算命先生善于揣摩人的内心感受，稍微能够理解求助者的感受，求助者立刻会感到一种精神安慰。算命先生接下来再说一段一般的、无关痛痒的话，便会使求助者深信不疑。

我们也有从众心理吗？是否也曾在“巴纳姆效应”中迷失自己？

再苦也要笑一笑

一个人如果想取得人生的成功，是要时常让自己反省的，反省是进步的基础，能使我们通过重重考验，到达人生的另一个辉煌；反省是取得别人帮助的前提，能使我们面前的道路畅通无阻；反省是一剂良药，使我们从失败走向成功。

真实的自我，也在别人眼中

世上的人看月亮，有人喜欢月圆的时候，也许是因为象征圆满；也有人喜欢弦月，可能是因为富有诗意；不一样的人看月亮，就会对月亮有着不一样的想法。但是，不管人们对于月亮是什么样的想法或观感，月亮终究还是得循着自己的轨迹前进，反正它永远也无法满足所有的期盼。更何况，人要怎样看月亮，对月亮有怎样的想法、观感，反映的是人们自己的状态或需求，未必是因为月亮才这样想的。至于别人看我们的眼光，常常反映的也是他们自己的心理状态：有人就是愤世嫉俗、怨天尤人，看谁都是一样不满，对我们当然也不会例外；有人过于主观，常是以偏概全，认识我们没有三分钟，就已经对我们抱有成见了；还有人根本不在乎别人，对这样的人而言，我们怎样表现都好，也怎样都不好，反正他是看自己心情说话的人。如果我们过于在乎这些人的想法，只会显示出对自己太没有自信，更是徒增自己的烦恼罢了。

当然，还有另外一些人，比如我们的父母、长辈或是朋友，他们是真心关爱、在乎我们的人。如果用心聆听他们的想法或建议，对我们自己会有很大的助益，因为他们是真心为我们着想的人。不过，即使是做父母的也未必能够完全了解自己小孩的需要，有时候父母也常会因为自己的局限，而对小孩有着某种过度期待，更别说是其他人了。所以，即使是那些爱我们的人，我们虽然能够了解、体会他们的心情，但是对于他们所做的建议、分析，还是得要经过我们自己的检讨、过滤才行。毕竟，要对自己负责，最了解自己的，往往还是自己。

这倒不是说，那些不是为我们着想的人，我们就不必在乎他们的想法了，只是说我们得清楚地知道别用情绪来回应别人个性、习惯上的不圆满，才能平心静气去接受那些对我们有益的建议。至于对那些关心我们的人，彼此的关系应该是分享与聆听，并不是遵从对方的期待而改变。对于那些真是不能接受或是无法达成的期待，还是得要适时地拒绝才行，否则就容易成为关系中造成决裂的隐藏炸弹。也有些时候，我们的理想与那些关爱我们的人相抵触，或许自己非常清楚为什么要作这样的选择，清楚地知道将来的发展，但是别人并不知道，如果我们要坚持自己的选择，也得要尽力沟通清楚才好。

总而言之，与他人的互动中，别人对于我们的所作所为，都会有他们自己的想法。在我们聆听别人的意见时，先要了解他们对我们的心情是什么，然后再仔细考量他们的建议是否适合。

再苦也要笑一笑

我们应该听听别人对自己的想法或建议是什么，但是永远要记住的是，我们无法满足所有人的期待；而且最终的目的，是透过别人像是照着镜子一样看清楚自己，然后表现出真实的自己，并不是一味地把自己塑造成别人眼中完美的形象。

不一定完美，也要全面接纳

完全地接纳自己，尊重自己，既要接受自己的优点，也要接受自己的缺点。

人不能够正确认识自己的例子，在生活中随处可见。许多人在踌躇满志的时候，又往往不敢正视自己内心的愧疚、仇恨和羞辱；在垂头丧气时，却又不敢相信自己拥有的优点和取得的成就。有些人因为自己偶尔的消极情绪而认为自己是邪恶的，于是，一蹶不振。有些人甚至因为他人对自己的不认可而自暴自弃，实在令人惋惜。

恩莫德·巴尔克曾警告人类：“以少数几个不受欢迎的人为例来看待一个种族，这种以偏概全的做法是极其危险的。”在今天，对人的个性采取以偏概全的做法，同样也是极具危险的，我们应该避免这种做法。我们对别人具有攻击性、怀有仇恨，这些感情是人性的一部分，但我们不必因此就厌恶自己，觉得自己就像社会的弃儿一般。意识到这一点，我们就能在精神上获得超脱和自由。

我们不能片面地看待自己，而应该综合考察、实事求是地了解自己、接受自己。很多人常常过分严格地要求自己，凡事都希望完美无缺。然而，我们所做的一切都不是十全十美的。我们无法要求自己完美无缺，我们只能努力把自己变成一个有很少缺点的人。我们要学会适当地宽容自己，坦然接受自己的某些缺点，这样我们才能生活得比较轻松，才能保持内心的平静。

然而，我们的进步是缓慢的、渐进的，有时甚至让人灰心丧气。

纽约的一位心理医生遇到一个病人，这个病人酒精中毒，已经为此治疗了两年。有一次，病人来看医生，要进行心理治疗。病人告诉医生说，前两天他被解雇了。当心理治疗完毕后，病人说：“大夫，如果这件事发生在一年前，我是承受不住的。我想自己本来可以做得更好，避免这类事情的发生，但却未能做到，为此我会去酗酒。说实话，昨天晚上我还这么想呢。但我现在明白了，事情既然已经发生了，就该正视它，坦然地接受它。失败就像成功一样，是人生中难得的经历，它是我们人生中不可避免的一部分。”

医生认为，病人对自己如此宽宏大度，是一个显著的进步。正像医生所预测的那样，此后，在另外一个工作领域，这个前来求医的患者取得了令人瞩目的成就。如果人们能坦然接受生活的全部，那么不论是成功还是失败，都不可能使他为之所动。

再苦也要笑一笑

每个人的性格中都有引起失败的因素，也有走向成功的因素。我们有时可以把自己想象得更好一些，有时候也可把自己想得差一点，但永远都不要再要求自己完美无缺。

向自我挑战，有缺点又何妨

如果我们不逃避现实，敢于承认自己的缺点，向自我挑战，那么，成功对于我们就为期不远了。

每个人都会有缺点，这个世界上，十全十美的人是不存在的。有些人面对自己的缺点，总是想办法遮掩，害怕别人笑话。其实，这样做反而会使人感到虚伪，不真实，也就没有人愿意与我们交往。正确的思维是坦然面对自己的缺点，不有意掩饰，敢于挑战自我，承认缺点，这样就会赢得大家的尊敬。

首先，影响一个人成功的主要缺点就是不敢与人交往。不敢与人交往可能是存在自卑心理，在现代社会这就成为阻碍一个人发展的关键。作为一个现代人，一定要树立自信，要敢于与陌生人谈话。为了能适应与不熟识的各类人打交道，在进入社会之初就应多参加人才交流会，从中接触到各种各样的人，谙熟各行人士的种种心理，那么他的自卑心理就逐渐消失，自信心也自然而然地增强。

其次，不敢在熟人面前露丑是一种不良习惯。人的许多毛病或不良习惯可能是从小形成的，也许正是这些不良习惯，让我们与成功绝缘。也许有人不会相信，一个读了几年大学的人不敢上台表现自己。害怕露丑，就永远没有机会成功。有个职员有一次被逼着去参加卡拉OK大赛，他自己也没有想到，竟然差点儿拿了奖。这一次在众目睽睽下表演虽然失败了，但是正是这大胆的第一步，让他以后敢于迈出第二步、第三步……其实，没有什么大不了的，丑媳妇总得见公婆，走出第一步，我们就自信了。

再次，敢于正视自己的缺点。“金无足赤，人无完人”，不要因有缺点而自卑。

有一个女孩，在一次偶然的会议中，她温柔的语气引起了一个小伙子的注意。给小伙子的第一感觉是，她是个纯净的、多才多艺的女孩子。尽管她相貌平平，不怎么漂亮，却使小伙子陷入了单相思。可小伙子想想自己，身材矮小、相貌一般、无德无才，凭什么去追这样的女孩？经过一段激烈的思想煎熬，小伙子终于给她寄去了一封情书。信发出后，小伙子无时无刻不在期盼着她的回音。但一个多月过去了仍无音信，小伙子的心犹如被冷水泼凉。在希望即将破灭之际，老天有眼，小伙子知道了她的电话号码。为了拨这次电话，小伙子不知道在房间里徘徊了多少次，想象着怎样和一个女孩子交谈。电话终于有人接了，她的声音出现在话筒里，是那样的温柔，而小伙子原先准备的“台词”此刻一点也没用上。怎么办呢？小伙子还是逼自己至少跟她聊上五分钟。最后五分钟过去了，他们还没有放下话筒，但是聊的不外乎是生活、学习上的一些琐事。就这样，每个周末他们通过电话线来拉近彼此的心，来了解对方。

后来，小伙子终于把她约了出来，度过了一个美妙的夜晚，感受到了初恋。

再苦也要笑一笑

上天给了我们同样的生命权，很多的机会也是均等的。世界上最大的敌人是自己，不敢承认自己的弱点而逃避现实的人，会永远与成功无缘。相反，敢于拿出勇气，向自我挑战的人，成功就为期不远了。

你是唯一的，是上帝的宠儿

世界上没有两片完全相同的树叶，人也是这样，每个人都是上帝的宠儿，都是独一无二的，所以我们应该相信自己。

我们每个人在世界上都是不可替代的。从生理学上说，每个人都具有与众不同的特征，包含DNA、指纹等。从社会学上讲，每个人的社会关系也是与众不同的。所以这个社会离不开每个人，所以我们应该自信，只有自信才能自强，只有自强才能演好自己的角色，不管是主角还是配角。

自信的人，不会自卑，不会贬低自己，也不会把自己交给别人去评判。

自信的人，不会逃避现实，不做生活的弱者，他们会主动出击，迎接挑战，演绎精彩人生。

自信的人，不会跟自己过不去，只会鼓励自己。他们既会承担责任，又会缓解压力，他们会在生活的道路上游刃有余，笑看输赢得失。

自信是一种心理状态，可以通过自我暗示培养起来。如果通过反复不断地确认，相信自己会得到自己想要的东西，然后传递到潜意识思维里面去，它就会带来这样的成功，因为自信的主要任务就是让我们实现自己想得到的人生目标。积极的自我暗示，意味着自我激发，它是一种内在的火种，一种流动快捷的自我肯定；它可以使我们的心灵欢唱，建立自信，走向成功。

自我暗示的方法很多，每个人遇到的压力不同，自我暗示的方法也不会相同。具有东方艾柯卡之称的秒目志郎曾提出达到自我暗示的六个条件，分别是：

(1) 经常输入伟人的事情。把自己推崇的伟人的资料输入自己的大脑，经常用他们奋斗的精神来激励自己。

(2) 相信语言的力量。经常用一些诸如“我能行”，“我一定能渡过难关”之类的话语来激励自己，增加自信。

(3) 了解重复的重要性。连续不断地重复，不但内心深处能相信可能性，也会让自己排除压力，充满自信。

(4) 保持强烈的欲望。若有很强的欲望，则会为了要实行的目标而付诸行动，纵使有障碍物，也绝不改变目标。不改变目标，则会改变超越障碍的方法。

(5) 决定终点线。量化目标，让自己经常品尝成功的喜悦，能有效增强自信。

(6) 设定预想的困难。事先把困难考虑到，当真的障碍物横亘面前时，便不会气馁、灰心，即使受到挫折，因为事先心理有准备，也不会轻易放弃。

日本战国时代，有一个茶道专家很喜欢装扮成武士。没想到，在街上却碰到了一个真正的武士，专家看到真正的武士走来，心虚得连忙低下头，快速地从武士身旁走过。

武士看到专家惊慌的样子，心想他一定是冒牌武士，于是就对专家说：“别走，我要和你决斗。”

专家心想，如果跟真正的武士比武，那自己一定会死在武士的刀下，但是自己是一个有名的茶道专家，绝不能死得太难看。于是，便对武士说："我有一件很重要的事要去办，等办完了这件事，我再来跟你决斗。"

武士答应了他的要求。这位茶道专家找了一位剑道师父说："我是一个茶道专家，根本不会剑术，所以我一定会被杀死的，但是我希望至少能死得像个一流的茶道专家。"

剑道师父听完专家的话，对他说："我可以教你，可是，你要先泡一壶茶给我喝。"专家想到，这可能是他这辈子最后一次泡茶了，于是用了他毕生所学，泡了一壶茶给剑道师父喝。师父喝了之后非常感动，直说这是他这一生喝过的最好喝的茶。

这时，剑道师父告诉专家说："你去决斗的时候，保持你泡茶的样子就可以了，因为这是你最优美的姿势。"专家听了剑道师父的建议之后，面对武士时便不再心虚了，并且将本身的尊严全部发挥出来。

武士看到茶道专家的气势时大受震慑，于是便要求中止两人的决斗了。

故事中的茶道专家因为对自己的专业有信心，所以才能不战而屈人之兵，以他的自信慑退了对手。

为了克服消极、否定的态度，我们应该试着采取积极、肯定的态度。如果自认为不行，身边的事也抛下不管，情况就会渐渐变得如自己所想的一样。缺乏自信时，我们更应该给自己打气。

再苦也要笑一笑

生活中，我们每个人都有自己所专长的东西，只要拥有自己在专长上的信心，去工作，去学习，去处理各种事务，效果一定会有很大的不同。

第15章

勇往直前，打造自信的习惯

强者不是天生的，强者也并非没有软弱的时候，强者之所以成为强者，在于他善于战胜自己的软弱。因此，请不要怀疑自己、贬低自己，只需勇往直前，付诸行动，就一定能走向成功。每个人都无权去轻视自己，自信是天赋的使命。当我们陷入自卑和悲观之中时，我们一定要鼓励自己坚信自我的价值，活出自己最佳的状态。

信心不足难成大事

明朝末年，有一位画家突然有一天发现自己的表情、神态发生了变化，原本端正慈祥的五官变成了一副“狡诈”、“凶恶”、“古怪”的模样，他感到十分自卑，自觉无颜见人。

为了纠正自己越来越丑的面貌，找回以前那份自信，他四处寻找名医，但都不能见效。因为无论是吃药也好，整容也好，都无法改变他那“满脸横肉、凶神恶煞、愁眉苦脸”的五官。

痛苦绝望之中，他到一座深山寺院去观摩壁画，顺便就把自己的苦恼向寺中的长老说了。长老说：我可以治你的“病”，但不能白治，你必须先做一点工——画几十幅神态各异的观音像。

画家接受了这个条件。

在众人的眼中，观音是慈祥、善良、圣洁、宽仁、正义的化身，她的面相神情，自然就是人民群众心中这些概念的形象化、典型化。

画家在绘画过程中不断研究、琢磨观音的德行言表，不断模拟她的心态和神情，达到了忘我的程度。甚至，他相信自己就是观音。

半年后，工作完成了，同时，他惊喜地发现自己的相貌已经变得神清气朗，端正庄严，心中的自卑感一下子消失，又重新充满了自信。

他十分高兴，感谢长老治好了自己的“病”。

“不，”长老说，“是你自己治好的。”

在长老的点拨下，画家才悟出了原来“变丑自卑”的病根——过去两年，他一直在描绘夜叉！

正所谓“自信因感觉而生，自卑因感觉而灭”。

这个故事不管是真是假，但是它能从一个侧面告诉我们：自信心的丧失，自卑感的产生，不是其认识上的不同，而是感觉上存在差异。其根源就是人们不喜欢用现实的标准或尺度来衡量自己，而相信或假定自己应该达到某种标准或尺度。如“我应该如此这般”、“我应该像某人一样”等等。这些追求如果脱离实际，只会滋生更多的烦恼和自卑，从而失掉自信，使自己更加抑郁和自责。

生活中类似的事例比比皆是，有些商人认为自己注定要失败，不敢抓住机会去扩大经营规模；有些专业人员总认为自己的能力和思想比同事稍逊一筹；有些成绩优秀的大学生为考试惴惴不安；有些年轻女孩迷人可爱，但与邻居的女孩相比较后，又对自己的社交能力颇感失望。这些人本来极为优秀，但在内心里却憎恶自己，他们内心焦虑不安，没有自己的主见，用别人的判断标准扼杀了自己的信心。与自己过不去，这也是许多悲剧的根源所在。

再苦也要笑一笑

失败的原因固然与能力低下、力量薄弱有关系，但如果信心不足，那么，还没有上场，我们就会败下阵来。只要勇敢地迈出第一步，我们会发现，成功原来如此简单。

信心足以支撑行动

更多的时候，人们不是败给外界，而是败给自己。俗话说：“哀莫大于心死”，绝望和悲观是死亡的代名词，只有挑战自我，永不言败者才是人生最大的赢家。

战胜自己就是最大的胜利。与其说是战胜了疾病，不如说是战胜了自己。工作不顺利时，我们常常会找种种借口，认为是领导故意刁难，把不可能完成的工作交给我；认为最近健康状况欠佳，才导致效率不高……心想偷懒，却把偷懒理由正当化，总认为期限还有三天、明天、后天拼一下，今天不妨放松一下。

我国游泳教练张健用50小时横渡渤海海峡成功了，成为世界上第一个连续游泳超过100千米的人。然而，在这成功的背后，却曾经隐藏着失败的危机，许多人因为缺乏信心，往往在最后一刻放弃。

实际上，战胜困难要比打败自己相对容易，所以有人说：“我”是自己最大的敌人。战胜自己靠的是信心，人有了信心就会产生力量。

再苦也要笑一笑

人与人之间，弱者与强者之间，成功与失败之间最大的差异就在于意志力量的差异。人一旦有了意志的力量，就能战胜自身的各种弱点。

信心可以调动智慧

有自信就能应对各种困难，在任何情况下，都能调动智慧去克服面临的难题。没有自信，就会在困难面前认输，败下阵来。

日本的小泽征尔有一次去欧洲参加音乐指挥家大赛，决赛时，他被安排在最后一位。小泽征尔拿到评委交给的乐谱后，稍微准备，便全神贯注地指挥起来。突然，他发现乐曲中出现了一点不和谐。

至此，他认为乐谱确实有问题。可是，在场的作曲家和评委会的权威人士都郑重声明：乐谱不会有问题，是他的错觉。面对几百名国际音乐界的权威人士，他难免会对自己的判断产生犹豫，甚至动摇。但是，他考虑再三，坚信自己的判断是正确的。

于是他斩钉截铁地大声说："不。一定是乐谱错了。"评委席上的那些评委们立即站了起来，向他报以热烈的掌声，祝贺他夺得大奖。

原来这是评委们存心设下的一个圈套，以试指挥家们在发现错误后而在权威人士不承认的情况下，是否能坚持自己的正确判断。因为只有具备这种素质的人，才能真正称得上世界一流的音乐指挥家。三名选手中，只有小泽征尔坚信自己的判断不会错，而大胆地否定了权威们的意见，因而获得了这次世界音乐指挥家优秀奖。

缺乏自信的人在权威面前只有俯首称臣，不敢相信自己，只相信权威，只有自信心极强的人才能坚持自己的看法而无视权威的存在。小泽征尔就是因为自信而取胜的。

热爱自己的生命就是要相信自己生命的价值，相信自己会获得成功。有了这一点就有了成功的机会。

韩信年轻时，一群无赖地痞故意刁难他，让他从人家的胯下爬过去。面对这种羞辱，韩信没有恼羞成怒，而是顺从地爬了过去，仍然走他的路。

为什么韩信能忍受这种奇耻大辱呢？因为他心中有更高、更大、更宏伟的目标，并且他对自己充满了自信。

美国有史以来少数几本最伟大、最具鼓励性的书籍中，有一本是克劳德·布里斯托尔所写的《信念的魔力》，是最具科学性和说服力的。他真心相信这项精神原则："只要你有坚定的信念，一切皆有可能。"

再苦也要笑一笑

死去的人不需要自信，但是要活下去，就必须拥有自信。自信就是找到自己能活在世上的模式，这个模式的风险性能由自己控制而不受别人的干扰，令自己从容地活下去。

相信自己永不言败

一个人一直坚持到最后实在是比较困难的。世界上成功者微乎甚微，平庸者多如牛毛就是最好的说明。成功的秘诀就是如此简单。因为在这个世界上，真正的失败只有一个，那就是彻底放弃，而真正相信自己的人是永远不会放弃努力的。

其实，信心的威力，并没有什么神奇或神秘可言。信心起作用的过程其实很简单：相信“我确实能做到”的态度，产生了能力、技巧与力这些必备条件，每当我们相信“我能做到”时，自然就会想出“如何去做”的方法。

我国古代有一个列子射箭的故事，颇能引人深思。

列御寇是古代一位射箭能手，他箭术高超，传说他的箭法百发百中，非常精确，在当时无人能及。

有个叫伯昏无人的人也听说列御寇是位射箭高手，但他并未亲眼见过，也不知道列御寇除了是位射箭高手之外有无别的过人之处。于是为了了解列御寇其人，有一天，伯昏无人就邀请列御寇来他的练箭场来表演箭术，同时邀请了很多当时很有威望的人一同参加。

列御寇如期而至，寒暄一番之后，在座的客人都要求列御寇表演他高超的箭术，伯昏无人也对列御寇说道：“今天大家来都是想欣赏你的箭术的，你就露两手吧。”于是列御寇换了身装束，拿出弓箭。他先表演了百步射靶，果然每一箭都正中靶心，非常精确。在座的客人都非常敬佩，纷纷拍手称好，但伯昏无人并未表示什么。

列御寇为了显示自己射箭不但精准而且稳如泰山，于是吩咐手下取了一满碗水，大家都在疑惑是否列御寇口渴要喝水时，他又拉满了弓，然后让人把碗放在自己的手腕上开始射箭。射完一箭又一箭，一箭连着一箭地射，每次箭头都射进了靶心，由于射得多了，以至于箭在靶上竟然重叠了起来，一支箭射出时，另一支箭又放在了弓弦上。这时的列御寇却丝毫未动，面无表情，专心致志地射箭，远远看去就好像一座雕塑一样。再看他手腕上碗中的水，竟一滴都没有洒出来。看到这里，在场的人先是目瞪口呆，紧接着就是一片欢呼，叫好声不断。

本以为伯昏无人会大加赞扬，谁知他却说道："你的表演非常精彩，这一点我非常敬佩。但你这只是在平常状态下射箭的箭法，我们大家并不能从中看出你的真本领。"列御寇心有不服地反驳道："那么什么状态下才能显示出真正的本领呢?"伯昏无人笑笑说："很简单，我们不在这里射箭了，我们去到最高的山峰，走过悬崖峭壁，面对着百仞深渊，在那种状态下，如果你还能射得准的话，那才是真本事啊!"列御寇同意了。

于是，一行人来到了高山，途中一些客人因害怕劳累回去了。当他们走过悬崖峭壁时又有一些人畏高而退却了。再往前走时，除了伯昏无人和列御寇之外，已经没有几个客人了。终于临近了百仞深渊，这时列御寇拉弓就要射，伯昏无人说道："不要着急，我们还没到。"跟着来的几位客人都远远地站在后面不敢往前一步，而列御寇虽说跟着伯昏无人临近深渊，但其实也已非常勉强了。再看伯昏无人，只见他从容不迫地背对着百仞深渊倒退着一步一步地走了过去，每走一步都是那么坚定和自信，从不回头看一眼，直到自己的脚跟已经差不多有两分悬空于悬崖外时，他向列御寇招手示意他往前走，并说这里才是射箭的地方。而此时的列御寇全然没有练箭场上的威风和镇定了，他已经吓得站不住了，匍匐在地上，汗水从头顶直流到脚跟，而且再也不敢朝悬崖这边多看一眼。

于是，伯昏无人走了回来说道："最高超的人，能够上窥青天，下潜黄泉，奔放到极远的地方而神色不变。现在你恐惧之情表露在眼目之中，可见你的内心实在是不坚强啊!"

列御寇虽有精湛的射技，但在临危之时因为缺乏足够的自信却不能发挥正常水平了。

的确，看来任何高超技艺的发挥，都不单纯依靠技巧的娴熟与高明，还要看当时外界环境的影响。当外界环境发生变化时，除高超的技巧外，优良的心理素质，对自己的足够自信就起着十分重要的作用了。

因而，人们除了掌握精湛的技艺外，还必须具备临危不惧的气魄和坚定的自信心，只有这样才能在任何情况下都能发挥最好的水平。

再苦也要笑一笑

从无数的事例中，我们可以悟出这样一个道理：人们任何时候都要记住，只有自信的性格才能够让我们自己拯救自己。

自信的人拥有勇气

一个人的成就决不会超出他自信所能达到的高度。

据说拿破仑亲率军队作战时，同是一支军队的战斗力，便会增强一倍。原来，军队的战斗力在很大程度上基于士兵们对统帅的敬仰和信心。如果拿破仑在率领军队越过阿尔卑斯山的时候，只是坐着说："这件事太困难了。"毫无疑问，拿破仑的军队永远不会越过那座高山。拿破仑的自信和坚强，使他统帅的每个士兵增加了战斗力。所以，无论做什么事，坚定不移的自信力，都是达到成功所必需的和最重要的因素。

有一次，一个士兵快马加鞭给拿破仑送信，由于马跑得太快，在到达目的地之前猛跌了一跤，那马就此一命呜呼。拿破仑接到了信后，立刻写封回信，交给那个士兵，吩咐士兵骑自己的马，从速把回信送去。

那个士兵看到那匹强壮的骏马，身上装饰无比华丽，便对拿破仑说："华美强壮的骏马不配给我这样下等的士兵享用。"拿破仑回答道："世上没有一样东西，是法兰西士兵所不配享有的。"

生活中到处都有像这个法国士兵一样的人。他们以为自己的地位太低微，别人所拥有的种种幸福，自己不会拥有，也不配享有。而正是处于这种心理，他们往往不求上进、自甘平庸，渐渐地也就真的不配享有他们永远不会拥有的东西。

然而，更多时候，自信可以让我们充满勇气。

有一位奇怪的经理，他给自己的下属定了一条规矩：不准走入公司的一个房间，否则开除。

其他员工都照他说的做了，只有一人，他好奇地走了进去，发现房间里只有一张桌子，桌子上只有一封信，信上写着：给经理。

这名员工把信给了经理，经理笑着说："从现在起，你就是我的助理了。"员工很疑惑，经理解释说："我已经等了两年了，只有你有勇气走进去，把信拿过来。"

在这个故事里，勇气也给人带来意外的机会。

其实人生又何尝不是如此呢？在面对各种挑战时，也许失败的原因不是因为势单力薄，不是因为智能低下，也不是没有把整个局势分析透彻，而是把困难看得太清楚，分析得太透彻，考虑得太详尽，才会被困难吓倒，举步维艰。倒是那些没把困难完全看清楚的人，更能够勇往直前。

再苦也要笑一笑

一个人缺乏勇气，就会陷入不安、胆怯、忧虑、嫉妒、愤怒的旋涡中。要消除这些不良心态，只有一种解药——勇敢的精神。勇气是世界上无所不能的武器，有了它，自信也随之而来。

不要沉浸在自卑中

在现实生活中，我们每个人都或多或少存在着自卑，但是自卑并不可怕，可怕的是沉浸在自卑当中而丧失了追求成功的勇气。

强者不是天生的，强者也并非没有软弱的时候，强者之所以成为强者，在于他善于战胜自己的软弱。因此，请不要怀疑自己、贬低自己，只需勇往直前，付诸行动，就一定能走向成功。

从前在美国有个人，相貌极丑，街上行人都要调头对他多看一眼。他从不修饰，到死都不在乎衣着。窄窄的黑裤子，伞套似的上衣，加上高顶窄边的大礼帽，仿佛要故意衬托出他那瘦长条的个子，走路姿势难看，双手晃来荡去。

他是小地方出生的人，尽管后来身居高职，但直到临终，举止仍是老样子，仍然不穿外衣就去开门，不戴手套就去歌剧院，总是讲不得体的笑话，往往在公众场合忽然忧郁起来，不言不语。无论在什么地方——在法院、讲坛、国会、农庄，甚至于他自己家里——他处处都显得格格不入。

他不但出身贫贱，而且身世蒙羞，母亲是私生子，他一生都对这些缺点非常敏感。

没人出身比他更低，但也没有人比他升得更高。

他后来任美国大总统，这个人就是林肯。

一个人有这么多的弱点而不去克服，难道也能得到像林肯那样的成就？

其实，林肯并不是用每一个长处抵每一个短处以求补偿，而是凭伟大的睿智与情操，使自己凌驾于自己的一切短处之上，置身于更高的境界。他只在一个方面，就是通过教育，来补偿自己的不足。他用拼命自修的方法来克服早期的障碍。他非常孤陋寡闻，在20岁以前听牧师布道，他们都说地球是扁的。他在烛光、灯光和火光前读书，读得眼球子在眼眶里越陷越深，眼看知识无涯而自己所知有限，总是感觉沮丧。他填写国会议员履历，在教育一项下填的竟然是："有缺点。"

可见，林肯的一生不是沉浸在自卑中，而是对一切他所缺乏方面的全面补偿。

他不求名利地位，不求婚姻美满，集中全力以求达到自己心中更高的目标，他渴望把他的独特思想与崇高人格里的一切优点奉献出来，从而造福人类。

再苦也要笑一笑

有自卑心理的人大都比较敏感，容易接受外界的消极暗示，从而愈发陷入自卑中不能自拔。而如果能正确对待自身缺点，把压力变动力，奋发向上，就会取得一定的成绩和成功，从而增强自信、摆脱自卑。

不要被自卑吓唬住

自卑，有时就像一只老虎，我们都被它吓得瑟瑟发抖，因为过度地惧怕它，一些人才一事无成。

他，从一个仅有20多万人口的北方小城考进了北京的一所大学。

他一个学期都不敢和同班的女同学说话。

因为上学的第一天，与他邻桌的女同学问他的第一句话就是：你从哪里来？而这个问题正是他最忌讳的，因为在他认为，出生于小城，就意味着小家子气，没见过世面，肯定被那些来自大城市的同学瞧不起。所以，第一个学期结束的时候，有很多同班的女同学都不认识他！

很长一段时间，自卑的阴影都占据着他的心灵：最明显的体现就是每次照相，他都要下意识地戴上一个大墨镜，以掩饰自己的内心。

她，也在北京的一所大学里上学。

她不敢穿裙子，不敢上体育课。她疑心同学们会在暗地里嘲笑她，嫌她肥胖的样子太难看。大部分日子，她都在疑心、自卑中度过。

大学时期结束的时候，她差点儿毕不了业，不是因为功课太差，而是因为她不敢参加体育长跑测试！老师说："只要你跑了，不管多慢，都算你及格。"可她就是不跑，她想跟老师解释，她不是在抗拒，而是因为恐慌，恐惧自己肥胖的身体跑起步来一定非常笨拙，一定会遭到同学们的嘲笑。可是，她连向老师解释的勇气也没有，只是茫然不知所措。她只能傻乎乎地跟着老师走，老师回家做饭去了，她也跟着。最后老师烦了，勉强算她及格。

后来，在某个电视晚会上，她对他说："要是那时候我们是同学，可能是永远不会说话的两个人。你会认为，人家是北京城里的姑娘，怎么会瞧得起我呢？而我则会想，人家长得那么帅，怎么会瞧得上我呢?”

他，现在是中央电视台著名节目主持人，经常对着全国几亿电视观众侃侃而谈。他主持节目给人印象最深的特点，就是从容自信。

他的名字叫白岩松。

她，现在也是中央电视台著名节目主持人，而且是完全依靠才气，丝毫没有凭借外貌走上中央电视台主持人岗位的。

她的名字叫张越。

自卑的形象让他们饱受折磨，而克服自卑后的形象却得到了世人的认可与尊重。这之中的反差是何等巨大。

自卑是一种消极的自我评价或自我意识，即个体认为自己某些方面不如他人所产生的消极情绪。自卑感就是个体对自己的能力、品质评价偏低的一种消极的自我意识。具有自卑感的人总认为自己事事不如人，自惭形秽，丧失信心，进而悲观失望，不思进取。一个人若被自卑感所控制，其精神生活将会受到严重的束缚，聪明才智和创造力也会因此受到影响而无法正常发挥作用。

自卑是一种性格上的缺陷。是因为过多地自我否定而产生的自惭形秽的情绪体验。其核心内容就是认为自己不如别人，无法赶上别人。自卑，人人都有，只不过存在着轻重的差别。形成自卑的原因很多，但它们都是通过自卑者本人的消极自我暗示所产生的。

那么，如何克服自卑呢?

首先，正确认识自己。通过客观地分析自己，公正地评价自己，可以恰如其分地发现自己的不是，不夸大，不绝对化，有利于恢复自己的信心。还可以发现自己真正的长处，制订适合自己的目标，减少失败的发生，从而增强自己的信心。

其次，正确对待成败。一个人不可能永远成功，也不可能永远失败。所以，不必为暂时的失败而灰心丧气，以免加重自卑，形成恶性循环，更不必为一时的成功而过分沾沾自喜，产生优越感。优越感是自卑的另一表现形式，越是自卑的人越想体验优越的快感，两者相互加强，容易导致心理障碍。自卑并非真正存在，大多是自卑者自己虚构的，明白了这一点，克服它也就不难了。

再苦也要笑一笑

具有自卑心理的人，总是过多地看重自己不利和消极的一面，而看不到有利、积极的一面，缺乏客观全面地分析事物的能力和信心。这就要求我们努力提高自己透过现象看本质的能力，客观地分析对自己有利和不利的因素，尤其要看到自己的长处和潜力，而不是妄自嗟叹、妄自菲薄。

自卑产生恶性循环

自卑会控制我们的生活，在我们有所决定、有所取舍的时候，去抹杀我们的勇气与胆略。如果我们由于自卑的打击，在忧郁的泥潭中越陷越深且无力自拔，结果沉沦于心灰意冷的“自卑情结”，那我们最终也难以获得令人满意的结局。我们需要正视自卑的存在，不退缩、不蛮干，尽力克服，努力超越。

没有自信的人生，不仅在精神上存在懦弱、迷茫、疑惑和拘谨等许多缺陷，而且在实际行为上，亦裹足不前，痛失机遇。

一对老夫妇省吃俭用地将4个孩子抚养长大。岁月匆匆，他们结婚已有50年了，拥有极佳收入的孩子们，正秘密商议着要送给父母什么样的金婚礼物。

由于老夫妇喜欢携手到海边享受夕阳余晖，孩子们决定送给父母最豪华的爱之船旅游航程，好让老两口尽情徜徉于大海的旖旎风情之中。

老夫妇带着头等舱的船票登上豪华游轮，可以容纳数千人的大船令他们赞叹不已。而船上更有游泳池、豪华夜总会、电影院等，真令他们俩感到惊喜无限。

美中不足的是，各项豪华设备的费用皆十分昂贵，节俭的老夫妇盘算自己不多的旅费，细想之下，实在舍不得轻易去消费。他们只得在头等舱中安享五星级的套房设备或流连在甲板上，欣赏海面的风光。

幸好他们怕船上伙食不合胃口，随身带着一箱方便面，既然吃不起船上豪华餐厅的精致餐饮，只好以方便面充饥，间或想变换口味吃吃西餐，便到船上的商店买些西点面包和牛奶。

到了航程的最后一夜，老先生想想，若回到家后，亲友邻居问起船上餐饮如何，自己竟答不上来，也是说不过去。和太太商量后，老先生索性狠下心来，决定在晚餐时间到船上餐厅用餐，反正是最后一餐，明天即是航程的终点，也不怕宠坏了自己。

在音乐及烛光的烘托之下，欢度金婚纪念的老夫妇仿佛回到初恋时的快乐。在举杯畅饮的笑声中，用餐时间已近尾声，老先生意犹未尽地招来侍者结账。

侍者很有礼貌地问老先生：“能不能让我看一看你的船票？”

老先生闻言不由得生气，“我又不是偷渡上船的，吃顿饭还得看船票？”嘟囔中，他拿出船票。

侍者接过船票，拿出笔来，在船票背面的许多空格中划去一格。同时惊讶地问：“老先生，你上船以后，从未消费过吗？”

老先生更是生气，“我消不消费，关你什么事？”

侍者耐心地将船票递过去，解释道：“这是头等舱的船票，航程中船上所有的消费项目，包括餐饮、夜总会以及其他活动，都已经包括在船票内，您每次消费只需出示船票，由我们在背后空格注销即可。老先生您……”

老夫妇想起航程中每天所吃的方便面，而明天即将下船，不禁相对默然。

我们是否曾经想过，在我们来到世界的那一刻，上天已经将最好的头等舱船票交给了我们。是的，我们可以在物质上、心灵上，完全可以享有最豪华的待遇，只要我们愿意出示船票。更重要的是，千万不要浪费了本来属于我们的头等舱船票。

当然也有许多人在他的一生，只是过着犹如借方便面充饥一般的生活。这并非是他们应有的船票，但他们未曾想到去使用，或根本不知道船票的价值。

因此，人人都可以过上自己想要的生活，只要你对自己充满自信，相信自己的能力与价值，生活的每一天都将会是“头等舱”。

缺乏自信常常是性格软弱和事业不能成功的主要原因。一个人如果自惭形秽，那他就不会变成一个美人。同样，如果他不相信自己的能力，那他就很难成为一个有能力的人。

许多人都过分关心外界的环境因素，处处表现得小心翼翼，以至于轻易地否定了自己。试想，我们都没认可自己而自贬身价，别人又如何能认为我们有价值呢？一个人如果陷入了自卑的泥潭，他能找到一万个理由说服自己不如别人。比如：我个子矮、我长得黑、我眼睛小、我不苗条、我家里条件不好、我学历不够等。一个人如果陷入了自卑，在人际交往中除了封闭自己以外，还有可能会低三下四。

再苦也要笑一笑

由于自卑而焦虑，于是注意力分散了，从而破坏了自己的成功，导致失败，即失败——自卑——焦虑——分散注意力——失败，这就是自卑者自己制造的恶性循环。从现在开始自省，抬起头来做人，让自卑见鬼去吧！

即使失意也不失志

人生如行船，并非一帆风顺，有风平浪静，也有大浪滔天。风平浪静时，不喜形于色；风吹浪打时，不悲观失望。只有这样，人生的大船，才能顺利地驶向成功的彼岸。

月有阴晴圆缺，人生亦是如此。情场失意、朋友失和、亲人反目、工作不得志……类似的事情总会不经意地纠缠我们，此时我们的情绪可能已经跌至低谷。其实，生活中的低谷就像是行走在马路上遇到的红灯一样，不妨把它看做是我们生活的某种秩序，利用这段时间来做个短暂的休息，放松绷紧的神经，为绿灯时更好地行走打下基础。如果没有这样的红绿灯，或许某个时候，人生的道路会突然堵车，给我们一个措手不及，让我们无所适从。

历史上许多伟人，许多有成就者，都有过失意的时候，但他们都能失意不失志，都能做到胜不骄，败不馁。司马迁因李陵一案而官场失意，但他没有被打垮，反而成就了他“史家之绝唱，无韵之离骚”的传世之作。美国最伟大的总统林肯曾有两次经商失败，两次竞选议员失利的经历。但他最终还是得到了幸运女神的垂青，成为美国历史上与华盛顿齐名的伟人。试想，如果他在经商失意时不能及时醒悟，不能及时放弃不适合自己的追求，同时，坚持自己的理想，那他可能就不会有如此大的成就。

失意并不可怕，只要及时醒悟，我们就会踏上另一条通往成功的大道。失意时最忌情绪低落，最忌破罐子破摔的思想。一定想着做点能够帮助自己渡过难关的事。失意时可以先大哭一场，把失败的苦痛尽快释放出来。哭过以后，一定要及时反省，思考自己错在何处，如果还有挽救的余地，就不要轻言放弃；如果实在是无药可救，坚持也属徒劳，那就到了下一步：痛下决心，改弦更张，重新绘制人生的宏伟蓝图。

再苦也要笑一笑

朋友，失意并不可怕，学会善待失意，才能走出人生的低谷，赢得属于自己的一片天空。

莫要过度轻视自己

自信是从事大事业所必须具备的素质。自信是一种感觉，有了这种感觉，人们才能怀着坚定的信心和希望，开始伟大而又光荣的事业。如果我们充满自信，就不能等待别人来发现，来了解，应该积极地表现自我。

只有那些对自己具有充分信心的人才敢于对各种人生险境进行挑战，在我们心中燃烧自信火花的秘诀在于“仔细观察你的潜能所在，然后慢慢地在那个领域里求索”。

爱因斯坦小时候是个十分贪玩的孩子，他的母亲常常为此忧心忡忡，再三地告诫对他来讲如同耳边风。直到16岁的那年秋天，一天上午，父亲将正要去河边钓鱼的爱因斯坦拦住，并给他讲了一个故事，正是这个故事改变了爱因斯坦的一生。

“昨天，”爱因斯坦的父亲说，“我和咱们的邻居杰克大叔去清扫南边工厂的一个大烟囱。那烟囱只有踩着里边的钢筋踏梯才能上去。你杰克大叔在前面，我在后面。我们抓着扶手，一阶一阶地终于爬上去了。下来时，你杰克大叔依旧走在前面，我还是跟在他的后面。后来，钻出烟囱，我们发现了一个奇怪的事情：你杰克大叔的后背、脸上全都被烟囱里的烟灰蹭黑了，而我身上竟连一点烟灰也没有。”

爱因斯坦的父亲继续微笑着说：“我看见你杰克大叔的模样，心想我肯定和他一样，脸脏得像个小丑，于是我就到附近的小河里去洗了又洗。而你杰克大叔呢，他看见我钻出烟囱时干干净净的，就以为他也和我一样干净呢，于是就只草草洗了洗手就大模大样上街了。结果，街上的人都笑痛了肚子，还以为你杰克大叔是个疯子呢。”

爱因斯坦听罢，忍不住和父亲一起大笑起来。父亲笑完了，郑重地对他说，“其实，别人谁也不能做你的镜子，只有自己才是自己的镜子。拿别人做镜子，白痴或许会把自己照成天才的。”

爱因斯坦听了，顿时满脸愧色。从那以后，爱因斯坦逐渐离开了那群顽皮的孩子。他时时用自己做镜子来审视和映照自己，终于映照出了他生命的独特光辉。

遗传学告诉我们，每个人都是自然界最伟大的奇迹，以前既没有像我们一样的人，以后也不会有。因此，我们要保持自己的本色，这是激发潜能的重要通道，也是最大化自信的源泉，更是实现人生价值的必由之路。

自信是从事大事业所必须具备的素质。自信是一种感觉，有了这种感觉，人们才能怀着坚定的信心和希望，开始伟大而又光荣的事业。如果我们充满自信，就不能等待别人来发现，来了解，应该积极地表现自我。

人要改变自己，就需要时时处处充满自信。既要在自己内心里相信自己，也要在公众面前表现出这种自信心。

对任何想成功的人来说，自信心肯定是装备清单上最重要的东西。如果一个公司的老板对于走哪条道路拿不定主意，这会对公司上上下下的所有人都产生影响。

再苦也要笑一笑

每个人都无权去轻视自己，自信是天赋的使命。当我们陷入自卑和悲观之中时，一定要鼓励自己坚信自我的价值，活出自己最佳的状态。

别让自卑绊住脚步

纽约的深秋来临了，树叶片片落下，一阵风吹过，一个年轻的乞丐不禁打了一个寒噤，空荡荡的裤脚随风飘起。自从他的右脚连同整条腿断掉后，他的一切希望都化成了泡影，他变成了一个乞丐，每天靠别人的施舍过日子。

可是今天太不幸了，他一整天都没有吃东西了。乞丐走进一个庭院，向女主人乞讨。

他故意把拐杖往地面上敲打，想引起女主人的怜悯之心。

可是女主人毫不客气地指着门前一堆砖对乞丐说："你帮我把这些砖搬到屋后去吧。"

女主人俯身搬起砖来，她故意用一只手拿一根棍子，一只手拿砖头，依靠一条腿走路搬了一趟说："你看，并不是非要两条腿才能干活。我能干，你为什么不能干呢？"

乞丐怔住了，他用异样的目光看着妇人，尖突的喉结像一枚橄榄上下滑动了两下，终于他俯下身子，用他那唯一的腿和一只手搬起砖来，一次只能搬两块。他整整搬了两小时，才把砖搬完，累得气喘如牛，脸上有很多灰尘，几绺乱发被汗水浸湿了，贴在额头上。

妇人递给乞丐一条雪白的毛巾说："这下你该明白了吧，要想干成功一件事，就别让自卑绊住了你的腿。"

乞丐接过去，很仔细地把脸和脖子擦了一遍，白毛巾变成了黑毛巾。

妇人又递给乞丐20元钱，乞丐接过钱，很感激地说："谢谢你。"

妇人说："你不用谢我，这是你自己凭力气挣的工钱。"

乞丐说："我不会忘记你的，这条毛巾也留给我作纪念吧。"说完他深深地鞠一躬，就上路了。若干年后，一个穿着体面的人来到这个庭院。他举止优雅，气度不凡，跟那些自信、自重的成功人士一模一样。美中不足的是，这人只有一条左腿，右腿是一条假肢。

来人俯下身用手拉住有些老态的女主人说："如果没有你，我还是个乞丐，是你让我克服了心中的自卑，增添了我走向成功的勇气。现在，我是一家公司的董事长。"

妇人已经记不起他是谁了，只是淡淡地说："这是你自己凭信心干出来的。"

没有右腿的乞丐是靠什么成功的？是他克服自卑增强自信后走向了成功。在他断掉右腿时，世界对他来说是灰暗的，他认为自己什么都不能做了。当他用两只手一趟趟地把砖头搬走时，他甩开了自卑的局限，获得了一种新的力量，迈开了走向成功的脚步，并最终获得了成功。

再苦也要笑一笑

一个平庸的人如果让自卑绊住了前进的脚步，就只能像一个乞丐一样，靠施舍过日子，没有希望，更谈不上成功。如果克服了自卑，增强了信心和勇气，就像枯木逢春，依旧可以枝繁叶茂。

第 16 章

知足常乐，凡事不要太强求

知足是一种美德和智慧。因为知足，我们会自觉珍惜，并倍加珍惜我们今天拥有的一切，从而更好地把握现在，把握未来；因为知足，我们会更坦然地面对竞争，在权、钱、色面前心静神定，无牵无挂，在利益的天平上摆准砝码，做到有所求有所不求，有所为有所不为，能为则为，不能为则不为；因为知足，我们会超然洒脱，出神入化，不必奉承拍马、阿谀应对，更不必做蝇营狗苟、蝇蛆逐臭之事；也因为知足，我们会懂得许多生活的情趣，从许多不经意的小事中获得美的享受。

能知足才能知不足

在许多时候，我们不知道满足，甚至为了“了却君王天下事”，对生前身后的功名也期待颇多。对于前世，我们会埋怨父母没有把我们生养在富贵之家，对于后世，总是抱怨子孙们不能个个如龙似凤，但我们更多的不满足还是来自于自身。

我们为什么会这样不知足呢？这其实是欲望的驱使，是幻想的冲动，是不切合实际的索取。如果我们把不知足归结为人类后天的变异，这有失公允。其实，不知足是一种最原始的心理需求，知足则是一种理性思维后的达观与开脱。

列夫·托尔斯泰说：“俄罗斯人对于自己的财产从不满足，而对于自己的智慧却相当自信。”这就说明了知足的两重性。人们对于物欲的追求总会优越于精神的追求。在精神上的知足往往不能满足物质的需求，这与人类的第一需要温饱有关。

老子说过：“有所为才能有所不为。”换句话说，能知足才知不足。诸如，在物质匮乏的年代，我们会满足于一日三餐的粗茶淡饭，但我们深知，我们对于饮食的需求远不只这些，只要条件许可，我们就会要酒要肉，吃完了还想跳个舞。

知足与不知足是一个量化的过程。我们不会把知足停留在某一个水平上，也不会把不知足固定在某一个需要上。不同的年代，不同的环境，不同的阶层，不同的年龄，不同的生活经历，知足与不知足总会相互转化。穷苦的青年人还是不要知足的好，唯有这样，生活才会改观；一夜暴富的大款们，对于知识的追求多一些也许可以提升生活质量。但知足的农民从不强迫自己当总统，安分守己的乡村教师会把按时领到薪水作为对自己最大的慰藉。

知足使人平静、安详、达观、超脱；不知足使人骚动、搏击、进取、奋斗；知足智在知不可行而不行，不知足慧在可行而必行之。若知不行而勉为其难，势必劳而无功；若知可行而不行，这就是堕落和懈怠。这两者之间实际是一个“度”的问题。度是分寸，是智慧，更是水平，只有在温度合适的条件下，树木才会发芽，也不至于因控制不好火候而把钢材炼成生铁。《渔夫和金鱼的故事》中的那个老太婆的最大失败，就是没有把握好知足这个“度”。

再苦也要笑一笑

在知足与不知足之间，我们更多地倾向于知足。因为它会让我们心地坦然。无所取，无所需，就不会有太多的思想负荷。在知足的心态下，一切都会变得合理、正常、坦然，我们还会有什么不切合实际的欲望和要求呢？

知足则无非分之想

谁都会有需求与欲望，但这要与本人的能力及社会条件相符合。每个人的生活都有欢乐，也有缺失，但不能搞攀比，俗话说“人比人，气死人”，“尺有所短，寸有所长”。心理调适的最好办法就是做到知足常乐，“知足”便不会有非分之想，“常乐”也就能保持心理平衡了。

人的需求其实是很低的，但人的欲望却是无限膨胀的。人应该学会尽量满足自己的需求，而尽可能地抑制那无限膨胀的欲望。顺从自然的本心，去快乐地生活！“知足常乐”不应该只是说说……

有一户从农村来城里打工的人家，男人做的是城里人都不愿做的清洁工，每天的工作就是往垃圾站转运垃圾；女的刚来时怀有身孕，生了孩子后，就出去给人擦皮鞋。他们租住的房子，是一户人家在围墙边搭盖的简易厨房，房子很小，里面只能放下一张双人床。他们的家具都是别人丢弃的，根本就放不进房间里面，只能放在屋外。就连吃饭的桌子也没有，有了也没地方放，他们只能在屋外吃饭，有时将菜碗放在板凳上，有时干脆把炒菜的锅当菜碗用。

他们属于那种城市贫民，是城市里的边缘人，可是他们看上去没有一点愁苦的感觉。他们住的地方是宿舍大院的大门口，经常人来人往，那男的每天哼着小曲，忙进忙出，跟来来往往的人们打着招呼、聊着天，而且有求必应，特别热心，也特别快乐。他们觉得他们的需求已经得到了满足，所以，他们很知足。

这对夫妻的物质财富与那些腰缠万贯的人比起来可谓是少之又少，可他们的快乐却比那些人多了许多。这是为什么？

其实人的实际需求是很低的，远远低于人的欲望。我们的房子再多再大，也只能在一间屋子里，一张床上睡觉；把世界上所有的山珍海味都摆在桌子上，我们也只能吃下胃那么大小的东西；我们的衣柜里挂满了各式各样的名牌时装，也只能穿一套在身上；我们的鞋子有无数双，也只能穿一双在脚上；我们的汽车有无数辆，也只能开着一辆在街上跑……

可是，人们追求物质享受的那种无穷无尽的欲望，有时却使人们的财富变成一种累赘。买了大房子还想买更大的房子；屋子装修了一遍又一遍；小汽车换了一辆又一辆；家具换了一套又一套；家用电器更新了一代又一代。不是因为别的，只是因为有钱，只是希望那些东西、那些身外之物看上去更气派、更豪华、更先进。

每个人都有选择自己生活方式的权利，这无可厚非。但如果让那无限膨胀追求财富的欲望，影响了我们的健康、我们的爱情、我们的婚姻、我们的家庭、我们的快乐，让我们整天为此疲于奔命，寝食难安，带给我们无限的烦恼，就很不值了。更有甚者，这种欲望变成了一种无法满足的贪欲，并促使有的人走上了犯罪道路，毁掉了自己的一生，搭上了性命，发人深省！

“一念之欲不能制，而祸流于滔天。”这是源于《圣经》的经典语句，世界其实很简单，钱本无善恶，钱能买到房子，但买不到家；钱能买到药品，但买不到健康；钱能买到床，但不能买到休息——钱不是万能的。

再苦也要笑一笑

人生必不可少的东西其实是很少的。认识清楚了这一点，我们就可以活得从容一些，不那么忙碌，不那么心浮气躁。因为不管社会怎么发达，物价如何上涨，我们只要具备一颗平常心，只追求一种平常生活，做到一生衣食无忧，就是件很简单的事情。我们还可以腾出时间、精力来，有一些别的追求和享受。

做人就要懂得满足

有一项调查表明，95%的都市人都有或多或少的自卑感。在人的一生中，几乎所有的人都会有怀疑自己的时候，感到自己的境况不如别人。

这是为什么呢？潜藏在人心中的好胜心理、攀比心理是这一问题的根源。我们总把他人当做超越的对象，总希望过得比别人好，总拿别人当参照物，似乎没有别人便感觉不到自身存在的价值。于是，工作上要和同事比：比工资、比资格、比权力；生活上要和邻居比：比住房、比穿着、比老婆，就连孩子也不放过，成了比的牺牲品。既然是比，自然要比出个高下，比别人强者，趾高气扬；不如别人者便想着法子超过他，实在超不过便拉别人后腿，连后腿也拉不住者便要承受自卑心理的煎熬。

如果我们能持一种积极的态度去和别人比较，不如别人时便积极进取，争取更上一层楼；比别人强时便谦虚谨慎，乐观待人，岂不更好？

事实上，天外有天，人外有人，我们不可能在任何方面都比别人强，胜过别人。太要强的人，一味和比自己强的人比，结果由于心灵的弦绷得太紧了，损耗精神，很难有大的作为。雨果在《悲惨世界》中说："全人类的充沛精力要是都集中在一个人的头颅里这种状况，如果要延续下去，就会是文明的末日。"俗话说，闻道有先后，术业有专攻。每一个人都有自己的特长，也都有自己的短处，一个人只要在自己从事的专业领域中有所成就便不虚此生。千万不要因看到别人的一点长处就失去心理平衡。每一个人把自己该做的做好是最重要的，最好不要与别人比高低。每一个人在这个世界上都具有独一无二的价值，就像人的手指，有大有小，有长有短，它们各有各的用处，各有各的美丽，我们能说大拇指就比小拇指好吗？

一味和别人比是件不聪明的事，因为即便胜过别人，又会有"枪打出头鸟，出头的椽子先烂"的危险。古人云："步步占先者，必有人以挤之；事事争胜者，必有人以挫之。"生活中也确实是这样，如果一个人太冒尖，在各方面胜过别人，就容易遭到他人的嫉妒和攻击；而与世无争者反而不会树敌，容易遭人同情，所以说"人胜我无害，我胜人非福"。

其实，最好的处世哲学还是不与人比，做好自己的事。每个人都有自己的生活方式，有自己存在的价值和理由，干嘛要和别人比呢？如果心里难受，实在要比的话，倒不如把自己当做竞争对手，和自己的昨天比，这样既不会沾惹是非恩怨，自己还能更上一层楼，岂非自求多福？当然，比也并非是百害而无一利，它在形成竞争，推进社会前进中有不可磨灭的作用。现代社会是一个竞争的社会，如果大家都不争先，都去争"后"，那么社会如何发展进步呢？

再苦也要笑一笑

做人首先要满足，然后再抱着友善的态度和别人比，比学习、比进步，而不是比享乐，只有这样才能共同进步，才能真正体会到生活的乐趣。

利字旁边有一把刀

前几天和朋友聊天，朋友说正为这一段时间老是做噩梦而痛苦。问及所梦内容，几乎全是为了一点私利而与别人纠缠不休，甚至大打出手的事。我便装作行家，为之解梦，劝他最近放下手中的生意，到处走走，躲一下“小人”，便可不再做噩梦。

朋友心中有事，自然不得清闲，即使在睡梦中也一样。而醒来时，更是驱赶此身，作无尽的追求。当时没有与朋友直言，其实真正的“小人”是他自己，是他自己白日里老是想着为了蝇头小利去与人纠缠，所以才梦里不得安宁。如果整天为名利所累，万事扰心，不得安宁，即便物质生活上锦衣玉食，但精神压力不能排解，也只能痛苦万千。

古语说：“天下熙熙，皆为利来；天下攘攘，皆为利往。”“利”当然是社会发展最有效的润滑剂，但不可过于看重名利，过于为名利奔波。

随着商品经济的发展，我们每个人都生活在讲求效益的环境里，完全不言名利也是不可能的，但应正确对待名利，最好是“君子言利，取之有道；君子求名，名正言顺”。

当然，最好的活法还是淡泊名利。因为名字下头一张嘴，人要是出了名，就会招来嫉妒，受人白眼，遭到排挤，甚至有可能由此而种下祸根。

正如古语所说：“木秀于林，风必摧之；堤高于岸，流必湍之；行高于人，从必非之。”而利字旁边一把刀，既会伤害自己，也可能伤害别人，小利既伤和气又碍大利。如果认为个人利益就是一切，便会丧失生命中一切宝贵的东西。

人生待足何时足？名利是无止境的，只有适可而止，才能知足常乐。其实心是人的主宰，名利皆由心而起，心中名利之欲无休止的膨胀，人便不会有知足的时候。欲望就像与人同行，见到他人背有众多名利走在前面，便不肯停歇，而想背负更多的名利走在更前面，结果可能会在路的尽头累倒。知足者能看透名利的本质，心中能拿得起放得下，心境自然宽阔。

一个人如若以淡泊名利的人生态度来面对生活，他也就更易于找到乐观的一面。但许多人口口声声说将名利看得很淡，甚至摆出一副厌恶名利的姿态，实际是心中无法摆脱掉名利的诱惑而做出自欺欺人的判断，未忘名利，所以才时时挂在嘴边。好作讨厌名利之论的人，内心不会放下清高之名，这种人虽然较之在名利场中追逐的人高明，却未能尽忘名利。这些心口不一的人，实际上内心充满了矛盾，但名利本身并无过错，错在人为名利而起纷争，错在人为名利而忘却生命的本质，错在人为名利而伤情害义。如果能够做到心中怎么想，口中就怎么说，心口如一，本身已完全对名利不动心，自然能够不受名利的影响。这样不但自己活得轻松，与人交往也会很轻松了。

国学大师林语堂也曾经说过：“满足的秘诀，在于知道如何享受自己所有的，并能驱除自己能力之外的物欲。”

再苦也要笑一笑

淡泊名利是一种境界，而追逐名利则是一种贪欲。当今社会真正淡泊名利的很少，追逐名利的很多，淡泊名利是人生所为的一种态度，是人生的一种哲学。淡泊名利，就是要超脱世俗的诱惑与困扰，实实在在地对待一切事物，豁达客观地看待一切生活。

珍惜我们所拥有的

有一个人因生意失败，不但花光了自己所有的积蓄，还欠了一屁股债。他像只斗败的公鸡，失去了生活的勇气和信心，终日陷人心烦意乱和无尽的忧虑中。可是一次偶遇改变了这一切。一天他在街上走着的时候，看到迎面过来一个没有双腿的人，他坐在一块小木板上，木板装在有4个轮子的溜冰鞋上，两手各拿来一块木板在地面上支撑滑动前进。过了街，他把自己抬高几英寸以越过马路到达人行道。当他费力地抬高他身下的木板时，他看见了这个失意的人，并向他粲然一笑。“早上好，先生！今天天气不错。”他的声音里充满了活力。这个充满失意的人看着他，不禁感叹自己是多么富有。和他相比，自己至少还有两条腿可以走路，那一刻，这个人禁不住对自己的消沉感到羞耻。他告诉自己，一个失去了双腿的人还能这么开心、快乐并充满自信，而自己还有一双好腿，为什么都不能做到？他顿时觉得信心十足起来。本来他只想着试试看能不能再找个工作，但现在，他有信心宣布自己要去找个工作。结果，他如愿以偿。

这个人回去后郑重地在自己的书房里挂上一幅字，我正在因为没有鞋而难过，直到我遇见一个没有双脚的人。

现在这个人又重新有了自己的公司，他每天都很快乐地去做事情。他这副快乐的好形象，赢得了下属和周围人的喜爱，人们都乐意帮助他，因此他的公司发展得红红火火。

快乐是很简单的事，能活着本身就是一件值得快乐的事！生活中也要学会简单地快乐。

快乐把人们的忧郁、悲哀、烦闷、焦虑等全部驱逐出去，恰如太阳赶走黑暗一样。当面前站着一个快乐的人时，所有的谈话都变得活泼而生动，整个氛围都颤动着愉快和亲切的喜乐。快乐会给我们健康的形象，同时快乐也是简单的。

快乐是健康的一剂良药，当我们精神振奋、心境开阔时，人生便也有了新的意义。适量的运动及休息，是心情愉悦的必要因素。根据统计资料，有些科学家对他们所谓的催眠剂做过实验。他们让那些疲倦和年老的人服用这些药物，帮助他们休息。结果发现：这些人的生理组织功能提升，寿命延长，疾病不见了，相对地，他们也重新获得新的活力和生命的乐趣。

所以，要获得人生深度的乐趣，首先要自己感觉愉快。而要感觉愉快，就必须好好对待自己的身体。

大哲学家叔本华也说过："我们很少注意我们所拥有的，却总是想自己没有得到的，甚至是不可企及的。这种态度实在是世上令人遗憾的情形之一。它给人们精神带来的灾难恐怕足以和所有的战争、疾病相抗衡。"

古罗马的伊壁鸠鲁说："谁不知足，谁就不会幸福，即使他是世界的主宰也不例外。"只要每天想想自己所拥有的老天赐予的诸多恩惠，我们就应该抛却忧虑，意气风发地去迎接每一轮新的朝阳。

再苦也要笑一笑

我们有家人，有朋友，有同学，有生活。我们拥有，也就必然会失去。过去的已经过去，现在的一切也终将成为过去，我们所能做的，只有珍惜现在的拥有，而不是沉湎于失去中。"塞翁失马，焉知非福"，也许我们正在失去的，是现在短暂的欢乐，也正是未来长久的痛苦。习惯失去，珍惜拥有，不论是曾经、现在，还是未来。拥有的时候百倍珍惜，失去的时候，我们才能无怨无悔，因为我们为之努力过。

克服你的攀比心理

某机关有一位小公务员，过着安分守己的平静生活。有一天，他接到一位高中同学的聚会电话。十多年未见，小公务员带着重逢的喜悦前往赴会。昔日的老同学经商有道，住着豪宅，开着名车，一副成功者的派头，这让这位公务员羡慕不已。自从那次聚会之后，这位公务员重返机关上班，好像变了一个人，整天唉声叹气，逢人便诉说心中的烦恼。

"这小子，考试老不及格，凭什么有那么多钱?"他说。

“我们的薪水虽然无法和富豪相比，但不也够花了嘛！”他的同事安慰说。

“够花？我的薪水攒一辈子也买不起一辆奔驰车。”公务员懊丧地跳了起来。

“我们是坐办公室的，有钱我也犯不着买车。”他的同事看得很开。但这位小公务员却终日郁郁寡欢。

攀比心理是一把刺向自己心灵深处的利剑，对人对己毫无益处。其实人比人并不会气死人，如果可以客观地比较的话，结果肯定是比上不足、比下有余，对于任何一个人来说，都是如此。而会气死人的原因是因为拿自己的缺点跟别人的优点比较，却忽略了自己的优点。他们把比别人差的地方看得很重，比别人好的地方觉得很普通，甚至忽略看不到。有人会说，人怎么可以跟比自己差的人比呢？要比，当然是跟比自己好的人比了。这句话听起来是很积极的心态，好像是在向好的方面学习，能看到不足，然后加以改善，不好吗？当然，如果是这样的心态的话，当然是很好，但问题是，往往自己看到别人好的地方之后，并不是开始好好努力学习，而是不断地埋怨自己，甚至认为自己一无是处。

与别人比并不要紧，看到别人的优点可以去学习，但是这不应该是自卑和烦恼的理由。事实上，为与人攀比而生气的人，往往是因为自身的性格和心理上的问题，使自己产生了自卑的心理。跟心理医生谈谈，就可以更好地了解自己为什么会产生自卑的心态。

在一家公司当干事的老王，就是因为自己被少评一级职称，少长两级工资，便耿耿于怀，终日喋喋不休，有时甚至破口大骂，已发展到精神失常状态。朋友劝其想开些，他根本听不进去，不久得绝症去世了。细想起来，实在不值得。如果早早自我调节，看到人家事业有成时，如果自己从中看到了努力的方向，脚踏实地，好好工作，也许下一次涨工资的就是自己了。总之，如果能及时调整心态，结局就不会如此了。

所以，人比人是不是气死人，就看我们怎么比，看我们能否调整好自己的心态。

再苦也要笑一笑

不要和别人攀比，他们有他们的生活，我们有我们的目标，幸福的形式是多样的，鞋子合不合脚，只有穿鞋的人知道，别人都是毫不知情的旁观者而已。同样的道理，别人的痛苦我们感受不到，我们看到的别人所谓的幸福极可能只是一种假象；一个住别墅的商人可能欠债百万，一个开奔驰跑车的企业家可能已经濒临破产，一对手挽手走进饭店的夫妻可能刚刚协议离婚……所以不要把自己的幸福定位在别人身上，实实在在地过自己的日子吧！

宫殿有悲茅屋有笑

这世间，有的人家财万贯、锦衣玉食；有的人仓无余粮、柜无盈币；有的人权倾一时、呼风唤雨；有的人抬轿推车、谨言慎行；有的人豪宅、香车、娇妻美妾；有的人丑妻、薄地、破棉衣……一样的生命不一样的生活，常让我们心中生出许多感慨。

看到人家结婚，车如龙、花似海，浩浩荡荡，又体面，又气派。想想当年自己，几斤水果、几斤糖，糊里糊涂就和自己的男人圆了房，心里就屈。

看到人家朝有提拔，暮有进步，今日酒吧，明日茶楼，而自己却总是在原地，窝在家里，像只冬眠的熊，心里就酸。

看到人家逢年过节，送礼者踏破门槛、挤裂墙，而自家却是“西线无战事”、“顿河静悄悄”，心里就妒。

看到人家儿成龙、女成凤，而自家小子又倔又犟没出息，心里就怨……

看看别人，比比自己，生活往往就在这比来比去中，比出了怨恨，比出了愁闷，比掉了自己本应有的一份好心情。

凡事总是与别人比较，或许是人的一种天性。看到人家好，人家强，凡夫俗子，哪个不心动？就算是道人法师，也要三声“阿弥陀佛”，才能镇住自己的欲望和邪念。生活的差别无处不在，而攀比之心又难以克制，这往往给人生的快乐打了不少折扣。但是，假如我们能换一种思维模式，别专拣自己的弱项、劣势去比人家的强项、优势，那样我们活得就轻松了许多。要把眼光放低一点，学会俯视，多往下比一比，生活想必会多一份快乐，多一份满足。正如一首诗中所写：“他人骑大马，我独跨驴子，回顾担柴汉，心头轻些儿。”再说骑大马的感觉也并不一定就是我们想象的那么好，也许跨着驴子，优哉游哉，尚能领略一路风光，更感悠闲、自在。

理性地分析生活，我们也会发现：其实，终其一生，生活对每一个人都是公平、公正的，没有偏袒。人生是一个短暂而漫长的过程，在这个过程中每个人所拥有和承受的喜怒哀乐、爱恨情仇都是一样的、相等的。这既是自然赋予生命的权力，也是生活赋予人生的权力，只不过我们享用、消受的方式不同而已。这不同的方式，便演绎出不同的人生。于是，有的人先苦后甜；有的人先甜后苦；有的人大喜大悲、有起有落；有的人安顺平和、无惊无险；有的人家庭不和，但官运亨通；有的人夫妻恩爱，却事业受挫；有的人财路兴旺，但人气不盛；有的人俊美娇艳，却才疏德亏；有的人智慧超群，可相貌不恭……正如古人说“佳人而美姿容，才子而工著作，断不能永年者”。人间没有永远的赢家，也没有永远的输家，这一如自然界中，长青之树无花，艳丽之花无果，雪输梅香，梅输雪白。

有一妇人，年轻的时候，貌美如花，贤惠能干，可嫁人10年，就“克死”了3个丈夫，当年一双水灵灵的眼睛硬是被泪水泡得混浊痴呆。当她的第三个丈夫撒手而去的时候，她发誓不再嫁人。她拉扯着儿女守寡至今，现在已经60多岁了。几十年来，村子里的人压根儿就没见她笑过，大家同情她、可怜她，说她命真苦。可就是这么个命苦的人，养的一儿一女却格外争气，双双考取名牌大学，并都在京城成家立业。两兄妹亲自开着轿车回来，把母亲接到北京。那会儿，老人僵硬的苦脸终于露出了欣慰的笑容，乡亲们也第一次向老人投去羡慕的眼光，大家都感慨地说，真是苦尽甘来。是啊，也许这就是生活，有苦有甜，有悲有喜，有山穷水尽之时，也有峰回路转之日。

有些人羡慕那些明星、名人，认为他们日日淹没在鲜花和掌声中，名利双收，世间苦痛都与他们无缘。其实名导谢晋的儿子是弱智；美国总统里根曾几度风光，晚年却备受老年痴呆症的折磨……

俗话说，人生失意无南北。确实，宫殿里有悲哭，茅屋里有笑声。只是，平时生活中，无论是别人展示的，还是我们所关注的，总是其风光的一面，得意的一面，这就像女人的脸，出门的时候个个都描眉画眼、涂脂抹粉、光艳靓丽，这全都是给别人看的；回到家后，一个个都素面朝天。这就难怪男人们感叹：老婆还是别人的好。于是，站在城里，向往城外，而一旦走出围城，才发现生活其实都是一样的。

再苦也要笑一笑

幸福的人不会为了幸福去追求那些他们没有的东西。我们不需要特定的工作或者是特定的薪水。恰恰相反，我们应该学着从自己的拥有中获得幸福。学会满足的艺术。满足于自己所拥有的，我们就能变得快乐。

宽恕自己容忍别人

电视剧《成长的烦恼》讲的都是烦恼之事，但是主人公对儿女、邻居的宽容，最终都把烦恼化为了捧腹的笑声。

人的烦恼一半源于自己，即所谓的画地为牢、作茧自缚。芸芸众生，各有所长，各有所短。争强好胜超过一定限度，往往受身外之物所累，失去做人的乐趣。

只有承认自己某些方面的欠缺，才能扬长避短，才能不让嫉妒之火吞灭心中的灵光。

让自己放轻松一些，心平气和地工作、生活。这种心境是充实自己的良好方式。充实自己很重要，只有有准备的人，才能在机遇到来之时不留下失之交臂的遗憾。淡泊人生是耐住寂寞的良方。轰轰烈烈固然是进取的写照，但成大器者，绝非是热衷于功名利禄之辈。

俗语有“宰相肚里能撑船”之说。古人的与人为善之美、修身立德的谆谆教诲也警示世人，一个人若胆量大、性格豁达，方能纵横驰骋；若纠缠于无谓的鹬蚌之争非但有失儒雅，反则终日郁郁寡欢、神魂不定。唯有对世事时时保持心平气和、宽容大度，才能处处契机应缘、和谐圆满。

如果一语龃龉，便报复打击；一事唐突，便种下祸根；一个坏印象，便一辈子记恨于心。这就说不上宽容，就会被称为“小肚鸡肠”。真正的宽容，应该是能容人之短，又能容人之长。对才能出众者，也不嫉妒，唯求“青出于蓝而胜于蓝”，热心举贤，甘做人梯，这种精神将为世人称道。

人要活得愉快，就得少烦恼；要少烦恼，心胸就得豁达一些，宽广一些，学会宽恕自己和容忍别人，这就叫做宽舒人生。本来，生活就应该从容不迫，悠然自得。

心平气和，首先就得接受自己，不对自己要求过分苛刻，也不看不起自己。遇到不幸和灾祸，我们会像其他人一样痛苦，但是他们能够想得开，而且能照常生活。他们也不像有些人那样，为可能发生的灾祸忧心忡忡，他们会做一些必要的准备，但是不会为此身心憔悴。

心平气和的人生活得很随意，他们摸透了自己的脾气，知道自己的欲望和观点，干什么事都不用先去调查求证，或者察言观色，看别人的意见，他们只管我行我素，走自己的路。

同时，心平气和的人能够容忍他人，容忍自己所不知道的东西。他们知道生活是变化无常的，这是个人所无法改变的现实，人不但要接受这种现实，而且还要从这种现实中找到乐趣，大可不必提心吊胆、顾虑重重。对于自己不懂的事情，他们总是采取承认的态度，承认之后再去慢慢琢磨它，了解它。

再苦也要笑一笑

春暖花开，像笑容一样灿烂，因为有阳光，它给了大地温暖，给了我们幸福。因为有你，我还快乐着。宽恕自己，宽容别人。这是种幸福的解脱。

做好自己该做的事

有一个渔夫，他捕到了一条金色的鲤鱼。鲤鱼要求渔夫放了他，渔夫有什么愿望它都可以答应。渔夫很是善良，于是不要任何回报地放了它。后来渔夫回到家中，跟自己的妻子说了这个事情。妻子很是生气，对他说至少要换一个木盆吧，家中的木盆实在是用不了了。渔夫一听确实有道理，于是跑去找鲤鱼。鲤鱼很是爽快地答应了。愿望实现后，渔夫的妻子要求越来越高，先要了新房子，后来要了仆从，直到当了女皇，最后还想统治全天下。鲤鱼对渔夫妻子的要求实在是忍无可忍，最后还是让她回到了最初拥有一个破木盆的状态。渔夫的妻子过于贪婪，不能做到知足常乐，所以最后什么也得不到。

从前有一个商人，他随身带了300头骆驼，还有120个仆从。有一天，他在一家旅店和别人夸夸其谈。他说他在某地有一批货，在某地还有很多房产。他打算先去某地住上一段时间，然后去另一个地方去旅行。别人问他旅行计划如何，他回答说他将去那个地方看看有没有什么东西有利可图，如果有就顺便带回来。等自己赚了足够多的钱就再也不奔波了，再去旅行。别人笑了，对他说其实如果去旅行的话，他遇到觉得有利可图的东西还是会带回来，让他停顿下来是不可能的，因为他过于贪婪。有人曾经在沙漠里看到一个快死的商人，他的遗言是：贪婪的眼睛如果得不到满足，终究会被黄土将它封住。

如果追求自己的利益过于露骨的话，很难得到别人的认同，会被同事认为是自私的表现，进而疏远自己。可以把自己和领导的关系来进行考虑，正如某个公司培训时所说的一样，“不要认为领导利用你，是你吃亏。因为你有利用价值，领导才利用你，如果没有利用价值领导根本就不会提起你。”

我们可以把领导想象成为在利用我们，但是，领导在追求自己利益和组织利益的同时会对我们进行利益补偿。很少有领导只是利用员工，而不对员工进行补偿的。有些下属对领导总是吩咐自己做事情表示不满，认为领导总是将一些无关紧要的事情让自己来处理，而把重要的能增长见识的事情交给自己的心腹。试想如果我们小事情都不能替领导办好，领导怎么可能把我们当做心腹，怎么可能把重要的事情交给我们处理。更何况有许多领导通过小事情来检验下属的忠诚度，他们认为如果下属能够认真细致做小事情的话，自然以后会有一些重要任务交给他们。

人无论追求什么，一定要有度，无度的话很容易招惹上灾祸。其实要想控制自己的贪心最好的办法就是给自己定一个目标，达到目标后就立即转型。追求财富的人应该给自己一个追求财富的目标，这个财富应该是自己通过努力能够达到的，是一种理想，而不是一种幻想。在达到以后就停止对财富的追求，去做一些自己想做的事情。

再苦也要笑一笑

做自己该做的事，尽心尽力，尽职尽责！做自己该做的事，虽不能尽善尽美，但我们能尽情地享受生活给予我们的乐趣！

第 17 章

凡事变通，一切问题都简单

按照常规的思路，有时我们便会缺乏创造性或是跟在别人的后面亦步亦趋。当陷入思维的死角不能自拔时，不妨尝试一下逆向思维法，打破原有的思维定势，反其道而行之，开辟新的境界。世界上从没有一成不变的事物，也没有放之四海而皆准的真理，必须变化地去看事物。事情发生了总会有解决的方法的，换个角度思考问题，通常就会使一些困扰我们的问题迎刃而解。

改变看法，才能改变想法

在美国，一位叫塞尔玛的女士内心愁云密布，生活对于她已是一种煎熬。

为什么呢？因为她随丈夫从军。没想到部队驻扎在沙漠地带，住的是铁皮房，与周围的印第安人、墨西哥人语言不通；当地气温很高，在仙人掌的阴影下都高达华氏125度；更糟的是，后来她丈夫奉命远征，只留下她孤身一人。因此她整天愁眉不展，度日如年。我们能想象她内心的痛苦，就像我们自己也会经常碰到的那样。

怎么办呢？无奈中她只得写信给父母，希望回家。

久盼的回信终于到了，但拆开一看，使她大失所望。父母既没有安慰她几句，也没有说叫她赶快回去。那封信里只是一张薄薄的信纸，上面也只是短短的几行字。

这几行字写的是什么呢？

"两个人从监狱的铁窗往外看，一个看到的是地上的泥土，另一个却看到的是天上的星星。"

她开始非常失望，还有几分生气，怎么父母回的是这样的一封信?！但尽管如此，这几行字还是引起了她的兴趣，因为那毕竟是远在故乡的父母对女儿的一份关切。她反复看，反复琢磨，终于有一天，一道闪光从她的脑海里掠过。这闪光仿佛把眼前的黑暗完全照亮了，她惊喜异常，每天紧皱的眉头一下子舒展了开来。大家知道这是为什么吗？

原来这短短的几行字里，她终于发现了自己的问题所在：她过去习惯性地低头看，结果只看到了泥土。但自己为什么不抬头看？抬头看，就能看到天上的星星！而我们生活中一定不只是泥土，一定会有星星！自己为什么不抬头去寻找星星，去欣赏星星，去享受星光灿烂的美好世界呢？

她这么想，也开始这么做了。

她开始主动和印第安人、墨西哥人交朋友，结果使她十分惊喜，因为她发现他们都十分好客、热情，慢慢都成了朋友，朋友们还送给她许多珍贵的陶器和纺织品作礼物；她研究沙漠的仙人掌，一边研究，一边做笔记，发现仙人掌是那么的千姿百态，那样的使人沉醉着迷；她欣赏沙漠的日落日出，她感受沙漠的海市蜃楼，她享受着新生活给她带来的一切。慢慢地她找到了星星，真的感受到星空的灿烂。她发现生活一切都变了，变得使她每天都仿佛沐浴在春光之中，每天都仿佛置身于欢笑之间。后来她回美国后，根据自己这一段真实的内心历程写了一本书，叫《快乐的城堡》，引起了很大的轰动。

对事物的看法，没有绝对的对错之分。但有积极与消极之分，而且每个人都必定要为自己的看法承担最后的结果。消极思维者，对事物永远都会找到消极的解释，并且总能为自己找到抱怨的借口，最终得到了消极的结果。接下来，消极的结果又会逆向强化他的消极情绪，从而又使他成为更加消极的思维者，形成恶性循环……

所有的这一切正如叔本华所言：“事物的本身并不影响人，人们只受对事物看法的影响！”即使我们不能改变环境，至少我们可以改变内心的想法和看待事物的态度；我们不可以改变自己的容貌，但可以展现笑容；我们不能控制他人，但可以掌握自己；我们不能预知明天，但可以利用好今天；我们不可能屡战屡胜，但我们可以尽心尽力……

再苦也要笑一笑

一个人思考的角度，可以主宰我们面对事情的态度。卢梭曾经写道：“如果一个人打从心底就惧怕痛苦，惧怕困难，惧怕不测的事情，那么他永远也成就不了什么大事。”这句话的意思告诉我们，假如一个人在内心充满着“办不到”、“不可能”的消极想法，那么他最终就真的会办不到那些不可能的事情，因此，如果我们想出人头地，就必须调整自己的想法，让积极的想法改变消极的看法，如此，才能看见自己生命的阳光。

不换思路，生活也就乏味

法国著名科学家法伯发现了一种很有趣的虫子，这种虫子都有一种“跟随者”的习性，他们外出觅食或者玩耍，都会跟随在另一只同类的后面，而从来不敢换一种思维方式，另寻出路。发现这种虫子后，法伯做了一个实验，他花费了很长时间捉了许多这种虫子，然后把他们一只只首尾相连放在了一个花盆周围，在离花盆不远处放置了一些这种虫子很爱吃的食物。一个小时之后，法伯前去观察，发现虫子一只只不知疲倦地在围绕着花盆转圈。一天之后，法伯再去观察，发现虫子们仍然在一只紧接一只地围绕着花盆疲于奔命。7天之后，法伯去看，发现所有的虫子已经一只只首尾相连地累死在了花盆周围。

后来，法伯在他的实验笔记中写道：这些虫子死不足惜，但如果它们中的一只能够越出雷池半步，换一种思维方式，就能找到自己喜欢吃的食物，命运也会迥然不同，最起码不会饿死在离食物不远的地方。

人的思维也一样。人一旦形成了习惯的思维定势，就会习惯地顺着定势的思维思考问题，不愿也不会转个方向、换个角度想问题，这是很多人的一种愚顽的“难治之症”。

这种思维习惯定势的影响很大。在生活的旅途中，我们总是经年累月地按照一种既定的模式运行，从未尝试走别的路，这就容易衍生出消极厌世、疲沓乏味之感。所以，不换思路，生活也就乏味。

世上的事情有时就这么简单得让人难以置信：如果我们墨守成规，等待我们的只有失败；相反，如果我们稍微动一下脑筋，对传统的思维方式进行一番创新，就能获得成功。比如，那种具有“跟随者”习性的虫子为什么就不能动动脑筋，对自己固有的习性进行一下创新——不跟在别人身后漫无目的地奔跑，而是换一种思维方式呢？

当然，让虫子摈弃自己固有的习性难免苛求，虫子毕竟是虫子。但是，人呢？

研究者发现在一种被称为梭鱼的鱼类中也存在僵化的倾向。通常情况下，梭鱼会就近攻击在它范围内游泳的鲦鱼。作为一个实验，研究者们把一个装有几条鲦鱼的无底玻璃罐放入一条梭鱼的水箱中。这条梭鱼立刻向罐子里的鲦鱼发动了几次攻击，结果它敏感的鼻子狠狠地撞到了玻璃壁上。几次惨痛的尝试之后，梭鱼最终放弃，并完全忽视了鲦鱼的存在。玻璃罐被拿走后，鲦鱼们可以自由自在地在水中四处游荡，即使当它们游过梭鱼鼻子底下的时候，梭鱼也继续忽视它们。由于一个建立在错误信念基础之上的死结，这条梭鱼会不顾周围丰富的食物而把自己饿死。

当人类也像其中的鱼一样被安排了一个圈套，当他们不能够挣脱的时候，就会选择顺从和视而不见。一位教授曾说过，人类的思维过程其实就是自己为自己下套，当人们钻进了自己禁锢自己的思维定势，人类的思想就再也无法自由了。

再苦也要笑一笑

在生活和工作中，我们常常会遇到困难和挫折，在一次次的碰壁中感到迷茫，觉得前途灰暗，只要我们转变思想，换个角度来看问题，就会有柳暗花明的感受。善于转换思路思考问题，常能获得更多的成功机会。

开阔视野，改变思维方式

有个教徒在祈祷时，烟瘾来了，他问在场的神父，祈祷时可不可以抽烟，神父回答“不行”。另一个教徒也想抽烟。他问神父，在抽烟的时候可不可以祈祷。神父回答：“当然可以。”

同样是抽烟加祈祷，要求祈祷时抽烟，那似乎意味着对耶稣的不尊重；而要求抽烟时祈祷，则可以表示在休闲时也想着神的恩典，神父当然没有反对的理由。

我们通常都会犯同一个错误——在同一面墙上撞来撞去，直到撞得头破血流。从相反的角度去观察我们所要解决的问题，我们也许会找到想要的答案。

两个儿子大了，富翁老了。这些日子富翁一直在苦苦思索，到底让哪个儿子继承遗产？富翁百思不得其解。想起自己白手起家的青年时代，他忽然灵机一动，找到了考验他们的好办法。

富翁锁上宅门，把两个儿子带到一百里外的一座城市里，然后给他们出了个难题，谁答得好，就让谁继承遗产。他交给他们一人一串钥匙、一匹快马，看他们谁先回到家，并把宅门打开。

马跑得飞快，所以兄弟两个几乎是同时回到家的。但是面对紧锁的大门，两个人都犯愁了。

哥哥左试右试，苦于无法从那一大串钥匙中找到最合适的那把；弟弟呢，则苦于没有钥匙，因为他刚才光顾了赶路，钥匙不知什么时候掉在了路上。

两个人急得满头大汗。突然，弟弟一拍脑门，有了办法，他找来一块石头，几下子就把锁砸了，他顺利地进去了。

自然，继承权落在了弟弟手里。

人生的大门往往是没有钥匙的，在命运的关键时刻，人最需要的不是墨守成规的钥匙，而是一块砸碎障碍的石头！

没有一成不变的事物，也没有放之四海而皆准的真理，必须变化地去看事物。抱着旧观念、旧框框去看待新情况，必然是行不通的。在取舍之间很容易形成“定而不移”之势。唯一可行的解除定势的办法，就是极大地开阔我们的视野，改变我们既有的思维方式，时刻警惕陷入“经验”中去。

再苦也要笑一笑

事情发生了总会有解决的方法的——换个角度思考问题，通常就会使一些困扰我们的问题迎刃而解。

非此即彼，跳出这个怪圈

一家公司招聘职员，有一道试题是这样的：一个狂风暴雨的晚上，你开车经过一个车站，发现有三个人正苦苦地等待公交车的到来：第一个是看上去濒临死亡的老妇，第二个是曾经挽救过你生命的医生，第三个是你的梦中情人。你的汽车只能容得下一位乘客，你选择谁？

每个人的回答都有他的理由：选择老妇，是因为她很快就会死去，我们应该挽救她的生命；选择医生，是因为他曾经救过你的命，现在是你报答他的最好机会；选择梦中情人，是因为如果错过这个机会，也许就永远找不回她（他）了。

在200个候选人中，最后获聘的一位答案是什么呢？“我把车钥匙交给医生，让他赶紧把老妇送往医院；而我则留下来，陪着我心爱的人一起等候公交车的到来。”

我们常常会被“非此即彼”的思维模式所限，自己“从车上下来”，抛开思维的固有模式，我们可以获得更多。

法国著名女高音歌唱家玛·迪梅普莱有一个美丽的私人园林。每到周末，总会有人到她的园林摘花、拾蘑菇，有的甚至搭起帐篷，在草地上野营野餐，弄得园林一片狼藉、肮脏不堪。

管家曾让人在园林四周围上篱笆，并竖起“私人园林禁止入内”的木牌，但均无济于事，园林依然不断遭践踏、破坏。于是，管家只得向主人请示。

迪梅普莱听了管家的汇报后，让管家做一些大牌子立在各个路口，上面醒目地写明：“如果在林中被毒蛇咬伤，最近的医院距此15公里，驾车约半小时即可到达。”从此，再也没有人敢闯入她的园林。

“私人园林禁止入内”和“如果在林中被毒蛇咬伤……”有什么不同？有时成败只在于一个观念的转变。

再苦也要笑一笑

人常常会被自己的思维惯性给缠住，从而陷入死胡同里，怎么转也转不出来。很多时候，当我们站在一个角度看问题的时候，我们往往就会陷入一个思维怪圈。如果我们跳出这个固定思维，也许我们就会眼界大开。

苟安享受，就会碌碌无为

很多人走不出思维定势，所以他们走不出宿命般的可悲结局；而一旦走出了思维定势，也许可以看到许多别样的人生风景，甚至可以创造新的奇迹。因此，从舞剑可以悟到书法之道，从模仿飞鸟可以造出飞机，从蝙蝠可以联想到电波，从苹果落地可悟出万有引力……常爬山的应该去涉水，常跳高的应该去打打球，常划船的应该去驾驾车，常当官的应该去为民。换个位置、换个角度、换个思路，也许我们面前是一番新的天地。

中国古代有个故事，说的是公元前657年，晋国君主晋献公听信夫人骊姬谗言，逼死太子申生，逼公子重耳出逃在外。重耳立志回国继位，振兴家园。后来，他在齐国娶了妻子，又接受了齐桓公馈赠的20辆马车，很感满足。其妻见状，痛心疾首，劝勉他："行也！怀与安，实败名！"意思是：您且行动吧，满足现状是会毁掉一个人的前途的！重耳从此振作起来，几年后夺回了王位。根据这个故事，人们引申出"怀安丧志"这个成语，告诫人们：迷恋、苟安于享受，就会变成碌碌无为的庸人。

水可载舟，亦可覆舟。顺境和逆境，在一定条件下是会互相转化的。面临厄运时我们如果能够适当地变换思维的角度和方式，多从其他方面重新评价和审视所遭遇的挫折，将有助于摆脱自己所处的困境。

譬如照相，同一景物，从不同角度拍摄，就会得到不同的形象。对待厄运也是这样。我们应当看到，偶然的不幸是生活的组成部分，但它仅仅是生活的一小部分。在我们的整个生活中，还有那么多的欢乐和幸福的事情，我们为什么不去注意它们，而要对自己的一些创痛念念不忘呢？有的人在厄运袭来时，就觉得自己是天底下最倒霉的人。其实，事情并不完全是这样。也许我们在某件事上是"倒霉"的，但我们在其他方面可能依然很幸运。和那些更不幸者相比，我们或许还是一个十分幸运的人。英国作家萨克雷有句名言："生活是一面镜子，你对它笑，它就对你笑；你对它哭，它也对你哭。”的确，如果我们以欢悦的态度微笑着对待生活，生活就会对我们“笑”，我们就会感受到生活的温暖和愉快。而我们如果总是以一种痛苦的、悲哀的情绪注视生活，那么生活的整个基调在我们心中也就会变得灰暗了。

再苦也要笑一笑

事实上，逆境也可以砥砺人生，增长人的才干，使人通过破除障碍和不良情绪而得到新的突破与发展，心理达到更高层次的平衡；而顺境，则也可能使人怀安丧志，一事无成。

逆向思维，开辟新的境界

一个非常著名的公司要招聘一名业务经理，丰厚的薪水和各项福利待遇吸引了数百名求职者前来应聘，经过一番初试和复试，剩下了十名求职者。主考官对这十名求职者说：“你们回去好好准备一下，一个星期之后，本公司的总裁将亲自面试你们。”一个星期之后，十名做了准备的求职者如约而至。结果，一个其貌不扬的求职者被留用下来。总裁问这名求职者：“知道你为什么会被留用吗？”这名求职者老实地回答：“不清楚。”总裁说：“其实，你不是这十名求职者中最优秀的。他们做了充分的准备，比如时髦的服装、娴熟的面试技巧，但都不像你所做的准备这样务实。你用了一种超常规的方式，对本公司产品的市场情况及别家公司同类产品的情况做了深入的调查与分析，并提交了一份市场调查报告。你没被本公司聘用之前，就做了这么多工作，不用你又用谁呢？”

在我们的生活中，我们总是习惯于遵循一贯的观点和想法，总是习惯于按常规去做一些事情，却不知道机遇往往就蕴藏在我们的灵机一动之中。因此，平时我们不妨经常问一下自己：为什么我们总是习惯于做大家都会做的事情，为什么不给自己一个突破的机会呢？的确，在人的思想里面，有千万个叫做灵感的精灵，它们随时可能跳出来，但是也可能永远都在天堂里面睡觉，而这一切都取决于我们自己。

有一天动物园的管理员们发现袋鼠从笼子里跑出来了，于是开会讨论，一致认为是笼子的高度过低。所以他们决定将笼子的高度由原来的10米加高到20米。结果第二天他们发现袋鼠还是跑出来，所以他们又决定再将高度加高到30米。没想到隔天居然又看到袋鼠全跑到外面，于是管理员们大为紧张，决定一不做二不休，将笼子的高度加高到100米。

一天长颈鹿和几只袋鼠在闲聊，“你们看，这些人会不会再继续加高你们的笼子？”长颈鹿问。“很难说。”袋鼠说，“如果他们再继续忘记关门的话！”

其中的奥秘在于管理员只想到了笼子的高度，没有想到关门。

上课时，老师先给学生们讲述了这么一个故事。一个聋哑人到五金行买钉子，他先用左手做持钉状，接着两个手指放在柜台上，然后右手做锤打状。售货员先递过把锤子，聋哑人摇了摇头，指了指做持钉状的两个手指，这回售货员终于拿对了。

这时，又来了一位盲顾客，他想买一把剪刀，“那位盲人又怎样用最简单的方法买到他要的剪刀？”教授问。教授话音刚落，一个学生就抢着回答：“只要伸出两个指头模仿剪刀的样子就可以了。”其他同学也纷纷点头一致认同他这一“最简单的方法”。不料，教授却摇摇头。“其实，盲人只要开口说一声就行了。”教授提高嗓门说。

同学们恍然大悟。老师语重心长地说：“记住，一个人进入思维的死角，那智力就会在常识之下。”

在日常生活中常见人们在思考问题时“左思右想”，说话时“旁敲侧击”，这就是侧向思维的形式之一。如果我们只是顺着某一思路思考，往往找不到最佳的感觉而始终不能解决问题，甚至让自己走入思维的死角，而导致一些常识性错误的发生。这时可以让思维向左右发散或作逆向推理，有时能得到意外的收获，从而促成思维的完善和问题的解决。

逆向思维是超越常规的思维方式之一。按照常规的思路，有时我们便会缺乏创造性，或是跟在别人的后面亦步亦趋。当我们陷入思维的死角不能自拔时，不妨尝试一下逆向思维法，打破原有的思维定势，反其道而行之，开辟新的境界。

再苦也要笑一笑

当我们陷入思维的死角不能自拔时，不妨尝试一下逆向思维法，打破原有的思维定势，反其道而行之，开辟新的境界。

富于想象，进入神奇世界

美国的莱特兄弟是一对爱别出心裁、搞点花样的人。兄弟俩本来是靠修理自行车过活的，本可以守摊混饭吃，但他俩并不满足现状，喜欢别出心裁，搞点花样。

一天，兄弟俩在门前马路上试骑刚修好的自行车，由于车闸失灵、路陡坡大，自行车一下冲了出去，吓得路上的鸡、鸭到处乱飞。

“哎，要把咱们的自行车变得能往天上飞，那该多好！”“把汽车、火车都安上翅膀，就都能上天了！”……兄弟俩真想搞点花样了。

我们都明白，铁跟空气比谁重谁轻，想让很重的发动机飞上天，那不成了神话了吗？莱特兄弟的“花样”受到很多人的反对。

但是，莱特兄弟不被困难吓倒。他们一边学习理论知识，一边经常观察雄鹰盘旋、燕子高飞，花了大量的时间在家钻研。经过十多年的努力，终于制成了第一架双翼飞机。兄弟俩高兴地把这架用内燃机做动力，用木料做骨架，用帆布做机篷的飞机叫做“飞行者号”。从此，莱特兄弟给人类开辟了航空科学的新纪元。

富有想象力的人都有着旺盛的求知欲和强烈的好奇心；而缺乏想象力的人总是坚信自己所学的知识是对的，却很少想到这些知识有什么不对之处。因此，一些人总是用前人所用过的传统方式去看待事物。这样，他们只能见到前人已见到过的东西，只能想到与前人已经发现了的东西有什么联系，却容易忽略有什么新的联系。而有旺盛求知欲和强烈好奇心的人却不这样，他们对新鲜事物特别感兴趣，并且发现有意义的问题以后，能够请教老师和朋友，因此他们进步很快。

爱因斯坦说：“想象比知识更重要，因为知识是有限的，而想象力概括着世界上的一切，并且是知识进化的源泉。”

老师提问：“雪化了变成什么？”

“变成水。”大家异口同声。

一个小孩子回答：“变成了春天。”这个回答是多么富有想象力，又是多么富有艺术性，可居然被判为零分。因为老师认为，这个问题的标准答案不是这样。

想象力是人类独有的才能，是人类智慧的生命线。在创造发明和探索新知识的过程中，想象力是一切希望和灵感的源泉。它不仅引导我们发现新的事实，而且激发我们做出新的努力，使我们预言未来，看到可能产生的后果。

再苦也要笑一笑

任何一个人都是极具想象力的天才，而那些天马行空、稀奇古怪的想法其实正是可贵的想象力的火花。

信息重组，开拓你的思维

美国有一位工程师和一位逻辑学家，是无话不谈的好友。一次，两人相约赴埃及参观著名的金字塔。到埃及住进宾馆后，逻辑学家仍然习以为常地写起自己的旅行日记，工程师则独自徜徉在街头，忽然他耳边传来一位老妇人的叫卖声："卖猫啊，卖猫啊！"

工程师一看，在老妇人身旁放着一只黑色的玩具猫，标价500美元。这位妇人解释说，这只玩具猫是祖传宝物，因孙子病重，不得已才出卖以换取住院治疗费。工程师用手一举猫，发现猫身很重，看起来似乎是用黑铁铸就的。不过，那一对猫眼则是珍珠的。

于是，工程师就对那位老妇人说："我给你300美元，只买下两只猫眼吧！"

老妇人一算，觉得行，就同意了。工程师高高兴兴地回到了宾馆，对逻辑学家说："我只花了300美元竟然买下两颗硕大的珍珠！"

逻辑学家一看这两颗大珍珠，少说也值上千美元，忙问朋友是怎么一回事。当工程师讲完缘由，逻辑学家忙问："那位妇人是否还在原处？"

工程师回答说："她还坐在那里。想卖掉那只没有眼珠的黑铁猫！"

逻辑学家听后，忙跑到街上，给了老妇人200美元，把猫买了回来。工程师见后，嘲笑道："你呀，花200美元买个没眼珠的铁猫！"

逻辑学家却一声不响地坐下来摆弄琢磨这只铁猫，突然他灵机一动，用小刀刮铁猫的脚，当黑漆脱落后，露出的是黄灿灿的一道金色的印迹，他高兴地大叫起来："正如我所想，这猫是纯金的！"

原来，当年铸造这只金猫的主人，怕金身暴露，便将猫身用黑漆漆了一遍，俨然如一只铁猫。对此，工程师十分后悔。

此时，逻辑学家转过来嘲笑他说："你虽然知识很渊博，可就是缺乏一种思维的艺术，分析和判断事情不全面深入。你应该好好想一想，猫的眼珠既然是珍珠做成，那猫的全身会是不值钱的黑铁所铸吗？"

可见，缺乏创造性的思维联想，将会带来多么大的损失，将会对个人的发展、事业的进取产生多么严重的影响。

一个城里男孩凯尼移居到了乡下，从一个农民那里花100美元买了一头驴，这个农民同意第二天把驴带来给他。

第二天农民来找凯尼，说："对不起，小伙子，我有一个坏消息要告诉你，驴死了。"

凯尼回答："好吧，你把钱还给我就行了。"

农民说："不行，我不能把钱还给你，我已经把钱给花掉了。"

凯尼说："OK，那么就把那头死驴给我吧。"

农民很纳闷："你要那头死驴干嘛？"

凯尼说："我可以用那头死驴作为幸运抽奖的奖品。"

农民叫了起来："你不可能把一头死驴作为抽奖奖品，没有人会要它的。"

凯尼回答："别担心，看我的。我不告诉任何人这头驴是死的不就行了。"

一个月以后，农民遇到了凯尼，农民问他："那头死驴后来怎么样了？"

凯尼说："我举办了一次幸运抽奖，并把那头驴作为奖品，我卖出了500张票，每张两元钱，就这样我赚了998元钱。"

农民："哇！那群人没有把你打死！？"

凯尼骄傲地回答："只有一个人会来打我，就是那个中奖的。所以我把他买票的钱还给他就没事了！"

许多年后，长大了的凯尼成为了安然公司的总裁。

再苦也要笑一笑

思维的独创性是创造性思维的根本特征，创新就是要敢于超越传统习惯的束缚，摆脱原有知识范围的羁绊和思维过程的禁锢，善于把头脑中已有信息重新组合，从而发现新事物，提出新见解，解决新问题，产生新成果。

开发潜能，走向成功之路

毫无疑问，一个会动脑筋思考的人总能把握住机会，并妥善地解决问题，成功离不开睿智的创意。

让自己比别人多想一点，让自己的思维与众不同，也许我们想出来的就是一个无与伦比的好点子！很显然，如果人的思维开阔，会从多角度去思考问题，就很容易找到解决问题的有效途径。

这是一个关于曲别针用途的故事：

在一次有许多中外学者参加的旨在开发创造力的研讨会上，日本一位创造力研究专家应邀出席了这次活动。

在这些创造思维能力很强的学者同仁面前，风度潇洒的村上幸雄先生捧来一把曲别针（回形针）："请诸位朋友，动一动脑筋，打破框框，看谁能说出这些曲别针的用途，看谁创造性思维开发得好，多而奇特！"

不久来自河南、四川、贵州的一些代表踊跃回答着。"曲别针可以别相片；可以用来夹稿件、讲义。""纽扣掉了，可以用曲别针临时钓起……"七嘴八舌，大约说了二十几分钟，其中较奇特的是把曲别针磨成鱼钩去钩鱼，大家一阵大笑。

村上对大家在不长时间讲出好几十种曲别针的用途很称道。人们问："村上您能讲多少种？"

村上莞尔一笑，伸出3个指头。

"30种？"

村上摇头。

"300种？"

村上点头。人们惊异。不由地佩服他聪慧敏捷的思维。众人都拭目以待。

村上紧了紧领带，扫视了一眼台下那些透着不信任的眼神，用幻灯片放映出了曲别针的用途……

这时中国的一位以"思维魔王"著称的怪才许国泰先生向台上递了一张纸条，人们对此十分惊奇。

"对于曲别针用途，我能说出3 000种，3万种！"

邻座对他侧目："吹牛不上税，真狂！"

第二天上午11点，他"揭榜应战"，轻松地走上讲台，他拿着一支粉笔，在黑板上写了一行字：村上幸雄曲别针用途求解。

原先不以为然的听众被吸引过来了。

"昨天，大家和村上讲的用途可用4个字概括，这就是钩、挂、别、联。要启发思路，使思维突破这4种格局，最好的办法是借助于简单的形式思维工具——信息标与信息反应场。"

他把曲别针的总体信息分解成重量、体积、长度、截面、弹性、直线、银白色等10多个要素。再把这些要素，用根标线连接起来，形成无数条信息连线。

然后，再把与曲别针有关的人类实践活动要素进行综合分析，连成信息标，最后形成信息反应场。

这时，借助于现代思维之光，超常思维射入了这枚平常的曲别针，马上变成了孙悟空手中的金箍棒，神奇变幻而富于哲理。

他从容地将信息反应场的坐标，不停地组切交合。

通过两轴推出一系列曲别针在教学中的用途，把曲别针分别做成阿拉伯数字。再做成+-×÷的符号，用来进行四则运算，运算出数量，就有1 000万、10 000万……

曲别针可做成英、俄、希腊等外文字，用来进行拼写读取。

曲别针可以与盐酸反应生成氢气，可以用曲别针做指南针。

曲别针是铁元素构成，铁与铜化合是青铜，铁与不同比例几十种金属元素分别化合，生成的化合物则是成千上万种……实际上，曲别针的用途，几乎近于无穷！

他在台上讲着，台下一片寂静。与会的人们被思维“魔球”深深地吸引着。驰名中外的科学家温元凯高兴地说：“高明，简直是点金术。”

此时，再也没有人说曲别针有3 000种、3万种用途是吹牛，而是对这种新的开发思路感到了新奇，普遍陷入打破了原有的思维格局的沉思……

这是一个开发创造性思维的小游戏，这个游戏的规则就是以“曲别针”为对象打开想象的闸门，绞尽脑汁地去想象曲别针到底有多少种用途。每人至少要想象出50种以上。做完这个游戏后，我们会感到很有趣味，但同时也很感疲劳，这就是我们创造性思维潜能得到开发的结果。

再苦也要笑一笑

这种思维特点，它含有严肃的美学思考内容和经济学内容，特别是对于创造者可提供一种全新的思考方式。升级我们的思考，升级我们的行动，培养有益的思维习惯，这样我们就能走向成功之路。

第 18 章

进步虽小，总有喷发的时候

蜗牛的爬行速度是极其缓慢的，但它只要每时每刻都在不停地爬，它就一定会抵达目的地。我们每一个人都可以拥有蜗牛的精神，我们可以不断地攀登自己生命的高峰，每天进步一点点，终有一天，我们可以在无限风光的巅峰俯视和欣赏这个美丽的世界。

一点点进步会带来巨变

有一首童谣：失了一颗铁钉，丢了一只马蹄铁；丢了一只马蹄铁，折了一匹战马；折了一匹战马，损了一位将军；损了一位将军，输了一场战争；输了一场战争，亡了一个帝国。

一个帝国的灭亡，一开始居然是因为一位能征善战的将军的战马的一只马蹄铁上的一颗小小的铁钉松掉了。

正所谓小洞不补，大洞吃苦。每次一点点变化，最终会酿成一场灾难。

管理学有一个“蝴蝶效应”。纽约的一场风暴，起始条件是因东京有一只蝴蝶在拍翅膀。翅膀的振动波，正好每次都被外界不断放大，不断放大的振动波越过大洋，结果就引发了纽约的一场风暴。

每次一点点的放大，最终会带来一场“翻天覆地”的变化。

成功就是：每天进步一点点。

成功来源于诸多要素的集合叠加，比如，每天笑容比昨天多一点点；每天走路比昨天精神一点点，每天行动比昨天多一点点，每天效率比昨天高一点点；每天方法比昨天的多找一点点……正如数学中50%×50%×50%=12.5%，而60%×60%×60%=21.6%，每个乘项只增加了0.1，而结果却几乎成倍增长。每天进步一点点，假以时日，我们的明天与昨天相比将会有天壤之别。

法国有一个童话故事中有一道脑筋急转弯的智力题：荷塘里有一片落叶，它每天会增长一倍，假使30天会长满整个荷塘，问第28天，荷塘里有多少荷叶？答案要从后往前推，即有四分之一荷塘的荷叶。这时，你站在荷塘的对岸，你会发现荷叶是那么的少，似乎只有那么一点点，但是第29天就会长满一半，第30天就会长满整个池塘。

正像荷叶长满荷塘的整个过程，荷叶每天变化的速度都是一样的，可是前面花了漫长的28天，我们能看到的荷叶都是只有那一个小小的角落。在追求成功的过程中，即使我们每天都在进步，前面那漫长的28天因无法让人享受到结果，常常令人难以忍受。人们常常只对第29天的希望与第30天的结果感兴趣，却因不愿忍受漫长的成功过程而在第28天放弃。每天进步一点点，它具有无穷的威力，只是需要我们有足够的耐力，坚持到第28天以后。每天进步一点点是简单的，就是要你始终保持强烈的进取心。一个人，如果每天都能进步一点点，哪怕1%的进步，试想有什么能阻挡得了他最终到达成功？

日本企业所生产的产品向来以品质卓越著称，不论是电子产品、家用电器、汽车等，他们的产品品牌在世界上是属于一流的。

日本人对于品质有如此高的重视，主要归功于一位美国的品质大师戴明博士。

第二次世界大战结束后，戴明博士应日本企业邀请，重振日本经济。戴明博士到了日本之后，对日本企业界提出“品质第一”的倡议。他告诉日本企业界，要想使自己的产品畅销全世界，在产品品质上一定要持续不断地进步。

戴明博士认为产品品质不仅要符合标准，还要无止境地每天进步一点点。当时有不少美国人认为戴明博士的理论很可笑，但日本人完全照做。果然，今天日本企业的产品在世界上取得了辉煌成就。

福特汽车公司一年亏损数十亿美元时，他们请戴明博士回来演讲，戴明仍然强调企业要在品质上每天进步一点点，只有通过持续不断的进步，才可以使企业起死回生重振雄风。

结果，福特汽车照此法则贯彻3年之后，便转亏为盈，一年净赚60亿美金。

让自己每天进步1%，只要每天进步1%，我们就不用担心自己不能快速成长。

在每晚临睡前，不妨自我分析：今天我学到了什么？我有什么做错的事？今天我有什么做对的事？假如明天要得到我要的结果，有哪些错不能再犯？

反问完这些问题，我们就比昨天进步了1%。无止境的进步，就是我们人生不断卓越的基础。

我们在人生中的各方面也应该照这个方法做，持续不断地每天进步1%，一年便进步了365%，长期下来，一定会有一个高品质的人生。

再苦也要笑一笑

不用一次大幅度的进步，一点点就够了。不要小看这一点点，每天小小的改变，会有大大的不同。很多人一生当中，连一点进步都不一定做得到。人生的差别就在这一点点之间，如果我们每天比别人差一点点，几年下来，就会差一大截。如果我们将这个信念用于自我成长上，100%地会有180度的大转变。

成功源于心态已经归零

有一个篮球明星，曾经红极一时，后来沦落到在一家洗车店里打工。老板要求他在擦车时摘下冠军戒指，以免将车划伤，但遭到了他的拒绝。他说，那枚戒指是他剩下的唯一荣耀，如果把它拿走，他就会崩溃。结果他被洗车店解雇了。

有一个股民，一开始的时候几乎没有什么钱，后来炒股发了家，就对此神魂颠倒，但是一次选择失误，所有的钱被套住，他又回到了起步时候的情况，情绪失控就跳楼自杀了。

有一个老板，自己创业，白手起家，企业做得很大，但是一次决策失误，企业一下轰然倒下，老板无法面对这种情况，觉得自己无法再过普通人的生活，便意志消沉地混起日子，最后郁郁而终。

上面这三个人经历不同，但有一个共性，就是成功了一次之后，再成功第二次却很难。让他们回到起跑线上，心态上便承受不了了，总是还停留在过去的成功之中。

这些人缺少一种叫做“归零”的心态。什么是归零心态呢？就是无论我们现在是底层员工，还是公司老板，永远把自己放在一个很低的位置上，一切从零开始，永不满足自己的现状。

为什么惠普女总裁卡莉·菲奥莉娜说过“惠普离破产还有12个月”？为什么三星总裁李健熙说过“除了妻儿，什么都要变”？这些企业家给我们的启示是，如果我们的心态不归零，始终觉得自己足够好了，那我们就很容易被竞争所击败。

瓦雷让是法国西部的一个著名商学院的学生，在校期间，非常活跃，表现也十分优秀。不过，最近他的工作让他十分郁闷。他觉得，他所从事的工作和当初的想象差别太大了，这不是他希望的工作，他要寻求改变。

“经理，我感到这份工作和我当初的想法有些差距，这不是我希望的工作，我要辞职。”周一的早晨，瓦雷让把自己的辞职信放在了总经理的办公桌上，一脸的沉重。

“哦？你当初怎么想的，现在又是在做些什么呢？”总经理说。

“我觉得，我的能力可以承担更大的责任，而不仅仅是这些琐碎的日常工作。”瓦雷让说。

“嗯。不错，小伙子。你很有潜力，但你应该正视你的缺点。我来告诉你，昨天你给我的市场研究报告，总共有12处错误，很多错误都是致命的。你知道这些错误是什么吗？”总经理问瓦雷让。

“怎么可能？那可是我费了很大的力气完成的！”瓦雷让说。

“瓦雷让，你现在的错误，可以由我来给你修改，如果我有错误的话，就会直接给公司带来损失。你知道咱俩换换职位会有什么结果吗？手中的事情都做不好，怎能去承担更大的责任？瓦雷让，我明白你的想法。你在大学校园里，呼风唤雨，风光无限；到了公司，你就是一个新兵，是一个普普通通的员工，你的能力可以在平时工作中体现。到了一个新的环境，你就需要有新的心态。初入职场，你必须忘掉校园里的表现，无论是优秀的，还是糟糕的。把你的心态归零，是你顺利工作的第一步。你的辞职信暂时放在我这里，如果你在明天上午之前，还是坚持你的想法的话，我可以答应你的要求。”总经理说。

“经理，对不起。我想我应该收回我的辞职信。”瓦雷让说。

很多的研究生、博士生，像瓦雷让一样“出身名门”，在大学里也是有口皆碑的好学生，但是到企业里面却吃不开，甚至找不到工作。因为这些人从一毕业就没有把自己的姿态放低，不能接受从底层认认真真地做事情，总是以为自己就应该获得重用，事实上他们还差得很远。

如果我们也遇到了这样的问题，不要抱怨我们的老板对我们的才能视而不见，把心态归零，从小事做起，总会有一天，我们的老板会说我们既有才华又值得信赖，交给我们更多的责任。

另外有很多老员工，他们在公司拼搏了很多年，帮助企业取得了发展，有的人还是企业的“开国元勋”。但是企业发展好了，这些人反倒满足于现状，抱着“吃老本”的心态混在公司，稍有不如意，就摆出老资格的姿态发脾气，增加了企业管理上的难度，变相增加了管理成本。结果企业不是越做越好，反而越做越差。

还有一些精英，有着多年的行业经验、出众的个人能力、卓越的业绩以及良好的业界口碑，被企业挖去做经理人。但是，过去只能意味着结束，如果过于看中过去，过去也就成了包袱。也许正是这样，太多不适应新环境，临场发挥失常的职业经理人，最后抱憾离去。

这些人都没有很好地做到心态归零，所以他们只能取得暂时的成功，却无法将小的成功变成大的成就，不能让自己从优秀走向卓越。

心态归零，是为了更好地前进，为了取得更大的成功。心态的每次归零都将是一个自我完善的过程，一个自我提高的机会。让我们时刻保持清醒的头脑，为下次进攻做更好的准备。我们时刻会面临着新的工作环境，会遇到新的问题，这意味着我们过去的辉煌已经结束，必须时刻为新的开始做好准备。

如何做到归零心态呢？就是把每一天都当做崭新的开始，把自己的姿态放到最低，坚持不懈地改善。永远不要去想我们已经有多好，而是要眼光紧盯我们下一阶段的更大的目标。永远不要去想别人有哪些缺点，而是想自己还有哪些不足。

再苦也要笑一笑

周围的环境日新月异，当别人都在拼命进步的时候，我们还在“原地踏步”的话，等于把机遇拱手让给了别人。如何让成功从一句空话变成现实？答案就是：心态归零，坚持不懈地改善。

每天想象自己从零开始

做一个成功者，有一个必不可少的条件——就是要有每天坚持的精神。也许有人认为自己已经很强大，不会担心任何困难，但是当真正的困难来临的时候，他们还会变得手足无措。因此，我们不妨这样想象，每天我们都是从零开始的。

日本的中田修就是一切从零开始的开拓者。

中田修曾到美国军队当过仆役，做过黑市小贩，印刷公司职员，走马灯似地换了十几次工作。不是被辞退，就是工作不顺心，经常流浪街头。一次，他徘徊在东京的一条街巷，感到万念俱灰，决心以自杀结束自己的无限烦恼和痛苦。这时候，仿佛冥冥之中有神向他伸出了援助之手，他无意瞥见了附近有一块挂着的“垒泽设计研究所”的招牌，这块招牌唤醒了他当印刷公司职员的愿望，他终于打消了自杀的念头，决心从零开始创立设计学校。

原来，中田修在印刷公司工作时，就被公司设计师优厚的待遇迷住了。为了摆脱饥饿，中田修下决心做个设计师，开一家属于自己的公司。当时并没有学习设计的学校，中田修便利用工作的方便，把设计公司的作品带回家研究，自学设计方面的书籍，坚持了半年，终于学会了设计技术。

在放弃了自杀念头后，中田修认真地想办法去完成自己的心愿。没有雄厚的资金，他通过“读者栏”招收学生，开始只办“周日教室”。以后又租借公共场所作为教室，以便容纳更多的学生。为筹措办学资金，他向阪隐公司的经营学习，把“前金制”引入学校的建设之中。所谓“前金制”就是预收款。慢慢地，一个正式的设计学校就成形了。

1959年4月，“东京设计所”在大阪成立。起名东京，是为了纪念东京那间挽救了中田修性命的设计所。后来，在中田修苦心经营下，“东京设计所”终于成了日本一流的设计研究所。

即使已经取得了成功，中田修也没有知足，他时刻告诫自己，公司每天都是从零开始的。

再苦也要笑一笑

要做一个成功的人是很不简单的。只有学问、知识是不够的；以年资评定，选一个服务时间最长的人出来，也未必能胜任。因此，不管任何时候，我们都不要以为自己很强大，已经达到成功的顶峰，坚信自己每天都是从零开始的，才会让我们产生勇往直前的勇气。

大海是从小水滴凝聚的

《礼记·大学》中有段话："苟日新，日日新，又日新。"老子在《道德经》中说："合抱之木，生于毫末，九层之台，起于累土，千里之行，始于足下。"这些都说明了质变是在量变积累到一定程度时发生的。所以说，我们不要幻想自己能突然脱胎换骨，一夜成名。要知道，从平凡到优秀再到卓越并不是一件神奇的事，只要我们每天进步一点点，完全可以达到。

华盛顿一家公司被法国一家公司兼并了，在兼并合同签订当天，公司新总裁就宣布："公司不会随意裁减人员，但如果你的法语水平太低，无法和其他员工交流，那么，公司不得不请你离开。这个周末公司将进行一次法语考试，考试及格的人留在公司继续工作，不及格的人则要离开了。"

听到这个郑重的宣布，人们心里都没底，几乎所有人都涌向了图书馆，他们这时才想补习法语。只有一位员工例外，他没有去图书馆，直接回家了，别人还以为他要放弃这里的工作呢。

周末如期进行了法语考试，两天后宣布考试结果。令所有人吃惊的是，这个在大家眼中肯定是没希望的人却考了最高分。

人们感觉很奇怪，就问这位员工。这个人告诉他们，他在大学刚毕业来到这家公司之后，就已经认识到自己身上有很多不足了，从那时起，他就有意识地学习提高自己。他看到公司的法国客户很多，但自己不会法语，每次与客户的往来邮件与合同文本都要公司的翻译帮忙。但翻译并不是就对他负责的，公司的很多事情都要由翻译来做，所以难免有顾不上的时候，这样他自己的工作就没有办法进行。因此，他慢慢意识到法语对他的重要性，就开始自学法语。

而学习一门语言也不是那么容易的事情，在于坚持和积累，他一边工作一边学习，难度就更大了，那么他是如何解决工作与学习之间的矛盾的呢？他说："只要每天记住10个法语单词，一年下来我就会3 600多个单词了。"

就是靠一天记住一点点，他学会了法语。

前洛杉矶湖人队的教练派特雷利在湖人队处于最低潮时，告诉球队的队员说："今年我们只要每人比去年进步1%就好，有没有问题？"球员们一听，才1%，很容易。高声回答："没问题！"

于是那一年湖人队在罚球、抢篮板、助攻、抄截、防守五方面都各进步了1%，结果居然得了冠军。

当有人问派特雷利教练如何在一年的时间取得成功时，他说："每人在5个方面各进步1%，则为5%，12个人一共60%，一年进步60%的球队，你说能不得冠军吗？"

这就是成功法则。只要我们每天也遵循这个法则，让自己每天进步1%，就不用担心自己不成功了。只要今天比昨天进步了1%，并且无止境地进步，就是我们人生不断走向卓越的基础。

人生有时候就差那么一点点，如果我们每天与别人差一点点，几年下来，几十年下来，差距就会很大。

再苦也要笑一笑

我们制订一个计划，要求自己每天进步一点点，包括在重新塑造自己方面，永不停止向前迈进的脚步，过不了多长时间，我们就会发现，自己已经进步了许多，我们的生活和工作也都大变样了。

傲雪腊梅不曾放弃严冬

如果我们希望取得某种现实而有目的的改变，那么，我们必须采取某种现实而有目的的行动。这对于我们是否能够主宰自己的生活至关重要。

为了主宰自己的生活，我们就要积极地行动。其实，每个人都具备着充分发挥上帝赋予我们的潜能的必要工具、能力和条件。但是，真正想发挥出潜能，就一定要去实际地做事情——目标明确且持之以恒地去行动。

1915年，俄国的一位27岁青年写了一篇作品《愚笨的一天》，寄给了当时《记事月刊》的编辑高尔基。两周之后，高尔基退回了原稿，并附上一封信："故事的题材很有趣，但写得不好：没有写出背景，对话没有趣味，主人的体验的戏剧性写得不清楚。你再试试写点别的东西吧。"

从此，这位青年13年没有动笔。他悲观失望了吗？没有。十月革命后，他领导了"高尔基工学团"，使一批被旧生活残酷蹂躏的流浪儿变成了社会新人。在教育、改造"流浪儿"的过程中，他阅读了古典文学名著，投入生活激流，写了大量的读书笔记，搜集、整理了"流浪儿"在苏联党和政府的关怀下健康成长的生活史实。高尔基从意大利回国后，特意来到了"高尔基工学团"，并跟这些失足青少年生活了3天。高尔基在与"流浪儿"愉快、亲密的交流中，不仅巩固了他与"流浪儿"建立起来的深厚情谊，而且看到了当时国内到处存在的儿童流浪和儿童犯罪的现象，以及一位青年是用怎样的态度和方法去挽救这些"流浪儿"的。尤其是，高尔基听了这位青年的汇报后，对于他在教育、改造失足青少年中付出的艰苦劳动更为感动。高尔基热情鼓励他一定要把这段有意义的生活记录下来，请他写一部书。高尔基说："你做的这一切真使我感动，你应该把这一切都写出来，不应沉默。不应该把你在艰苦工作中获得的成就秘而不宣。写一本书吧！"这位青年在十几年生活积累的基础上，在高尔基热情的帮助下，只用了两个月的时间，就创作了一部著名的长篇小说《教育诗》。《教育诗》的扉页上写道："谨以一片忠诚和热爱，献给我们的领导人、友人和导师马克西姆·高尔基。"

这位青年就是后来的苏联著名教育家、作家马卡连柯（1888–1939）。马卡连柯在回忆13年前的往事时说："读高尔基的退稿信时，我非常明白，我没有写作本领，我需要学习。很可能，在我心灵的深处已经留下一道不愉快的印痕，但是，我认真地持久地学习着。"

接到退稿信后不气馁，认真弥补自身的不足，通过勤奋的学习，终于取得了成功，这就是马卡连柯留给我们的重要启迪。

一个人度过一生的方式有很多。有的人可能听天由命终其一生，逆来顺受，麻木不仁；有的人可能沿着父辈安排好的一切循规蹈矩地生活着，按部就班，无忧无虑；有的人可能会因遇到波折而一蹶不振、怨天尤人、失去斗志；有的人可能尽管困难重重但仍然一往无前、披荆斩棘、苦尽甘来。我们应该成为后一种人。

生命对于每个人只有一次，只有不曾放弃年轻时梦想的人生才会更富有内涵，更值得回味，也才会弥香久远。"不经寒风彻骨痛，哪能香气扑鼻来？"腊梅不曾放弃冬的严寒，傲立雪中，才迸发出了独特的生命芬芳。

没有追求的生命是暗淡无光的。追求让生命大放异彩，生命在追求中闪光！

再苦也要笑一笑

为了主宰自己的生活，我们就要积极地行动。其实，每个人都具备着充分发挥上天赋予我们的潜能的必要工具、能力和条件。但是，真正想发挥出潜能，就一定要去实际地做事情——目标明确且持之以恒地去行动。

好字是一天天练出来的

我们的世界经历了无数次的变革，每个时代都有很多执著的人。当然，在不同的时代，执著也有着自己不同的含义，但它有一个永恒的意义就是坚持不懈。

晋代书法家王羲之，练得一手好字，他为了练习写这一手好字，把一池的水都染黑了，他经历了多少“寒彻骨”又有谁知道？但是他最后成功了。唐宋散文八大家之一的曾巩曾写到“羲之之书晚乃善，则其所能，盖亦以精力自致者，非天成也。”这恰恰证明了执著是开启成功大门的钥匙。

王羲之从七岁起就开始学习书法。他的老师卫铄，是个很有名气的女书法家，人们称她卫夫人。卫夫人很喜欢王羲之这个聪明的学生，不但尽心地教他练字，还常用前人练字的故事来鼓励他。

一次，王羲之问卫夫人：“我怎样才能快点把字练好？”

卫夫人看到王羲之急切的样子，就说：“孩子，不要急，我先给你讲个墨池的故事吧！东汉的时候，有一个名叫张芝的人。他为了练好字，天天在自家门前的池塘边，蘸着池水研墨练字。字写完了，就在池塘里洗涮笔砚，日子一久，洗出的墨汁把整个池塘都染黑了。后来，他的字越练越好，写的草书笔势活泼流畅，富于变化，大家都管他叫草圣……”

王羲之一边听着张芝的故事，一边想：张芝为了练好字，洗笔砚的水把池塘都染黑了，他下的工夫多大啊！要是自己也像张芝那样刻苦，一定也能把字练好。

从那以后，王羲之练字更加努力了。他也像张芝一样，每天练完字，就到门前的池塘里洗笔砚。时间一长，原来清澈的池塘，也变成了墨池。后来，王羲之每搬到一处，都要在门前洗笔砚，留下的墨池比张芝的还要多。北宋的文学家曾巩，十分钦佩王羲之的勤奋刻苦精神，他特地写了一篇《墨池记》的文章来赞颂他。

王羲之不仅对自己要求严格，在他的“教子经”中指出，勤奋仍然是非常重要的。

王羲之的几个儿子都擅长书法，最有成就的是第七个儿子王献之。

王献之从小就跟着父亲学习写字。八岁那年，有一天他正在专心致志地练字，王羲之想试试儿子的腕力如何，就悄悄地走到他身后，猛地去拔他手中的笔杆。没想到，王献之的手握得很紧，竟没拔出来。王羲之见儿子年纪不大，却有这样强的腕力，高兴地说："这孩子的书法，将来一定会有出息的！"

王献之见父亲夸赞自己，练字更加用心了。过了一两年，他觉着自己的字写得很不错了，就拿给父亲看。王羲之看了看，觉得功夫还不到家，就在他写的一个"大"字底下加了一点，改成一个"太"字。王献之见父亲没有夸赞自己，又把自己写的字拿去给母亲看，母亲看过之后，指着那个"太"字说："依我看，你写的这些字里，还只有这个'太'的一点的笔力像你父亲。"

听了母亲的话，王献之羞愧地低下了头。他感到自己的功夫还差得很远，就去向父亲请教。他对父亲说："您能告诉我练字有什么窍门吗？"

王羲之把儿子叫到窗前，指着院子里的十八口大缸说："你先要把这些大缸里的水，磨墨练字，用完了，窍门自然就有了。"

王献之听了父亲语重心长的话，明白勤学苦练才是练字的"窍门"。从此他更加勤奋地练字，后来终于成了有名的书法家，人们常把他们父子并称为"二王"。

俗话说勤能补拙、永不停息的进取精神，对每一个想要有所成就的人都是很重要的。每一个成功的人，每一位有作为的人，他们无一不是与勤奋有着深沉的缘分，有着难解难分的牵连，他们付出过多少汗水，他们付出过多少心血，他们的勤奋，他们的忍耐，也许常人难以想象得到。只要能坚持勤于工作，就会有成功的必然。在人生的舞台上能演出最好的自己的人，他们的努力和付出的代价虽然各不相同，但是，他们的勤而不怠却是相同的，他们的成功也是相等的。

再苦也要笑一笑

所谓勤能补拙，何为"勤"？勤是让我们走向成功的唯一道路。何为"拙"？拙是我们的不足之处。"勤能补拙"，勤奋能把我们的不足之处消灭，它们是相互的。"勤能补拙是良训，一分辛苦一分才。"只要付出必定有收获。

第19章

善用时间，莫让时间空流过

人类的生命是短暂的，因为自人出生以来就受着时间的“剥夺”。时间就像是肆意的魔鬼，无情地“牵引”着生命一步步走向灭亡。但是，在时间面前，人类并不是无能为力的，抓住每一秒钟，不让时间白白地流失，我们的生命就会焕发出异样的光彩。

金钱买不到的东西

一个人真正拥有，而且极度需要的只有时间。其他的事物多多少少都部分或曾经为他人拥有。像呼吸的空气、在地球上占有的空间、走过的土地、拥有的财产等，都只是短时间拥有。时间如此重要，但仍有很多人随意浪费掉他们宝贵的时间。

在富兰克林报社前面的书店里，一位男士在犹豫了将近1个小时后，终于开口问店员："这本书多少钱？"

"1美元。"店员回答。

"1美元？"这人又问，"能不能便宜点？我很需要这本书。"

"它的价格就是1美元，先生。"店员答道。

这位顾客又看了一会儿，然后问道："富兰克林先生在吗？"

"在，他在印刷室忙着呢。"

"那好，我要见见他。"这个人坚持一定要见富兰克林。

于是，富兰克林就被找了出来。

这个人问："富兰克林先生，这本书你能出的最低价是多少？"

"1美元25美分。"富兰克林不假思索地回答。

"1美元25美分？你的店员刚才还说1美元1本呢！"

"这没错，"富兰克林说，"但是，我情愿倒给你1美元也不愿意离开我的工作。"这位顾客惊异了，他心想，算了，结束这场自己引起的谈判吧，他说："好，这样吧，你说这本书最少要多少钱吧？"

"1美元50美分。"

"啊，怎么又变成1美元50美分？你刚才不还说1美元25美分吗？"

"对。"富兰克林冷冷地说，"我现在能出的最低价格就是1美元50美分。"

那人没有再说什么把钱轻轻放在柜台上，拿起书走了出去。这位著名的物理学家、政治家给他上了终生难忘的一课：对于有志者，时间就是金钱。

太多人浪费80%的时间在那些只能创造出20%成功机会的人身上；雇主花费太多时间在那些最容易出问题的20%的人身上；经纪人花费太多时间在不按时参加演出工作的演员或模特儿身上；政治家花费多数时间为20%的有问题或就是问题本身

的人运作议事，而那些人甚至不是当初投票给他们的选民。玛丽·露丝在《节约时间与创意人生》一文中写道："我的工作有一部分是市场咨询，常常要和人们讨论如何建立事业。我通常会建议他们，可以自由运用自己的时间，但最重要的时间应该优先留给那些帮助自己建立事业、认真想成功和愿意协助自己达到成功的人身上。"

许多人日复一日花费大量的时间去做一些与他们梦想不相干的事情。不要成为他们其中的一分子，让我们生命中的每个日子都值得"计算"，而不要只是"计算"着过日子。

"你热爱生命吗？那么，别浪费时间，因为时间是组成生命的材料。"富兰克林如是说。时间是生命，时间是金钱，而只有那些能充分利用时间的人，才会衡量时间的价值。

再苦也要笑一笑

像爱惜自己的生命那样去珍惜时间，学一点学问，在有生之年做一点事，充实自己，帮助别人，使人生过得有意义。

学会跑在时间前头

一天究竟有多长，我们这样问过自己吗？如果你的答案是24小时，那你的一年就只能有12个月；如果你的答案是一天不仅仅有24小时，那么你的一年就能有13个月。这长出来的第13个月，就是你和时间赛跑的成果。

陈尘从小和祖母呆在一起，他非常爱自己的祖母。但祖母在他上小学的时候去世了，陈尘感到非常悲伤，哀伤的日子持续了很久。有一天爸爸对陈尘说："时间里的事物，都永远不会回来。你的昨天过去了，它就永远成为昨天，有一天你会长大，你会像祖母一样老。今天你度过了你的时间，今天就永远不能回来了。"

听到爸爸的这段话以后，陈尘每天放学回家，在庭院看着太阳沉进山头，他知道自己永远不会有今天的太阳了。这使他很着急，而且很悲伤。有一天放学，陈尘看到太阳西斜，就下定决心说："我要比太阳更快地回家。"陈尘狂奔着跑回家去。当他站在院子前喘气的时候，看到太阳还露着半边脸，陈尘高兴得跳了起来，那一天，他跑赢了太阳。

以后他就常做这样的事情，有时和太阳赛跑，有时和西风比快，有时一个暑假才能完成的作业，他10天就做完了。那时他三年级，常常把哥哥五年级的作业拿来做。每一次胜利时，陈尘就快乐得不能形容。

陈尘心里明白了，时间并非不可战胜，人只要有战胜一切的勇气，迈开双腿，就能够跑在时间的前面！

邓亚萍的成功有目共睹，她的教练在评价她之所以获得成功时，说了这样一句话："只是因为邓亚萍有能力与每一天的时间赛跑。"确实，当我们了解到邓亚萍怎样度过每一天时，我们就会明白她的一天有多长！

早晨5点钟起床，5点半出门；6点30分做热身运动；6点30分至9点30分进行正常的例行计划训练；10点钟在学校上课，16点下课；16点至19点在体育馆继续训练；19点至23点在家做功课；然后上床睡觉。

当别的孩子在早晨走出家门之前，邓亚萍就已经正式开始了每日的训练；当别的孩子在电视机前消磨掉每一天的大部分课余时间时，邓亚萍还在练球；当别的孩子还未将一天的最后时间从餐桌或游戏房找回来时，邓亚萍已经开始了另一天。

就这样，邓亚萍和时间赛跑，跑赢了时间，跑赢了自己。

再苦也要笑一笑

虽然我们不再拥有年少的青春，但庆幸我们还算年轻，还没有老到迈不动腿的地步，我们还有大把的时间享受生活，感恩生活，让我们与时间赛跑吧，筹划好我们的生活，成为跑在时间前面的人，相信人生的舞台同样很精彩！

人的一生只有三天

世界上的伟人诸如元首、科学家、发明家、文学家等，最成功之处就是运用时间的成功，他们都是运用时间的高手。

德国著名的文学家歌德一生勤奋写作，作品极为丰富，有剧本、有诗歌、有小说、有游记，一生留下的作品共有140多部，其中世界文学瑰宝——《浮士德》，长达12 111行。歌德为什么能取得如此惊人的业绩？原因就在于他一生非常珍惜时间，把时间看做是自己的最大财产。他在一首诗中这样写道："我的产业多么美，多么广，多么宽！时间是我的财产，我的田地是时间。"有一次，歌德在他孩子的房间里，看见他孩子的纪念册的一页上摘抄着一段话："人生有两分半的时间：一分钟微笑，一分钟叹息，半分钟爱，因为在这爱的半分钟里他死去了。"歌德看后十分生气，他认为这是对人生极不严肃的态度，是对珍贵的时光的嘲弄。他脸上带着不满意的神色，提笔在这段话的下面写了这么几句："一个钟头有60分钟，一天就超过了1 000分钟。小儿子，要知道这个道理，人能够作出多少贡献。"歌德是这样说的，也是这样做的。他一生中把一个钟头当60分钟用，视时间为生命，从不浪费一分一秒，直到1832年2月20日，这位将近84岁的老人在临死前还伏在桌上专心致志地写作。

法国著名科普作家凡尔纳每天早上五点钟起床，一直伏案写到晚上8点。在这15个小时中，他只在吃饭时休息片刻。当妻子来送饭时，他搓搓酸胀的手，拿起刀叉，很快填饱肚子，抹抹嘴，又拿起了笔。他的妻子关切地说："你写的书已不少了，为什么还抓得那么紧？

凡尔纳笑着说："你记得莎士比亚的名言吗？放弃时间的人，时间也放弃他。哪能不抓紧呢？"在40多年的写作生涯中，他记了上万册笔记，写了104部科幻小说，共有七八百万字，这是一个多么惊人的数字！一些感到惊异的人就悄悄地询问凡尔纳的妻子，想打听凡尔纳取得如此惊人成就的秘诀。凡尔纳的妻子坦然地说："秘密么，就是凡尔纳从不放弃时间。"

他们是时间面前的强者，是驾驭时间于手掌中的成功者。他们现在的每一分钟，是经过了无数分钟的拼搏后才换来的。

寒冬易暑，天回地转，时间的脚步是无声也是急促的。它不会为动作慢的人放慢脚步，也不会给无端延误时间的人以任何宽恕，更不会给无度挥霍时间的人以任何谅解。

在美国夏威夷岛上，学生们每天上课时，总是先要背诵一段这样的祈祷词：一个人的一生中只有3天：昨天、今天和明天。昨天已经过去永不复返不再回头。今天已经和你在一起，但很快也会悄无声息地过去。明天就要到来，也会消逝不可等待。抓紧时间吧，一生只有3天。

让我们再重温一下朱自清先生的名著《匆匆》吧：洗手的时候，日子从脸盆里过去；吃饭的时候，日子从饭碗里过去；默默时，便从凝然的双眼前过去。我觉察他去的匆匆，伸出手遮挽时，他又从遮挽着的手边过去。天黑时，我躺在床上，他便伶伶俐俐地从我身边跨过，从我脚边飞过去了。等到我睁开眼和太阳再见，这算又溜走了一日。我掩着面叹息，但是新来的日子的影儿又开始在叹息里闪过了。

再苦也要笑一笑

时间是无情的，然而时间对我们每个人又都是公平的。在我们每个人出生时，世界送给我们最好的礼物就是时间。不论对穷人还是富人，这份礼物是如此公平：一天24小时，我们每一个人都用它来投资经营自己的生命。有的人很会经营，1分钟变成2分钟，1小时变成2小时，一天变成两天……用上天赐予的时间做了很多的事，最终换来了成功。

高质量地利用时间

有一句话，人们说了好多遍，乃至人们对这句话已经无动于衷，但它却是不灭的真理。这就是鲁迅先生所说的："时间就像海绵里的水，只要你去挤，它总是有的。"

玛丽·斯坦纳德的丈夫曾经在美国一家医药公司担任销售部经理，由于公司裁减冗员，最近被解雇了。多方寻找，他也找不到合适的工作，于是，在被解雇的一年后，他和玛丽决定用自己家里的积蓄买一家商店。以前，玛丽的真正兴趣和天赋是做新闻记者工作，但是自从生了孩子以后，她辞去了工作，从此，再也没有机会做自己喜爱的事情了。

有一天，玛丽决定每天把孩子送到学校，做完家务活，在店里帮助丈夫，算一天的账目，照看住在附近的妈妈之后，再开始动手写点东西，这样或许能挣点稿费，毕竟，他们真的需要一些额外的收入。她的丈夫自告奋勇地说："我来帮忙，我每天哄孩子入睡，晚饭我来做。"但是，到了第五天，当玛丽离开打字机时，她累得简直连一句话都说不出来了，脑子也不转了。

玛丽·斯坦纳德的一个朋友，读过关于"充分利用高质量时间的原理"的文章后，建议玛丽把诸如家务活、记账推迟到下午，并征得她丈夫的同意，只是在午饭前和要闭店时才去帮他，因为这时的顾客最多。她充分利用每天起床后到早饭前的1小时和9点半到11点半这两个小时进行自己的业余创作。终于，她找到了适合自己的方法。一星期后，她对丈夫说："实际上，我可以用这3个小时干5个小时的活。"一年后，她已经成了地方报纸的兼职记者和许多全国性杂志的正规撰稿人了。

将时间挤出来，首先得转变计算时间的观念。如果用月来计算时间，一年只能有12个月；用天来计算时间，那么一年有365天；用小时来计算时间，一天只能有24个小时；而用分来计算时间，就比用时来计算的时间多60倍；而用秒来计算时间，就比用分来计算的时间又多60倍，比用时来计算的时间多3 600倍，比用天计算的时间多86 400倍，比用月来计算的时间多……

正如达尔文所说："我从来不认为半小时是微不足道的很小的一段时间。完成工作的方法，是爱惜每一分钟。"

再苦也要笑一笑

创造时间不仅是重视时间的数量，更重要的是注重时间的质量。高质量地利用时间就是变相地拉长了时间。

把时间用在刀刃上

“把时间用在刀刃上”，这句话值得大家来反省，我们应该学会把时间投资在真正重要的事情上。

马戏团曾经有个驯兽师，他听说从未有人看见骆驼倒着走，而且大家都认为骆驼只会往前走，不可能倒退走。

于是这名驯兽师就决定要向这个“不可能”挑战，他要训练一只会倒退的骆驼！他不断辛勤地训练，经过多年的努力，终于成功了。

要进行演出了，观众从四面八方涌来，因为宣传和广告都保证将令观众大开眼界。

场子正中央，站着那位驯兽师，正在津津乐道地说明骆驼倒退走的奇观。成千的观众却面面相觑，一脸的迷惑，每个人的表情都仿佛在说：“那又怎样？”

确实，那又怎么样。浪费时间在没有多大意义的事情上，就算是真的做了一件前无古人的事，那又怎么样呢？有什么意义呢？

在美国企业界里，与人接洽生意能以最少时间发生最大效力的人，首推金融大亨摩根。摩根每天上午9点进入办公室，下午5点回家。有人对摩根的资本进行了计算后说，他每分钟的收入是30美元，但摩根自己说好像还不止。

所以，除了与生意上有特别重要关系的人商谈外，他还从来没有与谁谈话超过5分钟。通常，摩根总是在一间很大的办公室里，与许多职员一起工作，他不像其他的很多商界名人，只和秘书呆在一个房间里工作。

摩根会随时指挥他手下的员工，按照他的计划去行事。

如果我们走进他那间大办公室，是很容易见到他的，但如果我们没有重要的事情，他绝对不会欢迎我们的。

摩根有极其卓越的判断力，他能够轻易地猜出一个人要来接洽的到底是什么事。当他对一个人说话时，一切拐弯抹角的方法都会失效，他能够立刻猜出对方的真实意图。具有这样卓越的判断力，使摩根节省了许多宝贵的时间。

再苦也要笑一笑

成功者最可贵的本领之一，就是能把时间用在刀刃上，只做有意义的事，避免无谓的干扰。

最重要的事首先做

马迪受聘于某大学商学院院长。他一上任先研究商学院的大概情形，发现当前最迫切需要的是资金。他知道自己募款能力很强，于是很明确地将募款列为首要任务。

这时问题产生了。过去的院长都是以院内的日常事务为工作重心，而这个新院长却总是不见踪影，因为他正在全国巡回募款，以充实院内的研究经费、奖学金等。但这样一来，在日常事务方面，他便不如前任院长那么事必躬亲。教授们对他愈来愈不满，终于派代表去见校长，要求校长命令院长彻底改变领导方式或者改选院长。但校长明白新院长的作为，便说："别把事情看得太严重。院长不是有个很不错的行政助理吗？再给他一些时间吧。"

没多久，外界的捐款开始源源不断地涌进来，教授们这才了解院长的远见。之后，他们每次看到院长都会说："你忙你的去吧，待在这里干什么？尽管去募款吧！你的行政助理能干得很。"

这位院长后来说，他的确犯了几项错误，例如没有好好重视团队建设，在募款之前没有好好地对同仁解释。如果从头再来，他一定可以做得更好。但他也带来了一个很重要的启示，即人们必须不断地自问："目前最迫切要做的是什么？我最大的本领和才华在什么地方？"

这就是一个管理时间的问题。

时间管理的起始点就是设立明确的目标。如果连目标都未明确，那么时间管理就无从谈起。当我们设立了明确的目标以后，我们还要为达到目标制订详细的计划。我们不仅要制定一年的计划、一个月的计划，还要制定一周的计划、一天的计划。有了详细的行动计划，我们才知道怎样合理地安排时间，我们才不会无所事事。其次，要遵循一个非常重要的原则。这个原则就是在精力最充沛的时候抓紧时间做最重要的事。

再苦也要笑一笑

“时间就是金钱”的观念早已深入人心，做好时间管理不仅意味着丰厚的经济利益，更能令自己的事业突飞猛进。保持焦点，一次只做一件事情，一个时期只有一个重点。聪明人要学会抓住重点，远离琐碎。

做足准备也会误事

有句话叫“不打无准备之战”，也就是说，在做一件事情之前，先把准备工作做足。然而，这个“做足准备”却让不少人吃了苦头。

有一天，6岁的王安外出玩耍，发现了一只嗷嗷待哺的小麻雀。他决定带回家喂养。走到家门口，忽然想起未经妈妈允许，他便把小麻雀放在门后，进屋请求妈妈。在他的苦苦哀求下，妈妈答应了。但是，当王安兴奋地跑到门后时，小麻雀已不见了，看到的是一只意犹未尽的黑猫。原来，小麻雀已经成了黑猫的腹中餐了。

一些人在事情到来之时，总是先有积极的想法，然后头脑中就会冒出“我应该先……”这样一来，我们的一只腿就陷入了“做足准备”的泥潭。一旦陷入，结果就很难说了。我们会顾虑重重，不知所措，无法定夺何时开始……时间一分一秒地浪费了，我们会陷入失望情绪里，最终只有以懊悔面对仍悬而未决的事情。

由此可见，“做足准备”固然可以降低我们的出错率，但致命的是，它会让我们失去成功的机遇。企盼“做足准备”后再行动，我们的工作也许永远没有“开始”。世间永远没有绝对完美的事。“做足准备”只不过是“永远不可能做到”的代名词。

所以，不管从事什么行业，我们都应当机立断，立即行动，只有这样，成功才会最大限度地垂青于我们。

很多时候，我们若立即进入工作的主题，会惊讶地发现，如果拿浪费在“做足准备”上的时间和精力处理手中的工作，往往绰绰有余。而且，许多事情我们若立即动手去做，就会感到快乐、有趣，加大成功几率。一旦延迟，愚蠢地去满足“做足准备”这一先行条件，不但辛苦加倍，还会失去应有的乐趣。

比如，一个艺术家行走在路上时，某种灵感如同闪电般闪现在他的脑海里。如果他在那一刹那迅速执笔，把那个灵感画在身边的某一片纸上或者他的衣服上，必定会有意外收获。可是这个艺术家一定要等回到了画室，展开了画布，调好了颜料等，才执笔捕捉。结果，待一切就绪后，无论他再怎么苦苦思索，美好的灵感火花却早已模糊，难觅其踪了。

难怪有人讥讽地评判，说做事奢求“做足准备”的人，是最容易被失败俘虏的人。从某种意义上讲，“做足准备”还是个“窃贼”，它会窃取我们宝贵的时间和机遇，让我们的工作不能迅速、准确、及时地完成。

相反，如果我们把所有事情都付诸“立即行动”上，那么，我们会得到意想不到的结果。

有个农夫新购置了一块农田，可他发现在农田的中央有一块大石头。

“为什么不铲除它呢?”农夫问。

“哦，它太大了。”卖主为难地回答说。

农夫二话没说，立即找来一根大铁棍，撬起石头的一端，意外地发现这块石头的厚度还不及一尺，农夫只花了一点儿时间，就将石头搬离田地。

也许，在开始的时候，我们会觉得做到“立即行动”很不容易，因为这样难免发生失误。但最终我们会发现，“立即行动”的工作态度，会成为我们个人价值的一部分。

再苦也要笑一笑

当我们养成“立即行动”的工作习惯时，我们就掌握了个人进取的秘诀。当我们下定决心永远以积极的心态做事时，我们就朝自己的成功目标迈出了重要一步。

珍惜你手中的时间

有一位哲人曾经说过，人生是个大银行，每天都可以支取86 400元，如果我们不支取，这笔钱就作废。这86 400元就是我们一天所拥有的时间，一天有86 400秒可以支配，如果我们不去努力使用它，让它得到最大的利用，那么它就会永远消失。其实，严格来说，我们并没有这么多时间，我们每天要用8个小时睡觉，这样一天就少了1/3的时间，一辈子就少了1/3的时间。

正因如此，我们才能更加深刻地体会一寸光阴一寸金，寸金难买寸光阴。

美国著名作家海伦·凯勒（Hellen Keller）在《假如给我三天光明》中这样写道：我们每一个人每天都应该怀着友善、朝气和渴望去生活，然而，当时间真的在我们面前日复一日，年复一年地流逝时，我发现我们的这些品质往往会逐渐丧失。

人的一生必然会遇到很多不如意的事情，并不是每个人天天都能开开心心，总会有一些不愉快。然而在这些不开心和不愉快中，我们的时间也在飞驰而过。回忆童年，仿佛就在昨天，想想我们的少年，好像是今天早上刚刚过去。时间过得如此之快，我们一定要养成珍惜时间的习惯，珍惜时间就是珍惜生命。

我们常常会看到那些生活在死亡阴影中的人，他们对所做的事情往往都会赋予一种特别的爱和留念。人类有这么个弱点，当它存在的时候，人们往往不去珍惜它，只有当它将要消失的时候，人们才会知道它的可贵之处。这也就是那些生活在痛苦中的人更加明白生命意义的原因了。

人千万不要把时间看得太轻。

历数古今中外有大建树的人，没有一个不惜时如金的。晋朝陶渊明曾经慨叹："及时当勉励，岁月不待人。"法国作家巴尔扎克把时间就当做资本。鲁迅先生对时间的认识更加深刻，在他看来时间就是生命，无端地耗费别人的时间，无异于谋财害命。而世界上最伟大的科学家之一爱因斯坦更是对时间尤其珍惜，当他76岁时，他病倒了，有个老朋友问他想要什么东西，爱因斯坦说希望还能有几个小时，让他好把一些稿子整理好。

再苦也要笑一笑

陆机在《短歌行》中说："人寿几何？逝如朝霞。时无重至，华不在阳。"人生短短几个秋，说起来也是弹指一挥间。无论我们干什么事情都要珍惜时间，切不可慨叹人生的苦短，让时间白白地从我们身边流逝。

守时是最大的礼貌

法国显赫一时的政治家、军事家拿破仑，一次宴请部下几位将军，并在饭后议事。那几位将军迟到了。他便一个人先吃起来，等他们到后，他已经吃完了。他对他们说："诸位，聚餐的时间过了，现在咱们开始研究事情吧！"他丝毫不理会那些不守时的将军们的饥饿和窘境。

约会准时是我们最常遇到的诚信问题之一。每逢节假日，朋友约好了出去是常事。事先我们都会定好时间和地点，可是到了时间后，总会有人迟到甚至不去。"路上堵车"，"起晚了"，"自行车坏了"……迟到者总是有千万条理由一一搪塞焦急等待着他们的人。更有甚者，参加活动的多数人都已到达，某君却迟迟不露面，一个多小时过去了，该君来电话宣称自己“不想去了”，苦等半天的众人此刻的兴致已经扫去了不少。若是又有几人也“不想去了”，精心准备的活动也许就此泡汤。这种不守时的人给别人留下了极差的印象，以后再有约会，恐怕也没人请他们去了。

凡事讲求高效率的现代社会中，守时已是为人处世、交际往来的重要课题；愈先进的国家对守时的观念愈是注重。在分秒必争、讲究服务的今日，守时已是代表信用，重视顾客，以及对他人尊重的行为表现。所以，守时是人类的一种文明。

时间可以成就一个人，成功的秘诀在于守时，有时间观念，这是一种信用。

做生意、签协议最讲求时效，准时、守时是获得别人信任的手段。而在工作中，我们也千万不要觉得上班或办事迟到几分钟无所谓。

最好每天都能坚持提前一刻钟上班，做一些清洁工作或准备工作。我们可以把领导和同事的桌子擦干净，但最好不要去碰他们的文件、书籍等私人物品；把地板擦干净，给花浇点水，倒掉烟灰缸里的烟灰，给饮水机换水等。

这样持之以恒地做下去，上司会对我们有一个极好的印象，我们工作积极热情的形象自然而然就树立起来了。

下班时，则要待上司或老同事发出可以走了的指令后，再收拾办公桌，结束工作，最后离开办公室。

恪守时间是工作的灵魂和精髓所在，同时也代表了明智与信用。不把时间精确到分秒，就会造成麻烦。一家资金雄厚在本行业遥遥领先的公司破产了，就是因为一家代理机构在得到命令后，没有及时把必要的资金转移过来。

那些精明、成功和有影响力的人士，并没什么“系统”去判断别人和决定买谁的东西，与谁做生意，帮助或信任谁。如果我们不是守时者，别人会对我们做负面评价。可以说遵守时间是一个有助于打动别人的简单方法。

不守时，就无从树立自己的信誉。没人愿意信任一个连时间都保证不了的人，也不会有人乐于同拖拖拉拉、效率低下的合作伙伴做生意。所以，要建立信誉，就首先要遵守时间的约束，养成遵守时间、从不拖延的习惯。做事情从不拖延是使人信任的前提，会给人带来美好的名声。它最好不过地表明：我们的生活和工作是按部就班、有条不紊的，使别人可以相信我们能出色地完成手中的事情。遵守时间的人一般都不会失言或违约，都是可靠和值得信赖的。

再苦也要笑一笑

要知道时间是最公正的消耗品，在它面前人人平等，尊重别人的时间是对别人的一种礼貌和友好。因为有的时候即使是一分钟对别人也是弥足珍贵的。

你真的没有时间吗

有句话说，浪费自己的时间等于慢性自杀，浪费他人的时间等于谋财害命。点滴挤时法说白了就是要求大家珍惜分分秒秒的时间，将分分秒秒的时间切实地利用起来。

人生的意义在于实现自我价值，即在平凡的学习和工作中如何能不断超越自我，实现自我价值。然而，在如此之短的生命里，如何利用有限的生命认真学习、努力工作，去实现自我价值呢？这就需要抓住点滴时间。

时间是组成生命的元素，换言之，不珍惜时间就等于不爱惜生命。

“光阴似箭，日月如梭。”诸如此类的句子无数次出现在很多人的笔下，可又有几个人能够理解其中的真谛呢？在忙碌的生活中，有人想多学一点文化或技术方面的知识，可抱怨没有时间，真的没有时间吗？不然，其实是我们不会“挤”。每天早上早点起床，既可以呼吸一下新鲜空气，愉悦心情，避免过晚起来的忙碌和着急，又可以学习知识，这不是时间吗？中午吃饭之后，休息之前利用一二十分钟的时间学习，这不是时间吗？晚上下班以后，睡觉以前也有段时间，这不是时间吗？另外，在日常生活中还可以“挤”出许多点滴时间，虽然微不足道，但绝对不容忽视。

鲁迅二十来岁“从文”，55岁病逝，短暂的一生却成就了一代文学大师，这和他视时间如生命是密不可分的。滴水成河，百川归海。一本500页的书，只要我们每天坚持看10页，不到两个月也能把它看完，而如果我们不去看，我们的点滴时间，将在一次又一次的日出日落里悄然而逝。

再苦也要笑一笑

鲁迅先生说：“浪费自己的时间等于慢性自杀，浪费别人的时间等于谋财害命。”这就说明了珍惜时间的重要性。珍惜时间就是珍惜生命，生命对于每个人都很重要，我们每个人都应好好地珍惜时间，创造自己的生命价值。

零散时间也是财富

生命是由时间构成的，是一小时一小时、一分钟一分钟积累起来的。可当提到生命的意义的时候，却没有人会说生命的意义就是一堆时间。浪费了零散的时间，就虚度了一段生命，就浪费了无价的珍宝。

富兰克林是一个非常珍惜时间的人，他每天都忙碌不停地工作。他有一句名言："时间就是生命。"一个把时间看做是生命的人是不会轻易浪费每一分钟的时间的。

富兰克林在工作的时候绝不允许任何人的打扰，他的同事们都知道他的性格，所以当他工作时大家都不去打扰他。实际上，同事们一年到头也难以和富兰克林说上一句与工作无关的话。

有一天，单位里来了一位不速之客。他特别崇拜富兰克林，喜欢他写的文章，非要和他谈一谈。当他进来的时候，看到富兰克林正在喝水，他走过去就和富兰克林攀谈了起来。富兰克林很不高兴，因为这个不速之客净说一些不着边际的话。

其他的同事看到这种状况，就过来对这个人说："请问你想干什么？"这个人说："我只想和我最崇拜的富兰克林先生谈几句。"同事说："对不起，富兰克林先生很忙，他没有时间听你讲话，如果你说完了请你尽快离开这里。""我只说几句，再说，我看见富兰克林在喝水我才过来打扰他的。"这个同事听了大笑："你只看到了他在喝水，却没有看到他的表情，实际上他在思考。你喜欢的那么多作品都是富兰克林在这样的零散时间里找到灵感的。别说他在喝水，就是他在洗脸刷牙，无论干什么都不能打扰他。我们的报社需要富兰克林，富兰克林的每一分钟对我们报社来讲都是巨大的财富。"这个人听了之后不好意思地走开了。

富兰克林的行为告诉我们，时间不仅是金钱，更是无价之宝，因为我们用金钱买不到它。

对于普通的上班族来说，每天都要浪费一定的时间坐车，这是不可避免的事情，但是妮可却不这样认为。

妮可是一家外贸公司的普通职员，每天到公司上班都要花半个小时的乘车时间，而这段时间里却无事可做，这太浪费了，一天半个小时，100天就是50个小时。妮可决定改变这种情况。每天一上车，妮可就拿出法语词汇表，在短短的半个小时内记一些单词和句子，从不间断。

4年之后，妮可已经可以顺利地进行法文阅读了。真令人惊讶，就在车上，她掌握了一门外语。

当爱迪生领着微薄的薪水当发报员敲打着键盘时，他并没有忽视那些零星时间，在敲击键盘时，他想着、计划着，对各种信息进行试验，利用这些零星时间，他不仅赢得了各项发明，也赢得了百万资产，并为世界贡献了价值难以衡量的新观念。

渥沦·哈特葛伦博士是一位博学多才的老人，他以前是一所大教堂的牧师，后来退休了。他曾经问过一位年轻人是否了解南非树蛙，年轻人坦白地说："不知道。"博士诚恳地说："如果你想知道，你可以每天花5分钟的时间阅读相关资料，这样，5年内你就会成为最懂南非树蛙的人，你会成为这一领域中最权威的人。"年轻人当时未置可否，但后来却常常想起博士的这番话，觉得这番话真的道出了许多人生哲理。我们为什么不给每天投资5分钟，让这5分钟的时间努力使自己成为理想中的人呢？

人的生命是有限的。而所有的成功人士都是安排时间的高手，成功与失败的界限就在于如何分配时间。百万富翁和穷人至少有一样是完全相同的，那就是他们一天都是24小时，都是1 440分钟。因此，我们如果想在事业上获得成功，那么必须学会珍惜和把握自己的时间，利用起时间的边角料，使时间得到最有效的利用。

再苦也要笑一笑

成功的人所达到并保持着的高度，并不是一飞就到，而是他们在同伴们都已入睡的时候，还在辛苦地攀爬……

第 20 章

放低心态，别拿自己当回事

一个人如果太看重自己，就会只见树木，不见森林，一股自傲的霸气填满胸中，很容易走向偏执狂妄的误区。因此，一个人无论怎样红极一时，如众星捧月；无论怎样素净质朴，如深山一隅的小草，都要心怀别太把自己当回事的意识，这是内心祥和，平淡是真，物我两忘的表现，是一种修养，一种胸怀，更是人生境界的极致。

张扬易惹祸端

关于如何做人，有一本书写道：过于张扬，烈日会使草木枯萎；过于张扬，滔滔江水将会决堤；过于张扬，好人也会变得疯狂；疯狂就会使人跌入万丈深渊。细细想来真是这样，做人不要太张扬。太张扬的人容易招人嫉妒，招人白眼，甚至会在不知不觉中引来不必要的麻烦。

姜太公因为功高，周王把齐国封给姜太公。齐国有一个叫华士的人，为人十分清高，不向天子称臣，也不与诸侯交往。姜太公命人去召他为国效力，连去了三次，华士都拒绝了，姜太公便叫人杀了他。周公问姜太公：“华士是齐国的杰出人物，你怎么杀了他呢？”姜太公说：“这个人不向天子称臣，不与诸侯交往，难道我还能希望他向我称臣，并且和我友好交往吗？肯定是不可能的，这种人是可以放弃的人，也是自我放纵的人。如果不杀这种人，反而纵容他，那么全国的民众都会仿效他，谁还会知道君王是谁呢？”

少正卯和孔子是同一个时代的人，孔子的门人三盈三虚，都是少正卯在蛊惑。孔子当了大司寇以后，便立即诛杀了少正卯。子贡对孔子说：“少正卯是鲁国十分有名的人物，先生却杀了他，先生不觉得有些不妥吗？”孔子说：“没有什么不妥的，人有五恶，只要得其一，君子就要诛杀之，而少正卯却是五恶兼而有之，是小人中的小人，所以不得不杀。”

华士和少正卯之所以被杀，最主要的原因是为人高调，喜欢孤芳自赏，自命清高。姜太公和孔子杀了这两个人并没有掩盖他们自己的光辉，反而使得他们的形象更加高大，后人称赞两人做事有魄力。而华士和少正卯两个人却逐渐被人遗忘，几乎没有人同情他们。

不要高调，无论是做人还是做事。如果为人高调，又和别人私人关系较好，或许别人会在一段时间内纵容，但心中已不愉快了，迟早会招来祸患。如果为人高调，又喜欢标新立异，自诩不和别人“同流合污”，那么肯定也不能和别人相处长久，而且过得不愉快。

为人高调很难找到朋友。虽然大多数人喜欢和比自己聪明优秀的人交朋友，但是人们不喜欢和显得比自己聪明优秀的人交朋友，两者并不矛盾。比自己聪明优秀是自己由衷钦佩的，而显得比自己聪明优秀其实并不心悦诚服。正如一位哲人说，如果你想多一些朋友，就表现得比别人笨一些；如果你想多一些敌人，你尽可能地表现比别人聪明些。为人高调的人是表现得比别人聪明的人，是很难交到很多朋友的。

再苦也要笑一笑

细细想来真是这样，做人不要太张扬。太张扬的人容易招人嫉妒，招人白眼，甚至会在不知不觉中引来不必要的麻烦；我们每个人真的应该做到遇喜不行于色，遇哀不忧伤于心，宽容平淡才是真。

别对盛名感冒

一个乞丐在路边乞讨，有一个人对他很是同情，每天都给这个乞丐100块钱，乞丐开始十分感激。后来，每回见到这个人就知道钱来了。这样的日子持续了1个月。1个月后，这个人不来了，乞丐对此很生气。又这样过了几个月，乞丐看到了这个人，于是跑过去问他这些天跑到什么地方去了，怎么不过来给他钱？这个人说他最近结婚了，经济上有些拮据，所以没有给他钱。乞丐一听，很是生气，大声说道："好啊！你居然拿我的钱去养老婆？"

人在不知不觉中会养成这种依赖的心态，可能他们还觉得自己理直气壮，理所当然，而别人却因此而背上沉重的负担。因此，对于富有的人来说，固然可以通过做善事来表达自己的爱心，但是一定不要让别人过于依赖自己，否则自己会陷入到一个怪圈当中，倒不如当初就不给。富裕的人应该避免拥有盛名，一个人太富容易招祸，而不是招福。

有才华的人也要避免拥有盛名。拥有盛名的才子才女们要不断花费大量的时间到无用的事情上去，而且还容易才华枯竭。司马迁在写《史记》的时候，并没有左拥右簇，相反是冷冷清清，正是因为冷冷清清，他才能静下心来思考。拥有盛名的人周围往往热闹非凡，在这种情况下，他们很难安静下来思考自己的事情。他们只有不停地应付别人，而且不能怠慢，把自己弄得很是疲惫，根本就没有认真思考的时间了。很多文学家在出名以后就很少有杰出的作品产生，虽然有他们的思维定式的原因，但他们没有时间去改变思维也是一个重要原因。

盛名是不应该背负的，拥有盛名的人往往过得并不如意，原因就在于盛名给他们带来了很多负担。人的处境往往是由自己的心态决定的。人生就像爬山，爬了上去，也还是要下来的，爬得太高，在自己的心态没有平和的情况下，一旦跌落下来，会摔得很重。如果一个人不幸背上了盛名，就应该学会低调。

名声是把双刃剑，用它装点自己的时候，同时也是在给自己埋下隐患。正如有人说过，这个世界上最伟大的人不是那种誉满天下的人，而是那种荣誉毁誉都满天下的人。所有人都说我们好，我们拥有个好名声，不见得我们很伟大，而那种有的人对我们崇敬有加，有的人对我们恨之入骨，或许我们才是个伟大的人。

再苦也要笑一笑

人如果有一种泰然处世的心态，就会对盛名避而远之。

学会韬光养晦

在时势未到的时候，人一定要学会韬光养晦，待时而动。那些很是贫穷的人家要将地都打扫得干干净净的，而那些穷人家的女儿也要把头梳得整整齐齐，这样的话，虽然并没有十分奢华的陈设和美丽的装饰，但是却能透露出一股自然朴实的风雅。其实对于有才的君子来说，绝对不应该为了一时的穷困忧愁或者际遇不佳而自暴自弃。

人要明白对于自己来说最重要的是什么，绝对不是奢华的陈设和美丽的装饰，而是自己的生存根本。一个人要牢牢掌握自己的生存之本，有了它，就不用担心自己将来没有发展。

人要学会韬光养晦，待时而动。青梅煮酒论英雄是历史上最为著名的韬光养晦的故事。

曹操灭掉吕布以后，把刘备也带回了许都。刘备为防受害，每天以种菜度日。

不久，许田围猎，曹操过于猖狂，居然挡在皇上面前接受群臣对陛下的称颂。关羽动了杀机，刘备急忙制止。刘备隐隐感觉到有事情会发生。

果然没有过多少日，曹操便派了一大队人来请刘备。刘备心里十分惶恐。一见曹操，曹操便冷言对他说："看你在家做的好事！"刘备大惊。幸亏曹操随即说："你在家种菜园不容易吧！"刘备这才放宽了心。曹操就是这种人，生性多疑，喜欢诈人，在平时的言语中这种性格也表现得淋漓尽致。幸亏刘备反应有点迟钝，而曹操也把刘备当为上宾，不想让他尴尬。

曹操邀刘备是请他喝酒的。曹操很久没有见过刘备了，探子回报说刘备在家种菜园，他不信。世人都说刘备是何等英雄，怎么会甘于去种菜园呢？正好府中梅子青青，于是决定以青梅煮酒来请刘备过府一聚。刘备得知原来是喝酒，心便宽了许多。

曹操想了想，没有多少话题可说，总不能老提人家吕布吧，吕布都已经是陈年往事了，不提也罢，而且提到吕布会让刘备想起徐州，好不容易他自甘堕落在家种菜园，让他想起徐州来干什么？于是就决定和刘备论一下天下英雄，也正好借这个机会看一下刘备是否真的沦落为种园人。

当曹操说到"天下英雄只有你和我"时，刘备吓了一跳，筷子掉到了地上。正好这个时候有一个响雷打过，掩饰了他慌张的神情。曹操看了刘备一眼，很是不解。刘备慌忙解释说自己怕打雷。曹操没有多想，随口很轻蔑地说："大丈夫会怕打雷吗？"刘备谢天谢地，果然让曹操消除了对自己的疑虑。曹操像吞了只死苍蝇一样，对自己认定刘备是英雄感到好笑，这种人连打雷都害怕，怎么可能是英雄呢？真是好笑。世人对他的评价太高了，太虚了，他连刘表都不如。

刘备心里明白，自己并不怕打雷，而是不想让曹操知道自己有野心，因为曹操如果知道自己有野心，曹操会害怕的。所以曹操认为刘备怕打雷无所谓，只要能够保住性命就行。其实是英雄也罢，不是英雄也罢，在任何时候，最关键的还是要学会保护自己，要求得自身的安全，如果自己性命都丢了，还谈什么英雄，还平什么天下。

再苦也要笑一笑

在现实生活中，我们不需要表现出自己有多聪明，有多能干。事实上，很多人并不喜欢我们的聪明和能干。这种时候，我们要善于保护自己，保全自己的实力。否则过于表现，别人会认为自己恃才傲物、目中无人。相反，只要还有实力，就一定能够有出头的一天。留得青山在，不怕没柴烧。

适时收敛光芒

清代著名诗人郑板桥曾经写过这样的话，"但愿生儿愚且鲁，无灾无难到公卿"。意思是希望自己的儿子不要显示得过于聪明，即便是很优秀，也希望他能够收敛光芒，这样可以尽量避免遭遇灾祸，做到很高的位置。

秦国攻打楚国的时候，王翦为大将，统帅全国所有的兵力。但是王翦大军出发没有多远，他就命令人回去找秦王嬴政讨封赏。部将们疑惑不解。王翦解释说，现在他率领的是秦国所有的兵力，秦王很难放心，如果秦王不放心，这场仗就很难打赢。向秦王讨封赏，秦王就会以为他是个有得失心的人，自然不会拿全国军队反戈一击，这样才能平定楚国。像王翦这样的大将遇到秦王嬴政这样雄才伟略的国君时，都不免要装作糊涂，可见要取得国君的信任有多难。当时朝廷中一定有人妒忌王翦，怕他得胜归来位置远远高于自己，必然会向秦王进谗言。这种情况下，如果王翦只是一味地以军事为重，不懂得周旋之道，可能就真的会出师未捷身先死了。

过于优秀的人容易遭到别人的嫉妒。而有嫉妒心的人是很容易发现别人的缺点的。更何况这个世界上没有完人，优点越突出，缺点也往往越突出。因此我们不要过于优秀。

过于优秀的人往往不能合群，因为大家不愿意和过于优秀聪明的人在一起，他们没有一种欣赏的眼光，而且有一种自卑的心理。过于优秀的人往往会很孤单。试想，如果别人与我们相比处处不如我们，他自然不愿意和我们站在一起。这还没有算那些有嫉妒心的人，他们的破坏力是惊人的。

再苦也要笑一笑

有些道理是再明显不过的，但是人们总是视而不见。可能人们自己没有意识到，但是确实存在这样的现象：人们往往对强者的毁灭有一种幸灾乐祸的态度，而对弱者总是无节制地同情。正是这种心态在作怪，就要求人们必须学会收敛自己的光芒。

柔弱胜过刚强

马超是为人过刚的典型例子。作为三国中的骁将，他联合韩遂一起对曹操发动进攻，而且节节胜利。而曹操则利用马超过刚的弱点，用反间计来离间马超对韩遂的信任。马超过刚，他听不进别人的劝告，却听信了谗言，逼迫韩遂投降了曹操，使马超军队大败。后来马超又被杨阜算计，被屠了宗族。这都和马超为人过刚有很大关系。

如果一个人过分地沉浸在自己的世界里，过分地相信自己，过分地坚持自己做人的原则，就容易伤害周围的人。

明成祖朱棣攻破南京后，让方孝孺为他起草诏书，方孝孺不愿意，朱棣一再逼迫，方孝孺于是拿起笔写了四个字“燕贼造反”。朱棣十分愤怒，对方孝孺说：“难道你不怕我诛杀你九族吗？”方孝孺回答说：“你诛杀我十族我都不怕！”于是朱棣真的把方孝孺的朋友、师生算作第十族一并诛杀。方孝孺的回答很硬气，但是他的那些朋友和师生却死得实在是太冤枉。

相对而言，五代十国的冯道做人就不那么刚烈，而是韧性很强。他的经历比较离奇，他生活在五代十国的乱世中，但并没有死在乱军之中，相反他最后活了73岁，与孔子同寿。冯道在五代十国时期十分有名望，他并没有像那些乱世诸侯一样揭竿而起，而是当了一辈子官。他当官不说，而且在燕、后唐、后晋、后汉、后周、契丹六个政权中当官，在相位上近30年。他5次被封公，死后被封为瀛王。

冯道可以说是我国历史上争议较大的一个人物，不同的人对他的评价不同，比如欧阳修说他不知道礼义廉耻，司马光说他是奸臣中最奸诈的；而苏轼却说他是佛，李贽把他归为圣人。这些有争议的评价我们暂且不管，关键问题是冯道在乱世中好好地生存了下来，而且做了很多了不起的事情。

人如果太刚不仅会让自己受伤，而且也会让身边的人受伤。太刚往往表现为太讲原则，很多事情认为自己办不到，即使丢掉自己现在的一切，也办不到。让他说别人一句好话，他做不到；让他揽上一个别人犯的错误，他做不到，他认为谁犯的错，谁就应该承担责任。这种人太刚，不能灵活机动，做人不够聪明圆滑。

冯道不是一个过分讲原则的人，他比较务实，怎样做对国家和百姓有利，他就怎样做。比如他并没有立石重睿为皇帝，而是去迎立石重贵。后世有人以这件事情为由来说明冯道这个人圆滑，是个奸佞小人。按照忠臣的一贯做法，无论主子是个什么样的人，只要是先皇嘱托的，就一定要好好辅助。如果地方势力起兵造反，大臣就要组织抵抗，实在无法抵抗就要死节，而绝对不能投降。如果地方势力不造反，大臣就要尽心辅助幼主，即使幼主是个昏君，只要自己尽心，也可以被称为忠臣。到幼主长大成人，忠臣就要交权，但在这个时候交权最大的问题是容易被陷害，而且容易被安上谋反的罪名。后世会把忠心辅助幼主的过程叫做奸臣当道。与其惹出这么多麻烦，倒不如像冯道一样务实，去迎立长君。

再苦也要笑一笑

在人生的道路上，我们表现出适度的柔弱，既是一种修养和内涵，也是为人处世的大智慧，是潜龙勿用之时的等待，是将以有为之前的忍耐。当我们遇到危险或者比自己强大得多的敌人的时候，表现出柔弱与无助，往往能逢凶化吉。懂得柔弱之智，屈伸之术，遇事谦让容忍，不敢为天下先，不逞一时之快，留得五湖明月在，何愁无处下金钩，保存自己，保存实力，终会守得云开见月明。

人前表现笨拙

至巧不敌至拙。一个人说10句话，如果有9次都正确，人们往往不会称赞你，因为只要有一句话说得不对，就会受到众多的指责；一个人如果10个谋略有9次成功，人们往往也不会十分赞赏，因为如果有一次谋略失败，人们就会纷纷批评起来。因此，聪明的人应该宁可保持沉默，也千万不要浮躁多言，宁可表现出来十分笨拙，也千万不要自作聪明。

卫国人吴起是个十分善于用兵的人，他曾经为鲁国国君出力。后来鲁国遭到齐国的进攻，鲁国国君特别想任用吴起为将军，然而这时，有人偷偷告诉国君说吴起的妻子就是齐国人，如果任命他当将军，鲁国恐怕会很快灭亡。国君听说后，就不敢用吴起，然而吴起一心想成功立业，于是杀了妻子，用此来表明他绝对不会去亲附齐国。鲁国国君看到以后，被吴起的诚意所打动，于是任命他当将军，不久，鲁国军队就把齐军打得大败。

吴起获得胜利以后，受到了一些人的嫉妒。这些人开始诋毁吴起。他们说吴起为人猜疑残忍。他在走投无路的情况下才来鲁国，通过他所学的兵法来侍奉国君。国君一怀疑他，他就立即杀掉妻子来表明心迹，无非是想谋求一个职位。然而，鲁国是个太小的国家，现在却成了战胜国，相信过不了多久，其他各国都会过来谋算鲁国。而且鲁国和魏国本来很友好，如果国君重用吴起，那么必然和魏国结仇。鲁国国君听到这话，逐渐开始疏远吴起。

为此，吴起郁郁不得志，于是跑到魏国去。魏王问大臣："吴起究竟是个怎么样的人？"大臣回答说，吴起贪恋成名而且十分爱好女色，但是如果让他去打仗，恐怕司马穰苴都不会是他的对手。听了这话，魏王决定起用吴起为主将。吴起果然不负魏王重托，攻打强大的秦国也能大获全胜，夺得了五座城池。

吴起当主将的时候，和士兵同甘共苦，跟士兵穿一样的衣服，吃一样的饭，睡觉从来不铺垫褥，行军打仗也从来不乘车马。有一次，有个士兵生了疮，吴起亲自为他吸吮。这件事被士兵的母亲知道了，立马放声痛哭起来。有人很是不理解，说你儿子不过是个小兵，而将军亲自为他吸吮毒疮，你为什么这么悲伤？那位母亲说：“当年就是吴将军替孩子的父亲吸吮毒疮，所以孩子的父亲在战场上只知道向前冲，从来不知道逃跑，结果死在敌人手中。现在吴将军又替儿子吸吮毒疮，我都不知道他以后会死在什么地方？”可见吴起是多么受到士卒爱戴。魏王也因为吴起十分善于用兵打仗，而且特别廉洁，待人又很公平，于是任命他担任西河地区的长官，主要对抗秦国和韩国。

魏王死后，新的大王即位。刚开始的时候，新大王对吴起很是器重。但是有个叫公叔的人当了国相。公叔虽然娶了国君的女儿，但是他对吴起特别畏忌。公叔的侍从分析吴起的为人，认为吴起为人有骨气又特别喜爱名誉和声望，因此劝告公叔跟国君说吴起特别贤能，但魏国实在太小，又与强大的秦国接壤，吴起必然没有长久留下的意思，国君必然会问这该怎么办。公叔可以建议大王用下嫁公主的办法来试探吴起。如果吴起打算长期留在魏国，一定会十分开心地答应娶公主。如果他并没有长久的打算，他肯定会推辞。然后公叔再找个机会请吴起一起到自己家中，故意让妻子对自己大发雷霆，而且对自己很是鄙视。这样吴起就会认为公主们都是这样，肯定会有损他的威望，于是绝对不敢娶公主。公叔觉得这个办法可行。于是依计而行，果然吴起见到公主如此刁蛮，很是委婉地谢绝了大王。于是大王对吴起产生了怀疑，吴起担心因此而遭到祸害，于是离开了魏国，去了楚国。

楚王早就听说吴起很是贤能，吴起一到楚国便任命他为国相。吴起果断地进行改革，而且制定了很多严格的法律，依法而行，这对那些肆意妄为的王公大臣来说，无疑是个重大的打击。于是他招来很多的怨恨。与此同时，他十分注重军事力量，不但向南平定了百越，吞并了陈国和蔡国，而且还打退韩、赵、魏三国的联合进攻，并且讨伐了秦国。各国都对楚国的强大十分忧虑，楚国的一些人也对吴起十分嫉恨，但是由于有楚王的保护，吴起也能够令行禁止，有很高的声望。等到楚王一死，一些对吴起有仇的人就发动亲信攻打吴起，吴起逃无可逃，只得逃到楚王停尸的地方，趴在楚王的尸体上。于是，那帮人趁机用箭射杀吴起，但同时也射中了楚王的尸体。后来太子即位，将那些人统统诛杀，因此而被诛灭的人有70多家。

吴起在楚国的改革令行禁止，因此得罪了很多的人。如果吴起能在楚国变法成功之后，在楚王去世之前及时身退、隐姓埋名、远走他乡，或许还可以保住自己的性命，而用不着被乱箭射死，当然吴起很是聪明，他临死的时候还设计了一个圈套，最后让他所有的仇人都赔上了性命。

吴起可谓是聪明绝顶，他知道如何得到国君的信任，他知道如何得到士卒的拥护，他也知道如何才能建立一个军事大国。他对外用兵，很少有吃败仗的时候。他也遇到十分善待他的国君，但为什么他不得善终呢？原因就在于他太聪明了。殊不知至巧不敌至拙，他如果表现得十分地笨拙，肯定会麻痹很多仇敌，肯定也不会遭到如此的攻击。

再苦也要笑一笑

表现太优秀的人容易受到攻击。我们要学会表现笨拙，这是为了更好地适应。

第21章

学会欣赏，让你处处受欢迎

茫茫人海，滚滚红尘，回眸四望，欣赏是一道绝美的风景，一隅人人渴望、四季相宜、风味独特的景观。学会欣赏，我们便懂得了享受；学会欣赏，我们便拥有了快乐；学会欣赏，我们便走近了幸福；学会欣赏，我们便能成为一个处处受人欢迎的人！

人际沟通，因为欣赏而融洽

据统计资料表明：一个人获得成功的因素中，85%决定于人际关系，而知识、技术、经验等因素仅占15%。其实，几乎所有的人都懂得处理好人际关系的重要性，但尽管如此，大多数都不知道怎样才能处理好人际关系，甚至相当多的人错误地认为拍马屁、讲奉承话、请客送礼，才能处理好人际关系。其实，处理人际关系的诀窍在于我们必须有开放的人格，能真正地去欣赏他人和尊重他人。

一个人希望得到他人欣赏，并不等于图虚荣、好面子；一个人懂得欣赏他人，也不是不顾事实、只唱赞歌。欣赏他人是对别人的肯定和鼓励。当别人有值得称赞之处，我们应毫不吝啬地给予诚挚的赞美，会使交往变得和谐而温馨。换个角度想，若有人对我们发自内心地欣赏，我们肯定会由衷地喜欢他并对他真诚相待。

有一位女大学生去看心理咨询医生，她因为宿舍中人际关系紧张而苦恼。在宿舍里同学们互不来往，各自忙着自己的事情，似乎相互都有戒心，很难知心交谈，宿舍气氛沉闷，她希望改变这种状况，但又不知从何做起。医生告诉她：从现在开始，试着夸奖他人，真心赞赏他人的长处。如：“你今天气色很好！”“你的眼睛真亮！”“这件裙子对你再适合不过了！”等。不久以后，她告诉医生，宿舍的气氛完全变了样，大家相互帮助，彼此关心，在一起时有说有笑，下课后都愿意回宿舍，好像宿舍有一种无形的吸引力。

其实，懂得欣赏他人是一种美德。付出赞美，自尊心不会受到损伤，相反还会收获友谊与快乐，同时，还可以矫正我们的狭隘自私和嫉妒心理，从而培养出大家风范。而一个提倡欣赏的团队将会是一个关系融洽的大家庭，团队中的每一位成员都会心情舒畅，这个团队的凝聚力自然会提高。

要学会从内心深处去尊重他人，首先必须能客观地评价别人，能找得出别人的优点，我们会发现亲人、朋友、同事、上司或下属身上都有令我们佩服、值得我们尊重的闪光之处。我们会发自内心去欣赏和赞美他们，我们会在行为上以他们的优点为榜样去模仿他们。这时我们就会发自内心去尊重和欣赏他人，我们就达到了处理人际关系的最高境界。换个角度想，若有人对我们有发自内心深处的毫不虚假的欣赏和尊重，我们肯定会由衷地喜欢他（她）们并与他（她）们真诚相待。

在企业里与上司、同事、下属相处时，当我们能去客观地发掘别人的优点，真诚地尊重和欣赏别人时，我们的人际关系便如鱼得水了。但一些人认为怀才不遇，他们看到自己上司一点点不如自己的地方便认为上司不如自己，从内心看不起上司，私下抱怨上司，工作上不配合上司，结果连与上司的关系都处理不好，更不用说同事和下属了，这种人必然会自食其果，在社会中很难生存。

用欣赏人、尊重人的方式去处理人际关系有许多好处：其一，成本最低，不用花费金钱去请客送礼，不用伪装自己去浪费感情；其二，风险最低，不必担心当面奉承背后忍不住发牢骚而露馅，不必担心讲假话，提心吊胆，梦寐不安；其三，收获最大，因为我们能真心尊重和欣赏别人，我们便会去学习别人的优点去克服自己的弱点，使自己不断地完善和进步。

再苦也要笑一笑

一个懂得用欣赏人、尊重人去处理人际关系的人会过得很愉快，别人也会同样地欣赏和尊重他，而一个提倡欣赏和尊重人的团队将会是一个关系融洽的大家庭，团队中的每一位成员都欣赏和尊重别人，每一位成员也受到别人的欣赏和尊重，每一位成员都会心情舒畅。于是这个团队的凝聚力会提高。

渴望重视，人性的深切心理

一位哲人说过：“人性中最深切的心理动机，就是获得赏识的渴望。”

台湾著名作家三毛在散文《一生的战役》中写道：“我一生的悲哀，并不是要赢得全世界，而是要请你欣赏我。”这个“你”是她的父亲。一天深夜，父亲读了三毛的这篇文章，给她留条：“深为感动，深为有你这样一株小草而骄傲。”三毛看到以后，“眼泪夺眶而出”，写道：“等你这句话，等了一生一世，只等你——我的父亲，亲口说出来，扫去了我在这个家庭里用一辈子消除不掉的自卑和心虚。”

由此可见，每个人都希望被人欣赏，不管他是乞丐还是大亨，是农民还是哲学家，是学生还是教师……著名心理学家杰丝·雷尔评论说：“称赞对于温暖人类的灵魂而言，就像阳光一样，没有它，我们就无法成长开花……”

在我们的现实生活或工作中，很多人都在为生活为事业奔忙，关注的都是自己，似乎无暇关注并欣赏身边的人和事，人际淡漠、拒人千里；而有的人似乎也只看到自己的优势，觉得别人都不如己，一副趾高气扬盛气凌人的姿态；还有的人从不相信别人做事，总是横加挑剔与指责，没有宽容爱人之心，凡此种种，不一而足。懂得欣赏别人，便多一份尊重与理解，多一份坦荡与赞美，少一份挑剔与指责，少一份误解与不信任，这既彰显着自己的人格，实现着自我的成长和自我的升华，更是对他人的激励与鼓舞，让别人拥有更多的自信和勇气。并且无论让自己还是别人都能获得一种前进的力量，感受到平等与平和，感受到动力与活力。

工作繁冗，一个认可的眼神，一句轻轻短短的赞美也许就换来了他人成倍的努力，因为无论对谁都需要这样的话语，如：你想到了我没想到的；你是正确的；你做得很对。

正如先哲培根所说："欣赏者心中有朝霞、露珠和长年盛开的花朵，漠视者冰结心城、四海枯竭、丛山荒芜。"

遗憾的是，大多数人对于别人的美好行为或成绩视为理所当然，认为放在心里就行了，而不善于把赞美的阳光给予别人。这种做法大错特错。真诚的赞美会被人们视为珍宝，并重复它们，即使我们已经遗忘，人们还会重新提起。那么，为什么不现在就让对方知道我们对他的赞美，感受这种美好呢？

再苦也要笑一笑

小小的亲切可以推动世界，轻轻的掌声足以温暖人生，每个人都喜欢听好听的话，每个人都渴望看到别人赞许的目光，渴望得到别人赞美的话语。这是每个人都会有的渴望。换位思考一下，别人也同样渴望得到我们的赞美。所以，学会赞美别人往往会成为我们处世的法宝。

引发潜能，欣赏是最佳方法

英国首相丘吉尔说："要人家具有怎样的优点，你就怎样去赞美他！"这说明，赞美具有引发潜能的作用。

有一种探测器，用来测量疲倦的程度。当疲倦的孩子被称赞时，探测器显示体能急剧上升；当孩子被批评或指责时，则显示他们的体能急剧下降。我们成年人不是也有这样的感受吗？当有人因为我们的出色工作而感谢我们时，我们的精神会变得非常兴奋，我们也会因此而更加努力工作。

台湾著名作家林清玄青年时代做记者时，曾报道过一个小偷作案手法非常细腻，犯案上千起。文章最后情不自禁感叹："像心理如此细密、手法那么灵巧、风格这样独特的小偷，想必做任何一行都会有成就的吧！”

林清玄不曾想到，他率真率性写下的这几句话，竟影响了一个青年的一生。当年的小偷因这几句话猛然深省。把才智用在了正道上，如今，已经是台湾拥有几家店铺的老板了！

有人说，一个人活着，就是为了避免惩罚，或者说为了获得赞美。一位老妇人说，每次有人称赞她漂亮时，她一定会说：“谢谢！我因此可再多活一年。”她的话说得很对，因为称赞会给我们新能量和新生命。如果我们能给别人更多的生命力，我们就是在创造奇迹。而做到这一点很简单，只要每天都能诚心诚意地欣赏并赞美别人。

对于被欣赏者来说，欣赏是一种引导和激励。美国有一个坏孩子，他经常和人家打架，还把别人的小狗扔进水池。他9岁那年，父亲娶了继母，父亲对继母说：“亲爱的，你要好好注意他，他是全州最坏的孩子，可让我头痛死了。”继母好奇地走近了这个孩子，当她对孩子有了了解之后对丈夫说：“你错了，他不是全州最坏的孩子，而是最聪明的孩子，只是还没有找到发挥他聪明的地方罢了。”继母很欣赏这个孩子，在继母的引导下，他很快走上了正路。这个被父亲断言为“全州最坏的孩子”，后来竟成了美国当代著名的企业家和思想家，他就是——卡耐基。

欣赏使小偷变成了小老板，欣赏使顽童变成了思想家。

为什么欣赏具有如此神奇的力量呢？这是因为人类本质中最殷切的要求是渴望肯定。不少人因为被欣赏而建立起自信，因为被欣赏而更加茁壮成长。当然，欣赏是有前提的，有原则的，而且未必能解决所有的问题，但是，从客观上看，从时代的发展和人际关系的角度看，欣赏的力量确实是不可替代的。

再苦也要笑一笑

培根说：“欣赏者心中有朝霞、露珠和常年盛开的花朵，漠视者冰结心城、四海枯竭、丛山荒芜。”让我们在生活中多一些欣赏，欣赏是一种给予，一种馨香，一种沟通与理解，一种信赖与祝福。人世间人人彼此欣赏，世界就充满了温暖与生机！

创造奇迹，欣赏的最大作用

威廉·詹姆士说：“人类本质里最殷切的需求是渴望被人肯定。”被誉为人际关系之父的美国成功学家戴尔·卡耐基说："这种渴望不断地影响着人的心灵，少数懂得满足人类这种欲望的人便可以将他人掌握在自己的手中。"

1960年，美国哈佛大学罗森塔尔博士曾在加州一所学校做过一个著名的实验。

新学期开始，校长对三位教师说："根据过去的教学表现，你们是本校最好的教师。学校特地挑了一些最聪明的学生给你们教。记住，这些孩子的智商比同龄的孩子都要高。"校长再三叮咛：要像平常一样教他们，不要让孩子和家长知道他们是被特意挑选出来的。这三位教师非常高兴，更加努力了。一年后，这些学生是全校最优秀的，分数甚至高出其他学生几倍。

其实，这些学生的智商并不比其他学生高，那三位老师也不是最优秀的，而是在教师中随机抽取的。但正是学校对教师的期待和欣赏，教师对学生的期待和欣赏，才使教师和学生都产生了一种努力改变自我、完善自我的进步动力。

有一位母亲参加家长会，老师对她说："你的儿子有多动症，在板凳上连三分钟都坐不了，你最好带他去医院看一看。"母亲有一点难堪，因为全班30位小朋友，唯有他表现最差；唯有对他，老师表现出不屑。

回家的路上，儿子问母亲老师都说了些什么，母亲告诉她的儿子："老师表扬你了，说宝宝原来在板凳上坐不了一分钟，现在能坐三分钟。其他妈妈都非常羡慕妈妈，因为全班只有宝宝进步了。"

那天晚上，她儿子破天荒吃了两碗米饭，并且没让她喂。

儿子上小学了。家长会上，老师说："这次数学考试，全班50名同学，你儿子排第40名，我们怀疑他智力上有些障碍，您最好能带他去医院查一查。"

回去的路上，她流下了泪。然而，当她回到家里，却对坐在桌前的儿子说："老师对你充满信心。他说了，你并不是个笨孩子，只要能细心些，会超过你的同桌，这次你的同桌排在第21名。"

说这话时，她发现儿子黯淡的眼神一下子充满了光，沮丧的脸也一下子舒展开来。她甚至发现，儿子温顺得让她吃惊，好像长大了许多。第二天上学，去得比平时都要早。

孩子上了初中，又一次家长会。她坐在儿子的座位上，等着老师点她儿子的名字，因为每次家长会，她儿子的名字在差生的行列中总是被点到。然而，这次却出乎她的预料——直到结束，都没有听到。她有些不习惯，临别去问老师，老师告诉她："按你儿子现在的成绩，考重点高中有点危险。"

她怀着惊喜的心情走出校门，此时她发现儿子在等她。路上她扶着儿子的肩膀，心里有一种说不出的甜蜜，她告诉儿子："班主任对你非常满意，他说了，只要你努力，很有希望考上重点高中。"

高中毕业了。第一批大学录取通知书下达时，学校打电话让她儿子到学校去一趟。

她有一种预感，她儿子被清华录取了，因为在报考时，她给儿子说过，她相信他能考取这所大学。她儿子从学校回来，把一封印有清华大学招生办公室的特快专递交到她的手里，突然转身跑到自己的房间里大哭起来，边哭边说："妈妈，我知道我不是个聪明的孩子，可是，这个世界上只有你能欣赏我……"

这时，她悲喜交加，再也按捺不住十几年来凝聚在心中的泪水，任它打在手中的信封上……

赞赏别人是尊重人的重要方面，也是人的美德之一。以欣赏的心态对待别人，会发生很多奇迹，就像这个孩子一样，得到了欣赏，他就变成了另外一个人。

再苦也要笑一笑

在社会生活中，每一个人都渴望得到别人的欣赏，同样，每一个人也应该学会去欣赏别人。欣赏与被欣赏是一种互动的力源，欣赏者必具有愉悦之心，仁爱之怀，成人之美之善念。因此，学会欣赏，应该是一种做人的美德，肯定了别人也是肯定了自己。

互补促进，欣赏利人又利己

"生活中不是缺少美，而是缺少发现的眼睛。"这是因为人们常犯一个通病，容易看到别人的缺点，而很难看到别人的优点。

著名作家刘墉在《成长是一种美丽的疼痛》中写了一件事。一天，女儿小帆翻看星座书，书上说，她和双子座还有天秤座的人最为相合。小帆十分不解，因为她的一个叫珍妮的同学就是双子座，小帆并不喜欢她，还有一个同学叫玛丽，是天秤座，小帆同样也不欣赏她。于是，刘墉开始了和女儿小帆的讨论。下面是他和女儿的对话。

"双子座的人有什么优点？"

"他们聪明，善于变化。"

"天秤座的人有什么优点？"

"没有！他们很懒！"

"可是懒就完全不好吗？他们稳重，不容易冲动。所以，我们身边的朋友，不见得非要和我们完全一样，他们甚至可以和我们完全相反，这样相互之间才可以互补促进。”

欣赏他人是与自身的修养分不开的。有了爱才之心、容人之量，才能透过一个人的表象看到他内在的美和善。在生活中，只要客观地观察别人和自己，我们会惊奇地发现，所有我们接触到的人，都可以找出优点来。欣赏他人是一种智慧，因为我们在欣赏他人的时候，也能以人为镜，看到自己的不足，从而不断克服缺点，不断地提升和完善自我。

一名记者曾做过一次调查：经常欣赏、夸奖、赞美他人的人，往往处世积极乐观，受人尊敬，不常生病，并且比一般人长寿；而常爱指责、抱怨的人，不但没有朋友、孤单落寞，并且心理脆弱，比一般人寿命短。

再苦也要笑一笑

说欣赏他人的话，既利人又利己。每个人有自己不喜欢的人，这是再正常不过的事情，但不能就此放任我们的这种思想，相反，我们要学会赞美自己的亲人、朋友，并把它变成习惯。

消除嫉妒，欣赏能轻松做到

欣赏他人的大敌是嫉妒。

所谓嫉妒，一般是指个人在意识到自己对某种利益的（潜在）占有受到（潜在）威胁时产生的一种情绪体验。嫉妒心理总是与不满、怨恨、烦恼、恐惧等消极情绪联系在一起，构成嫉妒心理的独特情绪。不同的嫉妒心理有不同的嫉妒内容，在名誉、地位、钱财、爱情四个方面表现得尤为突出。还有的嫉妒者，只要是别人所有的，都在其嫉妒之内。

嫉妒是一种难以公开的心理，常发生在一些与自己旗鼓相当、能够形成竞争的人身上。古今中外，嫉妒置人于死地的事情，不胜枚举。

三国时期的杨修就是中国古代历史上因被嫉妒而招来杀身之祸的典型事例。凡是读过《三国演义》的人，都知道杨修其人。杨修乃曹操手下一名高级谋士。他上知天文下通地理、才高八斗、博学多才、通古知今、才思敏捷、聪颖过人、能说会道，是魏国一个不可多得的人才。可杨修却英年早逝，死于丞相曹操的刀下。不为别的，只因他不谙为官之道，锋芒毕露，聪明反被聪明误，几次三番猜中曹操的计谋，使曹操不快，被曹操所不容，曹操借“鸡肋”事件，以动摇军心为借口将其诛杀。

今天的现实生活中，仍然存在这样可悲的事情：事业有成、生活幸福的人，都有可能成为有心理障碍的人攻击的目标，孩子的生活也不例外。

王敏和张兰的成绩在班里名列前茅。数学考试前一天晚上，王敏打电话问张兰一道题。张兰费好大工夫才把这道题解出来，她不愿意让王敏不劳而获，又怕第二天考这道题王敏也做对，成绩分不出高低，于是就将一个错误的思路告诉了王敏。

考试的时候果然有这道题。王敏做错了，成绩一下和张兰拉开了距离。一次小小的考试，竟使两人相互忌恨，一直到毕业。

嫉妒心理既害人又害己。发展到一定程度，会给被嫉妒的人造成很深的心理伤害。美国心理学家纳撒尼尔·布兰登博士说：“这种致命的嫉妒是自我失落的产物。别人的成功很可能暴露出自己的空虚、贫乏。”有强烈嫉妒心理的人，他们不是想着自己怎样干得更出色，而是想怎样让对方倒霉，变得不如自己。他们害怕在别人的成功中显得自己无用，于是说坏话、传闲话、告黑状、搞小动作，以打击别人，抬高自己。同时，嫉妒别人的人自己在精神上也备受折磨，正如法国大文豪巴尔扎克所言：“嫉妒者的痛苦比任何人的痛苦更大，他自己的不幸和别人的幸福都使他痛苦万分。”

再苦也要笑一笑

嫉妒是心中的毒瘤，告别嫉妒最有效的方法是学会欣赏他人，为别人喝彩。为别人喝彩是人性中的公正和善良，这种美与善存在于每一个人的心灵深处，我们的责任就是要唤醒潜藏于心灵深处的美与善。

培养自信，坦然地欣赏他人

我们每一个人都希望自己在各个方面都能胜人一筹，然而，事实上这永远只能是一个梦想。一些心理素质不高的人，每当面对别人的优点与成绩时，往往禁不住妒火中烧，很难坦然地面对与欣赏。在这些人眼里，办事能力强变成了爱出风头，如果我们好心好意去帮他，他私下里还担心我们无事献殷勤——非奸即盗。于是，这些人对待他人优点与成绩的态度也只能是要么不屑一顾，要么再恶劣点儿，实行打击、报复。而别人往往也不是省油的灯，这就带来了人际关系的恶性循环，自己的事业会因此严重受挫。

每个人都有自己的优点和成绩，都希望获得别人的肯定与赞美。有些优点和长处往往是与生俱来的，比如某人长得漂亮，智商很高等。因此，对于别人优点与长处的肯定不仅不会贬低自己的位置，而且可以使旁人从中认识到我们所具备的优良素质，从而获得他人的称赞。

战国时期，公子重耳与公子小白争夺王位，鲍叔牙辅佐重耳，而管仲则为公子小白出谋划策，最终公子重耳当上了齐国国君。重耳想拜鲍叔牙为相，鲍叔牙却说："公子如果想统治齐国，任我为相就足够了，而公子如果想一统天下，则非拜管仲为相不可。"最终，重耳任用管仲而成为一代霸主。鲍叔牙虽然不及管仲有才华，但却能坦然地欣赏管仲的优点和长处，并大力举荐，从而获得了天下人的称赞，并借此得以留名青史。

面对他人的成绩，我们首先应该懂得，成绩是他人的勤劳加汗水所赢得的，我们应该坦然地欣赏他人的劳动成果，并予以肯定。与此同时，检讨自己，虚心请教，学习他人的勤奋向上的精神。主动请教别人向我们传授学习工作的要领，不仅是对他人成绩的一种高度的赞扬，而且也可以督促自己继续前进。既有利于我们技术水平的提高，也有利于我们处世水平的提高。这岂不是一箭双雕的事情，我们又何乐而不为呢？

要坦然地欣赏别人的优点和成绩，还需要相当的自信和勇气。日常生活中，我们经常遇到别人比自己强的情形，而赞美之词却怎么也说不出口，主要是因为缺乏自信心，觉得自己不如对方，于是心理失衡，没有勇气为对方喝彩。要么觉得"不好意思"；要么认为自己与之相比，结果昭然自明，不用多此一举；要么觉得自己人微言轻，赞美了也不会引起重视，还害怕会引起非议，被人误解为是溜须拍马。结果，不仅失去了一次坦然欣赏别人优点与长处的机会，也失掉了一次抛弃自卑与胆怯心理的机会。

众所周知，迈克尔·乔丹是一位超级篮球精英，但他却对别人说队友皮彭在投三分球方面比他更有天赋，还说皮彭扣篮方面也比自己胜出一筹。皮彭虽然是最有希望超越乔丹的新秀，而乔丹处处对其加以赞扬，一方面，反映了他自我挑战的勇气，另一方面也是乔丹自信心的体现。因此，在生活中，如果棋逢对手，不妨采取"吴越同舟"的策略，同对手友好相处，对其优点成绩大大方方地表示祝贺。另一方面，奋力追赶。

再苦也要笑一笑

富兰克林有句名言："良好的态度对于事业与社会的关系，正如机油对机器一样重要。”因此，如果我们是一位品格高尚的人，不妨试着去发自内心地赞美一位与我们正相互竞争的同学或者是同事，甚至举荐一位有可能位居我们之上的职员给老板，这是一种更高境界的赞美。

处世秘笈，发现赞美的魔力

俗话说：牵牛要牵牛鼻子。赞美同样要抓住关键的赞美，这就需要洞察对方心理，了解对方的心理需求。切不可“哪壶不开提哪壶”。

有一次，相声演员侯耀文对他父亲侯宝林说：“爸爸，我最近听到一些反映，说商店里某些服务员的态度差，常给顾客吃‘冷面’。我想写段相声讽刺一下。”

侯老听了，沉思了一会儿，说：“你想讽刺服务员，可你了解他们吗？工资不高，上班一站就是八九个钟点儿，多辛苦？再说，哪家不兴有个不顺心的事儿？谁能老有笑模样？又没吃‘笑素’？顾客里头也有捣蛋的，遇上那号人，你乐得起来？我不是说服务员有缺点就不能讽刺，得先去搞点调查研究，了解他们的工作和生活，体谅人家的难处，那才能写出感情，批评得入理。”

侯老的一席话，充分体现了对他人的理解。只有理解他人的心理，了解他人的苦怒哀愁，才能把握好说话的内容与分寸，才能知道如何抓住对方的心理赞美对方。

曾有心理学家做过这样一个实验：他们从一班大学生中挑出一个最平庸自卑，最不招人喜欢的姑娘，特意安排她的同学对她改变看法，对她表示喜爱和赞扬。于是，从这天起这个姑娘周围充满了赞扬和热心的帮助。有人夸她，有人说她心灵手巧，有人送她礼物，有人每天与她一起回家……奇迹发生了，一年以后，这个原本默默无闻，自卑感很强的姑娘变得活泼开朗，有说有笑，充满自信，她的学习成绩、仪表风度和以前比也大有改善，像是换了个人。

赞扬和鼓励确实有这样的魔力，只要我们懂得一个人最需要什么。

如上文所说的那个姑娘，她以前是那么卑微、胆怯，这样的人渴望别人的理解和尊重，那么是否人人都渴望得到尊重？一个位高权重、不可一世的人呢？

在日本历史上身为摄政大臣的丰臣秀吉，权倾一时，不可一世。下面这件事则体现出他与一般人有着同样的心理需求。

有一年，他听说松蘑大丰收，便突然提出要亲自去采松蘑。但当时时令已过，哪还有松蘑的影子。家臣不得已，只有在前一天把要去的那块地里插上松蘑。第二天丰臣秀吉来了，看到满地松蘑，不禁赞叹道：“太好了！”这时，有位善于投机的家臣告诉他这些松蘑都是临时插上的。其他家臣得知有人告密，个个魂不附体，因为他们知道丰臣秀吉这个人对不忠诚他的人向来是严惩不贷的。但这次丰臣秀吉笑着说："这是大家为了满足我的愿望才做的，是一片好心。好久没见到这样的松蘑了，又勾起我对往昔农村生活的回忆，我很高兴。"

再苦也要笑一笑

任何人都需要尊重，需要赞美，正如马克·吐温所说："一句美好的赞美，能使我们不吃不喝活上两个月。"

第22章

健康第一，学会给自己减压

要生存，就必然遇到竞争；有竞争，就必然有压力。所以，只要我们选择活着，就注定要承受生存所带来的各种各样的压力。我们只有勇于正视压力，学会承受压力、释放压力，才能在日趋激烈乃至残酷的生存竞争中，永远立于不败之地。更多的时候，压力来自我们自己，不要给自己太大的压力，健康和快乐才是最重要的。

应当承受压力

一个人觉得生活很沉重，便去见哲人，寻求解脱之法。

哲人给他一个篓子背在肩上，指着一条沙砾路说："你每走一步就捡一块石头扔进去，看看有什么感觉。"

过了一会儿，那人走到了头，哲人问有什么感觉。那人明白了生活越来越沉重的道理。当我们来到世界上时，我们每个人都背着一个空篓子，然而我们每走一步都要从这世界上捡一样东西放进去，所以才有了越走越累的感觉。

于是那人问："有什么办法可以减轻这沉重吗？"

哲人问他："那么你愿意把工作、爱情、家庭、友谊哪一样拿出来呢？"

那人不语。

哲人曾说过：当你感到沉重时，也许应该庆幸自己不是总统，因为他背的篓子比你的大多了，也沉重多了。

人生路坎坷的时日居多，升学、工作、晋级、成家哪一个环节都不可能一帆风顺，大部分时间人在负重而行，领导同事的误会、工作上的摩擦、生活上的不如意都是令人难过的源泉，这时候，人就得有负重而行的心理承受力，否则不够宽容，不够豁达，不会变通，最终会把自己逼入死角。

负重而行当然是一种痛苦，但没有负重就不可能体会无重的轻松惬意，没有负重而行，也就无所谓责任，从而也就无所谓取得成就，当然也就体验不到上了坡后那种如释重负的快感了。没有负重的生命是不完整的生命，没有负过重的人生是不圆满的人生。

每个人都不知道未来怎样。但我们不应该想生活怎样，应该多想想怎样生活。还是维持那颗平常心比较好，平淡的生活同样精彩。在平淡中品味出快乐才是真正的幸福。

人生这么短，何必要让自己在名利之中折腾呢？攀比只会产生烦恼。开奔驰的固然威风潇洒；并肩漫步又另有一番幸福甜蜜。怎么样才是一个完整的家？不是豪华洋房，昂贵花苑；而是两个人共同建筑、共同守护的"城堡"！我们这座城堡，牵着手才能找到，幸福是因为互相依靠。"城堡"的大小不在于它的实际面积，而在于两人心里的感觉。感情这个地基打得越牢固，日后我们就会越感到它的“宏伟”。

压力是不可避免的，因此我们应该学会缓解压力：

首先，要知道自己的目标。只要目标明确了，在行动上就不要发生动摇。人是需要精神支柱的，这个支柱是自己给自己树立的。有了这个心理上的强大动力，任何压力带来的疲惫和痛苦都是微不足道的。

其次，要会衡量自己的能力。知道自己的斤两，知道自己需要什么，能做到什么。无望的追求是空谈，每个人的理想都应该是脚踏实地的，就像吃惯了素菜的人非要去享受牛排，那油汪汪的东西固然很诱人，但真吃到自己肚里，半生不熟的还真消化不了。

再次，要仔细分辨自己的欲望是不是合理的。这个世界到底是有道德标准和行为准则的，随意突破规范是要承担后果的。假如我们的欲望是不善良的，是会给自己带来痛苦或给别人带来伤害的，就应该果断摒弃，把这种黑色的欲望压力消灭于无形。

最后，缓解压力要讲究方式方法，要给自己一个健康、美好的心态。世界美丽纷繁，充满了阳光和温情。要懂得去欣赏她、接纳她、追求她。一时的痛苦是过眼云烟，长久的快乐是成熟心态应得到的回报。

刘墉先生对人生的解释是：“面对人生的起起落落，人生的恩恩怨怨，却能冷冷静并一一化解，有一天终于顿悟，这就是人生。”

再苦也要笑一笑

不要迷失方向、不要为情所困、不要妄自菲薄、不要贪得无厌，好好把握自己手中的幸福，每一分钟都会成为我们自己的宝藏。

不必勉强自己

这里有一个与唐僧取经有关的寓言故事。

唐僧前往西天取经时所骑的白马本是长安城中一家磨坊里的一匹普通白马。此马本无什么出众之处，只不过一生下来就在磨坊里干活，身强体健、耐苦耐劳，且老老实实、从不捣乱。玄奘大师想：西天路途遥远，去时要当坐骑，回来时要负重驮经书，况且自己的骑术又不是很好，还是挑选一匹老老实实的马吧。选来选去，就选上了这匹磨坊里的普通白马。

这一去就是17年。待唐僧返回东土大唐时，已是名满天下的传奇英雄。这匹白马也成了取经的功臣，被誉为“大唐第一名马”。白马衣锦还乡，来到昔日的磨坊看望老朋友。一大群驴子和马围着白马，听白马讲取经途中的见闻以及今日的荣耀，大家羡慕不已。

白马很平静地说：“各位，我也没什么了不起，只不过有幸被玄奘大师选中，一步一步西去东回而已。这17年间，大家也没闲着，只不过你们是在家门口来回打转。其实，我走一步，你也在走一步，咱们走过的路还是一般长，也一样地辛苦。”

众驴子和马都不言语了。是啊，自己也没闲着啊，怎么人家就成了“成功之士”，有荣誉有地位，自己还是老样子呢？

我们不妨从其他角度来看这个故事。

作为白马，它并没有因为跟随玄奘大师功成而返而表现出洋洋自得、高人一等，相反，它觉得自己只不过是和其他的马一样在奔走，并且走的路程一样长。这样的胸怀固然值得我们去学习。

但是，其他的驴子和马的心态就没有可取之处了。每一个生灵的存在就一定有他的价值，玄奘大师取经只能带去一匹马，如果它们因为自己不能成为幸运儿而自怨自艾，反倒连自己的本职工作也会受到影响。不妨像白马一样，只要在自己的位置上能够发挥最大的价值就可以了。

盲目的忙碌，最后收获的是茫然。如果我们不能实现太高的生活目标，那我们就应该量体裁衣，制订最适合自己的目标，然后实现自身的价值。

有的人从头至尾都有一个明确的目标，为成就一番事业而奋斗，而有的人身不由己，随波逐流，每日所忙都只是为了伙食标准提高一些而已。大家一样的辛苦忙碌，谁也没闲着，甚至我们比他还忙还累，可收获却大不相同。

有句成语叫做“碌碌无为”，碌碌，忙得不可开交，但却是“无为”，太可怕了。很多时候我们恐怕都没有把“忙”真正地定义清楚。忙是什么呢？忙应该是在特定的时间段中朝着特定的目标进行连续不断地努力的生存状态。忙碌可以使我们的生活充实，让我们将来回忆时觉得自己对得起时间、对得起自己。但是如果我们只是为了不闲着而去忙，只是为了向人表明自己“重要”而去忙，那么无非是自己欺骗自己罢了。

生活中，常常听有人抱怨生活太辛苦，压力太大，其实，这往往是因为我们还没有衡量清楚自己的能力、兴趣、经验之前，便给自己在人生各个路段设下了过高的目标，这个目标不是根据个人实际情况制定的，而是和他人比较制定的，所以每天为了完成任务，不得不背着责任的包袱去生活，不得不忍受辛苦和疲惫的折磨。

人首先要为自己负责任。有的人不看实际情况，要求自己必须考上名牌大学，必须学热门专业，认为这是自己的责任，只有这样才算完美人生。许多大学毕业生不愿去基层，不愿去坚苦地区，就是因为他们人生的背篓中背负有太多的责任。这种以私利为出发点的个人抱负，已褪变为一个包袱压在身上，让人喘不过气来。可有人却乐此不疲。

人们常说："什么事都归咎于他人是不好的行为。"但真的是这样的吗？许多人动不动就把错误归咎于自己，其实这也是不正确的观念。比如说有的人因孩子学习不好而整天苦恼，因孩子没考上大学而内疚。只要自己尽力去为孩子做该做的一切了，因为其他原因而落榜，怎么能把责任归到自己身上呢？再者说，塞翁失马又焉知非福呢？指不定孩子能在其他方面有成就呢。

了解自己，做回自己，就不必勉强自己，不必掩饰自己，也不会因背负太重的责任包袱而扭曲自己。如此，就能少一些精神束缚，多几分心灵的舒展，就少一点自责，多几分人生的快乐。

有的人对自己和社会格格不入的个性感到相当烦恼，可是后来把它想成：这种个性是与生俱来的，是上天所赐予的，并非自己努力不够。这样一想，也就不再责备自己，不再烦恼了。

歌德曾经说过："责任就是对自己要求去做的事情有一种爱。"只有认清了在这个世界上要做的事情，认真去做自己喜爱的事，我们就会获得一种内在的平静和充实。知道自己的责任之所在，并背负了适合自己的责任包袱，我们就能体会到人生旅途的快乐。

再苦也要笑一笑

生活中有许多不快乐，感到人生不顺的时候，应该让自己明智一点，不要用"高标准"去为难自己，卸掉自己背负的沉重包袱，不再折磨自己。

学会忙里偷闲

有一位猎人看到一件有趣的事情。有一天，他偶然发现村里一位十分严肃的老人与一只小鸡在说话，做游戏。猎人好生奇怪，为什么一个生活严谨、不苟言笑的人会在没人时像一个小孩那样快乐呢？

他带着疑问去问老人，老人说："你为什么不把弓带在身边，并且时刻把弦扣上?”猎人说：“天天把弦扣上，那么弦就失去弹性了。”老人便说：“我和小鸡游戏，理由也是一样。”

生活也一样，每天总有干不完的事。但是，我们有没有仔细想过，如果天天为工作疲于奔命，最终这些让我们焦头烂额的事情也会超过我们所能承受的极限。

尤其是当今社会，生活节奏不断加快，“时间”似乎对每个人都不再留情面。于是，超负荷的工作给人造成不可避免的疾患。

因为人们的生活起居没了规律，所以患职业病、情绪不稳、心理失衡甚至猝死等一系列情况时有发生，给人们生活、工作及心理上造成无形的压力。

这时，需要我们换一种心情，轻松一下，学会放下工作，试着做一些其他的运动，以偷得片刻休闲，消去心中烦闷。记得有一位网球运动员，每次比赛前别人都去好好睡一觉，然后去练球，他却一个人去打篮球。有人问他，为什么你不练网球?他说，打篮球我没有丝毫压力，觉得十分愉快。对于他来说，换一种心态，换一种运动方式，就是最好的休闲。

我们每天行色匆匆，为了生存、为了生活而奔波劳碌。当今社会形势瞬息万变，随着生活节奏的加快，争时间、抢速度已成为市场经济这个大环境中的普遍现象。

小义在一家知名外企工作，现在他怀疑自己得了健忘症。和客户约好了见面时间，可搁下电话就搞不清是10点还是10点半；说好一上班就给客户发传真，可一进办公室忙别的事就忘了，直到对方打电话来催……小义感觉自从半年前进入公司后，像陀螺一样天旋地转地忙碌，让他越来越难以招架，快撑不住了。“那种繁忙和压力是原先无法想象的，每人都有各自的工作，没有谁可以帮你。我现在已经没什么下班、上班的概念了，常常加班加到晚上10点，把自己搞得很累。有时想休假，可假期结束后还有那么多的活，而且因为休假，手头的工作会更多。”他无奈地向朋友诉苦。

其实，在实际工作当中，类似于小义这种情况时常发生，尤其是在外企拿高薪的工作人员。

据统计，在美国，有一半成年人的死因与压力有关；企业每年因压力遭受的损失达1 500亿美元——员工缺勤及工作心不在焉而导致的效率低下。

在挪威，每年用于职业病治疗的费用达国民生产总值的10%。

在英国，每年由于压力造成1.8亿个劳动日的损失，企业中6‰的缺勤是由与压力相关的不适引起的。

去海滨、名山休假不是每个人都能办到的，但学会忙里偷闲，作片刻休息，则人人都能做到。

再苦也要笑一笑

我们都有时间，并且可以试着改变自己。当我们下班赶着回家做家务时，不妨提前一站下车，花半小时，慢慢步行，到公园里走走。或者什么都不做，什么也不想，就是看看身边的景色，放松一下自己的心情，肯定会有意想不到的效果。

爱好缓解压力

生活中有很多美好的东西，很多东西我们不深入，就体会不到它的好处。要多培养一些爱好，如养花、钓鱼、下棋、旅游、收藏等，它不仅使我们的人生更丰满，而且能排解我们的压力，使我们的生活更加丰富多彩。

1. 养花

花，赏心悦目优美动人；花，历来为人们视为吉祥、幸福、繁荣、团结和友谊的象征。我国人民自古以来就有赏花、养花的高雅风尚，在长期养花实践中，不仅积累了极其丰富的经验，而且有许多驰名中外的园林。

养花能调剂人们的精神生活，使人轻松愉快，消除疲劳，增进身心健康，还能锻炼意志和提高科学文化素养。工作余暇时养花，也不失为一种乐趣。

花还是保健良药。现已发现15种鲜花的香气对治疗心血管病、气喘、高血压、肝硬化、神经衰弱和失眠症有明显疗效。熏衣草能治哮喘，白菊花可明目。不少花还释放出抗菌、灭菌物质，如紫薇和茉莉的香气能杀死白喉菌和痢疾杆菌。花卉是极好的空气净化器。腊梅、桂花能吸收汞蒸气，米兰能吸收二氧化碳，万寿菊、短牵牛花能吸收大气中的氟化物，夜来香可清除不良气体，有驱蚊作用。

2. 钓鱼

钓鱼活动高尚清雅，有动有静，动静相宜，是人们修身养性，防治疾病和增强体质的理想运动方式。马克思曾说过：“一个美好的心境，要比10副良药更能解除心理上的疲惫和痛楚。”坚持垂钓，不但可以陶冶性格，培养耐力，调剂生活，消除疲劳，而且还会使我们精力旺盛，体力充沛地去学习和工作。

钓鱼讲究一个“静”字。心静可以使我们思想放松，精神集中而有耐心地等待鱼儿上钩，对鱼漂的起伏和竿梢的颤动做到明察秋毫。静，对陶冶情操，修身养性更有效；静，肌肉放松，神经处于一种忘我的入静状态，可以起到与练气功相媲美的效果；静，是垂钓者的首要心境，脾气急躁的人心境在垂钓中会逐步得到改善。“任凭风浪起，稳坐钓鱼台”。这不只是谈钓鱼，而是人的思想修养哲理，她告诫人们在面对严重困难时，要乐观坚定，保持一种冷静镇定的态度。人的一生追求好像钓鱼，竿提早了，钩子还未被鱼吃进嘴不行；提晚了，吃进鱼嘴的钩子又被吐出来也不行。只有投入全部的热情和希望，集中全部的精力和智慧，从容追求、沉着守候，才能适时抓住机遇，在生命的长河里钓起人生的辉煌。

3. 读书

书，是人类文化遗产的结晶，是人类智慧的仓库。著名女作家毕淑敏说过：“书就像微波，从内到外震荡着我们的心。”培根说过：“读书足以怡情，足以博采，足以长才。怡情也，最见独处幽居之时，其博采也，最见高谈阔论之时，其长才也，最见于处世判事之时。”

读书对我们有什么好处呢？

陶冶情操。知识真正成为心灵的一部分，可以显现出内在的涵养。

增加知识。培根说过：“读史使人明智，读诗使人灵秀，数学使人周密，科学使人深刻，伦理学使人庄重，逻辑修辞之学使人善辩；凡有所学，皆成性格。”也就是说，喜爱读书，广览博识的人，可以使自己变得明智、灵秀、周密、深刻、庄重、善辩，从而使自己的一生不犯错误或少犯错误，永远立于不败之地。

调整我们的心情。不同的书，需要不同的时间和心情看。吃饭的时候，适合看杂志；白天能挤出时间的时候，适合看小说；晚上独自一个人的时候，适合看散文、诗和词。读书可以把生活中寂寞的时光转变为巨大的享受时刻。

当我们遇到烦恼、忧愁和不快的时候，应该首先学会自我解脱，去读一读或者翻一翻我们喜欢的书籍和杂志，分散心思、调整心态、冷静情绪、减少精神压力。

4. 旅游

远离钢筋混凝土的城市，抽时间与自然进行交流。下决心独自一个人在山上、海边或者宁静的湖畔待上一整天，远离现代文明和舒适的度假地、宾馆和餐馆。我们什么也不需要做，只需要呆在那儿，感觉这个地方就是我们自己的栖息地和家。坐下来，或者悠闲地散步，全身心地接受我们所看、所嗅、所感和所听到的东西。我们会意识到我们正在开始体验自己是其中一部分的宇宙的宁静、智慧和秩序。看看天空，想一想我们可能看不到但却知道它们存在的星星和所有的其他星球。像它们一样，我们在这个广阔的宇宙中有自己的位置。我们开始有一种将此处当做家的归属感，要有耐心。我们的内心可能会发出微弱的声音，抱怨这样做是没有用的，是在浪费宝贵的时间，是幼稚、愚蠢的，也可能会说我们目前有许多事情要做，不能这样什么也不做。不管内心发出什么声音，要迫使自己完成这个经历。如果我们发现这是令人不愉快的，要坦然承认。我们很可能会从中学习很多东西。

有时也不需要专门花钱精心策划整个旅游时间。找个周六周日的时间，骑着车子，与几个好友或者妻子儿女一块儿到郊外去玩。一路上有花，有草，有小鸟在天上飞，那该有多美！还可以唱歌，说说笑笑，打打闹闹，将不愉快的事情和压力完全抛在脑后。相信我们一定会得到无与伦比的乐趣。

5. 眼泪缓解压力

一般人都有过这种体会：当我们着急的时候，胃就开始一阵阵痉挛性地疼痛。如果我们去看医生，他便会给我们一些胃药，还会告诉我们得的是神经性胃炎，是胃在“消化”我们的紧张情绪。同时建议我们与其白白地紧张一阵，还不如回家去哭一场，把委屈连同眼泪一起挥洒掉。果然，这种办法还真有效。

据俄罗斯家庭心理医生纳杰日达·舒尔曼说，眼泪经证实是缓解精神负担最有效的“良方”。很可能就是因为这个道理，女性比男性少得因神经紧张而诱发的梗死和中风。

有不少心理学家认为，哭一哭是有好处的。不过只宜轻声啜泣，不宜大嚎，同时想象痛苦和委屈连同眼泪一起流出的情景。

此外，我们在哭的时候，会不断地吸一口口短气和长气，这大大有助于呼吸系统和血液循环系统的工作。这种“带哭的呼吸”已经被运用到一些对治疗气喘和支气管炎非常有效的呼吸运动当中。

再苦也要笑一笑

我们不应该给自己这么大的压力，只要自己努力了就好！我们也不应该那么固执，或许一切随缘会更开心，也许会得到不一样的结果，不是自己想的就是最好的，只有最适合自己的才是最好的！

忙碌中的释放

现代人都忙，满世界就听到一个忙字。大人们忙赚钱，小孩儿也同样身不得闲，就连离退休的爷爷奶奶辈也忙于发挥余热，或养身保健或吟诗作画。总之是祖国上下一片忙。

“革命尚未成功，同志仍需努力”，社会要发展，人类要进步，忙是自然要忙的。然而这绝不是人生的全部。人生不仅需要工作，也需要休息，不仅需要忙碌，也需要休闲。我们不能无休止地忙，人生如果没有休闲，就像一幅国画挤满了山水而不留一点空隙，缺乏美感。人生没有悠闲，就不能领悟、体味、享受人生。所以忙碌中要学会偷闲。

泰戈尔在《飞鸟集》中写道：“休息之隶属于工作，正如眼睑之隶属于眼睛。”不会休息的人就不会工作，只有休息好了，才能更好地工作，才会有更好的生活。如果一味地、盲目地去忙，连革命的本钱都搞垮了，那人生也就没有忙的意义了。我们崇拜陈景润，但我们不赞成他那种不顾一切、废寝忘食，以致英年早逝的生存哲学。

人生就像登山，不是为了登山而登山，而应着重于攀登中的观赏、感受与互动，如果忽略了沿途风光，也就体会不到其中的乐趣。人们最美的理想、最大的希望便是过上幸福生活，而幸福生活是一个过程，不是忙碌一生后才能到达的一个顶点。

古人云：“一张一弛，乃文武之道。”人生也应该有张有弛，也应该忙中有闲。人生就像根弦，太松了，弹不出优美的乐曲，太紧了，容易断，只有松紧合适，才能奏出舒缓优雅的乐章。

俗话说：“磨刀不误砍柴工。”悠闲与工作并不矛盾。处理好两者的关系，最重要的是能拿得起，放得下。工作时就全身心投入，高效运转。放松时就放松，把工作完全放在一边，不要总是牵肠挂肚。去钓鱼、去登山、去观海，想干啥就干啥。

其次就是工作休闲应该搭配得当，不能忙时累个半死，闲时又闲得让人受不了。可以隔三差五地安排一个小节目，比如雨中散步、周末郊游、鸳鸯共浴等。适时地忙里偷闲，可以让人适时从烦躁、疲惫中及时摆脱，为更好地工作而积蓄精力。

总之，为了更好地工作，为了美好的生活，我们一定要学会忙里偷闲，有时休息比工作更有效。

再苦也要笑一笑

踏上人生的漫漫旅程之后，我们要努力从忙碌中释放自己、善待自己。年轻的岁月很容易流失，而未来道路却依然漫长，只要我们适时休息一下，我们以后的人生一定会更精彩无比！

尝试减少工作

简·莫尼克是康涅狄克州一家公司的市场部顾问。她对待压力的观点是：由生活、工作所产生的心理压力是不可避免的现代病之一，对待的方法不应是回避而应是正确处理。她常说："主动、正确地去处理各种问题、困难，你得到的回报是快乐和自信；相反，被动应付的做法则使你疲惫不堪。"

她的有力武器有两件：第一件是周密的工作计划，无论你选用计算机或铅笔和纸来做都无关紧要，重要的是用制订计划的方法来保持清醒的头脑，明确先做什么后做什么、哪些是最重要的和哪些是次要的……

"那么，每天面对一份如此详尽的工作计划，你不觉得累吗？"当有人这样问她时。"噢，不！一点也不！"伴随着轻松的笑声，简亮出了她的第二件"武器"：那就是灵活性。"我的计划本身就具有相当的灵活性，我不仅计划'要做什么'，也计划'可以不做什么'。"简不无幽默地说："比如陪孩子看场足球赛，每月与丈夫出外共进一顿浪漫的晚餐，这些都没写进我的计划里，却是非做不可的，别的事则可以量力而行。记住，'非做不可的事情'不能太多。"

当我们面对繁重的工作压力时，想一想，这真的是非做不可的吗？其实，我们何不像善待他人一样关爱自己呢？这里是一些建议，在新旧更替的时刻，让我们学会像善待他人一样关爱自己。

(1) 小小的改变：有时我们感觉失意是因为我们再也不会拥有像孩提时代一样的兴奋与快乐。

(2) 假期里不要再看那些使人精神紧张的电视新闻节目，不妨收看一些唤起童心的娱乐节目。

(3) 从网上搜一些可以称作"精神食粮"的视频来欣赏。

(4) 放松呼吸，做一次小小的休息：采取舒服的坐姿，将双手放于腹部，感觉呼吸时腹部的起伏。

(5) 给需要帮助的人送一件礼物或做一件事情，我们的快乐将比接受帮助的人还多。

(6) 在帮助了别人或做了开心的事情之后，给自己一个小小的奖励。比如，一块巧克力或一枚硬币。

(7) 忙碌之余，在出去购物前换上舒适的衣服和鞋子。

(8) 购物时别忘了寻找自己想要的东西，告诉售货员我们需要什么，也许会有惊喜的发现。

(9) 在出现感觉疲惫、头疼或注意力不集中这些“假期综合症”时，不妨在午后小睡片刻。

再苦也要笑一笑

压力是时时存在的，它们更是一种折磨，让人茶饭不思、愁眉不展、胃病常犯。但当一个项目完成之后，再回过头来看时，所有一切只是一个过程，一段时间。一个过程总会结束，一段时间总会过去，谁也挡不住。把自己该做的都认真做了，时间会给我们一个结果。

不妨来点悠闲

在一个美丽的海滩上，有一位不知从哪里来的老翁，每天坐在固定的一块礁石上垂钓。无论运气怎么样，钓多钓少，两小时的时间一到，便收起钓具，扬长而去。

老人的古怪行动引起了商人的好奇。

商人忍不住问：“当你运气好的时候，为什么不一鼓作气钓上一天？这样一来，就可以满载而归了！”

“钓更多的鱼用来干什么？”老人平淡地反问。

“可以卖钱呀！”商人觉得老人傻得可爱。

“得了钱用来干什么？”老人仍平淡地问。

“你可以买一张网，捕更多的鱼，卖更多的钱。”商人迫不及待地说。

“卖更多的钱来干什么？”老人还是那副无所谓的神态。

“买一条渔船，出海去，捕更多的鱼，再赚更多的钱。”商人认为有必要给老人订一个规划。

“赚了钱再干什么？”老人仍显出那副无所谓的样子。

“组织一支船队，赚更多的钱。”商人心里直笑老人的愚钝不化。

“赚了更多的钱再干什么？”老人已准备收竿了。

“开一家远洋公司，不光捕鱼，而且运货，浩浩荡荡地出入世界各大港口，赚更多的钱。”商人眉飞色舞地描述道。

“赚了更多的钱还干什么？”老人的口吻已经明显地带着嘲弄的意味。

商人被这位老人激怒了，没想到自己反倒成了被问者。“你不赚钱又干什么？”

老人笑了："我每天钓上两小时的鱼，其余的时间嘛，我可以看看朝霞，欣赏落日，种种花草蔬菜，会会亲戚朋友，优哉游哉，更多的钱于我何用？"说话间，已打点行装走了。

老人以一种悠闲的心态在海滩上垂钓，观朝霞，赏日落，这是多么令人神往的人生境界啊！喧嚣的都市，繁忙的工作，给我们造成了太多太多的心理压力，那么，我们何不让自己像那位老人，给自己的身心一个释放压力的机会呢？

其实，悠闲是生命本身的一种自然状态。悠闲无法刻意去创造，而要靠心去感受。工作之余，偕三五知己一起去公园散步，有的人可以忘情无极，优哉游哉，不知身躯和灵魂之所在，不知不觉地坠入了悠闲的境界；而有些人虽然一心想悠闲起来，但几点几分还有什么事情要处理的念头会不时冒出来，挥之不去，他是无论如何也悠闲不起来的。所以，悠闲是一种心灵境界。

悠闲也是一种人文品位。醉中舞剑，隔窗读雨，无不是情趣欣然。但悠闲更是一种生态品位。茶余饭后，老农躺在院坪的竹椅上，"吧吧"地吸着烟，什么也不想，什么也不做，任微笑照亮满脸铜釉般的慈祥；信步由足，樵夫和着扁担的节奏，自由散漫地唱着古老的情歌，你能说这不是悠闲？人文品位通向生态品位，悠闲的状态进入更高的境界。悠闲是全人类的财富，但不是人人能够拥有的财富。

因此，悠闲无法做作。游手好闲与悠闲无关，无所事事也不是悠闲。如果把无所事事比喻为空旷萧瑟的原野，悠闲则是风光旖旎的自然旅行区。容易学到游手好闲，可以装作无所事事，但却装不了悠闲。

再苦也要笑一笑

人，不能一生悠闲，也不能一生没有悠闲。悠闲是对生命状态、自身过重压力的一种调整，我们每个人都需要这种调整。

第23章

舍得一切，该放手时就放手

生命的旅途常常会有挫折，会有苦难，这时候需要一种心态——放下。人，必须懂得及时放下，放下那些看似最有利可图却不能令人再进步的东西；人，必须鼓起勇气，不断学习，才能开创出生命的另一高峰。为了熊掌，我们可以放下鱼；为了事业的成功，我们可以放下逍遥娱乐；为了纯真的爱情，我们可以放下金钱；为了庄严的真理，我们可以放下利禄乃至生命。我们应保留生命中最有价值、最必要、最纯粹的部分，而放下那些牵挂与累赘。

如果什么都能够舍得，就得到一切

舍得舍得，大舍大得，懂得放弃的人才会真正拥有自己想要的一切。

历史上永州人都特别擅长游泳。有一天，河水突然暴涨，有几个永州人正乘坐在一条小船上。结果刚到河中心，船就漏水了。船上的人就只好跳到水里往岸上游。其中最会游泳的一个人也使出了全身的力气，但还是没有平常游得快。他的同伴很疑惑，于是问他为什么今天这么吃力？那个人回答说：“我腰里缠着太多的钱，现在重得不行，所以今天特别吃力。”于是同伴劝他快把钱扔掉，但是这个人说什么也不肯。

过了一会儿，这个人更加没有力气了。那些已经到了岸上的同伴又大声劝说他扔掉钱，他摇了摇头，最后沉入水中淹死了。

为了达到目标，就必须扔掉很多累赘。这些累赘很多时候都会影响目标的实现，因此必须扔掉。舍不得自然得不到。

人要舍掉生活的惰性。生活一旦形成惰性，做什么事情都很难有激情。即使下定决心做一件事情的时候，往往一遇到困难就想退回到原来的生活状态之中。这就是如果想毁掉一个人就只需要让他安逸起来的原因。

人还应该舍掉目标以外的东西。因为人的时间和精力都很有限，只有把有限的时间和精力放在事业上，才能够确保取得最大的成功。每一个人定然有很多目标，但最后必须确定一个目标，然后努力将这个目标实现。但许多人常常会有一些不切合实际的想法，总想着为了逃避风险，便多确定几个目标，这样即使一个目标无法实现，另外一个目标也有可能实现。殊不知这种想法是最致命的，多个目标自然分散精力，一个目标无法实现，很容易像多米诺骨牌一样导致多个目标都无法实现。人在面临多个目标时往往不会全力以赴，而是以为这个不行，下个可以补充，以这样的心态，又怎么能实现目标呢？

最后，人应该舍掉的是以成功者自居的心态。也就是说人要有一种归零心态。不管以前怎么样成功，既然选择了从事新的事业，那么以前的成功都要一概抹掉，一切从零开始，一切从头再来。很久以前成功的经验并不符合今天的实际，但人们往往容易抱残守缺，容易相信自己曾经亲身经历过的一切，于是不相信理性的判断，不相信别人的劝说，一意孤行坚持按照原来的办法来做，其结果可想而知。《吕氏春秋》记载了这样一个故事：有个人路过江边，看见一个汉子正牵着一个婴儿，想要把他投进江里去，婴儿吓得哇哇乱哭乱叫。这人走上前去问那汉子："你怎么把婴儿往江里投呢?"那汉子说："怕什么？他的爸爸很会游泳。"他的爸爸会游泳，他的儿子难道生来也会游泳吗？很多创业者有"其父善游"的心态，认为自己曾经成功过，现在成功也是不难的事情。殊不知这是自欺欺人。

得失心太重的人往往放不开手脚，不能做到忘我。一个演员在演戏的时候应该很投入，而绝对不应分心。那些不投入的人，往往会有太多的顾虑，这样是没有办法演好戏的。

再苦也要笑一笑

人在得失心重的时候不妨问一下自己，得到了又怎么样？失去了又怎么样？如果回答了这两个问题，心态自然会平和起来。

如果有太重的得失心，就会很难过

有这样两个故事。

第一个故事是法国有一家报纸曾经刊登过一个智力问答：如果卢浮宫发生火灾，此时，你只能拿出去一幅名画，你会选择哪一幅？很多人回答说当然要达·芬奇的蒙娜丽莎，可是这幅"永恒的微笑"在最里面的展馆。最后一位社会学家做出了最正确的答案：拿离出口最近的一件。理由很简单，因为这样最容易实现。

第二个故事是有一架飞机坐着三个人，其中一个是物理学家，一个是总统，还有一个是哲学家。突然之间，飞机发生了故障，必须让其中的一个人跳伞以减轻飞机的负重，请问在这个时候你会选择哪一个？结果是众说纷纭。答案是选择体重最重的一个。理由也很简单，这样可以保证飞机最小负重，保证安全。

一个人的得失心不要太重了，太重了会影响自己的成长。人生没有失败，也很少会有后悔，唯一后悔的是自己用了太多时间和精力去计较得失了。

30年前，有一个年轻人想要离开故乡，去创造自己的前途。根据乡里的规矩，他动身的第一站应该去拜访本族的族长，以便求得指点。当这个年轻人去见族长时，族长正在练字。当族长听说他想离开故乡去外地闯荡闯荡，想了想，就立即挥毫写了三个字：不要怕。然后望着年轻人说："其实人这一生的秘诀没有什么，只有六个字，今天我可以先告诉你三个，我想这三个字已经够你半生受用了。”

30年过去了，当初离家的那个年轻人已经到了中年，取得了一些成就，但是也有了许多伤心事。此时他特意回到了家乡，去见那个族长。很快他来到了族长家，不过不幸的是，族长在几年前就已经去世了。然而族长的家人却取出一封信给这个人，对他说这是族长留给他的东西。这个时候，还乡的游子才想起来30年前他还有一半的人生秘诀没有听到，打开信一看，里面赫然又是三个大字：不要悔。

不要怕，不要悔，这是对人生比较深刻的体会。人生没有失败，所以不要去害怕什么。别人能做到的，自己同样能够做到；别人做不到的，自己为什么不能做到。有了这种感悟，就不要再担心以后会发生什么。人生是没有失败的，人最终都会取得成功。

后悔是一种耗费精神的情绪，后悔是比损失更大的损失，比错误更大的错误。所以不要后悔，不论曾经是否伤害了别人，或者是否做错了事情，都要告诫自己不要后悔。伤害过别人，想一个办法给别人以补偿；做错了事情，以后不要再犯同样的错误，这样才能进步。在将来的日子里才能够获得非比寻常的成就。

再苦也要笑一笑

这个世界虽不是完美的，可它还是很美好的，虽然它有时会不公平，付出得不到回报，但是它也是公平的，我们不付出就想要有回报是不可能的。只要我们付出了真心，就有可能得到回报，幸福只属于真诚善良的人，这个世界要求我们的不多，而我们对它的索求远远超出了它的负荷。拿出我们的真心，来创造我们自己的美丽世界，这个世界里有快乐也有悲伤，只要我们坦然面对，我们依然会活得很开心。

如果有太多的舍不得，就会很痛苦

台湾作家吴淡如说过：“好像要到某种年纪，在拥有某些东西之后，你才能够悟到，你建构的人生像一栋华美的大厦，但只有硬件，里面水管失修，配备不足，墙壁剥落，又很难找出原因来整修，除非你把整栋房子拆掉。你又舍不得拆掉。那是一生的心血，拆掉了，所有的人会不知道你是谁，你也很可能会不知道自己是谁。”

仔细咀嚼这段话，就会发现，我们不就是因为“舍不得”吗？

很多时候，我们舍不得放弃一个放弃了之后并不会失去什么的工作，舍不得放下已经很远很远的种种往事，舍不得放弃对权力与金钱的追求……于是，我们只能用生命作为代价，透支着健康与年华。不是吗？现代人都精于算计投资回报率，但谁能算得出，在得到一些自己认为珍贵的东西时，有多少和生命休戚相关的美丽像沙子一样在指掌间溜走？而我们却很少去思忖：掌中所握的生命的沙子的数量是有限的，一旦失去，便再也捞不回来。

佛家说“要眠即眠，要坐即坐”，是多么自在的快乐之道啊，倘使你总是“吃饭时不肯吃饭，百种需索，睡眠时不肯睡眠，千般计较”，这样放不下，我们又怎能快乐呢？

舍，就是得；不舍，哪有得。放下，便得自在。放下功名利禄，放下恩怨情仇，放下一切要放下的东西。

曾经看过一幅漫画，一只瘦狐狸从篱笆上的小洞钻进了葡萄园。它大吃了三天，吃光了葡萄园里的葡萄，身体也变得臃肿不堪，已经无法从来时的小洞钻出去。聪明的狐狸饿了三天，才从小洞突围而出。

列夫·托尔斯泰在小说《一个人需要多少土地》中，讲述了这样一个故事：对土地贪得无厌的帕霍姆，最终在用脚丈量土地的贪婪中吐血而死。他的仆人发现，“帕霍姆最后需要的土地只有从头到脚6米那么一小块。”

攀登雪山的运动员都遵循这样的原则：在攀登过程中，需要不断地扔掉自己在登山前认真准备的装备，直到扔无可扔。于险要处，教练还会告诉运动员，连呼吸都要控制，稍微粗重的呼吸都可能引发一场雪崩。世上的许多事物，不论费多大的心机，花多大的力气，即使能够拥有，也只是暂时的。

懂得生命和世事的无常，便会舍得；能够舍得，才不会被物欲所驱使，才能够看得清生命的本质，抛得开功名利禄，找到生命快乐的源泉。

放下，是美好生活必需的状态。放下心中的仇恨，放下人与人之间的摩擦，放下对功名利禄的刻意追求，才能给生命留一片绿荫，给心灵种一棵忘忧草。

冤冤相报何时了。当一个人的心被仇恨充盈，那么，快乐已离他远去。且不说，仇恨会像气球一样，越吹越大，挡住了人生的成功之路；即便是大仇得报，也必定是两败俱伤，身心疲惫。送人玫瑰，手有余香。当我们抓起泥巴扔向对方时，首先弄脏的却是自己的手。

只有放下琐事的烦扰，才能常常保持心灵的快乐。不必把人与人之间的琐事当成是非，更不必把别人无心伤到自己的话，堆积成心里的毒瘤。

人生的所谓得与失，在很多时候并没有什么实际的意义。而失意的坏心情，却可以使人丧失对整个生活的感受和看法。这种因心情引起的得与失，比起物质上的得与失，更加致命。

人生在世，我们常常付不起的，正是生活中某类事件对我们心态所形成的那种漫长主宰、改变甚至毁灭。豁达、乐观的心态，才是最昂贵、最重要的。

一个人的快乐，不在于他得到的多，而在于他计较的少。多是负担，是另一种失去；少非不足，是另一种有余。舍弃不一定是失去，而是另一种更宽广的拥有。

再苦也要笑一笑

舍得是春风、放下是秋雨。有了春风秋雨的浇灌，我们的心灵就能长出参天大树，就能够不被外在的一切所迷惑、迷乱、迷失，就能坚守生命中最宝贵的尊严、操守、信仰，就能够拥有宁静、闲适而又幸福的人生。

如果鱼与熊掌不兼得，舍鱼取熊掌

在物欲横流、灯红酒绿的今天，摆在每个人面前的诱惑实在是太多了。有时太贪婪，反而毁了已有的大好前程；有时明明知道是别人布好的陷阱，却因为经不起诱惑而陷入其中。其实，如果我们能保持清醒的头脑，能放弃眼前的私利，一定会认清潜在的危险。如果抓住想要的东西不放，就会给自己带来无尽的痛苦，甚至走向死亡。所以，在现实生活中，需要有一种放弃的清醒。

从前，有一个人得到了一张藏宝图，上面标明了寻宝的路线。看到藏宝图，他马上心动了，立即准备好了一切出行要用的东西，还特意拿了四五个大袋子，打算用它们来装宝物。一切准备就绪后，他就上路了。在路上，他斩断了荆棘，趟过了大河，冲过了沼泽地。最后，终于找到了第一个宝藏，宝藏里堆满了亮闪闪的金子。他急忙掏出一个袋子，把所有的金币装了进去。离开这个宝藏时，他看到了宝藏的门上有一行字："知足常乐，适可而止。"

他笑了笑，心想，谁愿意丢下这闪光的金子呢？如果有人丢下了，那这个人肯定是个傻子。于是，他没留下一块金子，而是扛着装有金子的袋子往第二个宝藏走去。又是一堆金子出现在了他的眼前。他高兴极了，甚至有些兴奋，像上次一样，他把所有的金子又放进了一个袋子。当他出来时，他又看见了门上写着一行字："放弃了下一个屋子中的宝物，你会得到更宝贵的东西。"

他没有理会门上的忠告，继续往第三个宝藏走去。第三个宝藏里面堆满了钻石。他发红的眼睛中泛着亮光，贪婪的双手抓起钻石，就往袋子里放。突然他发现，在钻石的下面有一扇小门。他心想，这下面一定有更多更好的东西。于是，他毫不迟疑地打开门，跳了下去。谁知，等着他的不是金银财宝，而是一片流沙。他在流沙中不停地挣扎着，可是越挣扎陷得越深，最终他与所有的金子和钻石一起埋在了流沙下面。

有些人，为了得到某些东西，不惜费尽心机去争取，有时甚至会不择手段。可是在他追逐的过程中，可能会失去许多无法计算的东西，得到的东西远不能弥补他所付出的沉重代价。这一点，也许直到最后才会被他发现。

如果这个寻宝的人能在看了第一个忠告后就停手的话，如果在跳下去之前想一想的话，那他就会平安地返回，成为一个真正的富翁。所以说放弃，从某种意义上讲，是给自己一个生存的空间，是给自己一条成功的路。

真正的强者，应该学会放弃，放弃了才可能重新再来，才有机会获得成功。这样的放弃是要开始新的进取，是要有所获得。如果能拿得起却放不下，那么就无法令自己生活得更好，甚至丧失生命。荒漠中行进的人最明白这一点，如果不扔掉过重的行囊，就不能减轻负担，就无法保存体力，就无法走出困境。所以要求生，就应该做到该扔的就扔，那种生存都不能保证的坚持是没有意义的。

有两个渔夫在海底找到了两大袋金条，在返航的途中，他们的船遭到了台风的袭击，被海浪打翻了。没有办法，他们只好一人拖着一袋金条往岸上游。其中一个渔夫为了保存自己的体力，他放弃了属于他的那袋金条。没有袋子的累赘，他马上感到轻松多了。被放手的那袋金条，也渐渐地沉入了海底。另一个渔夫看见后，忙潜到水里，费了好大的劲，才把那袋金条拽起来。他拖着两个沉重的袋子吃力地游着。终于，他耗尽了自己的体力，随着他的金条沉到了海底。最后放弃金条的渔夫，安全地游上了岸，回到了家。当他看到妻子和儿子时，他觉得自己的选择是对的。在失去一袋有价的财富的同时，他赚回了一笔无价的财富——亲情。

人的一生，需要我们放弃的东西太多了。俗话说，鱼和熊掌不可兼得。如果不是我们应该拥有的，我们就要学会放弃。有所得就必然有所失，只有学会了放弃，才能拥有更多，才活得充实。

喜欢一样东西，不一定要得到它。有时候为了强求一样东西而令自己身心疲惫不堪，是很不划算的。如果我们付出后，到头来却发现我们失去的东西比得到的更珍贵时，我们一定会懊恼不已。所以当我们喜欢一样东西时，如果条件不允许，就不要太执著，放弃它，是我们最明智的选择。

从前有个猎人，为了抓住猴子，他就在一个瘦口瓶子里放了猴子爱吃的花生米，然后把这个瓶子放到了猴子经常活动的地方。后来，猴子发现了瓶子里的花生米，便伸手去拿。结果抓了花生米，握成拳头的手却抽不出来了，但猴子又不愿意空手出来。正在这时，猎人出现了。猴子吓得就跑，但套在手上的瓶子影响了猴子的速度。结果被猎人抓住了。其实猴子只要松手，就可以放下瓶子，但它的贪性却让它不肯放手。结果为了一把花生米，而被猎人抓住。

很多人往往都会与猴子犯同样的错误，由于太看重眼前的利益，在该放弃的时候却不能放弃，结果铸成了大错，悔恨终生。人的一生也是如此，有的人一生忙碌，什么都想要，可到头来却什么都没有得到。

做人有时候要学着放弃。放弃不是退缩，也不意味着失败。其实，放弃是另一种形式的选择，白云放弃蓝天，化作雨水洒落大地是为了哺育生灵；落叶放弃大树，融入泥土是为了滋养万物。

再苦也要笑一笑

放弃是为了获得，放弃城市，是为了获得宁静；放弃黄昏，是为了获得黎明；放弃小利，是为了获得一身正气。

如果纠缠住后悔不放，则愚蠢至极

令人后悔的事情，在生活中经常出现。许多事情做了后悔，不做也后悔；许多人遇到了要后悔，错过了更后悔；许多话说出来后悔，说不出来也后悔……人的遗憾与后悔情绪仿佛是与生俱来的，正像苦难伴随生命的始终一样，遗憾与悔恨也与生命同在。

从昨天的风雨里走过来，身上难免沾染一些尘土和霉气，心中多少留下一些酸楚的记忆，这是不能完全被抹掉的。

人生一世，花开一季，谁都想让此生了无遗憾，谁都想让自己所做的每一件事都永远正确，从而达到自己预期的目的。

可这只能是一种美好的幻想。

人不可能不做错事，不可能不走弯路。做了错事、走了弯路之后，有后悔情绪是很正常的，这是一种自我反省，是自我解剖的前奏曲，正因为有了这种“积极的后悔”，我们才会在以后的人生之路上走得更好、更稳。

但是，如果你纠缠住后悔不放或羞愧万分、一蹶不振，或自惭形秽、自暴自弃，那么我们的这种做法就真正是蠢人之举了。

美国一位教师曾用一很形象的事例来教育学生摆脱徒然无益的悔恨。在课堂上她将一只装满牛奶的瓶子朝地上猛摔下去，瓶子破碎了，牛奶流了满地。她告诉学生："你们可能对这瓶牛奶感到惋惜，可是这种惋惜已经无法使这瓶牛奶恢复原样了。因此，在你们今后的生活中发生了无可挽回的事时，请记住这摔破了的牛奶瓶。"这位教师道出了一个生活哲理：如果明知错误已经形成，而且无可挽回，却偏要去挽回，这样做是徒劳无益的。

古希腊诗人荷马曾说过："过去的事已经过去，过去的事无法挽回。"

的确，昨日的阳光再美，也移不到今日的画册。我们需要总结昨天的失误，但我们不能对过去的失误和不愉快耿耿于怀，因为伤感也罢，悔恨也罢，都不能改变过去，都不能使你更聪明、更完美。

如果总是背着沉重的怀旧包袱，为逝去的流年伤感不已，那只会白白耗费眼前的大好时光，那也就等于放弃了现在和未来。那么，我们又为什么不好好把握现在，珍惜此时此刻的拥有呢？为什么要把大好的时光浪费在对过去的悔恨之中呢？

追悔过去，只能失掉现在；失掉现在，哪有未来！

再苦也要笑一笑

昨天不过是历史，明天只是幻影。所以我们要竭尽全力地生活在今天。不追悔过去，也不奢求未来。世界上最珍贵的不是"得不到"和"已失去"，而是珍惜现在的幸福。

如果只是一味地坚持，就会很受伤

当同学毕业要各分东西，互道珍重时，每个人都不愿放弃这一段友谊。但每个人毕竟有各自的旅程，不可能长期生活在一起。有时守着一位朋友，只会挡住旅程的视线，从而错过一些更为美好的山水。卸下这段感情，我们才有可能拥有更为广阔的友情天空。既然那段岁月已悠然遁去，既然那个背影已渐渐远去，又何必苦苦守望呢？

如果爱一个人，就应该给他自由，因为人的天性中有一个要求空间的愿望。爱一个人就应该尊重他的愿望和他的需要，让他有空间去自由地决定事情，自由地按照自己的意愿去生活。如果把他禁锢起来，那他就会觉得跟我们在一起呼吸困难。也许我们怕孤单，也许我们缺乏自信，所以我们想缠着他。可他却会在我们的这种爱的方式下选择离开，因为他担负不起我们的压力。等他走后，我们才发现自己的错误。

放弃自己所爱的人，是一件痛苦的事，但如果对方已对我们没有了留恋，即便我们一时勉强把他留下，最终我们得到的是更深的痛苦和更多的悲伤。不要以为，我们的强求会留下他的心，如果他真的不想走，他会选择留下。如果他属于我们，他还会回到我们的身边。爱是不能勉强的。

爱，没有永久的保证，只有慢慢的磨合。一个永远不想失去我们的人，未必是真正爱我们的人，因为他窒息了我们充分发展的空间。有时，为了获得爱的永久保证书，结果反而走得越来越远。

曾经有个女孩，她跟一个男孩很要好，可以说她在与他相处的过程中产生了情意。可有一天，男孩却告诉她，喜欢另一个女孩。女孩觉得自己的心快要破碎了，心里面溢满了苦涩的泪水。她多日的幻想，在瞬间化为了泡影。她知道，这份打击全是因自己的多情而造成的。最后，她选择了坦然面对这份友谊，不超过友谊的防线，用理智的头脑控制了自己的行为。她告诉自己既然执著换来的只是徒劳，那就放弃吧，只有放弃自己的情感才是明智的选择。

她觉得心中少了那份牵挂，反而让自己轻松了许多。她发现了以前曾忽略了的友情和亲情，这时是多么的温馨；发现了自己内心的追求，原来是如此的充实。她不再彷徨，不再迷惘。她觉得自己像一片绿叶，摇曳在清新的空气里。所以，学会放弃，才会有更新的驿站；学会放弃，才会有美丽的追求；学会放弃，才会有无尽的力量。

每一份感情都很美，每一程相伴也都令人陶醉。有时正是因为遗憾才感到珍贵；有时正是因为思念才觉得留恋。感情是一份没有答案的问卷，苦苦的追寻并不能让生命更加美满。也许多一点遗憾、多一丝伤感，才会让这份答卷更隽永。

再苦也要笑一笑

收拾起心情，继续走吧！错过花，我们将收获雨；放弃她，我才遇到你。继续走吧，等我们为自己的心找到一个家，我们也就收获了自己的美丽！

如果毫不犹豫地放弃，就会有转机

在人生的旅程中，也许噩耗会不期而至，也许困难会扑面而来，也许失败会悄然来临，死神会突然出现。所以如果我们要勇敢地生活下去，就必须学会舍弃，学会放手。放弃以往的不如意，去追求全新的辉煌；放弃已有的满足，去接纳更多的东西。迈开向前的步伐，我们将会拥有满园的鲜花。

也许有人不舍，宁愿抱着不可能的幻想，也不愿意抬起头往前看。但既然徘徊于原地已经不能使我们有所获得，那为什么要固守着那一片阵地呢？在必要的时候，人应该学会洒脱地放弃，坦然地面对，勇敢地接受已存在的事实。

若放弃得合适，则将拥有一生光明的前途。

进化论的提出者达尔文，从小就对大自然产生了浓厚的兴趣。但他中学毕业时，却按照父亲的意愿进入了神学院学习。在经过一段时间的学习后，他还是不能忘记自己喜欢的东西，对于这些枯燥的经文，学习起来就如同嚼蜡，极度苦涩。他的心情失落到了极点，就在这样的情况下，他决定放弃，放弃学习经文，放弃神学院的教导。他决定跟随贝格尔号巡洋舰做环球旅行，开始他对物种新的探索。放弃，铸造了他的成就，使达尔文成为了科学史册上不可忽略的名字。

只有毫不犹豫地放弃，才能从容选择，才能重新轻松地投入到新生活中，才会有新的发现和转机。学会放弃，其实就是一种淘汰。淘汰自己的弱项，选择自己的强项。该争取的，不必犹豫；该放弃的，也用不着惋惜。

所以，如果你付出很大的努力仍然无法成功时，我们不妨放弃，换一个目标，或许我们会成为一个智者。如果我们再也激不起别人对我们的热情，我们不妨放弃，把我们绵绵的情意，深深地埋在心底。如果我们走进一条死胡同，我们应该放弃，必要的回头，会给我们带来新的机遇。如果我们得到一个意外的收获，我们应该放弃，意外的背后，往往潜伏着一定的危险。如果我们的成功已达顶峰，我们更要学会放弃，开创新的天地，才能让我们更加灿烂。

放弃是一种智慧，是真正的潇洒。放弃是一针清醒剂，让我们静下心来好好反思，让我们的头脑更清晰。有了一个清晰的头脑，我们就可以设想我们的前景，我们就可以达到我们想要达到的目标。放弃是一个更新的起点，找准自己的位置，我们就会焕发出我们拥有的美丽。我们之所以举步维艰，是因为背负的东西太重，我们之所以背负的东西太重，是因为还没有学会放弃。学会放弃，懂得放弃，才更懂得拥有，懂得珍惜。我们放弃了烦恼，便能与快乐结缘；我们放弃了失败，便能步入成功。

人生是既复杂又简单的，说其复杂，是因为它存在着许多复杂的思想和意识；说其简单，是因为它可以让我们的心懂得如何取得和放弃。应该取得的需要努力争取，不该取得的则要决然放弃。取得往往容易心情坦然，而放弃则需要很大的勇气。所以，若想驾驭好自己的生命之舟，就必须懂得：学会放弃！

再苦也要笑一笑

人之一生，藏于心灵深处的东西很多很多，由此背上了人生的重负，所以，需要我们放弃的东西也很多。其实，放弃是一种智慧。同时放弃是一种清醒，放弃也是一种特殊的爱。一个人如果放弃了烦恼，便会与快乐结缘；放弃了自私的利益，便会步入超然的境地；如果能连放弃也放弃了，那么就很伟大了，已与圣人无异了……命由己造，相由心生，命运始终都掌握在我们自己的手里。

如果摘下了有色眼镜，就少些偏见

在生活中，大多数人都戴着一副有色眼镜。在看别人时，总看见不好的一面，总指责别人身上的缺点；而看自己时却总是看到优点。有时人们看到他人身上的缺点时，并不一定就是那个人所有的。也就是说，人们往往带着一种偏见看待别人。所谓偏见，指的是人们对某事持有的观点或信念，而这种观点和信念其实并不符合客观事实或与逻辑推论相违背。它带有很强烈的个人色彩。所以说，如果一个人在头脑中对他人已经有了一些不切实际的观念，那这种观念就会被强加到他人身上，一时是很难改变的。但这种偏见在他看来，却认为是极其客观的。

有一个教体育的老师，他爱上了一个姑娘，那个姑娘对他印象也不错，可是姑娘的父母却反对他们的交往。因为他们认为搞体育的人一般都是四肢发达、头脑简单，并且做事鲁莽。结果在父母强烈的逼迫下，两人不得不分手。

可见，一个人的偏见是非常强的，以至于很难用事实去反驳他。这种人往往忍受不了从多个角度来看待事物，他们坚持的是非此即彼。

尽管偏见是一种普遍存在的现象，但它却是人们互相交流的一个重大障碍。在它的影响下，可能原本会成为好朋友的两个人却可能反目成仇。如果一个人想要与他人有一个和睦友善的互动关系，就需要放弃这种偏见，放弃那种先入为主的不良观念。要放弃偏见，就需要承认别人的优点，就需要从实际的生活中学会观察，从多个角度去考量一个人或一件事。冷静自己的头脑，倾听别人的言论，客观地分析，才能卸下偏见的眼镜。

在一所小学里，有一个班长欺负了班上一个同学。这个同学把这件事告诉了老师，老师一听就说："你说其他人欺负你我还相信，说他欺负你这不可能。"偏见对于普通人还可以理解，但如果连有一定知识修养的老师都有这样的问题，可见刻板的印象影响是很大的。所以，在对他人有一个全面的了解之前，不要随意地让自己设想的情景禁锢你的头脑。

除了偏见能引起一个人对他人的误解，爱批评的心态同样左右着他的大脑。有的人认为批评了别人就是抬高了自己的地位，就能显示自己的派头。其实则不然，表面上批评他人好像是占了便宜，但实际上却显出了批评者是一个没有风度的人，显出他是一个患得患失的人，根本就没有达到一种豁达的境界。得失对其来讲，是非常重要的。

当一个人学会放弃偏见，放弃对别人的批评，那他就在修养上达到了一定的境界，就有了一种开阔的眼界，就能敞开胸襟接纳所有的事物，就能让自己活得比别人更有滋味，就能让人觉得他是一个可以亲近的人。但凡有大作为的人，都必须通过这一关，都应该放下心中别人抱怨的包袱。他不会去一味地关注他人的失败，而不顾自己的发展。

再苦也要笑一笑

放弃偏见，会使人变得宽容；放弃批评，可使人得到休整；放弃抱怨，可以赢得别人的尊重；放弃嫉妒，可以获得他人的亲近。所以当我们与人发生矛盾或冲突时，尽量放弃争强好胜的心理，那样才会化干戈为玉帛，使彼此和好如初；当我们与家人发生摩擦时，尽量放弃争执，才会得到家人的谅解，使家庭和睦温馨。

如果不再顾虑小过失，就会很轻松

有些人在面临大事时能稳住阵脚，但在面对一些小事情时却慌了手脚，不知道该如何处置；有些人可以经受住生死的考验，却被小事所烦忧。也有的人在大事上可以潇洒地放手，却对一些小事念念不忘，比如为一些鸡毛蒜皮的小事争吵。他们浪费了许多宝贵的时间在这些小事情上，而不是用这些时间去做一些有价值的事，去想一些应该思考的问题。其实，生活有时正是因为我们太看重小事，反而过得很累。所以，如果想要让自己过得惬意，就不要揪住一些小事不放手。

约瑟夫·沙巴士是芝加哥的一名法官，他仲裁过4万多件不愉快的婚姻案件。他曾感叹地说："大部分婚姻生活不美满的原因，通常都是一些小事情。"还有一名地方检察官也说道："在我们的刑事案件中，有很多都是起因于一些很小的事情。比如，在酒吧里说话侮辱别人，行为粗鲁不讲礼貌，最后才导致伤害的。许多犯了错的人，都是因为自尊心受到了小小的伤害，就控制不住自己，结果酿成了伤心事。"

法律不会去管一些小事情，一个人也不该为这些小事情忧虑，如果他希望求得心理上的平静。如果我们能对一些小事耸耸肩，那说明我们已经变得成熟。因为只有当一个人的思想不再顾虑身边发生的一些小过失时，那他才有了一种可以轻松过生活的资本。

要想克服被小事困扰的毛病，只要把自己的看法和重点改变一下就可以了。让自己注意一些可以令自己开心的东西，做一些能令自己变得更好的事情。这样在短促的一生中，我们才不会因自己浪费了不必要的时间而伤心后悔。就如吉布林所说："生命是这样的短促，不能再顾及小事。"

有位智者说："在我们的生活中，约有90%的事情是好的，10%的事情是不好的。如果你想过得快乐，就应该把精力放在这90%的好事上面；如果你想担忧、操劳，就可以把精力放在那10%的坏事情上面。"的确，如果我们能放手那10%的小事，那我们就能过得舒心！

林肯说过："人只要心里决定快乐，大多数都能如愿以偿。"快乐是内发的，它的产生不是由于事物，而是由于个人所产生的态度和观念。如果我们感到可怜，很可能会一直感到可怜。如果放弃不快乐的来源——过度的自尊，那你就能在发生交通堵塞或被踩脚趾头这类小事时避免火冒三丈。

在科罗拉多州长山的山坡上，躺着一棵大树的残躯。自然学家说，它有400多年的历史。它初发芽时，哥伦布刚在美洲登陆；它长到成年的一半时，第一批移民刚刚到美国。400多年来，它无数次地被狂风暴雨袭击过，被闪电击中过，但它战胜了它们，存活了下来。不幸的是，它最后被一小队甲虫击倒了。那些甲虫从它的根部开始咬，在这种持续不断的攻击下，这个森林中的巨人，终于倒下了。岁月不曾使它枯萎，闪电不曾将它击中，狂风暴雨不曾使它动摇，但小甲虫却使它倾倒了。

有些人就如同这棵大树，经历了生命中许多风暴的冲击，都挺过来了，结果却让一些小事的忧虑给打败了。如果我们想让自己的生命之树不遭受小虫的咬噬，就要让自己的心学会宽待他人和他事，就要学会放下一些小事情。

再苦也要笑一笑

当我们在放下的那一刹那，我们可能发现头顶上充满了耀眼的光彩，我们收获了一片光明。为了使我们的事业更加成功，为了使我们的生命价值得到最大体现，我们不妨放弃人生道路上的琐琐碎碎，去拥有更加广阔的天空。

如果认定的大门不开，不妨换个窗

罗根·史密斯说过：“生命中只有两个目标：其一，追求你所要的；其二，享受你所追求到的。”

如果我们敢于追求，那我们就能找到自己可以享受到的东西。如果我们能不拘泥于已有的东西和别人所给予的东西，而是去寻找属于自己的东西，那我们就能放下心中的枷锁，轻快上路。

柏拉图放弃了对导师苏格拉底的信仰，才创立了自己的理念论。爱因斯坦放弃了牛顿的力学论，才提出了自己的相对论。比尔·盖茨放弃了别人头脑中对哈佛大学的观念，才建立了微软公司。

他们都做出了放弃，结果换来了成功。并不是每次放弃都能成功，但是如果没有放弃绝不会有他们那样的成功。一个人要想真正地生活，要想有所作为，就必须冲破外界因素的控制，就必须破除左右我们的思想的框框。一个人如果不想糊涂地度过自己的人生，就不能重复别人制定的程序，就不能让别人的想法成为我们行动的按钮。如果我们过度地认可他人，那无疑是在贬低自己的智商，把自己的生活依附在他人身上。

我们可以吸取他人优秀的思想，可以羡慕他人取得的成就，但却不能膜拜他，不能信仰他的理论。否则就会给自己戴上了一个永远无法让自己站起来的套子。如果我们要用他人的标准来解释自己的思想，来衡量自己的行为，那就会看不到自己的成绩，不能勇于为自己的事情担负责任。

如果我们学会放弃一味地继承他人的思想，学会放弃他人对我们的专制，那我们的每次放弃都将无愧于自我，都能展现出真正的自我。放弃能让我们迈向成功的彼岸。

如果放弃别人的想法，我们还可以做到。那么，要让我们放弃已取得的成功，再尝试从零开始，可能需要很大的勇气。由自己一手创建的事业，凝聚着自己的心血，每踏出一步，无不付出艰辛的代价，其中的奋斗过程只有自己明白。如果放弃这些，意味着以前的一切努力都将付诸东流。有可能在新的起点上，我们会输得一败涂地，再也无法翻身。可是，如果我们已明确了自己的目标，而已取得的成就已经不能再适应我们的发展，不妨试着放弃它，选择另一条发展之路，也许我们将发现现在所走的路才是自己应当走的路，才是自己生命的开始，才能真正找到自己一生为之奋斗的目标。

这就是生命的乐趣，生命是自己的，路只能自己走。不管是荆棘小路，还是光明大道，只有在探索中才能知道，才能体会出苦与甜的滋味。如果生命之路没有风险，那怎能品味人生？学会放弃，或许明天的天空会更宽阔。

如果我们认定的唯一一扇大门不再为我们敞开，那就不必再在门前徘徊或撞个头破血流终不醒悟。我们要学会放弃，转身寻找一个为我们开放的天窗，或许在那儿我们同样能望见满天星斗。

不会放弃的人，永远无法获得；怀旧的人，不知道什么是眺望。放弃不是逃避，不是懦弱，而是一种选择，是一种洒脱。放弃也是波峰之间的波谷，涨潮前的退潮。有波谷才有波峰，有低潮才有高潮。

再苦也要笑一笑

年轻的心容不下太多的等待和悲伤，何不潇洒地让它付诸东流，重新开拓一方天地？只有进退从容，才能迎来光辉的未来。

第24章

持平常心，淡然处世最聪明

所谓平常心，一是不高估或低估自己的能力，具体表现为对自己做任何事的成功和失败的概率有准确的预测。二是既积极主动，要尽力而为，又顺其自然，不苛求事事完美，有从容淡定的自信心。做好每天要做的事情，享受生活，享受做好每一件事情所带来的快乐，就会有足够的力量承担一旦到来的挫折和痛苦。

心平气和才能处处应缘

人的烦恼一半源于自己，即所谓画地为牢，作茧自缚。芸芸众生，各有所长，各有所短。争强好胜超过一定限度，往往受身外之物所累，失去做人的乐趣。

一位绅士过独木桥，刚走几步便遇到一个孕妇。绅士很礼貌地转过身回到桥头让孕妇过了桥。孕妇一过桥，绅士又走上了桥。走到桥中央又遇到了一位挑柴的樵夫，绅士二话没说，回到桥头让樵夫过了桥。第三次绅士再也不贸然上桥，而是等独木桥上的人过尽后，才匆匆上了桥。

眼看就到桥头了，迎面赶来一位推独轮车的农夫。绅士这次不甘心回头，摘下帽子，向农夫致敬："亲爱的农夫先生，你看我就要到桥头了，能不能让我先过去。"农夫不干，把眼一瞪，说："你没看我推车赶集吗？"话不投机，两人争执起来。这时河面漂来一叶小舟，舟上坐着一个胖和尚。和尚刚到桥下，两人不约而同请和尚为他们评理。

和尚双手合十，看了看农夫，问他："你真的很急吗？"农夫答道："我真的很急，晚了便赶不上集了。"和尚说："你既然急着去赶集，为什么不尽快给绅士让路呢？你只要退那么几步，绅士便过去了，绅士一过，你不就可以早点过桥了吗？"

农夫一言不发，和尚便笑着问绅士："你为什么要农夫给你让路呢，就是因为你快到桥头了吗？"

绅士争辩道："在此之前我已给许多人让了路，如果继续让农夫的话，便过不了桥了。"

"那你现在是不是就过去了呢？"和尚反问道，"你既已经给那么多人让了路，再让农夫一次，即使过不了桥，起码保持了你的风度，何乐而不为呢？"绅士满脸涨得通红。

的确如此，双方只要心平气和地忍让一下，什么事都不会发生的。

再苦也要笑一笑

古人与人为善、修身立德的谆谆教诲警示世人，一个人唯胆量大、性格豁达方能纵横驰骋，若纠缠于无谓鸡虫之争，非但有失儒雅，反而终日郁郁寡欢，神魂不定。唯有对世事时时心平气和、宽容大度，方能处处契机应缘、和谐圆满。

身在何处都要学会坦然

如果我们每天骑着单车上下班，回家到菜市场购物一番，之后做几盘可口的家常菜，和家人孩子一起享受天伦之乐，那么我们应该庆幸，因为平淡的生活中充满着无比的幸福。

这个世界有太多的诱惑，因此有太多的欲望。一个人要以清醒的心智和从容的步履走过岁月，那么他的内心必定不能缺少淡泊。虽然我们渴望成功，渴望能在有生之年画出优美的人生轨迹，但我们需要的是一种平平淡淡的快乐生活，一份实实在在的成功。这种成功，不必努力苛求轰轰烈烈，不一定要有那种揭天地之奥秘，救万民于水火的豪情。只是一份平平淡淡的追求足矣！

陶渊明生于公元365年，是中国最早的田园诗人。陶渊明生活的时代，朝代更迭，社会动荡，人民生活非常困苦。公元405年秋天，陶渊明为了养家糊口，来到离家乡不远的彭泽当县令。这年冬天，他的上司派来一名官员来视察，这位官员是一个粗俗而又傲慢的人，他一到彭泽县的地界，就派人叫县令来拜见他。

陶渊明得到消息，虽然心里对这种假借上司名义发号施令的人很瞧不起，但也只得马上动身。不料他的手下提醒说："参见这位官员要十分注意小节，衣服要穿得整齐，态度要谦恭，不然的话，他会在上司面前说你的坏话。"

一向正直清高的陶渊明再也忍不住了，他长叹一声说："我宁肯饿死，也不能因为五斗米的官饷，向这样差劲的人折腰。"他马上写了一封辞职信，离开了只当了80多天的县令职位，从此再也没有做过官。

从官场退隐后的陶渊明，在自己的家乡开荒种田，过起了自给自足的田园生活。在田园生活中，他找到了自己的归宿，写下了许多优美的田园诗歌。他写农家人生活的悠然自得："暧暧远人村，依依墟里烟"，他写自己劳动的感受："采菊东篱下，悠然见南山"，他也写农人劳作的甘苦："种豆南山下，草盛豆苗稀"、

“不言春作苦，常恐负所怀”。

生活，并不是只有功和利。尽管我们知道必须去奔波赚钱才可以生存，尽管我们知道生活中有许多无奈和烦恼。然而，只要我们拥有一颗淡泊之心，量力而行，坦然自若地去追求属于自己的真实，做到宠亦泰然、辱亦淡然，如日月清风一样来去不觉。那么，生活不是会轻松得多吗？

有了这份平淡的处世心态，我们就会在简简单单的生活中快乐地生活。当我们忙里偷闲与爱人、孩子一同去逛公园、去看场电影、去搞一次野炊时，我相信我们都会懂得，生活其实有很多内容。我们大可不必为了一个出国名额而彻夜不眠，大可不必为一次职位的晋升而寝食难安。在平日忙碌而充实的生活中，岗位平凡，但我们乐在其中；斗室而居，但衣食自足。我们就像普普通通如一棵草，平平凡凡如一朵花，但我们同样可以骄傲，默默绽放的花朵同样芳香怡人！

也许，我们没有辉煌的业绩可以炫耀，没有大把的钞票可以挥霍，但我们拥有淡泊，这便是人生求之不得的幸福了。诸葛亮有言：“非淡泊无以明志，非宁静无以致远。”淡泊是一种真我，是英雄本色。追求淡泊者，生活的道路会开满鲜花、芳香四溢；追求名利者，生活的道路可能会遍布陷阱，甚至只能在生命终结的一刹那才能体会到稍纵即逝的一丝快乐。

人生的大戏不可能永远处于高潮，平平淡淡才是真，拥有淡泊之心，便能拨云见日，体会到生活的真正内涵，否则，只能在生活的边缘徘徊，将时光埋没在空洞的追名逐利之中。

再苦也要笑一笑

学会淡泊，拥有淡泊吧！朋友，学会和拥有了它，我们就能在愈演愈烈的物欲和令人眼花缭乱、目迷神惑的世相百态面前神宁气静，就会抛开一切名缰利索的束缚，在人生的大道上迈出自信与豪迈的步伐。学会淡泊，让心灵回归到本真状态，从而获得心灵的充实、丰富、自由和纯净。

建一道宠辱不惊的防线

唐太宗时期，有个负责运粮的官员在运粮的时候遭遇了风暴，导致粮船沉没了。到年终考核时，考功员外郎卢承庆奉命给下级官员评定等级。评定等级事关每位官员的仕途升迁，所以大家都非常紧张。因为运粮船沉没一事，卢承庆给那位运粮官评了个“中下级”，那位运粮官没有流露出半点不高兴的神情。后来，卢承庆综合考虑各种因素，又将运粮官的级别改成了“中中级”，运粮官也没有流露出半点高兴的神情。不论自己评的是什么级别，运粮官都坦然接受，而且依旧认认真真地做自己的事情。卢承庆赞扬他“宠辱不惊，实在难得”，又将他的级别改成了“中上级”。

这位运粮官给我们上了一堂优秀的心理课。

人的一生，各有各的追求，有的人追求名誉，有的人追求金钱，有的人追求权力。然而人生的真正价值是什么？记不清哪位哲人说过：“一个生命也许只有在名利面前宠辱不惊，而又能为其他生命做出贡献的时候，才能充分显示出它的巨大力量、深层次意义和宝贵价值来。”

生命的价值在于奉献，在于为社会、为他人做出贡献的大小。一个人能尽心尽力地去服务社会，帮助他人，那么生命的价值就得到了实现。生命只是一段历程，在这有限的生命中，有人拼命享受，拒绝付出，这样的人说他活着，但生命已经枯萎。

珍视自己生命的价值，对生命负责的人，会尽力去做有益的事，让生命之树枝繁叶茂。

许多人喜欢以自我为中心，信奉“人生如朝露，行乐须及时”。这是一种自私的“我”，是小“我”，只有那种公而忘私，甘做孺子牛的“我”才是大“我”。其实，活着最重要的是对自己的生命负责。

生命的价值并非想象，而是实践。花儿向这个世界吐露芬芳，对花儿本身而言，那就够了。

一切事物随时在变化，倘若因为害怕凋零，花儿便因此拒绝开放，这才是最愚蠢的。就像知道人会死亡，所以就悲观堕落，同样是错误的。

因此，在人生价值实现的过程中，我们不可过于看重名利，只为自身享乐而活，否则就会丧失了自身存在的价值。

其实，一切名利，都只是过眼云烟。佳人艳丽，终究会有美人迟暮的一天；一个人在生命即将结束的时候，如果能问心无愧地说：“我已经不虚此行了。”那么他便此生无悔了！

再苦也要笑一笑

只有那些能够在现实名利面前宠辱不惊，而又能有益于社会、有益于人民的人才能高贵地活着！不朽地活着！

寂寞何尝不是一种清福

生活在现代社会的人们，越来越不甘心寂寞的生活了，每天都把自己的生活安排得满满的，生怕自己一旦有空闲就会六神无主。然而，有多少人知道，寂寞有时也是人生路上一道亮丽的风景。

贝多芬因为寂寞而成就了自己，命运加在贝多芬身上的不幸是将他的灵魂锁闭在磐石一样密不通风的“耳聋”之中。这犹如一座不见天日的囚室，牢牢地困住了他。不过，“聋”虽然带来了无可比拟的不幸和烦忧，却也带来了与人世的喧嚣相隔绝的安静。他诚然孤独，可是有“永恒”为伴。

贝多芬留客人在他屋子里吃简便晚餐的时候，说起了他往昔的许多故事，包括他在童年时跟海顿和巴赫学习时的生活，包括他为了糊口指挥乡村音乐队的生活……

不知道有没有人看过罗曼·罗兰的《约翰·克利斯朵夫》，在那本大书里流着一条大河，那条大河就是从贝多芬身上流出来，并且加以引申开来。

贝多芬向他的客人叙述最后一次指挥音乐会的情形。那次节目是《费黛里奥》。当他站在台上按着节拍指挥时，听众的脸上都有一种奇怪的表情，可是谁也不忍告诉他。演奏告终，全场掌声雷动。贝多芬什么也听不见，很久很久背身站在指挥台上，直到一个女孩拉着他的手向观众答谢时，他才缓缓地转过身来。原来他完全聋了！他永远不能担任指挥了！

贝多芬对客人大声地说：“听我心里的音乐！你不知道我心里的感觉！一个乐队只能奏出我在一分钟里希望写出的音乐！”

相对于贝多芬来说，许多人抱怨生活的压力太大，感到烦躁，埋怨不得清闲。于是，追求清静成了许多人的梦想，但同时又害怕寂寞。其实寂寞并不可怕，只要能暂时放下心中的惦念，真心体味，寂寞也是一种清静，而且这种清静更有价值。

寂寞是一种享受。在这喧嚣的尘世之中，要保持心灵的清静，必须学会享受寂寞。寂寞就像个沉默寡言的朋友，在清静淡雅的房间里陪我们静坐，虽然不会给我们谆谆教导，但却会引领我们反思生活的本质及生命的真谛。寂寞时我们可以回味一下过去的事情，以明得失；可以计划一下未来，未雨绸缪；可以静下心来读点书，让书籍来滋养一下干枯的心田；可以和妻子一起去散散步，弥补一下失落的情感；还可以和朋友聊聊天，古也谈，今也论。

寂寞，是一种难得的感受。当我们想要躲避它时，表示我们已经深深感受到了它的存在。此时，不妨轻轻地关上门窗，隔去外界的喧闹，一个人独处，细心品味寂寞的滋味。坐在桌前，焚一炉檀香，冲一杯咖啡，翻一本酷爱的图书，感受久违的纸墨清香。当然，如果我们愿意，尽可以啥也不干，只是坐在那里沉思，思考人生，思考大脑中存储的一切。如果我们愿意，我们可以什么也不想，只是一个人静静地待上一会儿，让大脑暂时处于休眠状态。

寂寞，是一种清福。正像梁实秋先生所描绘的那样：寂寞是一种清福。我在小小的书斋里，焚起一炉香，袅袅的一缕烟线笔直地上升，一直戳到顶棚，好像屋里的气是绝对的静止，我的呼吸都没有搅动出一点波澜似的。我独自暗暗地望着那条烟线发怔。屋外庭院中的紫丁香还带着不少嫣红焦黄的叶子，枯叶乱枝的声响可以很清晰地听到，先是一小声清脆的折断声，然后是撞击枝干的磕碰声，最后是落到空阶上的拍打声。这时节我感到了寂寞。在这寂寞中我意识到了我自己的存在——片刻的孤立的存在。

寂寞，是知心好友。在我们心烦时，它不会打扰我们，也不会对我们有所求。热闹需要外求，而寂寞是随时与我们同在，在我们需要时，它便轻轻地来到我们身边，静静地听我们倾诉心声。它能为我们保守秘密，虽然它无言无语，却能让我们更好地认清自己。它不会对我们指手画脚，却能让我们以更加自信的步伐迈出人生的下一步。

再苦也要笑一笑

寂寞，是一首诗，一道风景，一曲美妙的音乐。所以有位哲人认为：其实寂寞并不是一件坏事，相反，所有人类的不幸，都是起始于无法一个人安静地坐在房间里。

把烦恼像垃圾一样抛弃

一个年轻人四处寻找解脱烦恼的秘诀。他见山脚下绿草丛中一个牧童在那里悠闲地吹着笛子，十分逍遥自在。

年轻人便上前询问："你那么快活，难道没有烦恼吗？"

牧童说："骑在牛背上，笛子一吹，什么烦恼也没有了。"

年轻人试了试，烦恼仍在。

于是他只好继续寻找。

他来到一条小河边，见一老翁正专注地钓鱼，神情怡然，面带喜色，于是便上前问道："您能如此投入地钓鱼，难道心中没有什么烦恼吗？"

老翁笑着说："静下心来钓鱼，什么烦恼都忘记了。"

年轻人试了试，却总是放不下心中的烦恼，静不下心来。

于是他又往前走。他在山洞中遇见一位面带笑容的长者，便又向他讨教摆脱烦恼的秘诀。

老年人笑着问道："有谁捆住你没有？"

年轻人答道："没有啊？"

老年人说："既然没人捆住你，又何谈摆脱呢？"

年轻人想了想，恍然大悟，原来是被自己设置的心理牢笼束缚住了。

世上本无事，庸人自扰之。其实很多时候，烦恼都是自己找的，要想从烦恼的牢笼中解脱，首先要"心无一物"，放下心中的一切杂念。由此想到了萧伯纳的那句话："痛苦的秘诀在于有闲工夫担心自己是否幸福。"

诗人普希金在《如果生活欺骗了你》中写过这样一段话："一切都是暂时的，一切都会消逝；让失去的变为可爱。"只要能放下心中的不快，失去的就会变成一种美丽，失去就不会带来那么多烦恼。

再苦也要笑一笑

应该把所有的烦恼跟忧愁统统都要忘掉，不要去想任何的事情，全心投入到我们的生活当中去，那样才能发挥自己最大的潜力。不管做什么事情，记住最重要的一点，那就是全心全意地用心投入进去，那样才能有成功的可能。

给心灵一片宁静的天空

西方有位哲人在总结自己一生时说过这样的话："在我整整75年的生命中，我没有过上四个星期真正的安宁。这一生只是一块必须时常推上去又不断滚下来的崖石。"所以，追求宁静，对许多人来说成了一个梦想。由此看来，宁静并不是每个人都能享受的。

可是，在现实生活中，也不乏害怕宁静，时时借热闹来逃避宁静以麻痹自己的人。如今，已经很少有人能够固守一方，独享一份宁静了，更多的人脚步匆匆，奔向人声鼎沸的地方。殊不知，热闹之后却更加寂寞。我们如能在热闹中独饮那杯寂寞的清茶，也不失为人生的另类选择。

因为，宁静是一种难得的感觉，只有在拥有宁静时，我们才能静下心来悉心梳理自己烦乱的思绪；只有在拥有宁静时，我们才能让自己成熟。

有这样一个故事。

老街上有一个铁匠铺，铺里住着一位老铁匠。由于没人再需要打铁制的器具，现在他改卖铁锅、斧头和拴小狗的链子。他的经营方式非常古老和传统。人坐在门内，货物摆在门外，不吆喝，不还价，晚上也不收摊。无论什么时候从这儿经过，人们都会看到他在竹椅上躺着，手里一个半导体，身旁是一把紫砂壶。

老铁匠的生意也没有好坏之说。每天的收入正够他喝茶和吃饭。他老了，已不再需要多余的东西，因此他非常满足。

一天，一个文物商人从老街经过，偶然看到老铁匠身旁的那把紫砂壶。因为那壶古朴雅致、紫黑如墨，有清代制壶名家戴振公的风格。于是他走了过去拿起那把壶，壶嘴内有一记印章。果然是戴振公的！商人惊喜不已。

商人端起那把壶，想以10万元的价格买下来。当他说出这个数字时，老铁匠先是一惊，然后马上拒绝了。因为这把壶是他爷爷留下来的，他们祖孙三代打铁时都喝这把壶里的水，他们的汗也都来自这把壶。

商人走后，老铁匠有生以来第一次失眠了。这把壶他用了60年，并且一直以为是把普普通通的壶。现在竟然有人要以10万元的价格买下它，他转不过神来。

过去，他躺在椅子上喝茶，都是闭着眼睛把壶放在小桌上。现在他总要坐起来再看一眼。这让他非常不舒服。特别让他不能容忍的是，当人们知道他有一把价值不菲的茶壶后，总是拥破宅门，有的问还有没有其他的宝贝，有的甚至开始向他借钱。更有甚者，晚上推他的门。

他的生活被彻底打乱了。

第二天，老铁匠再也坐不住了。他招来左右店铺的人和前后邻居，拿起一把斧头，当众把那把紫砂壶砸了个粉碎。

现在，老铁匠还在卖铁锅、斧头和拴小狗的链子。据说他已经100多岁了。

老人愤怒地砸烂了茶壶，他只想得到一片属于自己的宁静。

宁静是一种感受，是一种难得的感觉，是心灵的避难所，它给我们足够的时间去舔舐伤口，重新以明朗的笑容直面人生。

懂得了宁静，便能从容地面对阳光，将自己化作一盏清茗，在轻啜深酌中渐渐明白，不是所有的生长都能成熟，不是所有的欢歌都是幸福，不是所有的故事都是真实的，有时，平淡是穿越灿烂而抵达美丽的一种高度，一种境界。当宁静来临时，轻轻合上门窗，隔去外面喧嚣的世界，默默独坐在灯下，平静地等待身体与心灵的一致，让自己从悲喜交集中净化出来思想。这样，被一度驱远的宁静会重新得到回归。我们静静地用自己的理解去解读人世间风起云涌的变化，思考人生历程中的痛苦和欢悦。当我们真正领略了人生的丰富与美好，生命的宏伟和广阔，让身心平直地立在生活的急流中，不因贪图而倾斜，不因喜乐而忘形，不因危难而逃避。我们就读懂了宁静，理解了宁静。于是，宁静不再是宁静，宁静成了一首诗，成了一道风景，成了一曲美妙的音乐，成了享受。

这是宁静的净化，它让人感动，让人真实又美丽。

再苦也要笑一笑

宁静是一种心境，氤氲出一种清幽与秀逸，冉冉上升的思绪逃离了城市的喧嚣，营造出一种形胜独标的自得和孤高，去获得心灵的愉悦，获得理性的沉思，与潜藏灵魂深层的思想交流，找到某种攀升的信念。

富贵如过眼烟云随时散

一个人如果太爱富贵，那么就会被富贵所控制住。

汉武帝在位的时候，朝中有三位十分出名的大臣：汲黯、公孙弘和张汤。这三个人中，汲黯进京供职时，已经有很深的资历，而且官职也很高了。当时公孙弘和张汤还是很小的官，而且职位相当低。但这两个人被提拔得很快，后来公孙弘被拜为相国，而张汤也成了御史大夫，官职都在汲黯之上。

汲黯看到这两个曾经的小官，现在居然在自己之上，心里特别不服气。于是很想找个机会去找汉武帝评评理。

有一天，散朝以后所有的大臣都退了出去，汉武帝也正准备回宫。汲黯赶紧上前去对汉武帝说，他有话要讲。汉武帝问有什么事。

汲黯说："农夫堆积柴草时，总是把先搬来的柴草放在底层，把后搬来的放在上面，不知道陛下觉不觉得那先搬来的柴草太委屈？"

汉武帝一听就明白了汲黯的意思，但他故意想让汲黯自己说出他的想法。

汲黯看到汉武帝很是感兴趣，于是大胆地说："公孙弘、张汤原来只不过是小官，无论是资历还是基础都远在微臣之后，但是现在他们都一个个后来居上，职位也比微臣高了许多，陛下这样来提拔官吏和那堆放柴草的农夫有什么分别？"

汉武帝听了很不高兴，他觉得汲黯太不通情理了。于是什么话都没有说，拂袖而去。后来他对汲黯更加置之不理，而汲黯在官职上也只能在原地踏步了。

汲黯把富贵看得太重了些，并不是上进的表现。

其实富贵是实现自己梦想的资源，它不过是个手段，而不是结果。如果谁拿富贵去当结果的话，以后肯定会后悔自己当初怎么会那么傻，傻得可怜和可悲？

一个人追求富贵，应该不是为了享受，而是为了实现自己的一些想法。人总有些想法，如果在有生之年不能实现，临死的时候一定会十分遗憾，十分后悔的。为了不遗憾不后悔，人要对富贵有所追求。但是如果追求富贵会失去一些最基本的东西，比如自由和自尊，那么宁愿不要，否则到老的时候会有比遗憾更深一层的悔恨。

再苦也要笑一笑

富贵不是根本的，富贵是重要的，但绝对不是最重要的。根本的东西是我们的生存之本，而重要的东西是我们的追求。

意气用事惹出更大的事

为人处世不要意气用事，容易意气用事的人往往不是把事情弄糟，就是中了别人的圈套。

春秋战国时期，齐国有三位很杰出的武士田开疆、古冶子和公孙捷。三人都十分英勇善战，被人们称为三勇士，很受齐王的宠爱。久而久之，这三个勇士挟功自傲、横行霸道、目中无人。而在这个时候，齐国陈无宇想乘机把三勇士收买过去，以推翻齐王，夺取政权。

相国晏婴看到这种情况，内心十分担忧。为了国家的安定，晏婴决定寻找机会除掉这三个勇士。可是凭他的说辞齐王肯定是不会杀掉这三个勇士的。但晏婴想到了一个办法，这个办法被后世称为“两桃杀三士”。

有一天，鲁国国君来访，齐王在王宫设宴款待他们。晏婴、三勇士和文武百官都列席作陪。晏婴看到三勇士盛气凌人、不可一世，心中便有了主意。宴席进行到一半，晏婴上前奏请齐王，让他到花园里摘些桃子来宴请贵客，齐王表示同意。于是晏婴到王宫后面的花园里摘了六个桃子回来。这六个桃子，两国国君各吃了一个，两国的相国各吃了一个，最后只剩下两个桃子。晏婴提议让两旁的文武官员各自报功，谁的功劳大就把桃子赏给谁。

齐王觉得这个主意不错，还可以增加宴会的喜庆气氛，便让他的文武官员各自述说自己的功劳。这时公孙捷首先站出来说：“从前我陪齐王打猎时，曾亲手打死一只老虎，解了齐王的围，这算不算功劳大？”晏婴说：“这个功劳自然算大，应该赏赐。”于是齐王赏给公孙捷一个桃子，公孙捷感到很得意。

古治子见状，立即起来说：“打虎不算什么，我当年在黄河的惊涛骇浪中杀过一头大龟，救了齐王的命，这功劳可不比公孙捷小。”齐王一听，觉得他说得很对，于是把最后一个桃赐给了古治子。

就在这时，三勇士中的最后一位田开疆实在是坐不住了。他满腹牢骚地讲述了自己领兵攻打敌国，俘虏敌人500多人，为国家强大立下了赫赫战功。然后问齐王他的功劳够不够大。齐王无可奈何，于是安慰他说：“你的功劳确实很大，可是你说得太迟，桃子已经没有了，下次再赏赐你。”田开疆听不下去，觉得自己为国征战反倒受了冷落，而且是在众目睽睽下受到这样的侮辱，一时气愤难平，便当场拔剑自刎而死。

公孙捷见状，也拔出剑来说：“我功劳小而受到赏赐，田将军功高而没有得到赏赐，这确实不合情理。”于是顺手一剑也自我了断了。这时古冶子也跳出来说：“我们三人曾经发誓同生死，今天他们二位已死，我怎么能独自活着呢？”说完也杀了。这三个勇士在说话之间就自杀身亡了，齐王连阻止都来不及，所有的来宾也都吓得目瞪口呆。晏婴以他的智慧，仅仅用了两只桃子，就杀掉了三个勇猛异常的勇士，化解了国家的祸患。

其之所以成功，就在于他抓住了这三个人一个共同的致命的弱点，那就是过于意气用事。什么事情他们都不愿意思考，如果觉得受了侮辱，要么和侮辱他们的人决一死战，要么就自杀以此来血洗耻辱。这样的人只能叫莽夫。他们从来不给自己思考的时候，因此他们往往会中别人的圈套。很多史学家和作家在刻画人物的时间，总是把勇和谋分得很开，要么有谋无勇，要么有勇无谋。有勇无谋在武将中表现得最明显，他们往往也是最容易上当受骗的人，似乎在他们生存的那个年代他们显得过于天真。

事实上，并不是那些智商本来就低下的人才会意气用事。如果一个人受到奇耻大辱或者背负血海深仇的时候，往往也会意气用事。刘备是意气用事的典型。刘备自从得到了军师诸葛亮以后，一般都听从诸葛亮的安排来行军打仗，但是最后一仗，他没有听从诸葛亮的劝告，而是十分意气用事地率领大军去进攻东吴。因为他要给关羽报仇。

关羽在麦城被孙权设计俘虏之后，孙权因为爱关羽的才德，劝他投降。但关羽两眼圆睁，厉声大骂。孙权考虑很久之后，才叫人将关羽父子推出斩首。

关羽父子被害的消息传到成都，刘备大叫一声，昏倒在地。刘备从此不吃不喝，每天只是痛哭不止，连眼睛都哭出血来，发誓要引兵为关羽报仇。刘备还亲自在成都南门外主持招魂祭奠，终日嚎哭不止。刘备很快就病倒，政务全交给诸葛亮一人处理。不久曹丕称帝，汉献帝被杀，诸葛亮便上表请刘备做皇帝，以继承汉家事业。刘备先是不肯，后来还是听从了文武百官的劝告在成都登坛祭天称帝。

刘备称帝后便要兴兵攻吴为关羽报仇。赵云劝刘备以天下为重不要出兵，刘备不听。诸葛亮也率领百官苦苦相劝，刘备心中有一些动摇，然而这个时候，张飞从阆中赶来，哭着要刘备为关羽报仇，刘备听了张飞的话，决心起兵。

张飞回到阆中，限三日内全军白旗白甲，挂孝伐吴。部将范疆、张达请求宽限一些时日，张飞不听，鞭打两人，而且下了死命令。范疆、张达二人怀恨在心，当天晚上，二人见张飞酒醉未醒，于是杀了张飞，连夜投奔东吴去了。

刘备得知张飞遇害，哭昏在地。第二天张飞的儿子张苞、关羽的儿子关兴就来见刘备，刘备抱住两个侄子痛哭，发誓要替张飞和关羽报仇。孙权听说刘备引70万水陆大军前来报仇，急忙召集众将商量对策。诸葛瑾愿意前去和刘备谈和停战。

诸葛瑾见到刘备，表示愿归荆州，并送还孙夫人，刘备还是不肯罢休。

孙权见刘备不肯罢兵，于是派赵咨去见曹丕，让曹丕出兵攻汉中，帮助东吴解围。然而曹丕只封孙权为吴王，加九锡，但既不帮助吴，也不帮助蜀，听任两国交兵。他是寄希望于一国被灭后，再出兵除掉另一国，以坐收渔翁之利。

战争初期蜀汉军队节节胜利，东吴军队节节败退。傅士仁、糜芳见刘备势大便杀了马忠投奔刘备。刘备将马忠的头祭在关羽灵位前，又将傅士仁、糜芳二人刀剐祭灵。孙权见蜀军锐不可挡，便将张飞首级和范疆、张达送还刘备，请求刘备停战。刘备将范、张二人刀剐于张飞灵前，却不愿停战。

这时大将阚泽以全家性命作保向孙权推荐陆逊领兵抵抗刘备，孙权下决心用陆逊。筑坛拜陆逊为大都督，右镇西将军，赐尚方宝剑，遇事可先斩后奏。

刘备听说陆逊就是定计取荆州的人，便要领兵去战。马良劝刘备不可轻敌。刘备就是小看陆逊，领军攻打各处关口。

蜀军天天叫骂，但吴军仍然坚守不战。天气炎热，刘备便令人将营寨移入林中阴凉处。刘备让吴班到关前诱敌，军士赤身卧在阵前。吴将徐盛、丁奉要求出战，陆逊不准，说这是诱敌之计，三日后可见分晓。三日后陆逊领众将到关上观望，见吴班兵已经离去，刘备伏兵走出谷口，众将这才心服口服。刘备又让水军顺江而下，在东吴境内沿江扎寨。陆逊见时机成熟，便点将出兵。初更时分，东南风大起，蜀营到处起火，蜀军自相践踏，死伤无数。结果东吴军队大破蜀军。刘备逃往白帝城，最后郁郁而终。

为人处世一定要冷静，尤其是在情绪激动的关口，千万不要妄动。

再苦也要笑一笑

很多时候很多事情都不能看表面，应该换个位置想想，不要因为一面之词而蒙混了视听，也不要因为蒙混了视听而作冲动的举动，否则，到时候我们会后悔的！

把等待也当成一种美妙

有一次一位年轻人到关渡，看到有一群人，手里拿着望远镜，对着蓝天，对着那一片泥沼，对着那整片红树林望着。他不禁好奇地趋前问他们："你们在望什么啊？"

只见那些人理所当然地回答道："我们在等啊！"

"等？等什么呢？"

"等鸟飞过来！"

又有一次，这个年轻人到海边玩，看见许多人手里握着钓竿，面向大海，把线放得远远的，每个人的眼神充满了笃定。

他便问其中的一人："你们面对大海，心里在想什么呢？"

那个人回答说："我们在等啊！"

"等什么？"

"等鱼儿！"

于是，年轻人也开始在生活中学习"等"的感觉。等着红灯变绿灯，等着太阳升起，等着夜晚变白天，等一种"沉淀"，他开始享受等待的美好感受了。

古时候人们曾用驴子推磨，但为了避免它懒惰不肯用力，就先把驴子的眼睛蒙起来，让它看不见，再将花生酱抹在驴子的鼻子上，驴子闻到香味，以为前面一定有好吃的食物，就会拼命往前冲。

在生活中，人们也常常在追逐着这个、追逐着那个，到头来往往也都是空忙一场，这跟驴子又有什么两样呢？

所以在我们的人生中有了"等"的期待，有了停一停，等一下的美好。很多人是不喜欢"等"的感受的。走在马路上，我讨厌等红灯；搭公交车时，我讨厌一站站地停；买东西时，我讨厌排队结账；到馆子吃饭，我更讨厌站着等位置。

然而，我们的生活中不可缺少等的感觉。"等"可以使心情变得美好起来！试想，在音乐里如果没有休止符，那音乐就会变成刺耳的噪音：在一幅画里，如果没有空白那就是杂乱无章的垃圾；而人生中如果没有“等”的期待，就没有办法享受希望与梦想的美妙感受了。

在下雨时，我们等着太阳出来；当阳光透出云际的同时，我们等到了彩虹。然而，无论是等待时的希望，还是彩虹给我们的美妙，都是我们人生中的美好感受啊！如果，彩虹时刻挂在天空里，那我们还会觉得它是那样的美丽吗！

也许有时我们真的等不下去了，其实那是我们已经感到没有了希望，既然如此，那就没有必要再无望地等了，改变一下自己的方向，我们就可以开始新的一切了。当然，这还需要我们开始新的等待。

再苦也要笑一笑

生活中，由于有了等待，才会让我们在获得时感到了更强烈的兴奋和感激。不要再为等待的漫长而倍感焦急，让我们的心情逐渐平静，去用平和的心境感受等待和希望的美妙。

牢骚会让生活没了希望

有这样一个故事：相传，有个寺院的住持，给寺院里立下了一个特别的规矩：每到年底，寺院里的和尚都要面对住持说两个字。第一年年底，住持问新和尚心里最想说什么，新和尚说：“床硬。”第二年年底，住持又问他心里最想说什么，他回答说：“食劣。”第三年年底，他没等住持问便说：“告辞。”住持望着新和尚的背影自言自语地说：“心中有魔，难成正果，可惜！可惜！”

新和尚对待世事都持一种消极的心态，所以才不能安于现状，一味报怨。而他的抱怨，也让他失去了修成正果的机会。

牢骚也好，抱怨也罢，都是因为抱有的心态不对，看问题的角度不对，如果能够以积极的心态，换个角度，相信人的心情会一下子好起来。事物在一个人心中的好坏，决定于此人的心态，而不是事物本身，正所谓“以我观外物，外物皆着我色”。满腹牢骚者，不妨转换一下心情，让乐观主宰自己，心情肯定会一下子好起来。下面这个故事讲的正是这样的道理：

中国有一位著名的国画家俞仲林擅长画牡丹。

有一次，某人慕名要了一幅他亲手所绘的牡丹，回去以后，高兴地挂在客厅里。

此人的一位朋友看到了，大呼不吉利，因为这朵牡丹没有画完全，缺了一部分，而牡丹代表富贵，缺了一角，岂不是“富贵不全”吗？

此人一看也大为吃惊，认为牡丹缺了一边总是不妥，拿回去预备请俞仲林重画一幅。俞仲林听了他的理由，灵机一动，告诉买主，既然牡丹代表富贵，那么缺一边，不就是富贵无边吗？

那人听了他的解释，觉得有理，高高兴兴地捧着画回去了。

同一幅画，因为心态不同，便产生了不同的看法。所以，凡事都应持一种积极的心态，往好处想，不是看什么都不顺眼，这样就会少些烦恼、苦痛、牢骚，多些欢乐、平安。

“牢骚太盛防肠断，风物长宜放眼量。”现实就是如此，我们必须坦然面对，不能只知发牢骚，如果在牢骚中错过了人生正点的班车，那又将会在抱怨中错过下一次坐正点班车的机会。

正如泰戈尔所说：“如果错过了太阳时你流了泪，那么你也要错过群星了。”

再苦也要笑一笑

当我们的心中充满爱和真诚时，我们会感受到真正美好的生活。我们在爱和美的感觉中，内心会觉得极大的放松。我们不再会发牢骚，反而会调动所有的能量，向着我们的主要目标去冲刺。

大自然中尽情放纵自己

耶稣说：“人不能只靠面包过活，你的心灵需要比面包更有营养的东西。”我们有多久没有唱歌，没有到大自然中走一走，没有读诗？是啊，面对有着极大工作压力、繁重的生活负担的生存现状的现代人来说，我们有多久没有关照过我们日益憔悴的心灵了？

其实，每天忙忙碌碌工作的人，并不见得就不能洒脱。关键是要在忙中求闲，苦中作乐，紧张中求轻松。只要我们学会享受生活，学会体验生活的快乐，世间一切皆美好。

或许，在某一个夏日的午后，我们一觉醒来突然发现，由钢筋水泥簇拥而起的高楼将狭长的影子倾覆在熙熙攘攘的街道上，空中纵横的电线密如蛛网，偶尔栖落的几只可爱的小麻雀，远远望去，如活蹦乱跳的音符，透过喧嚣，竟给人以一种恬淡澈明的美妙。

在这样一个美丽的午后，我们何不走出去，带着自己的心灵一起散步，带着自己的心灵一起看看天呢？

是的，抬头看看天吧，朋友，看看苍穹云卷云舒，我们会发现，我们的心灵从来没有这么惬意过！看看头顶上的那片天，浮云逍遥地飘在广阔的苍穹，似奔马，似群羊、似高山、似游丝。好白的云，好美的云，就在我们的头顶上，悄然无声地上演着一幕幕精彩绝伦的剧目。

我们肯定会慨叹：生活中原来有这么美的天空，生活中原来有这么美的云彩！可是，为什么我们的步履总是那么匆匆，我们的鞋子总是蒙着一层细土，我们的履底无缘阅读洁白美丽的云朵？我们的心遗忘在何处了？我们的眼睛在追逐着什么？我们为什么从来没有发现头顶上这片可供心灵散步的青天？

仔细阅读头顶上的这片天吧，我们的答案就在其中，天上的云彩，最能明白我们水一般的心境！

朋友，你相信吗？在这个喧嚣的世界里，有许多事情真的并不比抬头看天更重要。如果你我有缘相聚在心灵的天空，就请和我站到一起，让我指给你看吧——你我心灵的天空上，开着那么多上帝来不及采摘的花朵。

所以《菜根谭》中很闲情雅致地写道："宠辱不惊，闲看庭前花开花落；去留无意，漫随天外云卷云舒。"这确实也是一种很不错的境界呀！

传说古代有个大力神，他的力量来自大地，一旦他的双脚离开了大地，他便会失去力量，轻而易举地被打败。我们也一样，人本身属于大自然，大自然能给人一种灵性，让人感到亲近和放松，一旦长时间"心在樊笼里，不得返自然"，就会让人产生空虚与寂寞的感觉。

长期生活在都市中，缺少与自然亲近的机会。不妨抽时间到外面走走，张开双臂，投入大自然的怀抱。大自然如同一位慈祥的母亲，她会静静地听我们诉说生活的烦恼，安慰我们那受伤的心灵。置身大自然中，走在绿树成荫的山间小路上，望着那大自然造就的奇石怪状，听着叮咚的泉水声，以及那清脆的鸟鸣声，让人感到如同置身世外桃源，心中的种种不快，也随着那缭绕的云雾慢慢散去。漫步海滨，一望无垠的大海，波涛汹涌的海面，让人顿生几分豪气。通过旅游，既可以领略祖国的秀美山川，又可以遍访历史的足迹，缅怀古人，从而既放松了心情，又让自己的心灵受到洗礼。

大自然的魅力在于它巨大的生命力。越是原始的地方，我们越是感觉到生命力的强大。大自然的神奇，可以让人真切体会到生命的渺小和珍贵；大自然的美丽，可以让人体会到人生的美好。所以，生活中当我们感到烦闷时，不妨背起行囊，一个人独自去游山玩水，到大自然中放逐自己。

罗素曾经说过："我们的生命是大地生命的一部分，就像所有动植物一样，我们也从大地上吸取营养。"置身大自然，漫步山水间，任我心自由自在地驰骋，让人在物我两忘的意境中，将天地万物置于空灵之中。这是何等的快意、何等无拘无束的心境啊！

再苦也要笑一笑

当我们走进大自然，投入它那宽广的胸怀时，大自然的一草一木似乎都有灵性，都会抚慰我们受伤的心灵。望着山中那历经沧桑的松柏，以及那经历了千百年风吹雨打的岩石，我们会重新豪情万丈，平添了许多与困难作斗争的勇气。

做人做事都要存平常心

做人要存一片素心。这种素心是一种平常心。无论身处何地，都保持平淡。

明朝末年，国家衰败，很多地方都困苦不堪，陕北农民尤其困苦，遭受到了严重的灾荒，而官府却不顾百姓的死活催逼交粮纳赋。最后走投无路的农民忍无可忍，纷纷举行起义。此时李自成也揭竿而起，率领自己的军队去投奔"闯王"高迎祥。由于李自成有勇有谋，屡建战功，受到了高迎祥的器重。

没过几年，高迎祥被杀，李自成被部将拥戴为"闯王"。前期起义军到处碰壁，在潼关更是遭到官军伏击，损失惨重。李自成仅带领十八骑突围，在商洛山的崇山峻岭之中藏身。过了几年，他重新积蓄了力量，率领军队进入河南。当时河南大旱，天灾连连，李自成便顺应民心地提出了"均田免粮"的口号，得到了农民的支持。当时有首歌谣是这样唱的："吃他娘，穿他娘，吃着不尽有闯王，不当差，不纳粮。杀牛羊，备酒浆，开了城门迎闯王，闯王来时不纳粮。"可见当时李自成的政策是多么受欢迎。很快李自成的部队就发展壮大起来，达到了百万之众，一跃成为明末起义军的主力。后来李自成在襄阳建立了政权，被称为新顺王。不久在汝州大败官军，乘胜进占西安。然后李自成又建立了大顺政权。实力壮大的他立即率军攻入北京，明朝的最后一个皇帝崇祯最后只得自缢身亡，明朝被彻底推翻。

到了北京以后，李自成十分骄傲自满，失去了应有的警惕。他对将领和士兵奸淫掳掠的事情十分放纵，自己也坐在龙椅上起不来。出于一种天然的仇恨，农民军勒令明朝旧官员将自己的家产作为起义军的军饷，李自成的大将刘宗敏主持这件事情。正是这个刘宗敏在向吴三桂父亲吴襄追讨家产时，发现吴三桂最宠爱的歌女陈圆圆十分貌美，便强行抢来据为己有。但他没有想到，吴三桂当时是明朝的总兵，正在率领明军驻扎在山海关一线，此时农民军要想站稳脚跟，必须依仗吴三桂的力量。吴三桂当时还有投降李自成的打算，后来听说自己的父亲被抓，家产也被抄夺，甚至连自己的宠姬也保护不了，于是十分愤怒，命令手下的将领全部换上白衣白甲，为思宗皇帝朱由检戴孝，同时还和清王朝的摄政王多尔衮接洽，请求清军给予支援。后来在山海关，农民军惨遭失败，李自成只好退出北京，四处转战，最后死在地主武装手中。

李自成的失败也可以归咎于他无法保持一颗平常心。李自成当初进入河南时能够提出“均田免粮”的口号，深受老百姓欢迎，而且他能够约束下属，制止他们四处抢掠，这也使得李自成深得民心。但是进入北京以后，李自成认为江山稳固，可以安稳坐天下了，便放松了对自己和将士的要求。他骄傲了，认为可以君临天下，原明朝的将领应该向他投降，毕竟他已经占领了都城。他也确实派人去向吴三桂等人招降，然而在招降的过程中，他又放纵将士在北京城肆意妄为，最后伤了吴三桂的父亲，夺了吴三桂的爱妾，为自己的失败留下了伏笔。

人一定要有一颗平常心，一旦骄傲，灾祸就会降临。有人认为谦虚的人往往是弱者，这大错特错。人必须学会谦虚。往往不会谦虚的人才是弱者，而强者一般都是非常谦虚的。

《尚书·大禹谟》说“满招损，谦受益”，这已被人们奉为至理名言。

再苦也要笑一笑

桃李不言，下自成蹊。谦虚的人最终会得众人的肯定的。拥有平常心的人是懂得谦虚的。

莫委屈自己去取悦别人

有一个人用多年的积蓄在马路旁边建了一座房子。房子盖好以后，他还有一些结余，准备拿来做点小买卖。结果三天后，有一个老汉经过这个房子，然后嘟囔着说了句“好难看”。这话传到这个人耳朵里，他立即拉住那个老汉。问“哪里难看”。老汉说房子应该朝东才对，这样每天早上都可以看到太阳升起，而且也不会受到马路上车辆的影响。这个人一想确实如此，于是立即让人将房子推倒，重新盖了一间朝东的房子。房子盖好没三天，又有一个人经过时嘟囔了一句“没品位”。这人一听连忙问“哪里没品位”。那个人说你的房子应该朝西才对，你想落日多美，满天彩霞，一点欣赏眼光也没有。这人一想，确实也有道理，于是就把房子改成朝西。没想到改后他受到的责难更多，最后房子改朝南，后来又改朝北。这样改来改去，把积蓄都用光了，房子还没有建好。

做一件事情，不可能让所有人都满意。每一个人都有自己的观点和主张，如果试图让所有的人都满意的话，那么什么事情都做不成。

有一个画家一直想画一幅让全天下人都满意的画。他用了10年时间，终于画成了一幅。于是他将这幅画放在路边，让经过的人在画得不好的地方画一个圈。令人十分沮丧的是，当这个画家傍晚去收画的时候，发现画上面已经画满了圈圈。有朋友给他出了一个主意，让他再临摹一幅画来，然后将画仍旧放在路边，请路人指出画中好的地方。结果让人大吃一惊，原来被认为画得不好的地方，这回都画满了圈圈。画家恍然大悟，不是他的画有问题，而是欣赏的人不同。

从这个故事不难看出，真的没有办法让所有人满意，确实也没有必要让所有人满意。一个人有成就的标准也不是让所有人满意，而应该是自己确实尽力了，确实做到了优秀。人不能丧失自我去迎合他人。

没有人能让所有人满意，况且，人也不是活在别人的眼光里的。

再苦也要笑一笑

为了取悦别人，明明不喜欢做的事情、不喜欢说的话，却要委屈自己去说去做。不好意思拒绝，不好意思批评，不敢表达自己与对方相左的意见。取悦别人真的比取悦自己重要吗？也许是吧，毕竟人不是以单独的个体生存在这世上，现在这个社会需要我们取悦别人，以达到和平共处互惠互利。可委屈了自己，顾及了别人的感受，谁来顾及我们呢？

第 25 章

一天轻松，幸福是一种感觉

坐看风云起起伏伏，坐拥幸福长长久久。平淡的日子就随它平淡地过，何必成为那欲望的俘虏。流水般的日子就让它流水般地走，何不把握这眼前的幸福……其实，幸福只是一种感觉，信则有，不信则无。

幸福只是一种感觉

英国哲学家罗素说："幸福的生活在很大程度上，必是一种宁静安逸的生活，因为只有在宁静的气氛中，真正的快乐幸福才能得以存在。"

试问，一个人尽管在外面获得安全，而他的心境常是忧惧恐慌的，其幸福又有几分呢？斯宾诺莎认为：一个人的幸福，即在于他能够保持他自己的存在。费尔巴哈也有类似的论述，他说，生命本身就是幸福。他认为幸福是生活的本性：所有一切属于生活的东西都属于幸福，因为生活和幸福原来就是一个东西。亚里士多德认为美德就是幸福。他说："行为所能达到的全部善的顶点又是什么呢？几乎大多数人都会同意这是幸福；不论是一般大众，还是个别出人头地的人物都说："善的生活，好的行为就是幸福。"

杜威则认为幸福只在于行为的不断成功，而不是道德行为所追求的最终目的。弗洛姆也有类似的看法，他认为幸福是一个人创造性心灵所带来的结果，是个人在思想上、情感上以及行为上的一切创造性活动所带来的喜悦。亚里士多德又认为能用理智来指导生活，就是最高的幸福。他认为，神的活动，那就是最高的幸福，也许只能是思辨活动，而与此同类的人的活动，也就是最大的幸福。卢梭也有类似的看法，认为狂热和激情都是短暂的，只是生命长河中的几个点，不能构成一种境界，幸福是一种境界。爱因斯坦认为，一种实际工作的职业就是一种最大的幸福。池田大作在与基辛格谈论人生时总是说，能够遇上给自己带来最大启发的人，就是人生最大的幸福。

幸福是不让交通、雨水、炎热、寒冷以及不得不排队等候等情况影响我们的心情。幸福是做我们喜欢的事，是喜欢我们所做的事，是生活中有很多希望，是永远祝福别人。幸福首先是个人的决定。每个清晨，当我们醒来的时候，我们都有机会选择让自己幸福还是不幸福地度过难忘的一天，或者只是又过一天而已。

幸福是一种态度。不管是我们面对一项全新的事业，还是面对生活中出现的任何一种新的情况，人生道路上的每一个境遇都给了我们一个积极应对或消极应对的机会。正是我们选择的应对方式，决定了在事情结束后我们所感受到的幸福和不幸福的程度。

幸福是一种自我感受，一种心理状态，幸福是无形的。尽管劳动成果、艺术享受、爱情、婚姻、家庭、爱好、修养、经历、境遇等都能给人带来幸福感受，但没有一种相应的尺度可以衡量幸福。“物质幸福”是存在的，所以我们在努力建设“物质文明”。但是，纯粹物质享乐并不等于幸福，物质的多少并不一定带来相应的幸福的大小。金钱是存在的需要，金钱可以买得来刺激，甚而买得来“快乐”，但不一定买得来幸福。有钱难使精神贫乏不幸福的人推动幸福的磨盘。一切的喧嚣浮华至多是表面的快乐而不是真正的幸福。

但最重要的是，幸福是寻求和体验生活中的平衡。幸福是对生活的方方面面都有一个目标，并保证自己每天都朝着实现这个目标的方向前进。幸福是拥有个人和家庭目标，并让这些目标成为一项行动计划的一部分，努力使我们的生活保持平衡。

幸福更多的时候是一种心境，追求幸福，包含着人们对美好生活的企盼，更寄托着人们对人生境界的追求。不同的人有不同的志向和理想，体现了不同的信念追求和价值取向。“人活着是要有一点精神的”。人生的价值并不在于获取了多少、享受了多少，更多的时候在于为社会做了多少贡献、给他人带来多少福祉。因为只有这样，人类才能繁衍生息，社会才得以不断进步。否则，人人都去索取，都去为了个人的幸福而不顾他人的感受、甚至不择手段，人类社会就会灭亡。因此，那些为人民谋利益、谋幸福的人，本身也是最洒脱、最幸福的人。

再苦也要笑一笑

幸福不是给别人看的，与别人怎样说无关，重要的是自己心中充满快乐的阳光，也就是说，幸福掌握在自己手中，而不是在别人眼中。幸福是一种感觉，这种感觉应该是愉快的，使人心情舒畅、甜蜜快乐。

幸福也是一种态度

早晨睁眼看到美丽的朝阳，鼻子嗅到清新的空气。感受到早晨的美好，那么我们是幸福的。在公司里出色完成任务，受到老板表扬，赢得同事们的尊重，那么我们是幸福的。下班回家，看到桌子上香甜可口的饭菜和孩子优秀的成绩单，那么我们是幸福的。晚饭后陪同爱人和可爱的孩子在公园中散步，享受天伦之乐，那么我们是幸福的。生活中令我们幸福的事很多，只要我们细心观察，用心体味，就会发现有许多乐趣包含其中。我们也许会说这些小事何以成为人人渴望的幸福。难道幸福一定是雍容华贵、惊天动地吗？在中国著名作家毕淑敏的《提醒幸福》中有这样一段话可以很好地诠释幸福，“幸福绝大多数是朴素的，它不会像信号弹似的，在很高的天空闪烁红色的光芒。它披着本色的外衣，亲切温暖地包裹起我们”。

幸福出现的频率并不像我们想象的那样少。人们常常只是在幸福的马车已经驶过去很远时，拣起地上的金鬃毛说，原来我见过它。幸福是时刻存在的，只要用心品味，会发现它离我们并不远。

当一个小孩得到他盼望已久的洋娃娃时，这是幸福。当一位学生学习成绩十分优秀常受到人们的赞扬时，这是幸福。当一位白领工作一帆风顺时，这是幸福。当一位已婚妇女有了爱她的丈夫和听话的孩子时，这也是幸福。幸福的方式太多了，不胜枚举。

不同的人有着不同的幸福。对于那些容易满足的人来说得到幸福时刻便多些。对于那些有大的期盼的人来说总觉得自己不够幸福或者幸福根本就没有降临到他(她)的身上。其实幸福是个很简单的东西，准确地把握瞬间来到我们身边的暖流，这些就是幸福。幸福是蜜糖，最好甜淡适中，这样才能恰到好处。而且只有心中认为有幸福的存在才会使自己幸福。

常听身边的人抱怨命运的不公，生活的平淡；幸福对我们来说，似乎是一种太奢侈的东西，如同海市蜃楼一般，可望而不可及。直到有一天，读到享誉全球的大教育家苏霍姆林斯基的这样一个故事：曾在一个春天，他和他的学生们共同买了一条小木船，然后划到一个荒无人烟的小岛上去探险。教育家写道：“可能有人会想，作者想借这些事例来炫耀自己特别关心孩子。不对，买船是出于我想给孩子们带来快乐，对于我就是最大的幸福。”其实幸福很简单，也离我们很近。

幸福实际上就存在于我们生活的细微处。如一杯温热的茶，置于我们面前的桌上，或者平淡，或者浓烈，也或者居于两者之间。关键是品尝者的心境。一饮而尽者，肯定尝不出个中滋味。如果坐下来细品，其中的苦与甜便从我们的感觉中充分流露出来。

发现幸福，才能感觉幸福；感觉幸福，才能把握幸福；把握幸福，生活才有滋有味。生活有滋味，我们才能真正获得幸福。幸福，其实真的很简单。人们渴望幸福，却往往在幸福之中感受不到幸福，发现不了幸福，更把握不住幸福。“把握”似于“享受”，如果我们把握住幸福，自然就能享受到幸福。

幸福是一种态度，不是一种状态。是在清洗百叶窗时聆听一曲咏叹调，或愉快地花一小时清理壁橱。它出现在某一时刻，不是在“有一天……”的遥远诺言中。

再苦也要笑一笑

我们如果爱上我们现在所有的日子，我们会幸福得多，而且会得到更多的幸福和快乐。幸福快乐是一种选择。它一出现就要伸手一取，它就像在蔚蓝天空中飘向海洋的气球一样。

生活总是不完美的

每个人都会有这样那样的缺憾，真正完美的人在生活中是不存在的，即使是中国古代的四大美女，也有各自的不足之处。历史记载，西施的脚大，王昭君双肩仄削，貂蝉的耳垂太小，杨贵妃还患有狐臭呢。道理虽然浅显，可当我们真正面对自己的缺陷、生活中不尽如人意之处时，却又总感到懊恼、烦躁。

其实，完美的标准是相对而言的，因人的审美观不同而不同，今天以肥为美，明天就可能以瘦为美。古人以脚小为美，如果今天有“三寸金莲”走在大街上，路人肯定会笑掉大牙。

追求完美没有错，可怕的是求而不得后的自卑与堕落。即使缺陷再大的人也有其闪光点，正如再完美的人也有缺陷一样。能够充分发挥自己的长处，照样可以赢得精彩人生。正如清朝诗人顾嗣协所说：“骏马能历险，犁田不如牛；坚车能载重，渡河不如舟。舍长以就短，智者难为谋；生材贵适用，慎勿多苛求。”

每个人都在经历着人生，每个人都想得到幸福。当人们得到幸福之后，都希望长久地占有它，希望一生都能在幸福中度过。这是一种美好的愿望。幸福人人有份，但幸福不是一成不变的占有物，卢梭在《爱弥尔》中这样说道：“所有一切属于人的东西，都是要衰老的；在人生中，一切都是要完结的，一切都是暂时的。我们将因对它享受惯了，而领略不到它们的趣味了。如果外界的事物一点都不改变，我们的心就会变；不是幸福离开我们，就是我们离开幸福。”

正如好景不长在，好花不长开，幸福往往是很难持续终生的。莫罗阿写过一本很有名的小册子，叫做《人生五大问题》，其中有一篇文章叫《论幸福》，莫罗阿认为永久不变的境界是没有的、不可思议的，在他看来构成幸福的因素是脆弱的，任何事物都有终止的时候，幸福不可能永存不变。幸福是人的一种感受，一种心理状态，是人对自己生活中美好事物的一种心理体验。仅就此而言，幸福就不可能是一成不变的。

幸福无处不在，幸福近在咫尺，幸福又远在天涯。

再苦也要笑一笑

人们往往会步入一个怪圈：拥有了往往感觉不到幸福，总是这山望着那山高，不知满足；而一旦失去了，才倍感昔日拥有之珍贵，用一个个“假如”想找回自己不曾珍惜的幸福。与其等到失去了再去悔恨，不如好好地珍惜现在的拥有。拥有，即便不够完美，也是幸福。

无私的人是幸福的

有人说幸福就是需要什么就能得到什么。比如说，一个人需要吃饭、需要睡觉、需要上网、需要荣誉、需要亲情、需要爱情。如果都能实现，那么，这个人是幸福的。那么，什么是需要呢？需要就是一个人渴望解决自身内在问题的一种情感。一个人的内在问题自己是无法回避的，不解决是很难受的。

如果我们把幸福仅仅理解为满足个人需要，满足个人内在问题的解决，那么这种幸福就是一种自私的幸福。在这里，我们并不否认这一说法，而是要规范这一说法。幸福就是个人追求自身需要，追求自身内在问题的解决而获得的一种满足感。幸福分自私的幸福和无私的幸福。自私的幸福就是个人需要、个人内在问题的解决与社会需要、社会问题的解决不统一，甚至对立。无私的幸福就是个人需要、个人内在问题的解决与社会需要、社会问题的解决相统一。拥有这种无私的幸福观念的人，他们总是把个人需要、个人内在问题的解决与社会需要、社会问题的解决联系在一起。对他们而言，社会问题的解决就是他们个人问题的解决。我们不赞成那种把满足个人需要、个人内在问题的解决定性为自私行为。那种把满足个人需要、个人内在问题的解决定性为自私行为的人，是不尊重人性的人。满足个人需要、个人内在问题的解决是人的本能。只要个人需要、个人内在问题的解决不与社会需要、社会问题的解决相对立，那么这种个人需要、个人内在问题的解决就是合理的，就是应该受到尊重的。

任何事情都有一个度，幸福也不例外。人们不仅仅追求幸福，而且希望得到极大的幸福。对于一件事，不同的人会得到不同程度的幸福。如吃米饭，有钱人在这件事上不会感到明显的幸福，这种幸福感甚至可以忽略不计；穷人在这件事上会有一定的幸福感；而那些经常没饭吃的人会得到极大的幸福感；而对某些喜欢吃面食的人而言，不但不会有幸福感，而且还会感到一丝痛苦。所以，幸福并不是外界的给予所决定的，外界的给予只能给幸福创造条件，幸福来自需要幸福的主体的内在感受。

人的需要也有一个度的问题。比如说，烟，不同的人对它的需要是不同的。有的人根本就不需要，有的人有那么一点需要，有的人有强烈的需要。根本就不需要的人，并不是说他永远不对烟产生需要。也许有那么一天，他一时兴起，抽它几根。也许自那以后，就会偶尔产生烟瘾。如不提高警惕，就可能成为烟鬼。幸福因需要而产生，需要是可以培养的，幸福感会因需要的增强而增强。

有些幸福是短暂的，如吸烟、吸毒，会因此时的幸福而导致彼时的不幸。现在的孩子大多是独生子女，父母往往对他们百依百顺，他们的童年无疑是幸福的。然而，他们最终将要走向社会，社会的复杂与无情，会使他们感到与父母在一起时大不一样，会感到无所适从。有些明智的父母，从小会给孩子进行适当的教育，这是对孩子幸福的可持续负责。

幸福的可持续发展需要我们通过自身的努力而获得。

再苦也要笑一笑

幸福不应只存在于某一孤立的个体。如果一个人的幸福是建立在他人的痛苦之上，那么这种孤立于他人的幸福是不会长久的。如果一个人以多数人的幸福为幸福，以多数人的痛苦为痛苦，那么，他的幸福的实现，其幸福感将是极其强烈的，并且是无限持续的。

幸福就是把握现在

从前，有一座圆音寺，香火很旺。在圆音寺庙前的横梁上有个蜘蛛结了张网，由于每天都受到香火和虔诚的祭拜的熏染，蜘蛛便有了佛性。

忽然有一天，佛祖光临了圆音寺，看见这里香火甚旺，十分高兴。离开寺庙的时候，不经易间地抬头，看见了横梁上的蜘蛛。佛祖停下来，问这只蜘蛛："你我相见总算是有缘，我来问你个问题，看你修炼了这一千多年，有什么真知灼见。怎么样？"蜘蛛遇见佛祖很是高兴，连忙应答。佛祖问道："世间什么才是最珍贵的？"蜘蛛想了想，回答道："世间最珍贵的是'得不到'和'已失去'。"佛祖点了点头，离开了。

又过了一千年的光景，蜘蛛依旧在圆音寺的横梁上修炼，它的佛性大增。一日，佛祖又来到寺前，对蜘蛛说道："你可还好，一千年前的那个问题，你可有什么更深的认识吗？"蜘蛛说："我觉得世间最珍贵的是'得不到'和'已失去'。"佛祖说："你再好好想想，我会再来找你的。"

又过了一千年，有一天，刮起了大风，风将一滴甘露吹到了蜘蛛网上。蜘蛛望着甘露，见它晶莹透亮，很漂亮，顿生喜爱之意。蜘蛛每天看着甘露很开心，它觉得这是三千年来最开心的几天。突然，又刮起了一阵大风，将甘露吹走了。蜘蛛一下子觉得失去了什么，感到很寂寞和难过。这时佛祖又来了，问蜘蛛："蜘蛛这一千年，你可好好想过这个问题：世间什么才是最珍贵的？"蜘蛛想到了甘露，对佛祖说："世间最珍贵的是'得不到'和'已失去'。"佛祖说："好，既然你有这样的认识，我让你到人间走一遭吧。"

就这样，蜘蛛投胎到了一个官宦家庭，成了一个富家小姐，父母为她取了个名字叫蛛儿。一晃，蛛儿到了16岁了，已经成了个婀娜多姿的少女，长得十分漂亮，楚楚动人。这一日，新科状元郎甘鹿中试，皇帝决定在后花园为他举行庆功宴。席间来了许多妙龄少女，包括蛛儿，还有皇帝的小公主长风公主。状元郎在席间表演诗词歌赋，大献才艺，在场的少女无一不被他倾倒。但蛛儿一点也不紧张和吃醋，因为她知道，这是佛祖赐予她的姻缘。

过了些日子，说来很巧，蛛儿陪同母亲上香拜佛的时候，正好甘鹿也陪同母亲而来。上完香拜过佛，两位长者在一边说上了话。蛛儿和甘鹿便来到走廊上聊天，蛛儿很开心，终于可以和喜欢的人在一起了，但是甘鹿并没有表现出对她的喜爱。蛛儿对甘鹿说："你难道不曾记得16年前，圆音寺的蜘蛛网上的事情了吗？"甘鹿很诧异，说："蛛儿姑娘，你漂亮，也很讨人喜欢，但你想象力未免丰富了一点吧。"说罢，和母亲离开了。

蛛儿回到家，心想，佛祖既然安排了这场姻缘，为何不让他记得那件事，甘鹿为何对我没有一点的感觉？几天后，皇帝下诏，命新科状元甘鹿和长风公主完婚，蛛儿和太子芝草完婚。这一消息对蛛儿如同晴空霹雳，她怎么也想不到，佛祖竟然这样对她。几日来，她不吃不喝，穷究急思，灵魂就将出壳，生命危在旦夕。太子芝草知道了，急忙赶来，扑倒在床边，对奄奄一息的蛛儿说道："那日，在后花园众姑娘中，我对你一见钟情，我苦求父皇，他才答应。如果你死了，那么我也就不活了。"说着就拿起了宝剑准备自刎。

就在这时，佛祖来了，他对快要出壳的蛛儿灵魂说："蜘蛛，你可曾想过，甘露（甘鹿）是由谁带到你这里来的呢？是风（长风公主）带来的，最后也是风将它带走的。甘鹿是属于长风公主的，他对你不过是生命中的一段插曲。而太子芝草是当年圆音寺门前的一棵小草，他看了你三千年，爱慕了你三千年，但你却从没有低下头看过它。蜘蛛，我再来问你，“世间什么才是最珍贵的？”蜘蛛听了这些真相之后，好像一下子大彻大悟了，她对佛祖说：“世间最珍贵的不是‘得不到’和‘已失去’，而是现在能把握的幸福。”刚说完，佛祖就离开了，蛛儿的灵魂也回位了，睁开眼睛，看到正要自刎的太子芝草，她马上打落宝剑，和太子紧紧地抱着……

故事结束了，你能领会蛛儿最后一刻所说的话吗？“世间最珍贵的不是‘得不到’和‘已失去’，而是现在能把握的幸福。”幸福是什么？幸福就在于把握现在，珍惜所有，坚信我们所拥有的就是最好的。

再苦也要笑一笑

其实我们都很幸福，只是我们的眼光过高，看不到人生最简单的幸福，每个人都有他们自己的幸福，只是我们未曾体会过。幸福原来很简单，复杂的心把它过于复杂化，单纯的心自会拥有一份最美最真的幸福。

拥有美德就是幸福

一位哲学家带着他的一群学生去周游世界。10年间，他们游历了很多的国家，拜访了许多有学问的人，现在他们回来了，个个满腹经纶。在进城之前，哲学家在郊外的一片草地上坐下来，对他的学生说：“10年游历，你们都已是饱学之士，现在学业就要结束了，我们上最后一课吧！”

弟子们围着哲学家坐了下来，哲学家问：“现在我们坐在什么地方？”弟子们答：“现在我们坐在旷野里。”哲学家又问：“旷野里长着什么？”弟子们说：“旷野里长满杂草。”

哲学家说：“对，旷野里长满杂草，现在我想知道的是如何除掉这些杂草。”弟子们非常惊愕，他们都没有想到，一直在探讨人生奥妙的哲学家，最后一课问的竟是这么简单的一个问题。

一个弟子首先开口说：“老师，只要有铲子就够了。”哲学家点点头。

另一个弟子接着说：“用火烧也是很好的一种办法。”

哲学家微笑了一下，示意下一位。

第三个弟子说：“撒上石灰就会除掉所有的杂草。”

接着第四个弟子说：“斩草除根，只要把根挖出来就行了。”

等弟子们都讲完了，哲学家站了起来，说："课就上到这里了。你们回去后，按照各自的方法除去一片杂草，一年后再来相聚。"

一年后，他们都来了，不过原来相聚的地方已不再是杂草丛生，它变成了一片长满谷子的庄稼地。同样，要想让灵魂无纷扰，唯一的方法就是用美德去占据它。

美德是一杯香茗，是一杯美酒，是一朵芳香四溢的鲜花。美德可以让心灵摆脱痛苦。心灵被美德所占据，烦恼、纷争等便失去了生存的空间，欲望便会枯萎。快乐是美德所结出的硕果，拥有美德，便拥有快乐。

中华民族有许多传统美德，诸如：助人为乐、拾金不昧、安贫乐道等。助人为乐者，予人乐也予己乐，帮助困难中的人做一点力所能及的事情，过后看着别人那挂满笑容的脸，自己心里何尝不是欣慰得很呢？拾金不昧者也是快乐的，捡到别人丢失的东西，如果占为己有，则会整天提心吊胆，总担心被别人认出来或是东窗事发，而这种私欲，要以长期甚至是终身忍受心灵的折磨为代价。相反，如果能拾金不昧，则会皆大欢喜。总之，只有拥有美德才能让烦恼无法接近，才能有一颗快乐的心。

苏东坡说："吾上可陪玉皇大帝，下可陪卑田院乞儿。眼前见得天下无一个不是好人！"美德是心灵的润滑剂，它让人有一颗平常心，有一颗爱心。拥有了美德，我们便不会与人争名夺利，凭空与人起纷争；便不会为一丝小利而烦恼。美德本身就是报酬，它能给人们带来最高尚而真实的快乐。在美德的磨刀石上，我们爱心的刀刃会更加锋利。

再苦也要笑一笑

在讲求效率和追求功利的现代社会，我们应该在自己的心灵中为美德留下一片空间，让美德帮我们清除心灵的垃圾。不能物质生活丰富了，而心灵却贫乏了。

享受过程就是幸福

一只小猫听说只要咬到自己的尾巴就会幸福，于是小猫拼命地咬自己的尾巴，但是怎样也咬不到。于是他跑到猫妈咪那里说：妈妈，我咬不到尾巴，我得不到幸福。猫妈咪对小猫说："傻瓜，你不要管自己的尾巴，只管向前走就会找到幸福了。"于是小猫又高兴地走开去玩耍了。

幸福是什么？怎样才能得到幸福？恐怕我们也像那只小猫一样迷茫。在追求幸福的路途中，往往迷失方向。追求幸福是每个人的权利，获得幸福是人生的目的。但是幸福不是从天上掉下来的，把幸福寄托在命运的恩赐上，是绝对不可能获得真正的幸福的。幸福是一种过程，正如林特耐所言，我们称之为幸福的东西，绝不是某种东西，而是某种过程。真正的幸福并不在于目标是否达到，而在于为达到目标所进行的奋斗。

幸福与快乐有关，又不完全等同于快乐。词典上说，“感到幸福或满意”即为快乐。感到幸福当然是快乐的，但感到满意与快乐不一定会感到幸福。幸福是一种更高、也更深刻的人生境界。

幸福是一种理想的实现，更是一种对理想的追求。追求即幸福，一如马克思所说的“斗争就是幸福”。德国学者莱辛说，幸福存在于追求理想的过程中，追求理想比实现理想更有意义。追求崇高的理想，就有了崇高的人生境界，就有了高品位的幸福人生。尽管我们不一定每个人都能实现人生理想，但追求过、奋斗过、拼搏过就是幸福。这就像体育比赛中的“重在参与”，没有跑道上其他人的参与，也就没有了精彩的比赛，更不会有冠军的诞生。在大学毕业之际，一位老师给学生的毕业赠言是“奋斗比成功更具幸福”。为理想和事业而奋斗的过程使我们感到充实，充实的人生才是幸福的人生。幸福是一种“善”的品格，是一种爱心的奉献，是一种关心他人胜过自己的人生大境界。“为人民谋幸福”的领袖是幸福的；“为官一任，造福一方”的领导干部是幸福的；“先天下之忧而忧，后天下之乐而乐”的仁人志士们是幸福的。“把大写的人字写向蔚蓝的天空”是幸福的；“他心里装着广大人民群众，就是没有他自己”是幸福的；“把藏族人民的疾苦看成是自己的疾苦，把藏族人民的幸福看成是自己的幸福”是幸福的……这可都是金子般珍贵的“精神幸福”啊！那些“把自己的幸福建在他人的痛苦之上”的人，哪有什么真正的幸福呢？那是对真正幸福的践踏……

再苦也要笑一笑

幸福是心灵的一种状态，它伴随着宽松欢愉的想法，幸福是我们内在的一种功能，要充分理解这一点，我们还要充分认识到内在的忧虑。它们是不同的实体，像人的两只耳朵，在日常生活中相互联系，相互制约。只要我们理解自己是谁，我们就能决定用哪一个功能为自己服务，因为我们能够控制它们。我们既能养成忧虑的习惯，也能养成幸福的习惯。

活在当下就是幸福

有些人总觉得自己不幸福，这是因为他们不懂得在幸福的时候享受幸福，更不懂得在苦难的时候回味幸福。幸福是勤劳、勇敢和智慧的结晶，它是快乐的时刻，是一种心灵的感觉。

既然幸福是人生中最美好的时刻，那么，我们怎样来享受它呢？享受幸福就要快乐地享受生活。当幸福来临的时候，我们要激情地享受每一分钟，让它像纯净的酒精一样燃烧成淡蓝色的火焰，不留一丝渣滓。当苦难来临的时候，我们要经常回味以前幸福的时光，这样我们的心情就会变得愉快，面对困境也就比较乐观，从而能够更好地迎接下一个幸福的到来。我们虽然不能够让自己的每天都充满幸福，但只要我们更积极地把握幸福，我们就有可能拥有更多的幸福。

不要活在过去中或只是为了未来而活，而轻易地让生命由指端滑落。重视现在、把握当下，每天都过着很充实的生活。当我们仍可以给予时，不要轻言放弃；在我们停止尝试之前，没有任何一件事情是已经结束的。不要害怕承认自己是不完美的；不要害怕面对风险，我们在尝试中学会勇敢；不要说真爱难寻，而将爱排除在生活之外。

我们应该善加投资运用，以换取最大的健康、快乐与成功。时间总是不停地在运转，我们可以努力让每个今天都有最佳的收获。记住别让生命都用在等待之中。等20岁以后，等到大学毕业以后，等到结婚以后，等到买房子以后，等最小的孩子结婚之后，等把这笔生意谈成之后，等到退休以后！人人都很愿意牺牲当下，去换取未知的等待；牺牲今生今世的辛苦钱，去购买后世的安逸。许多人认为，必须等到某个时间或某件事完成之后，再采取行动。

然而，生活总是一直在变动，环境总是不可预知。现实生活中，各种突发状况总是层出不穷，我们永远不知道下一秒钟，会发生什么事。刹那间，生命的巨轮倾覆，我们可能就因此闯进一片黑暗之中。

那么我们要如何面对生命呢？我们无需等到生活完美无瑕，也无需等到一切都平稳时才做，想做什么，现在就可以开始做起。

一个人永远无法预料未来，所以，不要延迟想过的生活，不要吝于表达心中的话，因为，生命只在一瞬间。每个人的生命都有尽头，许多人经常在生命即将结束时，才发现自己还有很多事情没有做，有许多话来不及说，这实在是人生最大的遗憾。别让自己徒留为时已晚的空余恨。逝者不可追，来者犹未卜，最珍贵、最需要实时掌握的当下，往往在这两者蹉跎间，转眼即逝。这也道尽了人生如白驹过隙，转眼即逝的惶恐。有许多事，在我们还不懂得珍惜之前已成憾事，有许多人，在我们还来不及用心之前已成旧人。遗憾的事一再发生，不断追悔早知道如何如何是没有用的，“那时候”已经过去，我们追念的人也已走过了我们的生命。

不管我们是否察觉，生命都一直在前进。人生并未出售返程票，失去的便永远不再回来。将希望寄予“等到空闲的时间才享受”，我们不知道失去了多少可能的幸福。不要再等待有一天“可以松口气”或是“麻烦都过去了”，才去实现我们的目标或理想。

再苦也要笑一笑

生命中大部分的美好事物，都是短暂易逝的，享受它们、品尝它们，善待周围的每一个人，别把时间浪费在等待所有难题都有完满结局上。

获得幸福的小提议

我们如何在生活中获得幸福呢？有些小建议可以提供给大家分享：

不抱怨生活：幸福的人并不比其他人拥有更多的幸福，而是因为他们对待生活和困难的态度不同，他们不会在“生活为什么对我如此不公平”的问题上作长时间的纠缠，而是努力去寻求解决问题的方法。

不贪图安逸：幸福的人总是离开让自己感到安逸的生活环境，幸福有时是离开了安逸生活才会积累出的感觉，从来不求改变的人自然缺乏丰富的生活经验，也就难感受到幸福。

感受友情：广交朋友并不一定带来幸福感，而一段浓厚的友谊才能让我们感到幸福，友谊所衍生的归属感和团结精神让人感到被信任和充实，幸福的人几乎都拥有团结人的天赋。

勤奋工作：专注于某一项活动能够刺激人体内特有的一种荷尔蒙的分泌，它能让人处于一种愉悦的状态。工作能发掘人的潜能，让人感到被需要，这给予人充实感。

降低负面影响：少接受些有关灾难、谋杀或其他的负面消息，这样，无形中就保持了对世界的一份美好乐观的态度。

生活的理想：幸福的人总是不断地为自己树立一些目标，通常我们会重视短期目标而轻视长期目标，而长期目标的实现更能给我们带来幸福感，我们可以把我们的目标写下来，让自己清楚地知道为什么而活。

给自己动力：通常人们只有通过快乐和有趣的事情才能够拥有轻松的心情，但是幸福的人能从恐惧和愤怒中获得动力，他们不会因为困难而感到沮丧。

规律的生活：幸福的人从不把生活弄得一团糟，至少在思想上是条理清晰的，这有助于保持轻松的生活态度，他们会将一切收拾得有条不紊，整齐而有序的生活让人感到自信，也更容易感到满足和快乐。

珍惜时间：幸福的人很少体会到被时间牵着鼻子走的感觉。另外，专注还能使身体提高预防疾病的能力，因为，每30分钟大脑会有意识地花90秒收集信息，感受外部环境，检查呼吸系统的状况以及身体各器官的活动。

心怀感激：抱怨的人把精力全部集中在对生活的不满之处，而幸福的人把注意力集中在能令他们开心的事情上，所以，他们更多地感受到生活中美好的一面，因为对生活的这份感激，所以他们才感到幸福。

再苦也要笑一笑

怎样才算是幸福？其实幸福没有绝对的答案，关键在于我们的生活态度。善于抓住幸福的人才懂得什么是幸福。一直以为感受幸福是件很困难的事，那是一种灯火阑珊处的境界。经过岁月的流年以后，才明白，幸福其实很简单，只要心灵有所满足、有所慰藉就是幸福。

第 26 章

多点宽容，心就多一点空间

宽容是一种博大精深的境界和意境，是人的涵养，它是处世的经验，待人的艺术，为人的胸怀；它能包容人世间的喜怒哀乐，使人生跃上新的台阶：与别人为善，就是与自己为善，与别人过不去就是与自己过不去，只有宽容地看待人生和体谅他人时，我们才可以获取一个放松、自在的人生，才能生活在欢乐与友爱之中。

理解宽容，才能获得更多

世界上最宽阔的东西是海洋，比海洋更宽阔的是天空，比天空更宽阔的是人的胸怀。心胸宽阔的人往往能够得道多助，终成伟业。

拿破仑在长期的军旅生涯中养成宽容他人的美德。作为全军统帅，批评士兵的事经常发生，但每次他都不是盛气凌人，他能很好地照顾士兵的情绪。士兵往往对他的批评都会欣然接受，而且充满了对他的热爱与感激之情，这大大增强了他的军队的战斗力和凝聚力，成为欧洲大陆一支劲旅。

在征服意大利的一次战斗中，士兵们都很辛苦。拿破仑夜间巡岗查哨。在巡岗过程中，他发现一名巡岗士兵倚着大树睡着了。他没有喊醒士兵，而是拿起枪替他站起了岗，大约过了半个小时，哨兵从沉睡中醒来，他认出了自己的最高统帅，十分惶恐。

拿破仑却不恼怒，他和蔼地对他说："朋友，这是你的枪，你们艰苦作战，又走了那么长的路，你打瞌睡是可以谅解和宽容的，但是目前，一时的疏忽就可能断送全军。我正好不困，就替你站了一会儿，下次一定小心。"

拿破仑没有破口大骂，没有大声训斥士兵，没有摆出统帅的架子，而是语重心长、和风细雨地批评士兵的错误。有这样大度的统帅，士兵怎能不英勇作战呢？如果拿破仑不宽容士兵，那后果只能是增加士兵的反抗意识，丧失了他本人在士兵中的威信，削弱了军队的战斗力。

只要理解了宽容的意义，我们会收获很多东西。

首先，宽容意味着不再心存疑虑。

穿梭于茫茫人海中，面对一个小小的过失，常常一个淡淡的微笑、一句轻轻的道歉，带来谅解，这是宽容；在人的一生中，常常因一件小事、一句不注意的话，被人不理解或不信任，但不苛求任何人，以律人之心律己，以恕己之心恕人，这也是宽容。

在日常生活中，当没有缘分的"对手"出于内心的丑恶，在我们背后说坏话做错事时，此时我们想伺机报复还是宽容？当我们亲密无间的朋友，无意或有意地做了令我们伤心的事情，此时我们想从此分手还是宽容？冷静地想一想，还是宽容为上。这样于人于己都有好处。

有人说宽容是软弱的象征，其实不然，有软弱之嫌的宽容根本称不上真正的宽容。宽容是人生难得的佳境——一种需要操练、需要修行才能达到的境界。

心理学家指出：适度的宽容，对于改善人际关系和身心健康都是有益的。这种宽容，指的是对于子女或别人在生活、工作、学习中的过失、过错采取适当的“羞辱政策”，有效地防止事态扩大而加剧矛盾，避免产生严重后果。大量事实证明，不会宽容别人，亦会殃及自身。过于苛求别人或苛求自己的人，必定处于紧张的心理状态之中。由于内心的矛盾冲突或情绪危机难以化解，极易导致肌体内分泌功能失调，诸如使儿茶酚胺类物质——肾上腺素、去甲肾上腺素过量分泌，引起体内一系列劣性生理化学改变，造成血压升高、心跳加快、消化液分泌减少、胃肠功能紊乱等，并可伴有头昏脑涨、失眠多梦、乏力倦怠、食欲不振、心烦意乱等症候。紧张心理的刺激会影响内分泌功能，而内分泌功能的改变又会反过来增加人的紧张心理，形成恶性循环，贻害身心健康。有的过激者甚至失去理智而酿成祸端，造成严重后果。而一旦宽恕别人之后，心理上便会经过一次巨大的转变和净化过程，使人际关系出现新的转机，诸多忧愁烦闷可得以避免或消除。

其次，宽容意味着不拿别人的错误惩罚自己。

气愤和悲伤是追随心胸狭窄者的影子。生气的根源不外是异己的力量——人或事侵犯、伤害了自己（利益或自尊心等），一言以蔽之，认定别人做错了，于是勃然作色，恶从胆边生；咬牙切齿，怒从心头起。凡此种种生理反应无非在惩罚自己，而且是为他人的错误！显然不值。

宽容地对待我们的敌人、仇家、对手，在非原则的问题上，以大局为重，我们会得到退一步海阔天空的喜悦、化干戈为玉帛的喜悦、人与人之间相互理解的喜悦。要知道我们并非踯躅单行，在这个世界里，我们各自走着自己的生命之路，纷纷攘攘，难免有碰撞，所以即使心地最和善的人也难免要伤别人的心，如果冤冤相报，非但抚平不了心中的创伤，而且只能将伤害者捆绑在无休止的争吵中。

宽容是一种博大，它能包容人世间的喜怒哀乐；宽容是一种境界，它能使人跃上大方磊落的台阶。只有宽容，才能“愈合”不愉快的创伤；只有宽容，才能消除人为的紧张。

再次，宽容意味着不再患得患失。

宽容，首先包括对自己的宽容。只有对自己宽容的人，才有可能对别人也宽容。人的烦恼一半源于自己，即所谓画地为牢，作茧自缚。

芸芸众生，各有所长，各有所短。争强好胜失去一定限度，往往受身外之物所累，失去做人的乐趣。只有承认自己某些方面不行，才能扬长避短，才能不让嫉妒之火吞灭心中的灵光。

宽容地对待自己，就是心平气和地工作、生活。这种心境是充实自己的良好状态。充实自己很重要，只有有准备的人，才能在机遇到来之时不留下失之交臂的遗憾。知雄守雌，淡泊人生是耐住寂寞的良方。轰轰烈烈固然是进取的写照，但成大器者，绝非热衷于功名利禄之辈。

如果一语龃龉，便遭打击；一事唐突，便种下祸根；一个坏印象，便一辈子倒霉，这就说不上宽容，就会被百姓称为“母鸡胸怀”。真正的宽容，应该是能容人之短，又能容人之长。对才能超过自己者，也不嫉妒，唯求“青出于蓝而胜于蓝”，热心举贤，甘做人梯，这种精神将为世人称道。

宽容的过程也是“互补”的过程。别人有此过失，若能予以正视，并以适当的方法给予批评和帮助，便可避免大错。自己有了过失，亦不必灰心丧气，一蹶不振，同样也应该宽容和接纳自己，并努力从中吸取教训，引以为戒，取人之长，补己之短，重新扬起工作和生活的风帆。

最后，宽容意味着我们有良好的心理外壳。

宽容，对人对己都可成为一种无需投资便能获得的“精神补品”。学会宽容不仅有益于身心健康，且对赢得友谊、保持家庭和睦、婚姻美满，乃至事业的成功都是必要的。因此，在日常生活中，无论对子女、对配偶、对老人、对学生、对领导、对同事、对顾客、对病人……都要有一颗宽容的爱心。宽容，它往往折射出人处世的经验，待人的艺术，良好的涵养。学会宽容，需要自己吸收多方面的“营养”，需要自己时常把视线集中在完善自身的精神结构和心理素质上。否则，一个缺乏现代文明阳光照射的贫儿，会被人们嗤之以鼻，不屑一顾。

当然，宽容绝不是无原则的宽大无边，而是建立在自信、助人和有益于社会基础上的适度宽大，必须遵循法制和道德规范。对于绝大多数可以教育好的人，宜采取宽恕和约束相结合的方法；而对那些蛮横无理和屡教不改的人，则不应手软。从这一意义上说“大事讲原则，小事讲风格”，乃是应取的态度。

再苦也要笑一笑

处处宽容别人，绝不是软弱，绝不是面对现实的无可奈何。在短暂的生命里程中，学会宽容，意味着我们的思想更加快乐。宽容，可谓人生中的一种哲学。

懂得宽容，才能品味快乐

人生是一个多彩的舞台，它不断上演着形形色色的人情冷暖、世态炎凉，这时，不要忘记可化干戈为玉帛的“宽容”。宽容，是胸襟博大者为人处世的一种人生态度，蔺相如的宽容换来了流芳百世的将相之和。雨果也说：“世界上最宽阔的是海洋，比海洋更广阔的是天空，比天空更宽阔的是人的心灵。”

谁知道珍珠是怎样炼成的？

当沙子放进蚌的壳内时，蚌便会觉得非常不舒服，但是又无力把沙子吐出去，这时蚌就会面临两个选择，一是抱怨，让自己的日子很不好过，另一个是想办法把这粒沙子同化，使它跟自己和平共处。于是，蚌开始把它的精力和营养分一部分去把沙子包起来。

当沙子裹上蚌的外衣时，蚌就会觉得它是自己的一部分，不再是异物了。沙子裹上的蚌成分越多，蚌就会越把它当做自己，就越能心平气和地和沙子相处。

其实，蚌是没有大脑的，它是无脊椎动物，在演化的层次上很低，然而就是这样一个没有大脑的低等动物，却知道要想办法去适应一个自己无法改变的环境，把一个令自己不愉快的异己，转变为自己的一部分，相比之下人的智能有时真的应该感到汗颜。

正如沙砾进入蚌的体内一样，人生总有不如意的事，如何包容它，把它同化，纳入自己体系，使自己日子可以平静、幸福过下去，恐怕是我们最需要学的一件事。

仔细想来，我们凭什么一有挫折便怨天尤人，跟自己过不去呢？打牌时，拿到什么牌不重要，如何把手中的牌打好才是最重要的。凡事固然要讲求操之在己，但是在没有主控权的事情上，是否也应该学习蚌，使自己的日子好过一些呢！

懂得宽容，才不会自私、虚伪、嫉妒，才会用宏大的气魄去感受相逢一笑泯恩仇的快乐。智者总会用宽容这把慧剑斩断冤冤相报的恶性循环。没有宽容的世界，永远也不会有幸福安康的地方，只有令人失望的地方。

再苦也要笑一笑

人生苦短，我们不应在自责的旋涡中空耗生命，对自己宽容一些，在超然之中会有一片宽阔的天地为我们开放。对别人宽容一点，心田似海，纳百川方见容人。

感悟宽容，才能做到遗忘

美国白涅德夫人曾经写过一本《小公主》，里面的主人公莎拉曾经是一个富家女，但她的爸爸突然死去，还破了产，只留下她这个10岁的小女孩。她的生活从天堂掉到地狱，每天都要干脏活、累活，还要忍受别人的讥讽和嘲笑。但她依然很快乐，她接受了这个事实，并且幻想有一天幸福会降临，从而忘记了痛苦和屈辱。当我们在面对这样的环境的时候，我们是不是也应该这样呢？

人们总是希望自己活得快乐一点，洒脱一点，可是身处尘世，放眼四周，却常常会有人说自己并不快乐，被一种不可名状的困惑和无奈缠绕着。我们为什么不快乐呢，一个重要的原因就是我们没有学会遗忘。

在我们的日常生活中，在我们的人生路途上，我们所欣赏到、所见到的不全是让我们愉悦而开心的风景，我们还会遇到种种的挫折和不幸，有些甚至是致命的打击，因此我们有必要学会遗忘。对于我们，遗忘是一种明智的解脱。一次不该有的邂逅，一场无益身心的游戏，一次不成功的使人失魂落魄的恋爱，一场让人丢失进取心的空虚幻想，这些都是我们应该从记忆的底片上所必须抹去的镜头。因为我们还在人生路途上行走，我们所追求的事业、目标在前方不远处，我们遗忘是为了使自己更好地赶路，使我们走得更加轻松。

人们常常为了名利将自己弄得疲惫不堪，为此将他人对待自己的种种误解铭记于心，将别人的轻视耿耿于怀。于是，本打算给自己营造一个轻松愉悦的天地，却不料到头来是给自己套上一个又一个精神枷锁，心里的那片蓝天在不知不觉中抹上了灰色，伴随着成长的足迹深植于心，在不经意中折磨摧残着自己。这时我们真的需要一点遗忘的精神。忧心忡忡时不妨到大自然中去体会事物本来的神韵，净化自己的心灵，化解自己的悲苦，遗忘我们应该遗忘的那些东西。

遗忘在某种程度上也是一种宽容的体现。作为一个普通人，也许我们并没有获得人生中所谓的辉煌，也许我们遭受了不应有的嘲讽和轻视，但不必为此而苦恼，我们完全可以潇洒地把它们忘掉。因为，如果为这些烦事所忧，就永远休想获得人生的辉煌。每个人都需要有一个心灵的空间去反思自己，在这个空间里，学会遗忘可以让我们感受到自己的空间清澈了许多，让琐事像飘浮物一样远离我们而去，沉淀下来的是我们对生活智慧的领悟。

学会遗忘，这并不是一件容易的事，有许多想忘也忘不掉的悲伤、痛苦、耻辱，它们是那么的刻骨铭心。我们要以一颗平常心去对待痛苦，既然已经发生了，就应该去接受它再忘掉它，不要为我们的生活添上许多不必要的烦恼。

再苦也要笑一笑

学会遗忘吧，遗忘该遗忘的，留给自己一个清新宁静的生存空间，便会感受到欲上青天揽日月的宽阔心怀。

拾起宽容，才能抛弃傲慢

在生活中，傲慢自负的人都会吃很多苦头，如东汉的祢衡。

祢衡很有才华，但性情高傲，总是看不起别人。当时，许都是新建的京城，贤人达士从四面八方向这里汇集。有人向祢衡说："你何不去许都，同名人陈长文、司马伯达结交呀？"祢衡说："我怎么能去同卖肉打酒的小伙计们混在一起呢？"又有人问他："荀文若、越稚长将军又怎么样呢？"祢衡说："荀文若外貌长得还可以，让他替人吊丧还行；越稚长嘛，肚子大，很能吃，可以让他去监厨请客。"

祢衡和鲁国公孔融及杨修比较友好，常常称赞他们，但那称赞却也傲得可以："大儿孔文举，小儿杨祖德，其余的都是庸碌之辈，不值一提。"祢衡称孔融为大儿，其实他比孔融小了将近一半的年龄。

孔融很器重祢衡之才，除了上表向朝廷推荐之外，还多次在曹操面前夸奖他。于是曹操便很想见见祢衡，但祢衡自称有狂疾，不但不肯去见曹操，反而说了许多难听的话。曹操十分恼怒，但念他颇有才气，又不愿贸然杀他。但后来，祢衡屡次侮辱曹操以及他手下官员，最终被杀。

有一个成语叫"虚怀若谷"，意思是说，胸怀要像山谷一样虚空。这是形容谦虚的一种很恰当的说法。只有空，我们才能容得下东西，而自满，除了我们自己之外，容不下任何东西。

有一个自以为是的暴发户的人，去拜访一位大师，请教修身养性的方法。

但是打从一开始，这人就滔滔不绝地说个没完。大师在旁边一句话也插不上，于是只好不断地为他倒茶。只见杯中的水已经注满了，可是大师仍然继续倒水。

这人见状，急忙说："大师，杯子的水已经满了，为什么还要继续呢？"

这时大师看着他，徐徐说道："你就像这个杯子，被自我完全充满了，若不先倒空自己，怎么能悟道呢？"

生活之中，我们常常不自觉地变作一个注满水的杯子，容不下其他的东西。因而，学会把自己的意念先放下来，以虚心的态度去倾听和学习，我们会发现大师就在眼前。

再苦也要笑一笑

人生的道路中，宽容是一种无坚不摧的力量，它可以让阴霾的日子充满阳光，也可以让冰雪封冻的日子充满温暖。因此，我们需要学会宽容，“容人须学海，十分满尚纳百川”，智者能容，越是睿智的人，越是胸怀宽广，大度能容，因为他洞明世事、练达人情，看得深、想得开、放得下。

第27章

放飞心灵，追寻久违的自由

人的情绪是一个定数，腾不出空间来快乐，就会腾出空间来忧伤，腾不出乐观的情绪，就会腾出悲观的情绪。只有挣脱了心灵的枷锁，打破了心中的瓶颈，才能追求一份淡泊宁静；解开了心中的疙瘩，就能释放内心的压抑。输赢得失就如过往云烟，转眼即逝，要追求心灵的自由就得打开心窗，放飞孤独，把自己融入人流之中。

不要苦了你的心灵，让它放飞吧

在人来人往的世界里，我们可曾拥有快乐自在？在你争我夺的国度里，我们是否依旧怡然自得？在尘世喧嚣中，我们的心灵是否压抑得太久了？

不要苦了自己的心灵，让它放飞吧，让它同风筝一样在自由的国度里想怎样飞就怎样飞吧！

朋友，如果你愿意，就请同我一起来这里，放飞心灵的风筝吧。

这里是一片澄碧的天空，你瞧，天空如此分明，白与蓝协调地搭配成一片美丽的风景。近处是深蓝色，很清纯；远处是淡蓝色，很淡雅。美丽的云朵很俏皮，一会儿靠近我们的风筝说悄悄话，一会儿又跑得远远的，把风筝抛在后面。

风筝放飞的是我们的心情。久居高楼中压抑的心情终于能在空中自由地劲舞，恣意享受着驰骋的快乐。感受着温暖的风伴着漂亮的风筝扶摇上升，快乐就犹如七彩烟花在空中绽放，透明的心境也随之在蓝色的天空尽情闪烁。朋友，我们好惬意，不是吗？

风筝放飞的是我们的梦想。在钢筋混凝土筑成的空间里，我们被搁置已久的梦想，终于能同心情一块儿上路了。让它飞吧，自由自在地飞吧！脚踏茵茵青草，头顶湛蓝天空，梦想怎能不飞呢？

风筝放飞了我们的情感。在这样风和日丽的日子，且让我们把美丽的情愫系于风筝之上，让它在广阔深情的天空下洗礼得更加圣洁。

放飞一只心灵的风筝，让它在美丽的蓝天下尽情飞翔，让美丽的天空不再空荡；放飞一只心灵的风筝，让它在湛蓝的天空里愉快欢唱，让我们的世界不再孤寂；放飞一只心灵的风筝，让它在心灵的城堡里快乐尽舞，让我们的生活不再烦闷枯燥。

然而，简单也是一种美，是一种朴实且散发着灵魂香味的美。为什么不让心灵过一种简单的生活呢？

简单不是粗陋，不是做作，而是一种真正的大彻大悟之后的升华。

现代人的生活过得太复杂了，到处都充斥着金钱、功名、利欲的角逐，到处都充斥着新奇和时髦的事物。被这样复杂的生活所牵扯，我们能不疲惫吗？

梭罗有一句名言感人至深："简单点儿，再简单点儿！奢侈与舒适的生活，实际上妨碍了人类的进步。"他发现，当他生活上的需要简化到最低限度时，生活反而更加充实。因为他已经无须为了满足那些不必要的欲望而使心神分散。

简单地做人，简单地生活，想想也没什么不好。金钱、功名、出人头地、飞黄腾达，当然是一种人生。但能在灯红酒绿、推杯换盏、斤斤计较、欲望和诱惑之外，不依附权势，不贪求金钱，心静如水，无怨无争，拥有一份简单的生活，不也是一种很惬意的人生吗？毕竟，我们用不着挖空心思去追逐名利，用不着留意别人看我们的眼神，没有锁链的心灵，快乐而自由，随心所欲，该哭就哭，想笑就笑，虽不能活得出人头地、风风光光，但这又有什么关系呢?!

生活未必都要轰轰烈烈，"云霞青松作我伴，一壶浊酒青淡心"，这种意境不是也很清静自然，像清澈的溪流一样富有诗意吗？生活在简单中自有简单的美好，这是生活在喧嚣中的人所渴求不到的。

晋代的陶渊明似乎早已明了其中的真意，所以有诗云：结庐在人境，而无车马喧。问君何能尔？心远地自偏。山气日夕佳，飞鸟相与还。采菊东篱下，悠然见南山。此中有真意，欲辩已忘言。简单的生活其实是很迷人的：窗外云淡风轻，屋内香茶萦绕，一束插在牛奶瓶里的漂亮水仙，穿透洁净的耀眼阳光，美丽地开放着；在阳光灿烂的午后，我们终于又来到年轻时的山坡，放飞着童年时的风筝；落日的余晖之中，静静地享受着夕阳下清心寡欲的快乐……

简单就是美，而且是一种高品位的美。

再苦也要笑一笑

当每天穿梭在熙熙攘攘的人群中，来往于闹市繁杂的尘世间，我们的心渐渐变得麻木了。心灵的草场一片繁芜，我们没有时间，没有精力去修剪它，它逐渐变得杂草丛生。我们应当选择一些时间给自己的心灵放个假，让心灵的牧场轻松茁壮成长。

放下了心灵的重负，快乐溜进来

安徒生有一则名为《老头子总是不会错》的童话故事：乡村有一对清贫的老夫妇，有一天他们想把家中唯一值点钱的一匹马拉到市场上去换点更有用的东西。老头子牵着马去赶集了，他先与人换得一头母牛，又用母牛去换了一只羊，再用羊换来一只肥鹅，又把鹅换了母鸡，最后用母鸡换了别人的一口袋烂苹果。在每次交换中，他都想给老伴一个惊喜。

当他扛着大袋子来到一家小酒店歇息时，遇上两个英国人。闲聊中他谈了自己赶集的经过，两个英国人听后哈哈大笑，说他回去准得挨老婆子一顿揍。老头子坚称绝对不会，英国人就用一袋金币打赌，三个人于是一起来到老头子家中。

老太婆见老头子回来了，非常高兴，她兴奋地听着老头子讲赶集的经过。每听老头子讲到用一种东西换了另一种东西时，她都充满了对老头子的钦佩。她嘴里不时地说着："哦，我们有牛奶了！""羊奶也同样好喝。""哦，鹅毛多漂亮！""哦，我们有鸡蛋吃了！"

最后听到老头子背回一袋已经开始腐烂的苹果时，她同样不愠不恼，大声说："我们今晚就可以吃到苹果馅饼了！"

结果，英国人输掉了一袋金币。

从这个故事中我们可以领悟到：不要为失去的一匹马而惋惜或埋怨生活，既然有一袋烂苹果，就做一些苹果馅饼好了，这样生活才能妙趣横生、和美幸福，这样，我们才可能获得意外的收获。

我们的心灵有着太多的负重，事实上，生命有得到，就会有失去，这是再正常不过的事情了。然而，倘若我们紧紧抓住失去不放，得到就永远也不会到来。放下失败，抓住成功，就可以让生命重放光彩。而这一切，需要我们有一颗淡泊名利得失、笑看输赢成败之心。个性乐观的人对得失看得很淡，他们认为"得"是劳作的结果，无论劳心劳力，"得"都是心愿的实施，了得了心愿，却难免会失去追求。得到功名利禄的时候，满心喜悦，但同时也失落了沉思与警醒；得到婚姻的时候，爱情的光芒免不了黯淡；得到虚荣的时候，灵魂却在贬值；失去最爱的时候，便是得到永恒的寄托；失去依赖的时候，便得到人生必备的磨砺；失去憧憬的时候，便得到现实的选择。

人生就是一场游戏，有时我们会赢，有时则会输。我们应该训练自己掌握游戏的规则，这样就会尽可能多地在游戏中获胜。

两个工程师合作承担了一个研究项目，在项目即将完成时，做了一次试验，结果，出乎意外地失败了，他们从中发现了一些以前未曾预见的问题。面对困难与挫折，一位工程师陷入了深深的自责之中，甚至怀疑自己是否还有完成这项研究项目的能力，而另一位工程师却为此感到欣慰：幸好现在及时发现了问题，这样可以在这个项目投入实际运作时避免许多错误。

毫无疑问，只有抱着积极的心态，才能使我们有勇气迎战突如其来的挫折，不被挫折所击垮。也只有这样，我们才能从挫折中获取有益的经验和教训，继续走上成功的道路。

对得与失的认知，看似平淡，却折射出一种对人生使命的思考，对物质和精神关系的透彻理解。人的一生，就是得与失互相交织的一生。得中有失，失中有得，有所失才能有所得。

再苦也要笑一笑

一个人为了实现自己的人生目标，体现自己的人生价值，暂时放弃一些物质上的享受，去追求让更多的人过上舒适幸福的生活，这种精神不仅让人尊敬，而且那种目标达成后的精神愉悦，是一般人所体验不到的，是超越物质的更高层次的精神满足和享受。

心灵的力量很强大，不要禁闭它

有个长发公主叫雷凡莎，她头上披着很长很长的金发，长得很美。雷凡莎自幼被囚禁在古堡的塔里，和她住在一起的老巫婆天天念叨雷凡莎长得很丑。

一天，一位年轻英俊的王子从塔下经过，被雷凡莎的美貌惊呆了，从这以后，他天天都要到这里来，一饱眼福。雷凡莎从王子的眼睛里认清了自己的美丽，同时也从王子的眼睛里进而发现了自己的自由和未来。有一天，她终于放下头上长长的金发，让王子攀着长发爬上塔顶，把她从塔里解救出来。

囚禁雷凡莎的不是别人，正是她自己，那个老巫婆是她心里迷失自我的魔鬼。她听信了魔鬼的话，以为自己长得很丑，不愿见人，就把自己囚禁在塔里。

其实，人在很多时候不就像这个长发公主吗？人心很容易被种种烦恼和物欲所捆绑。那都是自己把自己囚禁起来。

就是因为自己心中的枷锁，我们凡事都要考虑别人怎么想，别人的想法深深套在自己的心头，从而束缚了自己的手脚，使自己停滞不前。就是因为自己心中的枷锁。我们独特的创意被自己抹杀，认为自己无法成功；告诉自己，难以成为配偶心目中理想的另一半，无法成为孩子心目中理想的父母、父母心目中理想的孩子。然后，开始向环境低头，甚至于开始认命、怨天尤人。

仔细想想，很多时候，在人生的海洋中，我们就犹如一只游动的鱼，本来可以自由自在地游动，寻找食物，欣赏海底世界的景致，享受生命的丰富情趣。但突然有一天，我们遇到了珊瑚礁，然后自己就不愿再动弹了，并且呐喊着说自己陷入绝境。这，想想不可笑吗？自己给自己营造了心灵的监狱，然后钻进去，坐以待毙。

人的一生的确充满许多坎坷，许多愧疚，许多迷惘，许多无奈，稍不留神，我们就会被自己营造的心灵的监狱所监禁。而心狱，是残害我们心灵的极大杀手，它在使心灵调零的同时又严重地威胁着我们的健康。

巴特先生面临了工作上的瓶颈，他很想突破，但却觉得似乎总是有心无力。于是，他决定找生涯辅导专家为他进行辅导。

他来到了生涯发展中心，辅导老师为他分析了现状及瓶颈产生的原因，也和他共同拟订未来的行动方案，协助他改变目前的困境。

然而，经过了几次的协谈，巴特先生仍然在原地踏步，不论是分析现状还是规划未来，在辅导的过程中，巴特先生最常说的一句话就是："我知道……但是……"

我知道我应该要努力走出一条属于自己的路，但是我担心自己的能力不够！

我知道自己最想做的是和艺术有关的工作，但是家人期望我当工程师。

我知道应该要多运动，但是工作实在太忙了，忙得没有时间。

我知道我要改一改自己的脾气，但是个性本来就不容易改变。

虽然是一句看起来稀松平常的话，也常被挂在嘴边，然而，当我们也成为"巴特族"的一员（因为动不动就但是），经常讲出这样的话时，就代表我们的思考模式已经习惯地朝向限制性的方向。

限制性的想法像一个无形的牢笼，使人动弹不得，就像一则禅宗公案：一位弟子来到禅师面前，请求师父教他解脱之道，师父问："是谁绑了你？"

弟子纳闷地看了看自己身上，困惑地说："没有人绑我啊！"

禅师笑答："既然没有人绑你，为何要求解脱呢？"

在日常生活中，我们经常不自觉地被一些习惯性的想法所限制，例如：

从来没有人这样做过，还是不要冒险吧！

以目前的状况，绝对不可能完成。

这样做别人会怎么想？

这怎么可能做得到呢？别傻了。

我看不出有什么可能性，不可能会成功的。

我的学历（财力、人力……）不足，还是别妄想了。

再苦也要笑一笑

心灵的力量是很大的，尤其是限制性或负面思考，形成了我们的内心对话，往往阻碍了我们迈向成长与成功的可能性。

心如明镜时时拂拭，勿使惹尘埃

英国诗人威廉·费德说过：“舒畅的心情是自己给予的，不要天真地去奢望别人的赏赐。舒畅的心情是自己创造的，不要可怜地乞求别人的施舍。”

南宋僧人也曾作一偈：“身是菩提树，心如明镜台。时时勤拂拭，勿使惹尘埃。”心如明镜，纤毫毕现，洞若观火，那身无疑就是“菩提”了。但前提是“时时勤拂拭”，否则，尘埃厚厚，似茧封裹，心定不会澄碧，眼定不会明亮了。

一个人，在尘世间走得太久了，心灵无可避免地会沾染上尘埃，使原来洁净的心灵受到污染和蒙蔽。心理学家曾说过：“人是最会制造垃圾污染自己的动物之一。”

的确，清洁工每天早上都要清理人们制造的成堆的垃圾，这些有形的垃圾容易清理，而人们内心中诸如烦恼、欲望、忧愁、痛苦等无形的垃圾却不那么容易处理了。因为，这些真正的垃圾常被人们忽视，或者出于种种的担心与阻碍不愿去扫。譬如，太忙、太累；或者担心扫完之后，必须面对一个未知的开始，而我们又不确定哪些是我们想要的。万一现在丢掉的，将来想要时却又捡不回来，怎么办？

的确，清扫心灵不像日常生活中扫地那样简单，它充满着心灵的挣扎与奋斗。不过，我们可以告诉自己：每天扫一点，每一次的清扫，并不表示这就是最后一次。而且，没有人规定我们一次必须扫完。但我们至少要经常清扫，及时丢弃或扫掉拖累心灵的东西。

每个人都有清扫心灵的任务，对于这一点，古代的圣者先贤看得很清楚。圣者认为，“无欲之谓圣，寡欲之谓贤，多欲之谓凡，得欲之谓狂”。圣人之所以为圣人，就在于他心灵的纯净和一尘不染，凡人之所以是凡人，就在于他心中的杂念太多，而他自己还蒙昧不知。所以，圣人了悟生死，看透名利，继而清除心中的杂质，让自己纯净的心灵重新显现。

我们都有清理打扫房间的体会吧，每当整理完自己最爱的书籍、资料、照片、唱片、影碟、画册、衣物后，我们会发现：房间原来这么大，这么清亮明朗！自己的家更可爱了！

其实，心灵的房间也是如此，如果不把污染心灵的废物一块一块清除，势必会造成心灵垃圾成堆，而原来纯净无污染的内心世界，亦将变成满池污水，让我们变得更贪婪、更腐朽、更不可救药。

再苦也要笑一笑

人的一生，就像一趟旅行，沿途中有数不尽的坎坷泥泞，但也有看不完的春花秋月。如果我们的一颗心总是被灰暗的风尘所覆盖，干涸了心泉，黯淡了目光，失去了生机，丧失了斗志，我们的人生轨迹岂能美好？而如果我们能“时时勤拂拭”，勤于清扫自己的“心地”，勤于掸净自己的灵魂，我们也一定会有“山重水复疑无路，柳暗花明又一村”的那一天。

让你的心情放轻松，静而后能安

第二次世界大战期间，丘吉尔到北非蒙哥马利将军行辕去闲谈时，蒙哥马利将军说：“我不喝酒，不抽烟，到晚上10点钟准时睡觉，所以我现在还是百分之百地健康。”丘吉尔却说：“我刚巧跟你相反，即抽烟，又喝酒，而且从不准时睡觉，但我现在却是百分之二百地健康。”很多人都认为很怪，以邱吉尔这样一位身负第二次世界大战重任，工作繁忙紧张的政治家，生活这样没有规律，何以寿登大耄，而且还百分之二百地健康呢？

其实，只要稍加留意就可知道，他健康的关键，全在有恒的锻炼，轻松的心情。毫无疑问，丘吉尔既抽烟，又喝酒，且不准时睡觉，这些并不足为训。但是我们是否知道，丘吉尔即使在战事最紧张的周末还去游泳，在战争白热化的时候还去垂钓，而且他刚一下台就去画画，估计很多人没见他那微皱起的嘴边，斜插着一支雪茄的轻松心情吧！

因此，我们不妨学着丘吉尔那样给自己的心情放个假吧！也许我们不可能完全做到丘吉尔的完美，但是我们只要学到一半，就可以得到百分之百的健康。

在现实生活中，使自己的心情轻松的第一要诀是“知止”。“知止”于是而心定，定而后能静，静而后能安，心情还有什么不轻松的呢？

使心情轻松的第二要诀是“谋定而后动”。做任何事情，要先有周密的安排，安排既定，然后按部就班地去做，能应付自如，不会既忙且乱了。在这瞬息万变的社会里，当然免不了也会出现偶发的事件，此时更要沉住气，详细而镇定地安排。事事要谋定而后动，就一定会像中国史书中的谢安那样在淝水之战最紧张的时刻还有闲情逸致下棋了。

使心情轻松的第三要诀是不做不胜任的事情。假如我们身兼数职，却顾此失彼，又有何快乐可言呢？或者用非所长，心有余而力不足，心情又怎么会轻松呢？

使心情轻松的第四要诀是“拿得起，放得下”。对任何事情都不可一天24个小时地念念不忘，寝于斯，食于斯。这样不仅于身有害，而且于事无补。

使心情轻松的第五要诀是在轻松的心情下工作。工作尽可紧张，但心情仍须轻松。在我们肩负重担的时候，千万记住要哼几句轻松的歌曲。在我们写文章写累了的时候，不妨高歌一曲。要知道心情越紧张，工作越做不好。

一个口吃的人，在他悠闲自在地唱歌时，绝不会口吃；10个上台演讲就脸红的人，在与他爱人谈心时一定会娓娓动听。要想身体好，工作好，就一定要在轻松的心情下工作。

使心情轻松的第六要道是多留出一些富裕的时间。好多使我们心情紧张的事，都是因为时间短促，怕耽误事。若每一样事都多打出些时间来，就会不慌不忙，从容不迫了。最好的办法就是永远把自用表拨快一个相当的时间。时时刻刻用表面上的时间警惕自己，如此则既不误事，又可轻松。

再苦也要笑一笑

一个心情经常轻松的人沾枕头就睡着。一个心情经常紧张的人容易失眠。一个永远从容不迫的人准能长寿。一个紧锁眉头的经常紧张的人定会早亡。给心情放个假，我们便会时时感到快乐，无忧无虑。